Mitteilungsblatt Nr. 7
der Internationalen Studienkommission für den motorlosen Flug
(ISTUS)   April 1939

Vorträge
über motorlosen Flug

gehalten auf der Istus-Tagung Mai 1938

in Bern

Herausgegeben vom Präsidium der Internationalen Studienkommission
für den motorlosen Flug, Darmstadt, Flughafen

Mit 127 Bildern

MÜNCHEN UND BERLIN 1939

VERLAG VON R. OLDENBOURG

Druck von R. Oldenbourg, München
Printed in Germany

Inhaltsverzeichnis

(Vorträge der Istustagung Mai 1938 in Bern)

Alianti e Aeroplani a Motore.

B. S. Shenstone, M. A. Sc., A. F. R. Ae. S., Netly Abbeye.

Si constata anzi tutto che i compiti dell'aliante e quelli dell'aeroplano a motore differiscono assai, ma che vi sono indubbiamente dei punti di contatto, vuoi costruttivamente, vuoi aerodinamicamente. Aliante ed aeroplano a motore hanno ciascuno, in via di principio, quella forma che si addice ai rispettivi compiti. Peró si puó supporre che in avvenire sará piuttosto l'aeroplano a motore ad avvicinarsi all'aliante che non viceversa. Lo sviluppo degli aeroplani verso una piú grande autonomia porta ad allungamenti piú forti, e, nel medesimo tempo, ad un miglioramento delle forme strutturali. Anche l'aumento del carico alare segue lo stesso indirizzo. Guardando nell'avvenire si puó prevedere un orientamento verso l'apparecchio ad ala centrale con eliche propulsive, eventualmente tutt'ala con un allungamento forte ed altissimo carico alare. La rassomiglianza esterna coll'aliante sará perfetta.

Planeurs et avions.

B. S. Shenstone, M. A. Sc., A. F. R. Ae. S., Netly Abbeye (Angleterre).

Il établit avant tout que planeurs et avions diffèrent profondément d'après les tâches qui leur sont assignées, mais qu'ils aient des points de ressemblance en construction et en aérodynamique. Planeurs et avions ont l'un et l'autre une structure fondamentale correspondant aux services qu'ils ont à rendre. Il faut estimer cependant qu'à l'avenir l'avion se conformera au type des planeurs plutôt que l'inverse. Le développement des avions à rayon d'action augmenté tend à un allongement de l'aile accru, avec une amélioration simultanée de la construction. Les charges plus grandes au m² vont dans le même sens. A priori, on peut songer à un appareil à plans moyens avec une hélice propulsive, plutôt qu'à un appareil sans queue avec un allongement de l'aile relativement grand et une très forte charge au m². Extérieurement cet avion de l'avenir sera à peine différent des planeurs modernes.

Segelflugzeuge und Motorflugzeuge.

Von B. S. Shenstone, M. A. Sc., A. F. R. Ae. S., Netly Abbeye (England).

Es wird vor allem festgestellt, daß sich das Segelflugzeug und Motorflugzeug in ihrem Aufgabenbereich stark unterscheiden, daß sie jedoch sowohl konstruktiv wie aerodynamisch Berührungspunkte haben. Segelflugzeug und Motorflugzeug haben beide grundsätzlich die ihrer Aufgaben entsprechende richtige Gestaltung. Es ist jedoch anzunehmen, daß das Motorflugzeug sich in Zukunft eher dem Segelflugzeug angleichen wird als umgekehrt. Die Entwicklung von Flugzeugen mit größerer Reichweite strebt nach größerem Seitenverhältnis bei gleichzeitiger Verbesserung des konstruktiven Aufbaus. Die höheren Flächenbelastungen weisen in gleicher Richtung. Vorausschauend kann man sich einen Mitteldecker mit Druckschraube denken, möglicherweise als schwanzlose Maschine mit verhältnismäßig großem Seitenverhältnis und sehr hoher Flächenbelastung. Äußerlich wird sich so dieses zukünftige Flugzeug von dem modernen Segelflugzeug kaum unterscheiden.

Segelflugzeuge und Motorflugzeuge.

B. S. Shenstone, M. A. Sc., A. F. R. Ae. S.

Ein Vergleich zwischen Segelflugzeug und Motorflugzeug ist wie ein Vergleich zwischen Segelboot und Ozeandampfer. Beide bewegen sich in den gleichen Elementen, aber in sehr verschiedener Art und mit sehr verschiedenen Aufgaben. Ein Motorflugzeug und ein Ozeandampfer sollen schnell und billig Menschen von A nach B befördern, während es einem gewöhnlich nicht in den Sinn kommt, im Segelboot oder im Segelflugzeug von B nach A zu gelangen. Trotz dieser großen Verschiedenheiten haben jedoch sowohl Dampfer und Segelboot wie Motorflugzeug und Segelflugzeug viel Gemeinsames und es ist von großem Interesse, diese gemeinsamen Eigenschaften zu untersuchen. In gleicher Weise sind auch die Abweichungen und die Unterschiede hierfür interessant, und eine Betrachtung dieser Unterschiede kann zu manchen neuen Gedankengängen Anlaß geben. Obwohl ich gerne ebenso von Schiffen wie von Flugzeugen sprechen wollte, werde ich mich auf die letzteren beschränken.

Es ist eine merkwürdige Tatsache, daß sehr wenig Konstrukteure von Motorflugzeugen gleichzeitig Segelflugzeuge entwerfen, obwohl es viele gibt, die zuvor Segelflugzeuge gebaut haben. Gewöhnlich scheint es so zu sein, daß die Konstrukteure vom Segelflugzeugentwurf zum Motorflugzeugentwurf aufsteigen, was ich als eine bedauerliche Tatsache ansehe. Da dieses Aufsteigen immer das Abweichen von etwas früherem bedeutet, ist es in diesem Falle ein Abweichen von den Grundlagen der Kunst des Flugzeugentwurfs, die ungünstig ist, außer wenn man sich auf Kosten einer allgemeinen Übersicht damit begnügt, in den Konstruktionseinzelheiten aufzugehen.

Ich hoffe, daß meine Ausführungen diese letzten Bemerkungen veranschaulichen werden und aufzeigen, welche Verwandtschaft zwischen Segelflugzeug und Motorflugzeug besteht.

Es gibt eine Frage, die oftmals in allen möglichen Formulierungen gestellt wird. Es heißt etwa: Wenn die Segelflugzeuge ohne Motoren solch gute Leistungen erzielen, warum baut man dann nicht die Motorflugzeuge in der gleichen Weise und verbessert sie dadurch? Warum haben die

Motorflugzeuge solch kurze stumpfe Flügel, während die Segelflugzeuge wunderbar schlanke Flügel besitzen? Wird das Motorflugzeug besser, wenn man einen Flügel von sehr großem Seitenverhältnis verwendet? Diese Frage ist schon früher, meist an Hand von allgemeinen Untersuchungen, beantwortet worden, ich möchte es jedoch tun, indem ich die praktischen Fälle eines ausgezeichneten Segelflugzeuges und eines ebenso guten Motorflugzeuges einander gegenüberstelle.

Die Unterschiede zwischen den beiden sind weit auffallender als die Ähnlichkeiten zwischen den beiden. In dem einen Falle wird die bequeme Beförderung von etwa 16 Menschen über eine Entfernung von 1000 bis 1400 km bei einer Geschwindigkeit von 250 km/h gefordert und außerdem ist die Startlänge begrenzt. In dem anderen Falle verlangt man nur die knappe Unterbringung eines einzelnen Menschen, einen flachen Gleitflug der Maschine und eine geringe Sinkgeschwindigkeit. Der einen Forderung genügt die Douglas DC 2, der zweiten der Fafnir II. (Bild 1 u. 2.)

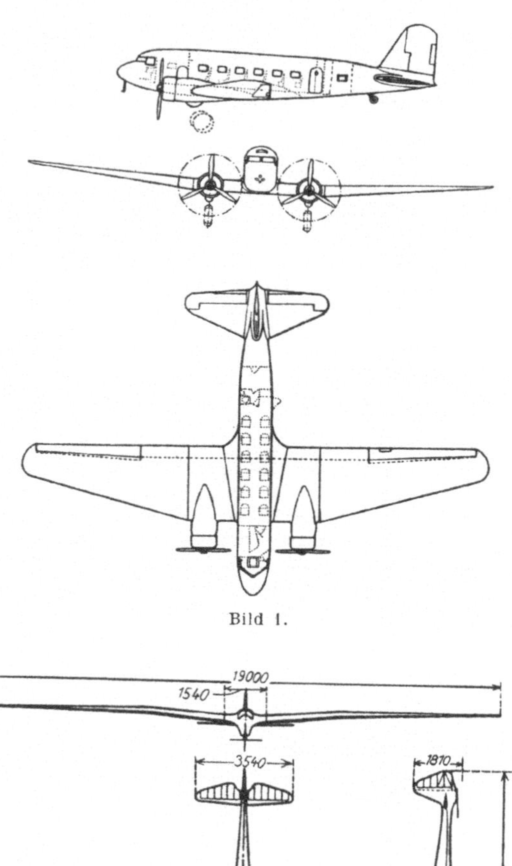

Bild 1.

Bild 2.

Beide Flugzeuge sind freitragende Eindecker von sehr sauberer Ausführung, aber hiermit ist die Ähnlichkeit zu Ende. Die Douglas ist ein Tiefdecker von mittlerem Seitenverhältnis und verhältnismäßig hoher Flächenbelastung, der Fafnir II ist ein Schulterdecker von hohem Seitenverhältnis und geringer Flächenbelastung. Obwohl keine der beiden Maschinen den neuesten Entwurf darstellt, habe ich diese Muster gewählt, da die vollständigen Gewichtsangaben und aerodynamischen Daten für sie vorhanden sind und die beiden Maschinen etwa zu der gleichen Zeit entworfen

wurden. Für die späteren Muster liegen keine vollständigen Daten vor.

Abgesehen von den äußeren Verschiedenheiten zeigt ein Vergleich der Teilgewichte, daß die Gewichtsverteilung stark voneinander abweicht (Bild 3). In der Tat scheinen die beiden Aufstellungen nichts Gemeinsames zu enthalten, außer daß das Gewicht der Personen in beiden Fällen etwa $1/5$ des Gesamtgewichtes ausmacht. Das hohe Konstruktionsgewicht des Segelflugzeuges von 74% erscheint gegenüber den 36% bei dem Motorflugzeug ungünstig. Es ist interessant zu beachten, daß bei dem Segelflugzeug Flügel und Rumpf etwa das gleiche Gewicht besitzen. Nimmt man bei dem Motorflugzeug Rumpf und Fahrwerk zusammen (bei dem Segelflugzeug bildet das Fahrwerk einen Teil des Rumpfes), so wiegt der Flügel des Motorflugzeuges das gleiche wie der Rumpf mit dem Fahrwerk. Um den Vergleich weiterzuführen, müssen wir versuchen, die beiden Flugzeuge auf eine gemeinsame Grundlage zu stellen. Ich möchte den Fafnir II nicht verderben, indem ich zum Vergleich mit der Douglas Motoren einbaue, doch werde ich die Motoren aus der Douglas herausnehmen, um festzustellen, was für ein Segelflugzeug das geben würde. Wir werden die Douglas in einen Einsitzer umwandeln und das

GEWICHTZERLEGUNG . WEIGHT ANALYSIS GEWICHTE (WEIGHTS) IN Kg.				
	DOUGLAS DC -2	% VON OF 8190 Kg.	FAFNIR II	% VON OF 378·6 Kg
FLÜGEL WING	1200	14·7	135·4	36
RUMPF FUSELAGE.	717	8·75	136·6	36
LEITWERK EMPENNAGE. VERT. / HORIZ.	195	2·4		
			6·6	2
GONDELN NACELLES.	226	2·76		
FAHRWERK CHASSIS.	495	6·05		
TRIEBWERK POWER PLANT & TANKS.	1590	19·5		
INSTRUMENTS.	69	8·4	15	4
STEUERUNG CONTROLS.	114	1·4		
EINRICHTUNGEN FURNISHINGS.	570	7		
VERSCHIEDENES MISC.	204	2·5		
KRAFTSTOFF u. OEL FUEL & OIL.	1140	13·9		
PASSAGIERE u. MANNSCHAFT PASSENGERS & CREW.	1670	20	85	22
	8190	100	378·6	100

Bild 3.

Triebwerk, die Tanks, den Brennstoff, sämtliche Ausrüstung, die Passagiere und die ganze Mannschaft außer einem Mann entfernen. Wir haben nun eine neue Reihe von Gewichten und Vergleichswerten (Bild 4). Nun wiegen Rumpf plus Fahrwerk und der Flügel je 43% des Fluggewichtes und das Konstruktionsgewicht beträgt 94%. Infolge der Herabsetzung des Fluggewichtes auf ein Drittel des ursprünglichen Wertes beträgt das effektive Bruchlastvielfache des Flügels (im A-Fall) etwa 15, wodurch der hohe Gewichtsanteil zum Teil erklärt ist. Der Hauptgrund ist natürlich, daß das Gewicht des Insassen gleich bleibt und daher einen kleineren Prozentsatz des größeren Gewichtes ausmacht. Jedenfalls ist das Verhältnis der Gewichte nun bei dem Segelflugzeug und dem ursprünglichen Motorflugzeug annähernd von der gleichen Größenordnung. Wie steht es nun mit den Leistungen? Wenn man die Motorgondeln von der Douglas entfernt, so sind die minimalen Widerstandsbeiwerte bei beiden Mustern nicht sehr verschieden.

GEWICHTZERLEGUNG . WEIGHT ANALYSIS GEWICHTE (WEIGHTS) IN Kg				
	DOUGLAS SEGELFLUGZEUG SAILPLANE	% VON OF 2825	FAFNIR II	% VON OF 378·6
FLÜGEL WING.	1200	42·5	135·4	36
RUMPF FUSELAGE.	717	25·4	136·6	36
LEITWERK EMPENNAGE. {VERT. HORIZ.}	195	6·9	6·6	2
FAHRWERK CHASSIS.	495	17·5		
INSTRUMENTS.	19	·7	15	4
STEUERUNG CONTROLS.	114	4		
MANNSCHAFT CREW.	85	3	85	22
	2825	100	378·6	100

Bild 4.

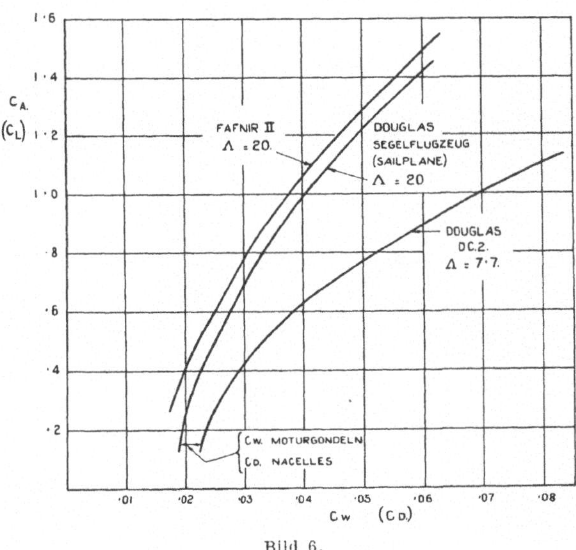

Bild 6.

Bei großen Anstellwinkeln ist der Fafnir wegen des mehr als doppelt so großen Seitenverhältnisses weit überlegen. Warum hat nun die Douglas kein so großes Seitenverhältnis und inwiefern wäre es günstig, wenn sie ein solches besäße?

Da wir die Douglas in ein Gleitflugzeug umgewandelt haben, können wir sie zuerst so lassen und einen richtigen Segelflugzeugflügel anbringen. Wenn wir das Seitenverhältnis auf 20 erhöhen, das Wurzelprofil von 15% auf 18% verdicken und die gleichen Sicherheitsfaktoren wie an dem ursprünglichen Flügel fordern, so stellen wir fest, daß der neue Flügel mit dem Seitenverhältnis 20 das gleiche wiegt wie der ursprüngliche Flügel, der ein Seitenverhältnis von 7,7 besaß (Bild 5 u. 6). Solange wir die Douglas DC 2 als Gleitflugzeug verwenden, können wir daher einen normalen Segelflugzeugflügel anbringen. Die Leistungen als motorloses Flugzeug sind sehr gut. Der maximale Gleitwinkel beträgt etwa 26 bei 80 km/h und die kleinste Sinkgeschwindigkeit erreicht nur 0,8 m/s. Was würde jedoch geschehen, wenn wir den gleichen Flügel an dem Motorflugzeug anbringen würden? Wir erkennen, daß der Flügel bei den gleichen Sicherheitsfaktoren etwa 2½ mal schwerer werden würde als der ursprüngliche Flügel und daß das Gesamtgewicht von 8190 kg auf 10 170 kg anwachsen würde. Diese Vergrößerung braucht die gesamte ursprüngliche Nutzlast auf, so daß das Flugzeug nutzlos würde, wenn das Gesamtgewicht nicht in der angegebenen Weise erhöht würde. Erhöht man jedoch das Gewicht um etwa 2 t, so wird das Flugzeug kaum eine genügend kleine Startlänge haben und wieder nicht verwendbar sein. Nimmt man jedoch an, daß die Maschine mit dem ursprünglichen Brennstoffvorrat und der ursprünglichen Nutzlast starten kann, so ist es interessant festzustellen, welche Leistungen sich ergeben. Die Untersuchung zeigt, daß bei Verwendung eines Flügels mit dem Seitenverhältnis 20 die maximale Geschwindigkeit um 2 km/h verringert wird und daß die Reichweite um 30 km oder 2% vergrößert wird. Die Landegeschwindigkeit würde 10 km/h höher liegen. Das höhere Seitenverhältnis führt daher in keiner Weise zu einem wirklichen Gewinn, wenn das

Flugzeug für seine ursprünglichen Aufgaben eingesetzt wird, zumal auch die Startschwierigkeiten beträchtlich erhöht sind.

Wenn jedoch die DC 2 nicht für verhältnismäßig kleine Strecken bei hoher Reisegeschwindigkeit entworfen worden wäre, sondern statt dessen für eine maximale Reichweite bei günstigster Gleitzahl und bei einer geringen Nutzlast von etwa 400 kg einschließlich der Besatzung, so ständen $570 + 1140 + 1270 = 2980$ kg für den Brennstoff und Ölvorrat zur Verfügung bei einem Fluggewicht von 10 170 kg. Dies würde dazu führen, daß das Flugzeug mit dem Flügel von größerem Seitenverhältnis eine um 28% größere Reichweite erzielt als das Flugzeug mit dem ursprünglichen Flügel. Bei dieser maximalen Reichweite müßte jedoch bei Verwendung des Flügels mit größerem Seitenverhältnis bei einer um 55 km/h höheren Geschwindigkeit geflogen werden. Für diesen verhältnismäßig ungewöhnlichen Zweck ist der Flügel von großem Seitenverhältnis an dem Motorflugzeug verwendbar. Wir haben hier einen Berührungspunkt zwischen Segelflugzeug und Motorflugzeug, da das Segelflugzeug bei Überlandflügen ebenfalls annähernd bei günstigster Gleitzahl fliegt. In keinem der beiden Fälle ist die Geschwindigkeit wesentlich, sondern allein die Energie, die für den zurückgelegten Kilometer aufgewendet werden muß. Der Widerstand des Segelflugzeuges erreicht im Verhältnis zum Auftrieb seinen kleinsten Wert und pro Einheit der zurückgelegten Strecke sinkt das Flugzeug am wenigsten. Das Motorflugzeug ist in der gleichen Fluglage und die zum Fluge erforderliche Leistung erreicht pro Kilometer den kleinsten Wert, während die Anzahl der Kilometer pro Liter des Brennstoffs ein Maximum erreicht.

Diese kleine Untersuchung liefert uns einige Angaben, aus denen wir unsere Folgerungen ziehen können. Bei Segelflugzeugen und Langstreckenflugzeugen, die gewöhnlich beide bei der Fluglage fliegen, die die günstigste Gleitzahl liefert, versuchen wir die Gleitzahl zu verbessern, indem wir das Seitenverhältnis so groß wie möglich machen. Bei normalen Verkehrsflugzeugen ist jedes beliebige passende Seitenverhältnis (6 oder mehr) gleich günstig. Diese Flugzeuge fliegen bei niedrigen Auftriebsbeiwerten und die Veränderung des Seitenverhältnisses übt nur einen geringen Einfluß aus. Bei Schnellflugzeugen mit großer Motorleistung (geringer Leistungsbelastung) besitzt das Seitenverhältnis keinerlei Bedeutung und wird so klein wie möglich gewählt. Abgesehen von schnellen Kampfflugzeugen und Flugzeugen für Geschwindigkeitsrekorde scheint man jedoch danach zu streben, die Seitenverhältnisse an Flugzeugen etwas zu vergrößern. Erstens ist es auf Grund der verbesserten Materialien und Bauweisen und unserer Kenntnisse der Festigkeit und Steifigkeit möglich, dies ohne große Gewichts-

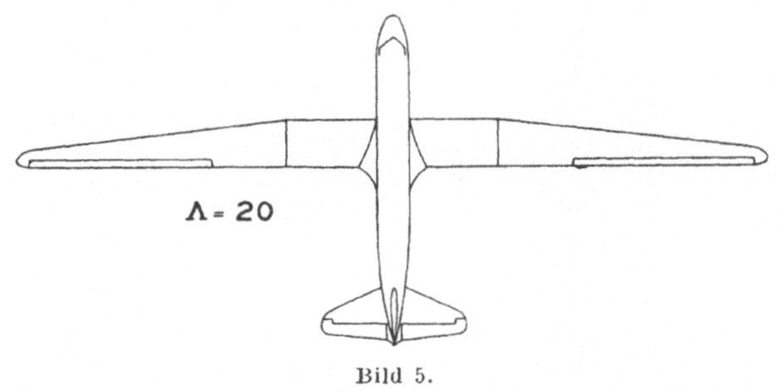

Bild 5.

erhöhung zu erreichen. Zweitens ist dies notwendig infolge der wachsenden Flächenbelastungen und größer werdenden Reichweiten, um den erhöhten induzierten Widerstand zu verringern. Diese Entwicklung zeigt sich bei den neuen Mustern von Martin und Douglas (Bild 7), doch scheint die Vergrößerung des Seitenverhältnisses nur sehr langsam vor sich zu gehen.

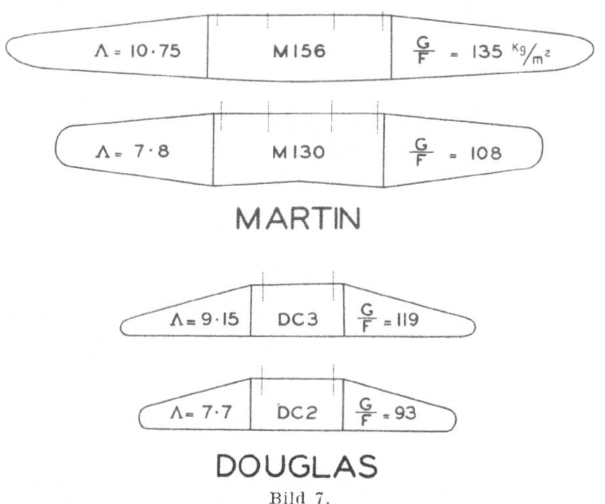

Bild 7.

winkel, wie Bild 9, d. h. das Abreißen beginnt verhältnismäßig früh, doch tritt keine merkliche Auftriebsverringerung ein, bis ein sehr hoher Anstellwinkel erreicht ist, so daß ein Abreißen der Flügelenden nicht zu Stabilitätsstörungen führt. Verwenden wir nun dieses Profil an dem Flügelende der Douglas DC 2, so ergibt sich ein ganz anderes Bild. Bei Vergrößerung der Reynoldsschen Zahl wird das Abreißen

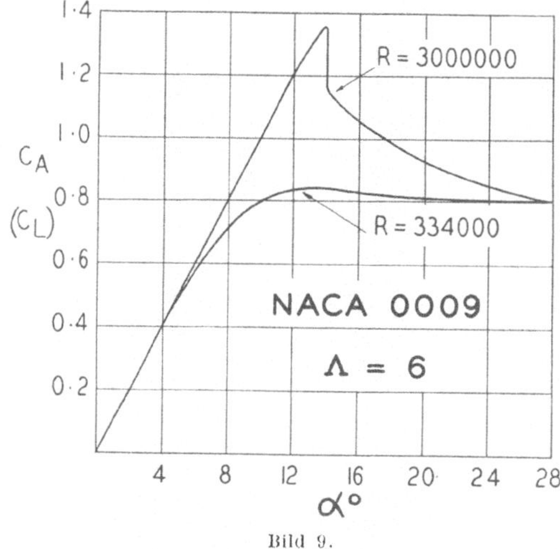

Bild 9.

Außer dem Seitenverhältnis gibt es noch weitere abweichende Flügeleigenschaften bei Motorflugzeug und Segelflugzeug. Man darf nicht hoffen, daß das Flügelprofil, das an einem großen Flugboot günstig ist, an einem Segelflugzeug ebenso vorteilhaft verwendet werden kann. Gerade das hat man vor einigen Jahren versucht (Bild 8). Das sich ergebende Segelflugzeug hatte sehr wenig Aussicht auf Erfolg. Gleicherweise sind die verhältnismäßig stark gewölbten Profile der Segelflugzeuge für Motorflugzeuge un-

immer plötzlicher, so daß wir bei der Douglas in Landestellung eine Form der Auftriebskurve haben (Bild 9), die ein sehr plötzliches Abreißen aufweist, was sich bei geringen Geschwindigkeiten ungünstig auswirken kann. Bei plötzlich abreißenden Flügelenden besteht die Gefahr, daß die Querstabilität und die Steuerfähigkeit verloren geht. Bei der DC 2 ist statt dessen das Profil NACA 2209 verwendet worden, das bessere Abreißeigenschaften besitzen soll, obwohl keine bestimmten Daten hierfür vorhanden sind. Hieraus kann man folgern, daß bei einem Segelflugzeug eine Verringerung der Wölbung an den Flügelenden günstig ist, während dies bei einem Motorflugzeug beliebiger Größe und Geschwindigkeit unvorteilhaft sein kann.

Eine andere Frage, die überall umstritten wird, ist die Flügelverjüngung. Es ist einleuchtend, daß ein verjüngter Flügel leichter ist als ein Flügel ohne Zuspitzung. Es ist außerdem gezeigt worden, daß eine verhältnismäßig große Zuspitzung (3:1 bis 4:1) auf Grund aerodynamischer und konstruktiver Überlegungen am günstigsten ist. Beim Abreißen ist jedoch jeder verjüngte Flügel gegenüber dem Rechteckflügel ungünstiger wegen des frühen Abreißens an den Enden. Bei Segelflugzeugen und Motorflugzeugen hat man versucht, durch Verdrehung und Schränkung diese Erscheinung auszugleichen. Bei hohen Geschwindigkeiten

Bild 8.

günstig, da sie in dem normalen Anstellwinkelbereich der Motorflugzeuge einen hohen Widerstand liefern. Wenn das Motorflugzeug hohen Auftrieb braucht, dann erfordert es auch einen schlechten Gleitwinkel, so daß Klappen sich besser eignen als ein wirksames Profil mit hohem Auftrieb. Abgesehen von der Grundform des Profils sind Größeneinflüsse vorhanden, die zu einer Unterscheidung der Profile führen, die für Segelflugzeuge und Motorflugzeuge günstig sind. An den Flügelenden der Segelflugzeuge verwendet man gewöhnlich verhältnismäßig dünne symmetrische Profile, z. B. NACA 0009. Bei den Reynoldsschen Zahlen, die an den Flügelenden der Segelflugzeuge auftreten, liefert dieses Profil eine Kurve des Auftriebs gegen den Anstell-

und kleinen Anstellwinkeln, wie sie beim Motorflugzeug verwendet werden, führt eine starke Schränkung zu einer erheblichen Vergrößerung des induzierten Widerstandes. Bei den Motorflugzeugen sind daher nur Schränkungen bis zu etwa 3° zulässig, während bei Segelflugzeugen Schränkungen bis zu 12° mit Erfolg verwendet worden sind. Da nun jedoch größerer Wert auf hohe Reisegeschwindigkeiten bei günstigster Gleitzahl gelegt wird, sind solch starke Schränkungen bei Segelflugzeugen nicht mehr so beliebt. Eine geringere Schränkung läßt bei gegebenen Querstabilitätseigenschaften beim Abreißen eine geringere Zuspitzung zu. Daher sind die Flügel von Motorflugzeugen im allgemeinen nicht so stark verjüngt wie bei Segelflugzeugen und neuere Segelflugzeugmuster zeigen daher eine geringere Verjüngung als die älteren Typen.

Eine weitere Erscheinung, die zu einer Unterscheidung der Flügel für Segelflugzeuge und Motorflugzeuge führt, besteht in der Schwierigkeit bei niedrigen Geschwindigkeiten die notwendige hohe Steuerbarkeit der Segelflugzeuge zu erreichen. Für das Motorflugzeug ist es nicht notwendig, in Bodennähe steile Kurven auszuführen oder in einem Thermikschlauch zu kurven. Außerdem macht der Flügel bei dem Motorflugzeug einen kleineren Teil des Gewichtes aus, und die Trägheit um die Längsachse ist im allgemeinen kleiner und die Reaktion auf die Steuerbewegungen daher schneller. Diese Forderungen bei den Segelflugzeugen haben zu sehr großen Querrudern, starker Schränkung und einem Streben nach Kurvenstabilität geführt. Im Vergleich hierzu ist das Problem bei dem Motorflugzeug sehr einfach. Trotzdem ist auch bei Motorflugzeugen die Frage der Querstabilität und Steuerfähigkeit außerordentlich wichtig, so daß eine umfangreiche Forschungsarbeit auf diesem Gebiete geleistet worden und noch im Gange ist. Eine gute Zusammenfassung der in dieser Frage geleisteten Arbeit ist in NACA Report 605 »Results and Analysis of NACA Lateral Control Research« enthalten. Wichtig ist ebenfalls der NACA Report 570 »Effect of Lateral Control in Producing Motion of an Aeroplane as Computed from Wind Tunnel Data«.

Ein weiterer Unterschied zwischen Segelflugzeugen und Motorflugzeugen besteht in der Tatsache, daß der allmähliche Übergang zwischen Flügel und Rumpf bei Motorflugzeugen sehr selten ist. Bei einmotorigen Maschinen wird dies im wesentlichen durch folgende Gründe verursacht:

a) Der Rumpf besitzt eine solche Form, daß die Anbringung eines passenden Flügelüberganges nur schwer möglich ist.

b) Der Strömungsverlauf hinter der Luftschraube ist so verwirbelt und unübersichtlich, daß der allmähliche Übergang von Flügel zum Rumpf nur aus reinem Zufall zu einer vorteilhaften Wirkung führen kann.

Bei mehrmotorigen Maschinen ohne Motor an der Rumpfnase wird der Flügel-Rumpf-Übergang wahrscheinlich verwendet werden in der Hauptsache bei Schulterdeckern und Hochdeckern. Es gibt jedoch zwei Faktoren, die den Entwurf des Flügel-Rumpf-Überganges schwierig machen. In erster Linie sind es die Motorgondeln, deren Einfluß im allgemeinen bis zu dem Rumpf reicht. Zweitens führt die gegenwärtige Entwicklung zu einem immer größer werdenden Rumpf in Verbindung mit immer kleiner werdendem Flügel. Eine solch große Ungleichheit zwischen der Größe von Flügel und Rumpf führt zu einer Erschwerung des Entwurfes des Flügelüberganges. Wenn die Leistungsbelastung sehr niedrig ist, ist ein etwas niedrigeres Seitenverhältnis zulässig. Wenn die Motoren gleichzeitig vollständig in dem Flügel eingeschlossen sind und die Luftschrauben durch Wellen angetrieben werden, so werden die Schwierigkeiten geringer und ein Flügelübergang ist durchaus möglich. Die Miles X ist hierfür ein gutes Beispiel.

In Verbindung mit dem Flügel-Rumpf-Übergang steht die Flügelanordnung. Vor einigen Jahren noch wurde der Flügel des Segelflugzeugs in Hochdeckerbauweise angeordnet. Alexander Lippisch hat den Flügel zuerst bis zur Schulterhöhe gesenkt. Wird der Flügel noch tiefer am Rumpf angesetzt werden? Ich glaube nicht, da es keine aerodynamischen Vorteile hat.

Bei dem Motorflugzeug wird die Tiefdeckerbauweise nur verwendet, um den Abstand der Luftschraube vom Boden günstiger zu gestalten, um die Sicht des Piloten zu verbessern, das Fahrwerk zu verkürzen und den im Rumpf vorhandenen Raum zu vergrößern. In aerodynamischer Hinsicht ist eine Hochdeckeranordnung mit einfachen Mitteln günstiger zu gestalten. In dieser Frage scheint die Entwicklung des Motorflugzeugs dem Segelflugzeug zu folgen, bis bei den größeren Motorflugzeugen die Flügellage und der Flügel-Rumpf-Übergang sehr ähnlich wird wie bei den Segelflugzeugen.

Schließlich gibt es noch eine sehr wichtige Frage in Verbindung mit dem Flügeläußeren, und zwar Oberflächenbeschaffenheit und Glätte. Erst seit etwa 5 Jahren hat der durchschnittliche Konstrukteur von Motorflugzeugen das zu glauben begonnen, was der Segelflugzeugkonstrukteur und der Segelflieger seit 15 Jahren weiß. Die Segelflieger wußten aus Erfahrung (was weit wichtiger ist als Theorie), daß Glätte der Oberfläche Leistung bedeutet, und bemühten sich, eine möglichst große Glätte zu erreichen. Die Motorflugzeugbauer glaubten daran nicht und beriefen sich darauf, daß die Windkanalmessungen keinen wesentlichen Gewinn auf Grund der Glätte geliefert hatten. Dann kamen Schrenks aufsehenerregende Messungen am wirklichen Flugzeug im Jahre 1929, die den großen Einfluß der Rauhigkeit auf den Widerstand aufzeigten. Diese Erkenntnis wurde jedoch kaum ausgenutzt, einerseits, weil man den Ergebnissen nicht traute und anderseits, weil die meisten Motorflugzeuge damals so viel Interferenzwiderstand besaßen, daß der gesamte Reibungswiderstand nur einen kleinen Teil vom ganzen Widerstand ausmachte.

Schließlich wurde 1932 die Heinkel 70 gebaut, deren Leistungen noch heute erstaunlich sind. Seitdem hat man die Aufmerksamkeit nicht nur auf den Formwiderstand, sondern auch auf die Oberflächenbeschaffenheit gerichtet.

Obwohl ihre Stimmen zuerst nicht gehört worden sind, können die Segelflugzeugbauer mit Stolz sagen: »Das haben wir ja gleich gesagt.«

Im Zusammenhang mit der Oberflächenrauhigkeit ist die Frage des Staubs auf dem Flügel von Interesse. Segelflieger haben darauf hingewiesen, daß der auf dem Flügel liegende Staub die Leistungen beeinträchtigt, und wir können annehmen, daß dies den Tatsachen entspricht. Mißt man die Größe der Staubpartikel, die sich etwa bei der Unterbringung der Maschine in einer Halle ansammeln, so ergibt sich eine mittlere Größe von etwa 0,0125 mm Dmr., wenn die größeren Teilchen fortgeblasen sind. Allgemein wird angenommen, daß bei Strömung mit turbulenter Grenzschicht an einem Segelflugzeugflügel dieser aerodynamisch glatt ist, wenn die Rauhigkeitsteilchen einen Durchmesser von weniger als 0,075 mm besitzen, d. h. also 6 mal mehr als die wirkliche Größe beträgt. Wenn die Grenzschicht turbulent ist, kann der Staub daher keinerlei Widerstand hervorrufen. Wir müssen daher annehmen, daß die Grenzschicht laminar und nicht turbulent ist. Entspricht es nun den Tatsachen, daß Rauhigkeitsteilchen von 0,0125 mm Dmr. einen Umschlag der laminaren Strömung verursachen können? Leider können wir heute noch keine Antwort auf diese Frage geben, doch sind Forschungsarbeiten im Gange, die, wie ich glaube, die theoretische Grundlage für die Erfahrung des Segelflugzeugpiloten liefern werden. Bisher ist festgestellt worden, daß an einem vollkommen glatten Flügel die Grenzschicht sehr viel länger laminar bleiben, als bisher auf Grund von Strömungsmessungen in Rohren angenommen wurde. Man kann annehmen, daß die Grenzschicht im normalen Fluge an dem Segelflugzeugflügel längs der halben Tiefe laminar bleibt.

Die moderne Methode des Leistungsvergleichs durch Untersuchung des Reibungswiderstandes steht in Verbindung mit der Oberflächenbeschaffenheit. Dieses Verfahren besteht in einem Vergleich des wirklichen Widerstandsbeiwertes des Flugzeugs mit dem Widerstandsbeiwert, den man schätzungsweise bestimmt, indem man annimmt, daß nur turbulenter Oberflächenreibungswiderstand vorhanden ist. Bei Schnellflugzeugen, im besonderen bei mehrmotorigen Typen, stellt dies eine gute Schätzung des aerodynamischen Wirkungsgrades dar. Bei langsameren und sehr sauberen Mustern fällt der Wert, der auf diese Weise geschätzt wurde, zu günstig aus, da zu einem großen Teil laminare Strömung vorhanden ist. Die He 70 hat beispielsweise mit eingezogenem Kühler einen Wert von 0,64 (der Höchstwert beträgt 1,0) und der Wirkungsgrad des Fafnir II erreicht 0,85. In keinem der beiden Fälle ist der induzierte Widerstand in dem wirklichen Widerstandsbeiwert berücksichtigt worden. Wenn man jedoch annimmt, daß an dem Flügel des Fafnir II bis zur Hälfte der Tiefe laminare Strömungsbedingungen herrschen, so wird dieser Wert auf 0,75 reduziert. Dieser letztere Wert ist sehr vorsichtig gewählt, zeigt jedoch trotzdem, daß ein gutes Segelflugzeug dem Motorflugzeug in aerodynamischer Hinsicht überlegen ist. Berücksichtigt man jedoch, daß der Aufgabenbereich der He 70 gegenüber dem Fafnir II sehr viel größer ist, so ist es erstaunlich, daß eine solch saubere Ausführung möglich war.

Oberflächenglätte ist nicht die einzige Errungenschaft, die das Segelflugzeug zum Nutzen des Motorflugzeuges eingeführt hat. Der normale Holm für einholmige Bauweise mit »D«-Nase wurde durch den Vampyr im Jahre 1921 eingeführt. In der ursprünglichen oder in abgewandelter Form wird dieser Holm heute durch die folgenden Flugzeugfirmen verwendet: BFW, Dewoitine, Supermarine, Handley-Page, Lockheed, Sikorsky, Westland, North-American, Stearman-Hammond, Ryan, Grumman, Henschel, Focke-Wulf, Beechcraft und soweit ich feststellen kann, auch bei Amiot und Ago. Dies ist eine eindrucksvolle Liste, die ständig anwächst. Sie zu nennen, ist die beste Anerkennung der Segelflugzeugpioniere.

Die Brüder Wright starteten ihre ersten Motorflugzeuge mit Katapult, da sie kein passendes mit Rädern versehenes Fahrwerk entwickelt hatten und da ihre Flugzeuge zu wenig Leistung besaßen. Die modernen Motorflugzeuge haben Startschwierigkeiten, da sie die im Stand vorhandene Leistung infolge bestimmter Entwurfsgrößen (Spitzengeschwindigkeit bei maximaler Geschwindigkeit, Abstand der Luftschraube vom Boden oder vom Wasser, Motorumdrehungszahl usw.) nicht genügend ausnutzen können.

Bei vielen Flugzeugmustern ist daher in anderer Hinsicht auf Leistung verzichtet worden, um einen guten Start zu gewährleisten. Infolgedessen tritt der Katapult wieder in Gebrauch, und zwar merkwürdigerweise aus dem gleichen Grunde, der auch die Verwendung des Katapultstarts bei dem Segelflugzeug erforderlich macht, d. h. die Maschine muß erst frei kommen, bevor sie ihre Leistung ausnutzen kann, da der statische Schub zu klein ist.

Im Zusammenhang mit der Leistung steht folgende Überlegung. Je größer ein Flugzeug, desto mehr Leistung ist zum Fliegen erforderlich. Ein Segelflugzeug verhält sich in dieser Beziehung genau so, wie das Motorflugzeug, mit dem Unterschied, daß es die natürliche in der Atmosphäre vorhandene Energie ausnutzt und daß ihm um so mehr Energie zur Verfügung steht, je größer es ist. Wenn ein Motorflugzeug doppelt so groß gebaut wird, so erfordert es die doppelte Leistung zum Fluge. Da diese Leistung hier keine freie, von außen wirkende Leistung ist, sind größere Motoren und ein größerer Brennstoffverbrauch notwendig. Ein Hauptziel des Motorflugzeugbauers muß also darin bestehen, die Maschine unter Berücksichtigung der von ihr geforderten Aufgaben so klein wie möglich zu halten, während die Größe eines Segelflugzeuges, soweit es sich um Leistung und Betriebskosten handelt, unbegrenzt ist. Es ist in der Tat schwerer, ein kleines Segelflugzeug zu bauen, als ein Segelflugzeug von mittlerer Größe.

Die Ursache hierfür mag darin liegen, daß die Besatzung bei dem kleineren Flugzeug einen größeren Prozentsatz des Gewichtes ausmacht und somit eine besonders leichte Konstruktion notwendig ist, wenn die Leistungen nicht verringert werden sollen. Die Nachteile eines sehr großen Segelflugzeuges sind die hohen Baukosten, die schwierigere Bewegung am Boden, Unterbringung und mögliche Schwierigkeiten beim Kurven in schmalen Thermikschläuchen.

Zum Schluß möchte ich noch allgemein auf den Entwurf von Segelflugzeugen und Motorflugzeugen eingehen. Dem Segelflugzeugkonstrukteur ist mit kleinen Abwandlungen immer das gleiche Problem gestellt. Durch verschiedene Versuche kann er Erfahrungen sammeln und schließlich einen hoch entwickelten Typ schaffen. Es kommt nicht darauf an, wie lange er hierzu braucht, die Grundforderungen ändern sich nicht, da sie auf der Natur beruhen. Man könnte sagen, daß der Entwurf eines Segelflugzeuges ein Angriff auf eine bestimmte Naturerscheinung ist. Wohl ist es eine große Arbeit, doch kann ein einziger Mann lernen, die Arbeit allein auszuführen. Es ist bewiesen worden, daß ein einziger Mann ein Segelflugzeug ausdenken, entwerfen, zeichnen, bauen und fliegen kann. Professor (Pterodactyl) Hill hat einmal gesagt, daß die zum Bau eines guten Segelflugzeuges notwendigen Mittel so einfach sind, daß die alten Ägypter schon ein solches hätten bauen können.

Doch wie verschieden ist dies bei dem Motorflugzeug! Es erfüllt keine auf natürlicher Grundlage beruhenden gleichbleibenden Forderungen, es versucht von Menschen geschaffene, ewig sich ändernde Aufgaben aufzugreifen und in eine Form zu bringen. Diese Aufgabenstellungen sind so kompliziert und so verschiedenartig, daß es viel zu schwierig ist, als daß ein einziger Mann sie erfüllen könnte. Motorflugzeuge werden heute niemals durch einen einzigen Konstrukteur, sondern durch eine Gruppe von Konstrukteuren entworfen, von denen keiner ohne die anderen erfolgreich arbeiten kann. Hierdurch und durch die willkürlich gestellten Forderungen wird das Motorflugzeug zu einem viel größeren Kompromiß, als es ein Segelflugzeug jemals ist. Nur in Ausnahmefällen, wie bei der Caudron 360, wird ein Motorflugzeug entwickelt, das nur eine einzige bestimmte Aufgabe zu erfüllen hat. Beim Motorflugzeugbau gibt es gewöhnlich keine zweite Chance, denn die nächsten Forderungen sind immer wieder verschieden und wenn ein Typ mißlingt, so besteht keine Möglichkeit, diesen in eine befriedigende Maschine weiterzuentwickeln. So ist jeder Entwurf mehr oder weniger etwas Neues, das unbedingt richtig sein muß. Und zwar muß der Entwurf außerdem bis zu einem bestimmten Zeitpunkt genügen, da es sonst endgültig und unwiderruflich zu spät ist, obwohl die obersten Stellen manchmal eine unglaubliche Geduld zeigen. Hierzu kommt, daß die Grenzen unseres Wissens überall sehr enge sind. In vielen Fällen hat die Praxis die Theorie schon überflügelt. Beim Entwurf eines neuen Schnellflugzeugs gerät man in Gebiete, die im Windkanal noch nicht untersucht worden sind. Die neuen Tatsachen müssen von den bekannten Erscheinungen extrapoliert werden. Einerseits darf man nicht zögern, andererseits soll man keine Fehler machen. Man muß deshalb den Ingenieur als einen Mann bezeichnen, der auf Grund ungenügender Angaben die richtige Antwort erteilt. Für den Segelflugzeugkonstrukteur ist der Weg wohl vorbereitet, er ist niemals in diesem Sinne außerhalb der vorhandenen Erkenntnisse.

Finanziell wird für den Motorflugzeugbau immer sehr viel mehr aufgewandt. Dies führt zu dem bekannten Konservatismus beim Motorflugzeugentwurf, der nur dann durchbrochen wird, wenn ein Gedankengang gefährlich veraltet ist.

Heute ist die Ausrüstung und der Aufgabenbereich eines Motorflugzeugs so umfassend, daß das eigentliche Flugzeug nur dazu dient, die kreuzförmig angeordnete Ausstattung zu umhüllen. Aber das Segelflugzeug wird immer ein feinfühliges Instrument zur Erkenntnis des Naturgeschehens bleiben.

Wir sehen somit, daß das Segelflugzeug zu einem sehr feinfühligen Instrument entwickelt werden konnte, da eine bestimmte unveränderte Reihe von Forderungen gestellt war. Wenn das Motorflugzeug während einer Anzahl von Jahren nach gleichen und bestimmten Forderungen gebaut werden könnte, so wäre es auch möglich, es logisch weiterzuentwickeln. Wenn man Flugzeuge für eine natürlich bedingte durchgehende Strecke baut, etwa für die Strecke über den Atlantischen Ozean, so hat man die Möglichkeit, eine solche Entwicklung durchzuführen, da die grundlegenden Forderungen, die natürlich bedingt sind, sich nicht ändern. In der gleichen Weise, wie die im Transatlantikverkehr eingesetzten Schiffe am weitesten entwickelt sind, so werden mit der Zeit auch die transatlantischen Flugzeuge die beste Luftverkehrsflotte werden. ·

Zusammenfassend sehen wir, daß das Segelflugzeug und das Motorflugzeug in ihrem Aufgabenbereich sich stark unterscheiden, daß sie jedoch sowohl konstruktiv wie aerodynamisch Berührungspunkte haben. Segelflugzeug und Motorflugzeug haben beide grundsätzlich die ihren Aufgaben entsprechende richtige Gestaltung, es ist jedoch anzunehmen, daß das Motorflugzeug sich in Zukunft eher dem Segelflugzeug angleichen wird als umgekehrt. Die Entwicklung der Flugzeuge nach größerer Reichweite strebt nach größerem Seitenverhältnis bei gleichzeitiger Verbesserung des konstruktiven Aufbaus. Die höheren Flächenbelastungen weisen in gleicher Richtung. Denken wir uns vorausschauend einen Mitteldecker mit Druckschraube, möglicherweise als schwanzlose Maschine mit verhältnismäßig großem Seitenverhältnis und sehr hoher Flächenbelastung, so ist es denkbar, daß sich dieses zukünftige Flugzeug von dem modernen Segelflugzeug äußerlich wenig unterscheiden wird.

Sailplanes and Aeroplanes.

By B. S. Shenstone, M. A. Sc., A. F. R. Ae. S.

Comparing sailplanes with aeroplanes is like comparing sailing yachts with ocean liners. They operate in the same media but in vastly different ways and for different purposes. An aeroplane or an ocean liner is designed to take people expeditiously and economically from A to B, whereas the reaching of B from A in the sailplane or sailboat is usually very far from one's thoughts. But in spite of these great divergences, both liner and sailboat or aeroplane and sailplane have much in common and it is a source of considerable fascination for those interested to study these common qualities. In like manner the differences and the reasons therefore are equally interesting, and a study of them can lead to many a speculation. Although sorely tempted to talk of ships as well as aircraft, I shall confine myself in this lecture to the latter.

It is a curious fact that there are very few aeroplane designers who at the same time design sailplanes, although there are many who in the past have designed sailplanes. There appears to be a tendency for people to "graduate" from sailplane to aeroplane design, which I think is unfortunate. Since "graduation" usually infers a "departure from", then it means in this case a departure from the fundamentals of the art, which can be illafforded unless one is content to immerse oneself in the detailed intricacies of design at the expense of the wider view.

I hope that what I have to say will illustrate my last remarks and also show clearly the degree of kinship existing between the sailplane and the aeroplane.

There is one question which is often asked, and it is asked in all sorts of ways. For instance: If sailplanes are such wonderful performers without engines, why not build aeroplanes more like them and improve the breed? Since sailplanes have such lovely slim wings, why use such short blunt ones for aeroplanes? If one puts a wing of very high aspect ratio on an aeroplane, will it be improved? The question has been answered before, usually by general investigations, but here I should like to do it by taking the actual cases of an excellent sailplane and an equally excellent aeroplane.

To begin with, the differences between the two are more obvious than the similarities. The specification of one requires the transportation of 16 people something like 1000 km to 1400 km at about 250 km/hr in comfort, and among other things limits the take-off run. The other specification demands only cramped accomodation for one man, and the machine must glide flat and sink slowly. The first turns out to be the Douglas DC 2 and the second the Fafnir II (Slides 1 and 2). Both are cantilever monoplanes of very clean design, but there the similarity ceases. The Douglas is a comparatively highly loaded low wing type of moderate aspect ratio, whereas the Fafnir II is a lightly loaded middle-wing machine of high aspect ratio. Although neither type is of the very latest design I have chosen them because full weight and aerodynamic data are available for them, and they were designed at about the same time. For later types no complete data are available.

Apart from external differences a comparison of the component weights shows a marked variation in the weight distribution (Slide 3). In fact there appears to be nothing in common between the two lists except the coincidence that in both cases the weight of persons carried is about $^1/_5$ of the total. The high structure weight of 74% for the sailplane might seem to compare unfavourably with the 36% of the aeroplane. It is of interest to note that the wings and fuselage of the sailplane have about the same weight. If the fuselage and chassis of the aeroplane are taken together (the chassis of the sailplane is part of its fuselage) it is found that the wing of the aeroplane weighs the same as the sum of the fuselage and chassis. Now, in order to further elucidate the comparison, we must try to put the two aircraft on a more equal footing. I do not wish to spoil the Fafnir II by installing engines in it for comparison with the Douglas, but I do not mind taking the engines out of the Douglas to see what sort of sailplane it would make. We shall make it a single-seater and remove all the powerplant, tanks, fuel, oil, furnishings, passengers and all the crew except one man. Now we have a new set of weights (Slide 4) and a new set of comparisons. Now the fuselage + chassis and the wing each weigh 43% of the flying weight and the structure weight comes to 94%. Due to cutting the flying eight down to $^1/_3$ of the original, the effective wing factor (centre of pressure forward) is of the order of 15, which accounts for part of the high weight percentage. Of course the main point is that the man weighs the same and therefore a smaller percentage of the greater weight. At any rate, the weights of the aeroplane-glider and sailplane are now proportioned in somewhat the same order. Now what of the performance? If the nacelles are removed from the Douglas the minimum drag coefficients of both types are roughly the same, but at high incidences Fafnir gains greatly due to having an aspect ratio more than twice as great. But why hasn't the Douglas such a large aspect ratio? How would it help it if it did have it?

Since we have made the Douglas a glider, we may as well keep it one for the time being and put a real sailplane wing on it. If we put the aspect ratio up to 20, thicken up the root section from 15% to 18% and give it the same factors as the original aeroplane, it is interesting to see that the new wing of aspect ratio of 20 weighs the same as the original which has an aspect ratio of 7,7 (Slide 5, 6). So we see that we can equip the DC 2 with a normal sailplane wing as long as it remains a glider. The performance as a sailplane is very good, as it has a maximum gliding angle of about 26 at 80 km/hr and a minimum sinking speed of about 0,75 m/s. Although good, it is nothing unexpected. But what if this same wing were installed in the engined aeroplane? With the same factors, we find it would be over 2½ times as heavy as the original wing, and increases the gross weight from 8190 kg to 10170 kg. This increase uses up all the original payload and even more, so that unless the gross weight is increased as stated, the aeroplane would be useless. But if the weight is increased by almost two tons, the aeroplane could hardly have a satisfactory take-off, and would again be useless. However, assuming that it could take off with its original fuel and payload, its performance is of interest. On investigation it is found that with the wing of aspect ratio of 20 the maximum speed is reduced by 2 km/hr and the range increased by about 30 km or 2%. The landing speed would be 10 km/hr higher. There is thus no real gain in performance in any direction due to the higher aspect ratio, if the aeroplane is used for its original purpose.

If, however, the DC 2 had not been designed for relatively short hauls at high speed but designed instead for maximum range at maximum Lift Drag (L/D) and a small payload, say 400 kg including crew, then one would have $570 + 1140 + 1270 = 2980$ kg available for fuel and oil. This would result in the aeroplane with the high aspect ratio wing having 28% greater range than the aeroplane with the original wing. However this maximum range would be flown about 55 km/hr slower with the high aspect ratio wing. Thus, for this one and rather unusual purpose the large aspect ratio of the sailplane is usable on an aeroplane. Here, then, we have the connecting point between sailplane and aeroplane, for a sailplane on cross-country flights also flies near or at maximum L/D. In neither case is speed important, but only the energy expended per kilometer of ground covered. The sailplane resistance is least for its lift and it sinks the least amount per kilometer covered. The aeroplane is in the same attitude and its power required for flight is least per kilometer covered and the kilometers covered per litre of fuel are a maximum.

This little investigation has now given us a little data from which to draw conclusions. For sailplanes and long range aeroplanes, both of which fly normally near the attitude of maximum L/D, we strive to improve that figure by making the aspect ratio as large as possible. For normal airliners, any convenient aspect ratio (say 6 or over) is about as good as can be found. Such aeroplanes fly at fairly low values of lift coefficient, and variation of aspect ratio has only a slight effect. For high speed aeroplanes with great engine power (small power loading) the aspect ratio is of no importance whatever and is made as small as possible. However, apart from high speed fighters and racing aeroplanes there does appear to be a tendency for aspect ratios on aeroplanes to increase slightly. Firstly, improved materials and structural methods and knowledge of aerodynamic-structural stability will make them possible without much sacrifice in weight. Secondly the marked tendency toward higher wing loadings and longer ranges will make them necessary to reduce the increasing induced drag. This tendency is illustrated by Martin and Douglas developments (Slide 7), but the increase is likely to be very slow.

Apart from aspect ratio, there are other wing characteristics which must be different for aeroplanes and sailplanes. One cannot take the wing section suitable for use on a large flying boat and hope that it will be an equal success on a sailplane. This very thing was attempted at one time some years ago (Slide 8). The resulting sailplane had very little chance to be a success. In the same way the relatively highly cambered sailplane sections are useless for aeroplanes as they have high drag at the operating incidences of the aeroplane. When the aeroplane requires high lift it needs a bad gliding angle so that flaps are better than an efficient high lift aerofoil. Apart from the basic type of section, there are scale effects which differentiate between sections suitable for sailplanes and aeroplanes. For instance it is usual for sailplane wing tip sections to be relatively thin symmetrical sections such as NACA 0009. For Reynolds' Numbers occuring at the tips of sailplane wings this section has a lift-incidence curve as shown in Slide 9, i.e. with a relatively early stall but no noticeable decrease of lift until a very high incidence is reached. Such a shape is very favourable as it is likely to prevent that unhappy habit of "wing-dropping" so often experienced. Now let us put this section on the tip of our former example the Douglas DC 2. What do we find now? We have a very different picture, for with increase of Reynolds' Number we find that the stall becomes more and more abrupt so that for the Douglas about to land we have this shape of curve (Slide 9), which has a very sudden stall and which is likely

to be unpleasant to fly at low speeds. Such a sharply stalling tip tends toward loss of lateral stability and control. Instead of using NACA 0009 the DC 2 uses NACA 2209 which is said to have better stalling characteristics, although no definite comparable data is available. It may be concluded that although a decrease of camber toward the tips is a good thing for a sailplane it may be bad for an aeroplane of any size and speed.

Another point, which is discussed from all sides, is wing taper. It is obvious to anyone with a knowledge of structures that a tapered wing is lighter than one without taper. It has also been demonstrated that a fairly large taper (3:1 to 4:1) is best from the aerodynamic and structural points of view. However, any tapered wing is less satisfactory at the stall than a rectangular wing, due to early tip stalling. The obvious method for counteracting this, i.e. by using twist or washout, has been used by both sailplanes and aeroplanes. However at high speeds and low incidences as used on aeroplanes, a large washout increases the induced drag to a considerable extent. For this reason, only twists (geometric + aerodynamic) up to about 3° are permissible on aeroplanes, whereas twists up to 12° have been successfully used on sailplanes. However, now that greater stress is laid upon high cruising speeds at high values of L/D for sailplanes, such high twists are no longer so popular. Less twist results in lower permissible tapers for given lateral stability characteristics at the stall. That is why aeroplane wings are generally not quite so tapered as sailplanes, and why newer sailplanes show less taper than the older types. Another thing which differentiates sailplane and aeroplane wings is the difficulty in achieving the necessary high maneuvrability in sailplanes at very low airspeeds. An aeroplane does not have to do steep turns near the ground and near the stall, nor does it have to spiral up a thermic shaft. In addition the aeroplane wing is a smaller proportion of the weight and the lateral inertia is in general less and the response therefore quicker. These stringent requirements for sailplanes have led to very large ailerons, accentuated washout and a striving after spiral stability. In comparison the aeroplane problem is very simple. However, even for aeroplanes the problems of lateral stability and control are so acute that a vast amount of research has been done and is still going on on this subject. Anyone interested in this vital subject should pay close attention to NACA Report No. 605 "Results and Analysis of NACA Lateral Control Research" which is a valuable summary of the work to date and in addition has a useful list of references, and also to NACA Report No. 570 "Effect of Lateral Control in Producing Motion of an Aeroplane as computed from Wind Tunnel Data".

Another difference between sailplanes and aeroplanes which is worth considering is the fact that the gradual "growth" of the wing from the body is seldom seen on aeroplanes. In the case of single-engined aeroplanes this is due mainly to:

a) The fuselage is of such a shape that it would be difficult to design a suitable growth.

b) The flow-pattern behind the airscrew is so confused, variable and indeterminate that it is unlikely that a growth would lead to any advantage unless by sheer luck.

In the case of multi-engined aeroplanes with no nose engine the use of a growth is likely to come into favour, particularly for middle and high wing types. However, there are two factors which make the design of a growth difficult. In the first place there are the nacelles, whose influence extends almost to the body, and which may affect in some unknown way the design of the growth. Secondly the present tendency toward higher wing loadings results in an everlarger fuselage combined with an ever-smaller wing. Such a large disparity in size between wing and fuselage makes the design of a growth very difficult. If the power loading is very low, a somewhat lower aspect ratio is permissible. If at the same time the engines are completely enclosed in the wing with shaft drives to the airscrews, the difficulties are reduced and the use of a growth is quite feasible. The Miles "X" is a good example of what can be done.

Allied to the growth is the wing position. A few years ago the sailplane wing was well above the fuselage. Alexander Lippisch has brought the wing gradually down to nearly the mid-position. Is it going down further? I think not.

The only reasons why an aeroplane has a low wing are to improve airscrew ground clearance, improve pilot's view, shorten the chassis or to increase available space within the fuselage. Aerodynamically it is preferred higher up. In this respect I feel that the aeroplane will tend to follow the sailplane until in the case of the larger aeroplanes the fuselage-wing positions and junctions will be very like sailplanes.

There is a final and very important point in connection with the exterior of wings and that is surface texture and smoothness. It was not until about 5 years ago that the average aeroplane designer began to believe what the sailplane designer and pilot have known for 15 years. It was a rather a curious way in which things worked out. Firstly, sailplane people know from experience (which is far more important than theory) that smoothness meant performance and they took the trouble to carry smoothness to the limit so as to take no chances. But the aeroplane people would not believe, pointing out that tunnel tests had shown no appreciable gain by smoothness. Then came Schrenk's epoch-making series of full-scale tests in 1929 which proved the tremendous effect of roughness on drag. Little advantage was taken of these, however, partly due to disbelief of the results and partly due the fact that most aeroplanes of that time had so much interference drag that polishing the little free surface left could not have helped a great deal. But finally in 1932 the Heinkel 70 was produced with its still phenomenal performance, and since then not only form drag but detail surface texture have obtained the attention they deserve. It is curious how it takes a big flash, something dramatic, to make the unbelievers see the light! A lot of little voices cannot do it. In spite of their initial ineffectiveness, the sailplane people can say with pride "We told you so".

One point of interest in connection with smoothness is the old story of dust on a wing. Sailplane pilots have reported that a dusty wing spoils the performance, and this may be accepted as a fact. If one measures the size of dust particles such as would collect in storage in a hangar, one finds that the average size is about 0.0125 mm diameter after all the larger particles have been blown off. On the usual assumption of turbulent boundary layer flow a sailplane wing would be aerodynamically smooth if the roughness particles were under 0.075 mm diameter, or 6 times the actual size. Thus, if the boundary layer is turbulent the dust can have no effect on the drag whatever. The obvious conclusion is that the boundary layer is laminar and not turbulent. But is it a fact that dust particles 0.0125 mm diameter are large enough to cause a breakdown of the laminar layer? Unfortunately this cannot yet be answered, but work is now in progress which will finally I expect, give theoretical backing to the sailplane pilot's experimental fact. What has so far been discovered is that on a perfectly smooth clean wing the boundary layer may remain laminar much further back than was heretofor assumed from tests of fluids in pipes. It is in fact quite reasonable to assume that about half the sailplane wing has a laminar boundary layer in normal flight.

Connected with surface texture is the modern method of performance comparison by skin-friction drag analysis. This method, which consists of a comparison of the actual drag coefficient of an aircraft with the drag coefficient estimated by assuming it to be all turbulent skin-friction drag. For high speed aircraft, particularly multi-engined types, this is a fair estimate of their aerodynamic efficiency. But for slower and very clean types the figure so estimated is optimistic, due to the relatively large amount of laminar flow present. For instance, the He 70 with radiator retracted has a figure of 0.64 (the ideal being 1.0) and the efficiency of Fafnir II comes to 0.85. In neither case has the induced drag been included in the actual drag coefficient. However if Fafnir II is assumed to have about half the wing under laminar flow conditions, the figure is reduced to 0.75. This latter figure is quite conservative, but even so it indicates that a good sailplane is ahead of a good aeroplane aerodynamically. However if one remembers the wider range of duties required of the He 70 compared to the Fafnir II it is a wonder that it has been possible to make it as clean as it is.

Smoothness is not the only thing the sailplanes has introduced to aeroplanes for their benefit. The now standard single spar with "D" nose introduced in the Vampyr in 1921 is now used either in its original or developed forms by such firms as: BFW, Dewoitine, Supermarine, Handley-Page, Lockheed, Sikorsky, Westland, North American, Stearman-Hammond, Ryan, Grumman, Henschel, Focke-Wulf, Beechcraft, and as far as I can determine, by Amiot and Ago. This is an impressive list, and a growing list. No better compliment could be apid to sailplane pioneers than to quote it.

The Wright brothers catapulted their early aeroplanes, because they had not developed a suitable wheeled chassis and because their aeroplanes were underpowered. Modern aeroplanes have difficulty taking off because they cannot make efficient use of the power they have when stationary due to certain limitations in design (such as tip-speed at maximum speed, airscrew ground or water clearance, engine revolutions etc.). As a result many designs have sacrificed performance in some other respect in order to guarantee a good take-off. To relieve this condition the catapult is returning to use, and curiously enough for a similar reason to that which necessitates its use for sailplanes, i.e. the machine must first be launched before it can use its power, since its static thrust is so small.

Dealing with power, leads to another aspect of it. The larger an aircraft is the more power it requires for flight. A sailplane is affected exactly in the same way as an aeroplane, except for the fact that it uses the natural power of the air, and the bigger it is the greater is the power it can command or embrace. If an aeroplane is made twice as big, it requires twice the power for flight and since that power is not free external power it has to be paid for by bigger engines and greater fuel consumption. Thus one of the basic points for the aeroplane designer is that he must keep his aeroplane as small as possible, considering his requirements, whereas there is no limit to the size of a sailplane as far as power or running costs are concerned. In fact a very small sailplane may be more difficult to build than a medium sized one. This might be the case because the crew becomes a much greater proportion of the weight that a specially light structure is necessary if the performance is not to suffer. The only disadvantages of a very large sailplane are the first cost, ground-handling and housing. Of course these are considerable, but they are not aerodynamic or structural difficulties.

I shall conclude with some general remarks about the designing of sailplanes and aeroplanes. The problem tackled by the sailplane designer is always the same problem except for minor alterations. By making several attempts he can learn more and finally produce a highly developed type. No matter how long he takes, the basic specification will not change, for it is a natural one. In a sense the design of a sailplane is an excercise or an attack on a definite natural phenomenon. Although it is a big job of work, there is time for one man to learn how to do it all himself. That a sailplane may be conceived, designed, drawn out and built and flown by one man is no impossibility as has been demonstrated. As a matter of fact, as Professor (Pterodactyl)

Hill once said, the necessary materials are so simple that a satisfactory sailplane could have been constructed by the ancient Egyptians!

But how different is the aeroplane! No natural constant specification does it fulfill, but rather man-made and ever-changing requirements does it attempt to grasp and tie down. The requirements are so involved and the problems so varied that it is far too big a job for any one man to do alone. Aeroplanes are nowadays never designed by one designer, but by a group, none of which could have been effective without the others. This fact, combined with the arbitrary requirements make an aeroplane a far greater compromise than a sailplane would ever be. Only in exceptional cases, as in the Caudron 360, is a single-purpose aeroplane developed. In aeroplane design there is usually no second chance, for the next specification is bound to be different, and if one type is a failure, one has usually no opportunity to develop it into a useful machine. Thus each design is more or less a new thing, which must be right. Not only that, but it must be right by a certain date or it is too late, finally and irrevocably, even although authorities do at times show an incredible patience. Added to this is the closeness of the frontier of knowledge. It is a fact that in many respects practice is ahead of theory. A new high speed design will enter fields as yet unexplored in the wind tunnel and facts must be inferred or "extrapolated", from the known. One dare not hesitate and one dare not make a mistake. The definition of an engineer as one who gets the right answer on the basis of insufficient data holds very well here. But for the sailplane designer the path is well-trodden, and one is never in the same sense outside or beyond knowledge.

For the aeroplane there is usually financially much more at stake than for the sailplane. This results in the well-known conservatism in aeroplane design which breaks down only when a given line of thought becomes dangerously old-fashioned.

Nowadays equipment and purposes are so complex and varied that an aeroplane as a design is often little more than something wrapped around a cruciform pile of equipment, whereas a sailplane still remains and shall remain a fine instrument for learning about Nature.

It thus appears that due to its definite and constant specification the sailplane has developed into such a fine instrument. If aeroplane could be built to a constant and definite specification over a large number of years they could also be developed logically. Upon thinking this matter over I have come to the conclusion that for a long natural non-stop route such as the direct Atlantic run, there is now the opportunity to work on such developments since the basic requirements will remain unchanged, as they are natural requirements. Even as the Atlantic liners are the most highly developed craft afloat, so will the transatlantic air liners in their time be the most highly developed aeroplanes.

To sum up, we have seen that although differing widely in purpose the sailplane and aeroplane have points of contact both structurally and aerodynamically. Both sailplane and aeroplane are of basically the right shape for their purposes although they differ widely from each other, but the aeroplane of the future will approach the form of the sailplane rather than the opposite. Also the tendency for longer range aeroplanes combined with improved structural knowledge will tend towards the use of higher aspect ratios. Higher loadings also result in the same tendency. Visualizing eventually a middle-wing pusher, possible without a tail and of fairly high aspect ratio and very high wing loading, the ultimate aeroplane may not appear very different externally from the modern sailplane.

Observations sur les qualités de vol des planeurs.

Dr. van der Maas, Amsterdam.

La mesure des qualités de vol n'a pas encore rejoint le niveau des mesures des caractéristiques de performance, dans la majeure partie des cas, on se base encore sur les observations objectives des pilotes, spécialement pour le vol à voile. Comme caractéristiques de pilotage, nous considérons la stabilité et la manoeuvrabilité. Des équations générales de la mécanique rationnelle on peut déterminer la stabilité longitudinale (stabilité respectant la distribution symétrique) et la stabilité transversale et de route (stabilité à distribution asymétrique). En général, dans toutes ces considérations, on suppose les gouvernes tenues fermes par le pilote. Si nous considérons plus particulièrement le cas de la stabilité longitudinale d'un appareil stable, la force appliquée au manche à balai augmente avec l'augmentation du braquage, elle croît en fonction linéaire ou logarithmique. Ce qui importe le plus, est la position du manche puisque c'est pour le pilote la sensation la plus instinctive et aussi puisqu'elle est le plus facilement mesurable. Si on mesure le déplacement du centre de gravité ainsi que la manoeuvrabilité assurée, on obtient non seulement la stabilité statique mais aussi la stabilité dynamique. Il faut porter une particulière attention à la stabilité de roulis de direction et en spirale, c'est-à-dire à la tendance d'un appareil stable de passer d'une position droite à l'inclinaison latérale nécessaire d'un virage correct, ainsi que le retour au vol droit, après un virage initial involontaire (stabilité spirale).

La maniabilité est déterminée par la manoeuvrabilité et l'effort dans les gouvernes, questions très importantes dans un planeur. La manoeuvrabilité peut comprendre la manoeuvrabilité initiale et la manoeuvrabilité stationnaire ou manoeuvrabilité en manoeuvres. Pendant la manoeuvrabilité stationnaire, les mesures se font avec une certaine facilité, jusqu'à présent l'estimation de la manoeuvrabilité initiale se trouve presque. Les mesures de cette nature sont obtenues avec de bons résultats à l'aide de l'enregistrement cinématographique. En Hollande, les mesures sont faites maintenant sur des figures simples de vol par exemple sur le virage correct. Mais il faut perfectionner la méthode d'enregistrement cinématographique ainsi que tous les instruments accessoires de mesure.

Something about Flying Qualities.

Dr. van der Maas.

The measurement of flying qualities has not yet reached the exactitude with which performance is measured, and is still dependent on the subjective observations of the pilot, particularly in the case of sailplanes. By flying qualities we mean stability and controllability. From the generalized conditions for stability one can derive the conditions for longitudinal and the conditions for lateral stability. In general, we consider all these conditions with the control surfaces fixed. Then longitudinal stability is considered in detail. It is pointed out that control loads should increase with control surface movement linearly or logarithmically. But of more importance is the actual movement of the control, as this is instinctively felt by the pilot, and it is also easier to measure. The effect of centre of gravity shift is also mentioned, as is also the necessity for not only static but also dynamic stability. Then the rolling, directional and spiral stability are discussed, i. e. the tendency of a stable aeroplane to take up its correct bank when yawed, and to its course (rolling and directional stability) and further the ability to recover from an inadvertant but correct turn (spiral stability).

Controllability is determined from the manoeuvrability and control loads, but for sailplanes the latter are usually negligible. Manoeuvrability can be separated into initial manoeuvrability and manoeuvrability in manoeuvres. Whereas the latter is easy to measure there is practically no data available on initial manoeuvrability. Such measurements could be made by the use of motion pictures. In Holland, measurements for simple flight figures are now under way, as for example, for the correctly flown turn. However, there is much improvement needed in all the instruments, including the cinematographical recording.

Etwas über die Messung von Flugeigenschaften.

Von Dr. van der Maas, Amsterdam.

Die Messung der Flugeigenschaften hat noch nicht die Genauigkeit der Messung der Flugleistungen erreicht und geht immer noch von subjektiven Beobachtungen der Flieger aus, insbesondere im Segelflug. Als »Flugeigenschaften« bezeichnen wir die Stabilität und die Steuerbarkeit. Aus den allgemeinen Stabilitätsbedingungen der Mechanik kann man die Längsstabilitätsbedingungen (Stabilität symmetrischen Störungen gegenüber) und die Quer- und Seitenstabilitätsbedingungen (asymmetrische Störungen) ableiten. Im allgemeinen betrachten wir alle diese Bedingungen bei festgehaltenen Rudern. Es wird dann im einzelnen der Fall der Längsstabilität betrachtet. Anschließend wird festgestellt, daß die Steuerkräfte mit dem Höhenruderausschlag wachsen sollen, und zwar linear oder logarithmisch. Das Prinzipielle ist jedoch der Steuerstand, der sowohl für den Flieger instinktiv fühlbar, als auch am besten meßbar ist. Der Einfluß der Schwerpunktsverschiebung wird erwähnt, ebenso die Notwendigkeit nicht nur der statischen, sondern auch der dynamischen Stabilität. Es wird dann ausführlich die Roll-, Richtungs- und Spiralstabilität besprochen, d. h. die Tendenz eines stabilen Flugzeugs, sich beim Schieben in die nötige Querneigung zu legen, oder aber die Nase auszurichten (Roll- und Richtungsstabilität), ferner aus einer unwillkürlich begonnenen, korrekten Kurve, in den symmetrischen Flug zurückzukehren (Spiralstabilität).

Die Steuerbarkeit wird bestimmt von der Wendigkeit und den Steuerkräften, die aber beim Segelflugzeug im allgemeinen vernachlässigbar sind. Die Wendigkeit kann man unterteilen in die Anfangswendigkeit und die stationäre Wendigkeit oder Wendigkeit im Manövrieren. Während die stationäre Wendigkeit der Vermessung ohne weiteres zugängig ist, liegen bisher Angaben über die Anfangswendig-keit kaum vor. Vermessungen dieser Art können recht gut mit Hilfe kinematographischer Registrierungen durchgeführt werden. In Holland sind jetzt die Vermessungen der einfachen Flugfiguren in Angriff genommen worden, so z. B. die korrekt geflogene Kurve. Es muß aber vor allem die kinematographische Registrierung, sowie alle Anzeigeinstrumente verbessert werden.

Osservazioni sulle misurazioni delle caratteristiche di pilotaggio degli alianti.

Dr. van der Maas, Amsterdam.

La misurazione delle caratteristiche di pilotaggio non ha finora raggiunto il livello di quella delle caratteristiche di volo: nella maggior parte dei casi ci si basa ancora sulle affermazioni tutt'altro che oggettive dei piloti specialmente nel volo a vela. Quali »caratteristiche di pilotaggio« si considerano: la stabilità e la manovrabilità. Dalle equazioni generali della meccanica razionale si può determinare la stabilità longitudinale (stabilità rispetto ai disturbi simmetrici) e la stabilità trasversale e dirizionale (stabilità rispetto ai disturbi asimetrici). In genere si fanno tutte queste considerazioni col presupposto dei timoni tenuti fermi dal pilota. Si considera poi piu particolarmente il caso della stabilità longitudinale e si stabilisce che le forze applicate alla leva di comando devono crescere col crescere dell'angolo di barra. Che questa crescita sia lineare o logaritmica, non ha molta importanza: quello che più importa, è la posizione della leva, poiche essa da al pilota la sensazione più immediata e anche poiche essa e la grandezza meglio misurabile. Si menziona l'influenza dello spostamento del baricentro, nonche l'importanza di ottenere non solo la stabilità statica ma pure quella dinamica. Particolare attenzione viene rivolta alla stabilità di rullio, di direzione e di spiralamento, cioe alla tendenza di un aliante stabile di passare da una derpata diritta ad una virata corretta oppure al volo diritto corretto, nonché il ritorno nel volo diritto da una virata iniziata involontariamente.

La manovrabilità e determinata dalla maneggevolezza e dalle forze di barra; questi ultimi però hanno pochissima importanza sull'aliante. La maneggevolezza può essere distinta quale maneggevolezza iniziale e maneggevolezza stazionaria o di manovra. Ora mentre la maneggevolezza stazionaria e suscettibile alla misurazione con una certa facilità, quella iniziale non è ancora stata misurata bene. Le misurazioni cinematografiche dell'accelerazione sono state iniziate poco fa in Olanda su delle figure semplici di volo ad. es. la virata corretta. Ora si tratta di perfezionare il metodo di registrazione cinematografica, nonché tutti gli strumenti accessri di misurazione.

Etwas über die Messung von Flugeigenschaften.

Von Dr. ir. H. J. van der Maas, Amsterdam.

Es ist über die Flugeigenschaften von Segelflugzeugen noch relativ wenig geschrieben worden, wenigstens wenn man, wie es in den Niederlanden üblich ist, die Flugleistungen nicht zu den Flugeigenschaften rechnet.

Die Verbesserung der Flugleistungen mag zu einem erheblichen Teil die Ursache für die große Entwicklung des Segelflugwesens sein; gute Flugeigenschaften sind gewiß aber auch für die Segelflugzeuge sehr erwünscht und um so mehr, wenn Blindflüge durchgeführt werden sollten.

Die Erforschung der Flugeigenschaften bei Segel- und Motorflugzeugen ist bis jetzt viel weniger weit fortgeschritten als die der Flugleistungen. Zwar ist auf diesem letzten Gebiete viel grundlegende theoretische Arbeit geleistet worden, die Anknüpfung an die Praxis fehlt aber noch manchmal. Zerlegung und eingehende Erforschung der Flugeigenschaften im freien Fluge ist dringend erwünscht.

Ein zweites Problem ist hiermit verknüpft, nämlich das der Beurteilung der Flugeigenschaften. Heute hängt das Urteil über die Flugeigenschaften noch zum größten Teil von der subjektiven Beobachtung und Meinung des Fliegers ab. An und für sich wäre das nicht schlimm, wenn die Meinungen »standardisiert« wären. Die Verschiedenheit darin ist aber wohl sehr groß.

Deswegen ist die Entwicklung von Kriterien und Methoden für die objektive Beurteilung der Flugeigenschaften, also von Verfahren für die Messung von den Eigenschaften im freien Fluge, nötig. Nur dann ist ein Vergleich zweier Flugzeuge miteinander berechtigt. Messungen im Fluge auf diesem Gebiete sind aber bisher nur wenig durchgeführt worden.

Die Erforschung der Eigenschaften der Segelflugzeuge im freien Fluge ist von besonderem Nutzen, und zwar dadurch, daß beim Segelflugzeug die, vom meßtechnischen Standpunkt gesehen störende Wirkung des Motors und der Schrauben fehlt, was die Forschung vereinfacht.

So kann Segelflugforschung auf dem Gebiete der Flugeigenschaften auch für die Fliegerei im allgemeinen von Nutzen sein, wie sie es auch auf dem Gebiete der Flugleistungen gewesen ist.

Ich habe nicht die Absicht, hier einen Überblick zu geben über die Flugeigenschaften verschiedener Segelflugzeuge. Dazu würde auch meine Erfahrung auf diesem Gebiete nicht ausreichen, nur hoffe ich einen Beitrag zu geben, welcher das Interesse für die Kenntnis der Flugeigenschaften vermehrt.

An erster Stelle gebe ich dazu eine Übersicht über die verschiedenen Eigenschaften, die miteinander die Flugeigenschaften bilden, um dann jede von diesen etwas eingehender zu besprechen. Dabei werde ich in einigen Fällen angeben, wie sie der Messung im Fluge zugänglich gemacht werden können. Zugleich wird sich dann zeigen, auf welchen Gebieten Forschung noch dringlich erwünscht ist.

Der Vollständigkeit halber muß ich dabei bisweilen Gebiete berühren, die vielleicht schon im allgemeinen bekannt sind.

Es ist klar, daß man die Stabilität und Steuerbarkeit studieren muß für alle möglichen Anstellwinkel und Schiebewinkel und alle möglichen Bewegungen um die drei Achsen. Ich betrachte hier nur die Zustände im normalen Anstellwinkelbereich.

Welches sind nun die Eigenschaften, die man unter dem Namen »Flugeigenschaften« zusammenfaßt? Eine Unterteilung nach folgender Zahlentafel halte ich für die beste:

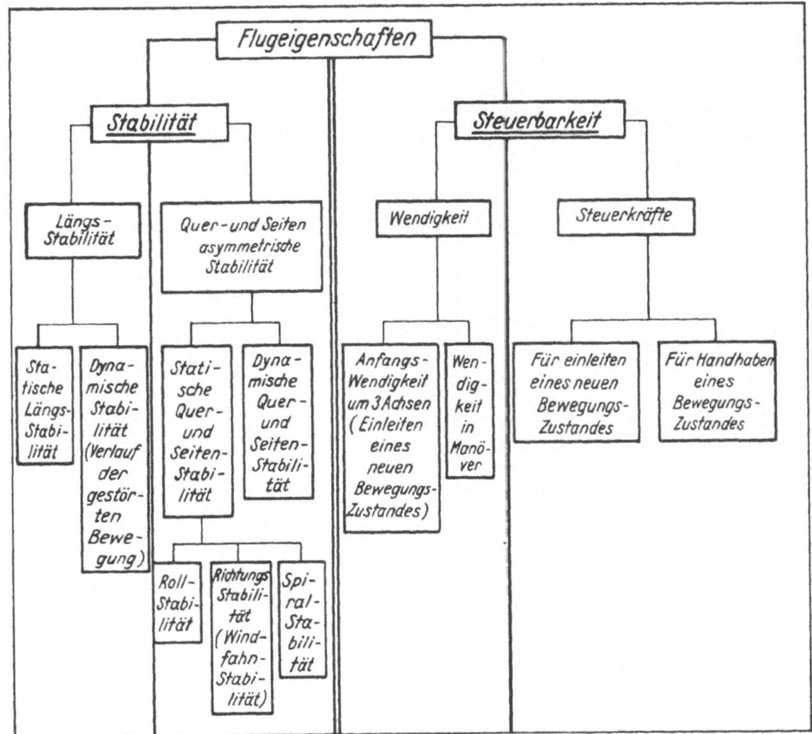

Wie gesagt rechne ich die Flugleistungen nicht dazu. Die Flugeigenschaften stellen sich zusammen aus zwei großen Gruppen, nämlich der Stabilität und der Steuerbarkeit. In erster Linie wollen wir uns mit der Stabilität befassen.

Die Stabilität ist eine Eigenschaft des stationären Fluges, und bezieht sich bekanntlich auf das Wiederherstellen eines bestimmten Bewegungszustandes nach einer kleinen Störung desselben, ohne daß der Flugzeugführer mit dem Steuer einzugreifen braucht.

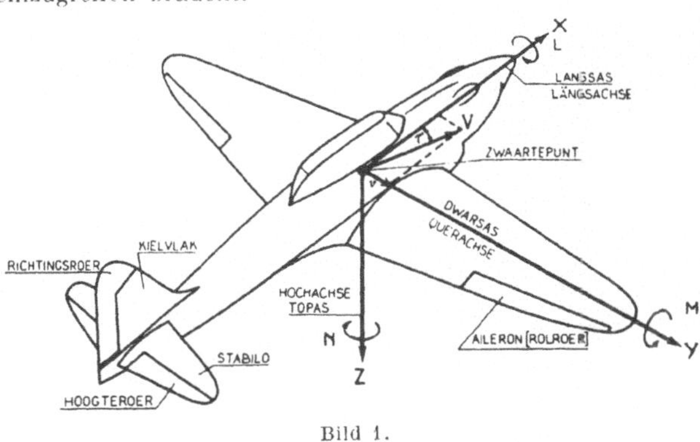

Bild 1.

Ein stationärer Zustand ist bekanntlich ein Zustand, wobei die Kräfte und Momente, die auf das Flugzeug wirken, sich nicht mit der Zeit ändern.

Man kann nun die Stabilität der verschiedenen stationären Flugzustände betrachten, z. B. die des geradlinigen symmetrischen Fluges, die des Kurvenfluges, die des Trudelfluges usw.

Wir wollen uns jetzt aber ausschließlich beschäftigen mit der Stabilität des geradlinigen symmetrischen Fluges. Die theoretische Ausarbeitung dieses Problems ist schon seit langem gegeben. Sie beruht auf den allgemeinen Bewegungsgleichungen eines sich frei bewegenden Körpers. Weil ein derartiger Körper 6 Freiheitsgrade besitzt, gibt es 6 Bewegungsgleichungen, 3 Gleichungen enthalten die Kräfte X, Y und Z, die in 3 senkrechten Richtungen auf das Flugzeug wirken, und die 3 übrigen die Momente L, M und N um die 3 senkrechten Flugachsen (Bild 1). Diese allgemeinen Gleichungen sind in der Literatur erwähnt (1, 2)[1]; ich werde diese jetzt nicht betrachten, mache nur noch die Bemerkung, daß man mit Hilfe derselben zu Längsstabilitätsbedingungen und Quer- und Seitenstabilitätsbedingungen gelangen kann. Diese Bedingungen sind voneinander unabhängig.

Man kann die Stabilität betrachten für zwei Fälle, nämlich für den Fall, daß die Ruder festgehalten werden und für den Fall, daß das Flugzeug mit losgelassenem Steuer fliegt. Das letzte selbstverständlich nur für die Bewegungszustände, worin das Flugzeug mit losgelassenem Steuer durch Austrimmen einen stationären (vielleicht unstabilen) Flug ausführen kann.

Ich werde mich im folgenden hauptsächlich beschränken auf den Fall des Fluges mit festgehaltenem Steuer, da der zweite Fall für die Segelflugzeuge doch meistens nicht in Frage kommt.

Längsstabilität.

Wenden wir uns nunmehr der Längsstabilität zu, so sehen wir (2), daß eine der Bedingungen für Längsstabilität besagt, daß, wenn im stationären Fluge der Anstellwinkel sich ändert, ein Moment um die Querachse entsteht, das der Änderung des Anstellwinkels zu widerstreben sucht. Also der Wert $\dfrac{\partial c_m}{\partial \alpha}$ soll negativ sein (ein kopflastiges Moment ist negativ). Man nennt das Flugzeug statisch stabil, wenn der Wert $\dfrac{\partial c_m}{\partial \alpha}$ negativ ist.

Es ist nun gezeigt worden (2, 3), daß im Fluge durch Messung festgestellt werden kann, ob diese Bedingung erfüllt ist.

Im stationären Fluge nämlich gehört zu jeder Stellung des Höhenruders β ein bestimmter Anstellwinkel und daher eine bestimmte Staugeschwindigkeit v (Anzeige des Fahrtmessers). Man kann diesen Zusammenhang im freien Fluge feststellen.

Ein Beispiel davon gibt Bild 2. Die Messungen wurden ausgeführt an einem Motorflugzeug im Gleit- und Motorflug. Man kann nun beweisen (3), daß für einen bestimmten stationären Flugzustand $\dfrac{\partial c_m}{\partial \alpha}$ negativ, also statische Längsstabilität vorhanden ist, wenn für diesen Flugzustand der Wert $\dfrac{d\beta}{dV}$ aus dem soeben genannten Diagramm positiv ist. Die Neigung der Tangente darf zwar nicht unmittelbar als ein Maß für die statische Stabilität angesehen werden, ihr Zeichen aber gibt sofort die Entscheidung, ob statische Stabilität vorhanden ist.

Die Kurve, die für stationäre Flugzustände den Zusammenhang gibt zwischen Höhenruderstellung und Staugeschwindigkeit, nennt man Steuerstandslinie. Sie hat auch für den Flieger eine unmittelbare Bedeutung.

Wenn das Flugzeug in einem stationären Flugzustand fliegt mit einer bestimmten Staugeschwindigkeit (Anfangsgeschwindigkeit) und der Flieger wünscht bei einer anderen, z. B. geringeren Geschwindigkeit stationär zu fliegen, so muß der Anstellwinkel in erster Linie durch »Ziehen« vergrößert werden. Hat die Geschwindigkeit sich nun der neuen gewünschten genähert, so muß der Pilot den Knüppel in den Stand bringen, der gemäß der Steuerstandslinie zu dieser geringeren Staugeschwindigkeit gehört. Wenn nun das

---

[1] (1), (2) usw. siehe Schrifttum.

Flugzeug in dem Gebiete dieser Geschwindigkeiten statisch stabil ist, so ist diese am Ende erreichte Stellung des Knüppels auch mehr »gezogen« als es bei der Anfangsgeschwindigkeit der Fall ist. Wenn aber das Flugzeug unstabil ist, so ist die schließlich erreichte Stellung des Steuerknüppels mehr gedrückt als bei der Anfangsgeschwindigkeit.

Im ersten (»stabilen«) Falle war also die Steuerbewegung zum Einleiten des neuen Bewegungszustandes im selben Sinne gerichtet — in bezug auf die ursprüngliche Stellung des Knüppels — wie der schließlich erreichte Stand des Steuerhebels. Man nennt dies steuerstandsstabil.

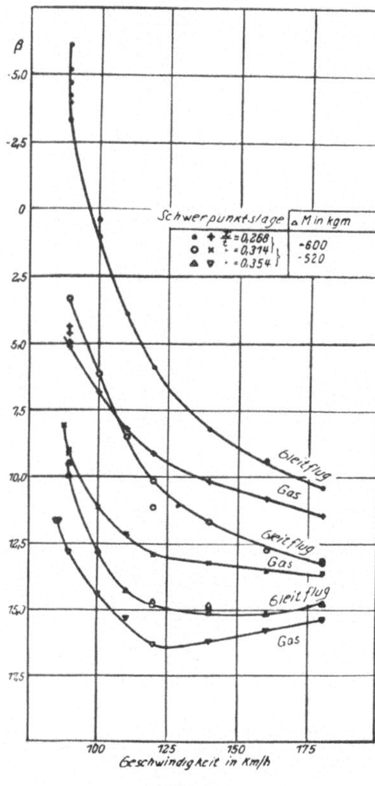

Bild 2.

Im zweiten (»unstabilen«) Falle aber war die Richtung der einleitenden Bewegung mit dem Steuerhebel — in bezug auf den ursprünglichen Stand des Knüppels —, der schließlich erreichten Stellung entgegengesetzt. Man nennt dies steuerstandsunstabil. Bild 3 soll dies erläutern.

Die Steuerstandslinien und die statische Stabilität sind also nahe miteinander verwandt. Äußerungen verschiedener Segelflieger deuten darauf hin, daß man ein unstabiles Flugzeug kaum fliegen kann; für Motorflugzeuge ist diese Eigenschaft ebenfalls sehr unerwünscht.

Mit den Stabilitätseigenschaften nahe verknüpft ist auch der Zusammenhang zwischen Steuerkraft und Höhenruderausschlag bzw. Staugeschwindigkeit im stationären Fluge. Es ist erwünscht, daß die Steuerkraft wächst mit dem Ziehen am Höhensteuer, also mit abnehmender Geschwindigkeit. Wie Blenk (4) gezeigt hat, deutet ein derartiger Zusammenhang auf statische Stabilität bei losgelassenem Steuer. Die Stabilität mit losgelassenem Steuer ist abhängig von der aerodynamischen Ausgleichung und dem Massenausgleich des Höhenruders. Selbstverständlich kann auch die Reibung in dem Steuermechanismus eine Rolle spielen.

Wie der Verlauf zwischen Steuerkraft und Ruderausschlag am besten sein könnte, ist eine zweite Frage. Meiner Ansicht nach ist ein linearer schon sehr gut.

Für die Beurteilung der Stabilität halte ich das Kriterium des Steuerstandes für das prinzipielle, weil der Flieger doch in erster Linie nach einer Störung im statio-

nären Fluge den Stand des Steuers erhalten wird. Außerdem ergibt die beschriebene Methode ein schärferes Meßverfahren.

Die Kurven des Bildes 2 sind bestimmt worden für verschiedene Lagen des Schwerpunktes. Man sieht, daß, je nachdem dieser Punkt nach hinten verschoben ist, die Neigung der Tangente geringer wird. Für eine bestimmte Schwerpunktslage kehrt das Zeichen sich um; es ist also keine statische Stabilität mehr vorhanden.

Die Bestimmung des Zusammenhanges zwischen der Ruderstellung und der Geschwindigkeit kann, wenn es für zwei verschiedene Schwerpunktslagen geschieht, noch mehr lehren. Bei derselben Geschwindigkeit (und bei demselben Gewichte) findet man für jede Schwerpunktslage eine bestimmte Stellung des Höhenruders für den stationären Flug.

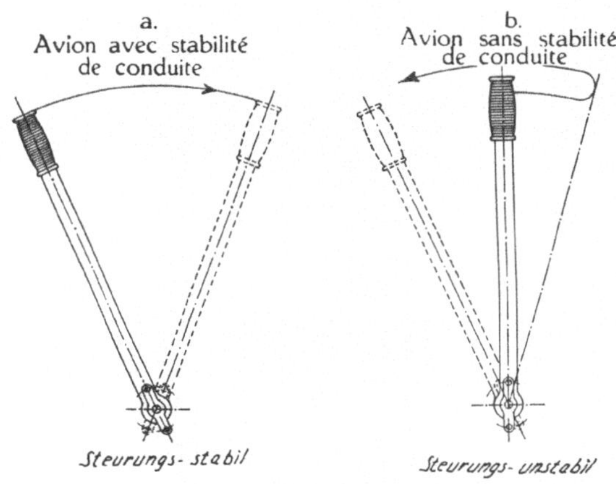

Bild 3.

Da der Anstellwinkel und die Geschwindigkeit in beiden Fällen dieselben sind, sind auch die aerodynamischen Momente, die auf den Flügel und dem Rumpf wirken, dieselben. Der Momentenunterschied infolge der Schwerpunktsverschiebung muß also durch eine Änderung des Ruderausschlages ausgeglichen werden. Sei dieses Moment $\Delta M = G \Delta X$, wenn G das Gewicht und ΔX die Schwerpunktsverschiebung bedeutet, so ist der Unterschied zwischen den durch die Ruderausschläge hervorgerufenen Momenten in den beiden Ruderstellungen auch annähernd $G \cdot \Delta X$.

Stellt man nun

$$G \cdot \Delta X = K q \cdot f \cdot l \cdot \Delta\beta,$$

worin: $q =$ der Staudruck,

$f =$ die Oberfläche der horizontalen Schwanzflächen,

$l =$ die durchschnittliche Entfernung des Druckpunktes oder der Ruderachse von dem Schwerpunkt,

$\Delta\beta =$ der Unterschied zwischen den beiden Ruderwinkeln,

so ist

$$K = \frac{G \cdot \Delta X}{q \cdot f \cdot l \cdot \Delta\beta}$$

ein Koeffizient, der gewissermaßen die aerodynamische Wirkung des Ruders im stationären Fluge angibt. Man kann diesen Koeffizient in seiner Abhängigkeit von der Geschwindigkeit (oder dem Anstellwinkel) und — bei Motorflugzeugen — von dem Fortschrittsgrad bestimmen.

Die Kenntnis dieses Koeffizienten ist von großem Wert für die Ausführung von Berechnungen über den Momentenausgleich in den verschiedenen stationären symmetrischen Flugzuständen.

Überdies gibt er in Zusammenhang mit dem Werte $\dfrac{d\beta}{dV}$ oder $\dfrac{d\beta}{dc_a}$ ein Maß für die statische Stabilität $\dfrac{\partial c_m}{\partial c_a}$ oder $\dfrac{\partial c_m}{\partial \beta}$. Ich werde hierauf noch weiter eingehen (3).

Die statische Stabilität war, wie gesagt, eine der Bedingungen für Stabilität. Sie ist notwendig, nicht ausreichend, um Stabilität zu gewähren. Sieht man sich den Verlauf der Bewegung eines statisch stabilen Flugzeuges nach einer kleinen Störung an, so zeigt sich, daß zwar im Anfang das Flugzeug sich in der Richtung der Gleichgewichtslage bewegt, aber im allgemeinen anfängt eine Schwingung um diese Lage auszuführen. Wenn diese Schwingungen gedämpft sind, wird das Flugzeug nach kurzer oder langer Zeit in den Gleichgewichtszustand zurückkehren. Man nennt in diesem Falle den Flugzustand dynamisch längsstabil. Es ist aber möglich, daß die Schwingungen nicht gedämpft sind, sondern die Amplitude gleich bleibt oder sogar zunimmt. Man spricht dann von dynamischer Unstabilität.

Die experimentellen Forschungen auf diesem Gebiete haben sich bisher, soweit mir bekannt ist, hauptsächlich beschränkt auf die Bestimmung des Zusammenhanges zwischen der Zeit und der Amplitude. Man führt diese so aus, daß man dem Flugzeug eine künstliche Störung gibt, z. B. gibt man im stationären Zustande einen plötzlichen Ruderausschlag und bringt das Steuer schnell wieder in seine ursprüngliche Lage zurück. Der Verlauf der Staugeschwindigkeit mit der Zeit wird nun beobachtet. Wenn die extremen Werte der Staugeschwindigkeit abklingen, ist der Flugzustand dynamisch stabil.

Für die Praxis verdient diese Forschung Aufmerksamkeit für einen stationären Flugzustand, wobei das Flugzeug mit losgelassenem Steuer fliegt. Wenn man in diesem Falle das Steuer nach einer künstlichen Störung freiläßt, ergibt sich meistens auch eine Schwingung. Beobachtet man nun auch die Bewegung des Höhenruders in bezug auf das Flugzeug, so bekommt man z. B. ein Bild, wie es Bild 4 zeigt. Das Ruder führt eine Schwingung um seine Achse aus. Der Verlauf der gestörten Bewegung ist nun abhängig von den Eigenschaften des Ruders.

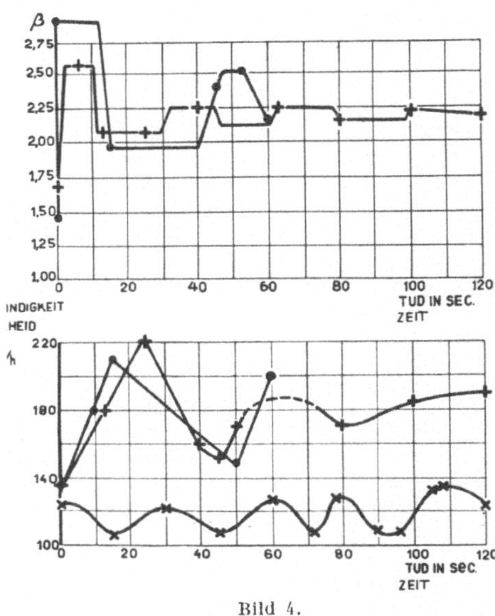

Bild 4.

In erster Linie ist dabei der aerodynamische Ausgleich von großer Wichtigkeit. Daneben aber spielen auch der Massenausgleich und die Reibung eine Rolle. Wenn nämlich der Schwerpunkt des Ruders hinter der Ruderachse liegt, wird das Ruder während der Schwingung, durch die Exzentrizität der Masse und das Trägheitsmoment, einmal beim Flugzeug hinterbleiben, ein anderes Mal aber, z. B. wenn der Schwanz in seine höchste Stellung gekommen ist, durchgehen. Es führt eine Schwingung um seine Achse aus. Dadurch werden aerodynamische Momente hervorgerufen, die die Schwingung zu erhalten suchen. Eine große Reibung im Steuermechanismus vermag diese Erscheinung zu unterdrücken. Wenn der Schwerpunkt des Ruders in der Achse liegt, ist die wichtigste Ursache für dieses Hinterbleiben und Durchgehen weggenommen.

Die Einflüsse des aerodynamischen und des Massenausgleichs sind bei einer einzigen Forschung, wie beschrieben, nicht zu trennen. Dazu muß man die Größe des aerodynamischen und Massenausgleichs einzeln ändern und den Einfluß beobachten.

Der Massenausgleich hat auch für den Fall des festgehaltenen Steuers Bedeutung. Wenn nämlich das Flugzeug eine Schwingung ausführt und die Masse des Ruders ist nicht in bezug auf die Ruderachse ausgeglichen, so muß der Flieger die Momente der Massenkräfte durch Steuerkräfte aufnehmen. Obwohl diese Steuerkräfte für Segelflugzeuge nicht von großer Bedeutung sind, können sie bei großen Flugzeugen im schlechten Wetter erheblich sein.

Die Quer- und Seitenstabilität.

Die Bedingungen für die Quer- und Seitenstabilität sind im vorhergehenden schon genannt worden.

Im allgemeinen darf man, wie bekannt, hierbei nicht die Roll- und die Seitenstabilität getrennt voneinander betrachten, weil Bewegungen um die Hochachse immer Bewegungen um die Längsachse zur Folge haben und umgekehrt.

Auch hierbei kann man, ähnlich wie bei der Längsstabilität, unmittelbar einige Bedingungen angeben, die nötig aber nicht ausreichend sind, um die Stabilität zu gewähren. Sie beziehen sich auf das Zeichen der aerodynamischen Momente, die nach der Störung entstehen. Man könnte sie deshalb die statischen Querstabilitätsbedingungen nennen.

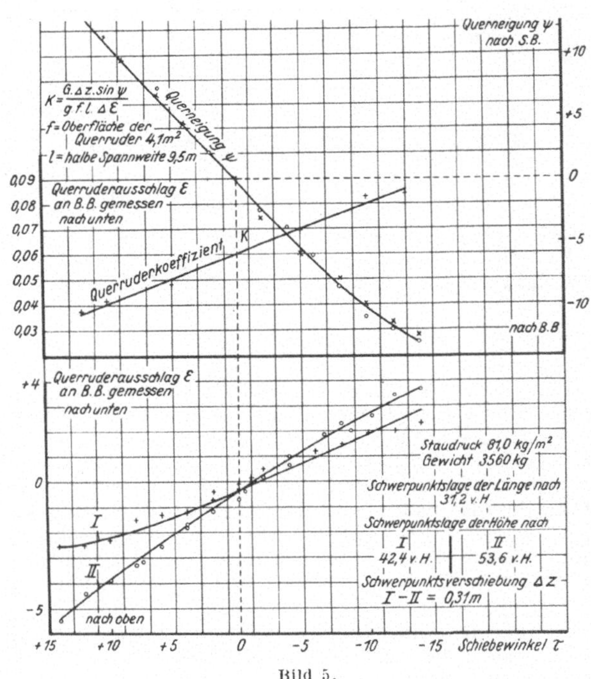

Bild 5.

Es sind folgende Bedingungen:

1. Wenn das Flugzeug eine geradlinige schiebende Bewegung ausführt, soll ein Moment auftreten, das den, dem Seitenwind zugewandten Flügel aufzuheben sucht. Man nennt dies die Rollstabilität.
2. Wenn das Flugzeug eine geradlinige schiebende Bewegung ausführt, soll ein Moment entstehen, das die Nase des Flugzeuges der Richtung des Seitenwindes entgegenzustellen sucht (Richtungsstabilität).
3. Wenn das Flugzeug mit festgehaltenem Steuer aus dem symmetrischen Flug in eine Kurve geraten ist, sollen

Momente auftreten, die versuchen, es zu dem symmetrischen Fluge zurückzuführen (Spiralstabilität).

Es ist nun möglich, im Fluge durch Messung festzustellen, ob diese Bedingungen erfüllt sind.

Was die Roll- und Richtungsstabilität anbelangt, geschieht dies wie folgt. Man beobachtet im stationären geradlinigen Fluge bei konstanter Geschwindigkeit den Zusammenhang zwischen dem Schiebewinkel und den Quer- und Seitenruderausschlägen. Zu jedem Schiebewinkel gehört ein bestimmter Quer- und Seitenruderausschlag. Der Schiebewinkel wird gemessen mit einer Windfahne; auch wird die Querneigung gemessen.

Man bekommt so Kurven (Steuerstandslinien), wie sie Bild 5 und 6 zeigen. Man kann sie für verschiedene Staugeschwindigkeiten bestimmen.

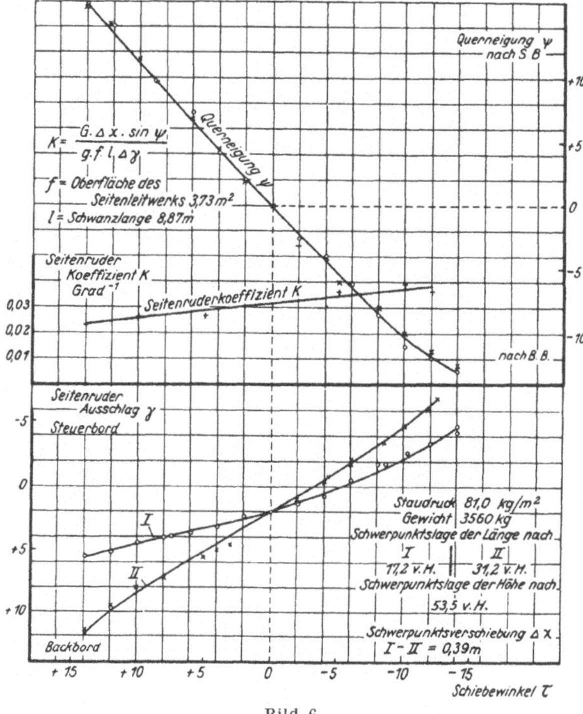

Bild 6.

Die Neigung der Tangente für den Schiebewinkel O gibt an, ob Roll- bzw. Richtungsstabilität vorhanden ist. Damit das Flugzeug rollstabil sei, soll der Verlauf so sein, daß für einen größeren Schiebewinkel das Quersteuer weiter nach der Seite des Seitenwindes, also nach der Luvseite, ausgeschlagen werden muß; damit Richtungsstabilität vorhanden sei, soll der Verlauf so sein, daß zu einem größeren Schiebewinkel das Seitenruder weiter nach der Leeseite ausgeschlagen werden muß. Es würde zu weit führen, dies ganz zu beweisen, es ist aber leicht einzusehen.

Wie bei der Längsstabilität kann man auch hier den Begriff »Steuerungsstabilität« einführen. Wenn der Verlauf der genannten Linien so ist, daß Roll- bzw. Richtungsstabilität vorhanden ist, ist es leicht einzusehen, daß beim Übergang von einem stationären Zustand in den andern, die einleitende Bewegung mit dem Steuer und die schließlich erreichte Stellung des Steuers in bezug auf die ursprüngliche Stellung beide im selben Sinne gerichtet sind. Das Flugzeug ist dann auch steuerstandsstabil.

Man kann auch diese Steuerstandslinien, ähnlich wie bei der Längsstabilität, für verschiedene Schwerpunktslagen bestimmen.

Aus Messungen geht hervor, daß — wie es auch zu erwarten ist — die Schwerpunktslage der Höhe nach für die Quersteuerung und die Rollstabilität, dagegen die Schwer-

punktslage der Länge nach für die Seitensteuerung und die Richtungsstabilität die größte Rolle spielt.

Die Ausführung dieser Messungen bei demselben Gewicht und verschiedenen Lagen des Schwerpunktes bieten hier, wie auch bei der Längsstabilität, die Möglichkeit, die Ruder zu »eichen« oder, anders gesagt, die aerodynamische Wirkung der Ruder zu bestimmen. Dies ist meiner Ansicht nach die größte Bedeutung solcher Messungen, die, soviel ich weiß, zum ersten Male in den Niederlanden durchgeführt worden sind. Dies geschah an einem Frachtflugzeug im Jahre 1931[1].

In einem bestimmten stationären Flugzustand gehört bei demselben Schiebewinkel zu jeder Schwerpunktslage ein bestimmter Ausschlag des Querruders und des Seitenruders. Weil aber der Flugzustand genau derselbe ist und daher auch die aerodynamischen Momente, die auf den Flügel und den Rumpf wirken, in beiden Fällen einander gleich sind, ist der Unterschied zwischen den Ruderausschlägen nur der Änderung der Momente der Schwerpunktsverschiebung zu verdanken. Bild 6 zeigt den Verlauf des Seitenruderausschlages und der Querneigung mit dem Schiebewinkel bei zwei verschiedenen Schwerpunktslagen der Länge nach. Nennt man die Verschiebung des Schwerpunktes ΔX und die Querneigung des Flugzeuges ψ, so ist annähernd der Momentenunterschied um die Hochachse bei demselben Schiebewinkel $\Delta N = G \cdot \Delta X \sin \psi$.

Dieses Moment ist dem durch die Änderung des Seitenruderausschlages hervorgerufenen Moment gleich. Man stelle wieder dieses letzte Moment gleich $k\,q\,f\,l\,\Delta\gamma$,

worin: q = der Staudruck,
f = die Oberfläche des Seitenleitwerks,
l = die durchschnittliche Entfernung des Druckpunktes oder der Ruderachse vom Schwerpunkte,
$\Delta\gamma$ = der Unterschied zwischen den beiden Seitenruderausschlägen,

so ist

$$k = \frac{G \cdot \Delta X \cdot \sin \psi}{q\,f\,l\,\Delta\gamma}.$$

Der Koeffizient k gibt einen Eindruck über die aerodynamische Wirkung des Seitenruders. Dieser Koeffizient ist in Bild 6 als Funktion des Schiebewinkels angegeben.

Ebenso ist der Koeffizient der Querruderwirkung zu bestimmen. Bild 5 gibt den Verlauf des Querruderausschlages und der Querneigung mit dem Schiebewinkel für zwei verschiedene Schwerpunktslagen. Die Schwerpunktsverschiebung sei ΔZ. Der Momentenunterschied um die Längsachse ist annähernd $\Delta L = G \cdot \Delta Z \cdot \sin \psi$.

Stellt man das durch die Änderung der Querruderstellung hervorgerufene Moment dar durch $k\,q\,f\,l\,\Delta\varepsilon$,

worin: q = der Staudruck,
f = die gesamte Oberfläche der Querruder,
l = die Entfernung des Druckpunktes der Querruder von der Längsachse (oder z. B. die halbe Spannweite),
$\Delta\varepsilon$ = der Unterschied zwischen den beiden Querruderausschlägen,

dann ist wieder

$$k = \frac{G \cdot \Delta Z \cdot \sin \psi}{q\,f\,l\,\Delta\varepsilon}.$$

Dieser Koeffizient ist in Bild 5 als Funktion des Schiebewinkels gegeben.

Die Messungen der Bilder 5 und 6 sind an einem Motorflugzeuge ausgeführt worden, was vielleicht den asymmetrischen Verlauf der Koeffizienten erklärt. Messungen an einem Segelflugzeug wären auch darum sehr erwünscht. Man kann ähnliche Messungen bei verschiedenen Werten des Staudruckes ausführen und so die Koeffizienten des Quer- und

<hr>

[1] Es ist die Absicht, diese Messungen zu publizieren in einer Veröffentlichung vom Nationaal Luchtvaartlaboratorium Amsterdam über Quer- und Seitenstabilitätsuntersuchungen.

Seitenruders als Funktion des Anstellwinkels und des Schiebewinkels bestimmen.

Eine zweite Möglichkeit für die Bestimmung des Querruderkoeffizienten wird gegeben durch eine seitliche Verschiebung Δ_y des Schwerpunktes. In genau derselben Weise werden die Querruderausschläge im stationären Fluge bei verschiedenen Schiebewinkeln gemessen, wobei dann auch der Wert k für den symmetrischen Flug gemessen werden kann, k wird dann bestimmt aus

$$k = \frac{G \cdot \Delta \cdot y}{q\,f\,l\,\Delta\,\varepsilon}.$$

Bild 7 zeigt zwei solche Kurven und den daraus errechneten Wert des Querruderkoeffizienten. Zum Vergleich ist auch der Koeffizient aus Bild 5 berechnet aus einer Verschiebung des Schwerpunktes der Höhe nach, in diesem Bild gegeben.

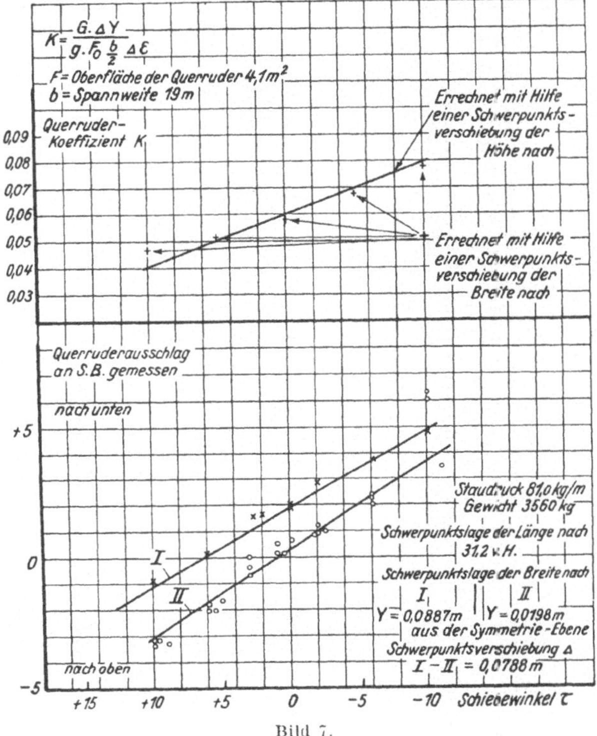

Bild 7.

Die Kenntnis der Ruderkoeffizienten ist sowohl für die Beurteilung der Stabilität, wie auch für Berechnungen auf dem Gebiete der Steuerung ein wertvolles Hilfsmittel.

Die Spiralstabilität.

Auch für die Spiralstabilität ist eine objektive Beurteilung durch Messung möglich.

In richtig geflogenen stationären Kurven — also ohne Seitenwind — werden die Querruder- und Seitenruderausschläge gemessen für verschiedene Drehgeschwindigkeiten bei derselben Staugeschwindigkeit. Man lernt daraus den Verlauf der Querruder- bzw. der Seitenruderausschläge mit der Drehgeschwindigkeit.

Wie aus vielen theoretischen Arbeiten (2) hervorgeht, wird die Spiralstabilität bestimmt durch das Zeichen der Form

$$L_v N_r - N_v L_r,$$

worin L_v das Moment um die Längsachse und N_v das Moment um die Hochachse ist, wenn die Komponente der Geschwindigkeit die Querachse entlang gleich der Einheit ist; und weiter L_r das Moment um die Längsachse und N_r das Moment um die Hochachse ist, das entsteht durch eine Drehung um die Hochachse mit der Einheit der Winkelgeschwindigkeit.

Für Spiralstabilität soll nun

$$L_v N_r - N_v L_r > 0$$

sein.

Man kann den Wert von L_v und N_v bestimmen mittels der Neigung der Tangenten an den Kurven der Querruder- und Seitenruderausschlägen mit dem Schiebewinkel bei geradlinigem Schieben; den Wert von L_r und N_r mittels der Neigung der Tangenten an die Kurven der Querruder- und Seitenruderausschlägen mit der Drehgeschwindigkeit in richtig geflogenen Kurven.

Der Wert der Formel $L_v N_r - N_v L_r$ ist dann bekannt und das Zeichen gibt die Entscheidung über die Spiralstabilität.

Wenn die drei statischen Querstabilitätsbedingungen erfüllt sind, erhebt sich, ähnlich wie bei der Längsstabilität, die Frage, wie die Bewegung des Flugzeuges nach einer kleinen asymmetrischen Störung ist. Also das Problem der dynamischen Querstabilität. Bei der Rückkehr nach dem stationären symmetrischen Fluge können auch hier Schwingungen auftreten, die entweder gedämpft oder nicht gedämpft sein können.

Die experimentellen Forschungen auf diesem Gebiete sind bisher sehr beschränkt gewesen. Es stehen jetzt noch zu wenig Daten zur Verfügung, um hierüber eingehend berichten zu können.

Nur möchte ich auf die Tatsache hinweisen, daß bei der dynamischen Stabilität, mit losgelassenem Steuer, auch hier, wie bei der Längsstabilität, der aerodynamische Ausgleich und der Massenausgleich der Ruder eine bedeutende Rolle spielen. Wenn das Flugzeug Schwingungen um die Hoch- und Längsachse ausführt, hat ein nicht massenausgeglichenes Ruder die Neigung, eine Schwingung um seine Achse auszuführen. Es ist möglich, daß dadurch Momente entstehen, die die Tendenz haben die Schwingung zu erhalten oder zu vergrößern.

Mit festgehaltenem Steuer dagegen können die Steuerkräfte — bei großen Flugzeugen — durch die Massenkräfte nicht unerheblich erhöht werden. Nach meiner Erfahrung hatte ein Massenausgleich des Seitenruders bei solchen Flugzeugen manchmal eine erhebliche Besserung der Eigenschaften zur Folge.

Die Steuerbarkeit.

Diese wird, meiner Ansicht nach, bestimmt von der Wendigkeit und den Steuerkräften. Die letzten werden meistens für die Segelflugzeuge, wo es sich um den absoluten Wert handelt, keine besondere Aufmerksamkeit fordern. Sie kommen mehr in Frage für die großen Motorflugzeuge.

Man braucht in bezug auf die Steuerbarkeit der Segelflugzeuge die Größe der Steuerkräfte im allgemeinen nicht zu betrachten. Wohl aber hat der Zusammenhang zwischen Steuerausschlag und Steuerkraft für Segelflugzeuge eine gewisse Bedeutung, wie bei der Behandlung der Stabilität angegeben ist.

Die Wendigkeit kann man unterteilen in die Anfangswendigkeit und die Wendigkeit im Manövrieren.

Unter Anfangswendigkeit möchte ich verstehen die Fähigkeit oder Geläufigkeit, womit das Flugzeug aus einem stationären Flugzustand gebracht werden kann, unter der Wendigkeit im Manövrieren die Fähigkeit, womit das Flugzeug Bewegungen und elementare Flugfiguren ausführen kann.

Zu der Anfangswendigkeit gehört die Frage, wie schnell das Flugzeug aus dem symmetrischen stationären Fluge nach einem Steuerausschlag eine bestimmte Drehgeschwindigkeit annimmt, oder — besser gesagt —, die Winkelbeschleunigung, die im ersten Moment nach einem Steuerausschlag auftritt. Unter der Wendigkeit im Manövrieren dagegen z. B. die Frage, wie groß der Halbmesser und die Sinkgeschwindigkeit in scharfen stationären Kurven sind, in welcher Zeit eine völlige Trudelumdrehung stattfindet usw.

Die Anfangswendigkeit wird bestimmt von dem Moment, das durch einen Ruderausschlag hervorgerufen wird, und von dem Trägheitsmoment des Flugzeuges. Als Beispiel kann der Einfluß vom Geben eines plötzlichen Höhenruderausschlages im stationären Flug dienen.

Sei q die Winkelgeschwindigkeit um die Querachse, M_q das Moment, das entsteht, wenn das Flugzeug sich mit der Einheit der Winkelgeschwindigkeit um die Querachse dreht, M_0 das Moment, das vom Höhenruderausschlag hervorgerufen wird, I das Trägheitsmoment und t die Zeit, so ist im allgemeinen

$$M_0 \pm M_q\, q = I \frac{dq}{dt}.$$

Im ersten Moment nach dem Steuerausschlag ist aber $q = 0$, also ist

$$\frac{dq}{dt} = \frac{M_0}{I}.$$

Man sieht, daß die Winkelbeschleunigung um so größer sein wird, je größer M_0 und je kleiner I ist.

M_0 wird größtenteils bestimmt von der aerodynamischen Wirksamkeit des Ruders. Man kann anfangen M_0 zu schreiben als $k \frac{1}{2} p v^2 l f \Delta\beta$. Der Wert $\frac{1}{2} p v^2 f l \frac{k}{I}$ gibt die Anfangsbeschleunigung für 1^0 Ruderausschlag. Es ist also ein Maß für die Anfangswendigkeit.

Über die aerodynamische Wirksamkeit der Ruder kann man sich, wenigstens im stationären Fluge, ein Urteil formen durch die Bestimmung der Ruderkoeffizienten, wie bei der Behandlung der Stabilität angegeben ist.

Inwiefern man die Werte der Koeffizienten, bestimmt aus Messungen in stationären Flügen, auch in Berechnungen nichtstationärer Zustände einführen darf, ist nicht ohne weiteres zu sagen.

Im allgemeinen aber können die Messungen von den Werten der Ruderkoeffizienten anzeigen, ob es Flugzustände gibt, in denen die aerodynamische Wirksamkeit der Ruder nicht genügt. Man darf dann erwarten, daß auch die Anfangswendigkeit in diesen Flugzuständen nicht ausreichend ist.

Wenn man in die obengenannte Formel für die Anfangswendigkeit für k die Werte von k, gemessen im stationären Fluge, einführt, bekommt man einen Wert, den man mit »ideelle Anfangswendigkeit« bezeichnen könnte.

Es stehen bis jetzt nur Ergebnisse über diese »ideelle« Anfangswendigkeit zur Verfügung.

Man kann die wirkliche Anfangswendigkeit messen, dadurch, daß man den Zusammenhang zwischen Drehgeschwindigkeit und Zeit $\left(\text{z. B. jede } \frac{1}{5}\, \text{s}\right)$ registriert. Mit Hilfe eines Kinematographen werden die Anzeigen einer 6-s-Uhr und eines Drehgeschwindigkeitsmessers festgelegt. Die Tangente an dieser Kurve gibt dann die wirkliche Anfangsbeschleunigung.

Zum Schluß noch etwas über die Wendigkeit im Manövrieren.

In den Niederlanden haben wir gerade die Forschung des einfachen Manövrierens in Angriff genommen, namentlich die richtig geflogenen stationären Kurven.

Aus bekannten theoretischen Erwägungen zeigt sich, daß für den stationären Kurvenflug die Flächenbelastung und der größte Auftriebsbeiwert von großer Bedeutung sind. Wir haben die Absicht, dies durch Experimente nachzuprüfen und den Einfluß dieser Faktoren nachzuforschen.

Eine Untersuchung anderer Manöver hat noch nicht stattgefunden, da man doch an erster Stelle die einfachen, namentlich die stationären Bewegungen gründlich erforschen soll, ehe man mit dem nichtstationären und komplizierten Manövrieren anfängt.

Diese letzten, vor allem die nichtstationären, können große Schwierigkeiten mit sich bringen, wenn es sich um das Beobachten handelt. Man wird die Methoden zum Registrieren, z. B. auf kinematographischem Wege, weiter entwickeln müssen. Auch die Instrumente sind meistens noch verbesserungsbedürftig, vor allem, was die Anzeigegenauigkeit unter dem Einfluß von Beschleunigungen und Schwingungen angeht.

Ich hoffe, im vorhergehenden einigermaßen gezeigt zu haben, welche Untersuchungen besonders auf dem Gebiete der Flugeigenschaften in den Niederlanden angestellt worden sind.

Ich bin mir bewußt, in der Beschreibung der verschiedenen Meßmethoden und der Resultate sehr unvollständig gewesen zu sein, einerseits, weil mir die Zeit für weitere Behandlung fehlte, anderseits, weil die Absicht dieses Vortrages nur war, das Interesse für die Kenntnis der Flugeigenschaften durch Messung zu vergrößern.

Schrifttum.
(1) Durand, »Aerodynamic Theory«, Vol. V, Berlin 1935.
(2) Fuchs-Hopf-Seewald, »Aerodynamik«, Berlin 1934.
(3) »Verslagen en Verhandelingen van den Ryksstudiedienst voor de Luchtvaart«, Deel V, Amsterdam 1929.
(4) Blenk, »Zeitschrift für Flugtechnik und Motorluftschiffahrt«, 28. April 1930.

Action des ailerons sur avions sans moteur.

Von Alexander Lippisch, Darmstadt.

Le but d'un projet d'avion de vol à voile consiste en première ligne dans l'accroissement des performances, qu'on peut obtenir par des mesures aérodynamiques et constructives. Néanmoins les meilleures performances relatives à la finesse et la velocité de descente verticale ne peuvent être réalisées dans la pratique si l'on ne réussit pas en même temps un perfectionnement des qualités de vol. La forme caractéristique de l'avion de vol à voile cause, en comparaison à l'avion à moteur, une influence plus marquée des moments autour de l'axe verticale de l'avion, qui prennent naissance par le fonctionnement des ailerons. Le fuselage qui est court comparé à l'envergure donne une stabilité relativement petite, pendant que les moments de lacet augmentent en conséquence de l'accroissement de l'envergure. Il est par suite nécessaire de trouver des moyens pour parvenir à neutraliser les effets secondaires desagréables des ailerons. Des considérations théoriques basées sur la théorie de Prandtl nous donnent la possibilité d'effectuer des calculs comparatifs sur l'efficacité des différentes dispositions d'ailerons. Des recherches antérieures ont déjà montré, qu'il existe une concordance satisfaisante entre l'essai et la théorie. Si l'on choisit comme valeur de comparaison pour l'efficacité des différents systèmes d'ailerons le rapport de moment de lacet à moment de roulis, le système donnant une valeur grande et positive de ce rapport est le plus avantageux.

Pour obtenir la disposition plus satisfaisante des ailerons il est naturellement nécéssaire d'employer la commande différentielle.

Pour illustrer cette considération générale par un exemple, différents ailerons sur une aile d'avion sans moteur elliptique d'un allongement moyen de 16 furent étudiés par calcul. Le calcul donne le résultat remarquable qu'on obtient des moments de route stables en employant des ailerons courts, de grande profondeur disposés à la pointe de l'aile et braqués d'un côté seulement. Pour neutraliser le changement de portance causé par le braquage unilatéral de l'aileron on peut donner un petit braquage à un volet étroit disposé le long du bord de fuite entier.

Par cet arrangement des ailerons on réussit de bonnes qualités de vol et en outre de cela les ailerons disposés aux pointes de l'aile permettent d'ajouter des volets hypersustentateurs s'étendant presque sur toute l'envergure et donnant une augmentation remarquable de l'écart de vitesse.

En principe il est à remarquer tout généralement que la construction des avions de vol à voile doit s'effectuer plus en concordance aux progrès de la théorie aérodynamique. Le développement des prototypes éprouvés ne donne qu'un perfectionnement graduel et ne mène jamais à des voies vraiment nouvelles.

L'efficienza degli alettoni sul veleggiatore.

Alessandro Lippisch, Darmstadt.

Lo scopo di ogni progetto di aliante è in primo luogo un miglioramento delle sue prestazioni, il che si può conseguire sia dal lato costruttivo, sia da quello aerodinamico. Ma non si può sfruttare in pieno la bontá aerodinamica dell'apparecchio (rapporto di planata e velocitá di discesa) se a tale miglioramento aerodinamico non fa riscontro un adeguato miglioramento delle caratteristiche di volo. La forma tipica del velivolore colla sua grande apertura alare ha come immediata conseguenza un'influenza assai sensibile del momento degli alettoni attorno all'asse verticale dell'apparecchio (momento d'imbardata), il che non avviene in misura sensibile sul velivolo a motore. La fusoliera molto corta rispetto all'apertura alare non può dare che una minima stabilità, mentre il momento d'imbardata cresce in funzione dell'aumento dell'apertura alare. E'assolutamente necessario trovare il modo di neutralizzare questi effetti parassiti degli alettoni. Partendo da considerazioni basate sulla teoria di Prandtl si possono eseguire dei calcoli comparativi sull'efficienza di vari tipi di alettoni. Lavori precedenti hanno dimostrato che i risultati di tali calcoli vengono largamente confermati dalla pratica. Se scegliamo come dato di riferimento il rapporto tra il momento d'imbardata e quello trasversale (quello utile e quello parassita) degli alettoni, accetteremo quale migliore quel tipo di alettoni che ci darà un valore positivo massimo di tale coefficiente. S'intende che in tutti i casi adopera un comando differenziale degli alettoni.

Cosí sono stati calcolati diversi tipi di alettoni su un'ala elittica di allungamento medio 16. I calcoli hanno dato il notevolissimo risultato che un momento stabile di virata si può ottenere disponendo all'estremità delle ali degli alettoni corti e profondi, comandati in modo da avere l'escursione da una sola parte. Per equilibrare la variazione di portanza provocata dall'azionamento unilaterale degli alettoni, un'aletta strettissima disposta lungo tutto il bordo d'uscita deve effettuare una piccola corsa in senso contrario. Questo tipo di alettoni non solo migliora le caratteristiche di volo, ma si guadagna un'aletta di curvatura estendosi lungo quasi tutta l'apertura alare e che aumenta efficacemente lo scarto di velocità.

Come questione di principio, bisogna che la costruzione degli alianti si appoggi più di quanto è stato fatto finora ai risultati dell'aerodinamica teorica. Lo sviluppo di tipi notoriamente buoni porta certamente ad un miglioramento graduale, ma non servirà mai a scoprire nuove strade.

Sailplane Aileron Effectiveness.

Alexander Lippisch.

The main point by designing a new sailplane is to improve the performance. This may be accomplished by aerodynamicael and structural means. The best performance in regard to gliding angle and sinking speed cannot, however, be obtained in practice if the development of flying characteristics does not keep pace with the performance. The typical form of sailplane with large span is more noticeably affected by adverse yawing moments caused by aileron operation than is an aeroplane. The fuselage being short in relation to the span is only stabilizing to a small degree, whereas the yawing moments increase on account of the large span. It is thus necessary to seek ways and means to alleviate this unpleasant secondary effect of the ailerons. By theoretical considerations based on the Prandtl theory, comparative estimates can be made of the effectiveness of various aileron arrangements. Former work of this kind has shown that experiment checks well with estimation. If one chooses the ratio of yawing moment to rolling moment as a measure of the value of various aileron arrangements, the best arrangement is that which has the largest positive value of this ratio. It is obvious that such favorable arrangements cannot be achieved without differential.

In order to clarify these general remarks by means of an example, several aileron arrangements on an elliptical sailplane wing having an aspect ratio of 16 were investigated. Calculations resulted in the interesting conclusion that short wide ailerons at the wing tips with only upward movement produce stable yawing moments. In order to neutralize the resulting lift change, a narrow flap along the whole trailing edge may be moved down a small amount. With such an aileron arrangement one achieves not only good flying qualities, but due to the short aileron span, most of the trailing edge of the wing is free for a camber-changing flap which can be used for increasing the speed range.

General reference is made to the fundamental necessity for basing the design of sailplanes more than formerly on the results of theoretical aerodynamics.

Copying successful forerunners results in only a gradual improvement and never leads to basically new ideas.

Die Querruderwirkung an Segelflugzeugen.

Von Alexander Lippisch, Darmstadt (Flughafen).

Das Ziel der Entwurfsarbeit eines Segelflugzeugs ist in erster Linie die Leistungssteigerung, die durch aerodynamische und konstruktive Maßnahmen gewonnen werden kann. Die besten Leistungen in bezug auf Gleitwinkel und Sinkgeschwindigkeit können praktisch jedoch nicht ausgenutzt werden, wenn nicht die Entwicklung der Flugeigenschaften mit dieser Leistungssteigerung Hand in Hand geht. Die typische Form des Segelflugzeugs mit großer Spannweite bedingt einen gegenüber dem Motorflugzeug fühlbareren Einfluß der durch Querruderbetätigung hervorgerufenen Momente um die Hochachse des Flugzeugs. Der im Verhältnis zur Spannweite kurze Rumpf liefert nur eine verhältnismäßig kleine Stabilität, während die Giermomente infolge der Spannweitenvergrößerung anwachsen. Es ist deshalb notwendig, nach Mitteln und Wegen zu suchen, um die unangenehmen Nebenwirkungen des Querruders zu neutralisieren. Durch theoretische Betrachtungen, die auf der Prandtlschen Tragflügeltheorie fußen, kann man Vergleichsrechnungen über die Wirksamkeit verschiedenartiger Querruderanordnungen ausführen. Frühere Arbeiten dieser Art haben gezeigt, daß Messung und Rechnung befriedigende Übereinstimmung liefern. Wählt man als Vergleichswert der Güte verschiedener Querruderanordnungen das Verhältnis zwischen dem Giermoment und dem Rollmoment, so ist diejenige Querruderanordnung am vorteilhaftesten, die einen großen positiven Wert dieser Verhältniszahl liefert. Selbstverständlich kann man solche günstigste Querruderanordnungen nur erreichen, wenn man von einem Differentialantrieb ausgeht.

Um diese allgemeine Betrachtung durch ein Beispiel zu erläutern, werden verschiedene Querruderanordnungen an einem elliptischen Segelflugzeugflügel bei einer mittleren Flügelstreckung von 16 rechnerisch untersucht. Die Rechnung liefert das bemerkenswerte Ergebnis, daß kurze, tiefe, am Flügelende angebrachte Querruder, die nur einseitig ausgeschlagen werden, stabile Wendemomente liefern. Um die durch einseitigen Querruderausschlag hervorgerufene Auftriebsänderung auszugleichen, kann man eine längs der ganzen Hinterkante angeordnete schmale Klappe um einen kleinen Betrag dagegen ausschlagen. Man gewinnt durch eine solche Querruderanordnung nicht nur gute Flugeigenschaften, sondern die kurzen, an den Flügelenden befindlichen Querruder gestatten die Anbringung einer fast über die ganze Spannweite reichenden Wölbungsklappe, die eine wirksame Vergrößerung der Geschwindigkeitsspanne liefert.

Grundsätzlich muß ganz allgemein darauf hingewiesen werden, daß im Segelflugzeugbau mehr als bisher die Gestaltung des Entwurfs nach den Erkenntnissen der theoretischen Aerodynamik vorgenommen werden muß.

Die Anlehnung an bewährte Vorbilder liefert nur eine graduelle Verbesserung, führt aber niemals zu grundsätzlich neuen Wegen.

Die Querruderwirkung an Segelflugzeugen.

Von Alexander Lippisch, Darmstadt.

Wenn heute dem Konstrukteur von Segelflugzeugen die Aufgabe gestellt wird, ein neues Segelflugzeug nach den modernsten Gesichtspunkten zu entwickeln, so wird die Entwurfsarbeit in der Hauptsache darin bestehen, mit Hilfe der Kenntnisse der theoretischen und experimentellen Aerodynamik die Flugleistungen in bezug auf Gleitwinkel und Sinkgeschwindigkeit soweit zu steigern, als es die Konstruktion des Tragwerks aus Steifigkeits- und Festigkeitsgründen gerade noch zuläßt.

Auch ich würde eine solche Aufgabe mit einer derartigen Betrachtung beginnen, und ich habe verschiedentlich die Wege angezeigt, auf welchen man eine Leistungssteigerung erreichen kann.

Ich habe es aber andererseits niemals unterlassen, gleichzeitig darauf hinzuweisen, daß neben den Überlegungen hinsichtlich der Leistungssteigerung eine eingehende Betrachtung über die zu erwartenden Flugeigenschaften nicht außer acht gelassen werden darf. Man braucht hier nicht nur auf die geschichtliche Entwicklung des Segelflugs hinzuweisen, sondern man kann von Anbeginn des Flugwesens stets die Tatsache bestätigt finden, daß wirkliche Fortschritte nur durch solche Neukonstruktionen erreicht wurden, deren Flugeigenschaften eine bessere Handhabung des Flugzeugs gestatten. Unsere nie erlahmende Bewunderung des Vogelfluges gilt ebenfalls vielmehr der fliegerischen Meisterschaft infolge der unerhörten Steuerfähigkeit der Naturflieger, als ihren Flugleistungen, die von unseren Segelflugzeugen zum Teil gewiß schon überboten sind. So kann man sehr wohl zu dem Schluß kommen, daß das Problem der Flugeigenschaften das eigentliche Problem des Flugwesens ist, und insbesondere im Segelflug sollten Gedankengänge in dieser Richtung in viel weiterem Maße Eingang finden als bisher. Ich will damit gewiß nicht sagen, daß an diesem Problem zur Zeit noch nicht gearbeitet würde. Allein es ist erstaunlich, wie wenig die meisten Konstrukteure mit der Theorie der Stabilität und der Steuerfähigkeit vertraut sind. In den meisten Fällen werden diese wichtigen Fragen auf Grund sog. praktischer Erfahrungen entschieden und die Gestaltung der Ruder wird empirisch an Hand bewährter Vorbilder vorgenommen.

Wenn ich es vor Jahren unternommen habe, den Segelflugzeugkonstrukteur mit der Prandtlschen Tragflügeltheorie anzufreunden, indem ich ihm durch Schaffung des Rechenverfahrens die Möglichkeit gab, die aerodynamische Gestaltung des Tragflügels eingehend durchzuarbeiten, so möchte ich heute in Anlehnung an diese theoretische Grundlage zeigen, welchen Nutzen man für die richtige Dimensionierung und Antriebsart der Querruder aus der Tragflügeltheorie ziehen kann.

Die Erfindung der Quersteuerung durch Flächenverwindung war der Schlüssel zur Erfindung des Motorflugzeugs überhaupt. Aber bereits der Erfinder des Motorflugzeugs Wright hatte schon die Nachteile dieser Art von Quersteuerung erkannt, die bekanntlich darin bestehen, daß eine Auftriebserhöhung eine gleichzeitige Widerstandszunahme bedingt, so daß die zur Erzeugung eines Rollmomentes hervorgerufene Verwindung nicht nur eine unsymmetrische Auftriebsverteilung, sondern auch eine unsymmetrische Widerstandsverteilung hervorruft, die den sich hebenden Flügel bremst und den niedergehenden Flügel beschleunigt. Das heißt die zusätzliche Auftriebsverteilung, die das gewünschte Rollmoment um die Längsachse hervorruft, erzeugt nebenbei auch ein sehr unerwünschtes Wende- oder Giermoment um die Hochachse des Flugzeugs. (Bild 1.)

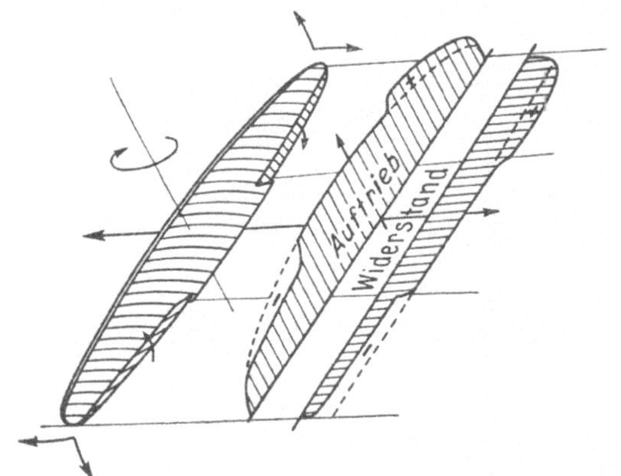

Bild 1. Auftriebs- und Widerstandsverteilung bei Querruderanschlag.

Dieses durch die ungleichen Widerstände an den Flügelenden erzeugte Wendemoment liefert flugeigenschaftsmäßig gesehen Instabilität, denn die dadurch erzeugte Drehung des Flugzeugs um die Hochachse wirkt infolge der nunmehr auftretenden Geschwindigkeitsdifferenzen der Flügelenden der gewünschten Rollbewegung entgegen und kann sehr wohl eine Größe annehmen, die die Wirkung des Rollmomentes vollständig kompensiert.

Daß die Gebrüder Wright diese unangenehmen Eigenschaften der Querruderwirkung erkannt und durch eine

geschickte Steuerungskinematik behoben hatten, ist heute nur noch wenigen bekannt, und ich möchte deshalb diese Tatsache an Hand einer alten Darstellung dieser Steuerung in Erinnerung bringen (Bild 2). Wir sehen, daß diese erste Ausführung einer Quersteuerung eine zwangsläufige Koppelung der Quer- und Seitenruderausschläge in dem Sinne hervorruft, daß beim Querrudergeben zwangsläufig das Seitenruder zum Ausgleich des Querruder-Wendemomentes ausgeschlagen wird. Im Segelflug sind in späteren Jahren ähnliche Querrudersteuerungsanordnungen mit Erfolg verwendet worden. Ich erinnere in diesem Zusammenhang an die Steuerkonstruktionen bei verschiedenen Segelflugzeugmustern der Akaflieg Darmstadt.

Eine spätere Entwicklungsrichtung hat den sog. Differentialantrieb der Querruder bevorzugt und heute ist diese Art der Quersteuerung fast bei allen Leistungssegelflugzeugen üblich geworden. Mit Hilfe des Differentialantriebs gelingt einerseits eine Verminderung des negativen Wendemomentes und andererseits ein besserer Kraftausgleich der Steuerdrücke, während im Bereich großen Auftriebs ein Abreißen der Strömung am gehobenen Flügel verhindert wird. Es ist jedoch trotz Anwendung des Differentialantriebs nicht sicher möglich, die negativen Wendemomente vollständig zu kompensieren, und in zahlreichen Fällen ist der Konstrukteur gezwungen, durch Erhöhung der Kursstabilität die Wirkung der Wendemomente klein zu halten. Dies ist an dem Diagramm des Bildes 3 leicht verständlich zu machen. Hier ist über dem Schiebewinkel (γ) das Seitenmoment und das Rollmoment für ein schwach und ein stärker seitenstabiles Flugzeug aufgetragen. Das stabile Seitenmoment aus der Drehung des Flugzeugs um die Hochachse hat, über dem Schiebewinkel aufgetragen, eine negative Richtung. Das Wende-Rollmoment dagegen hat eine positive Richtung, wenn Stabilität vorhanden sein soll. Wird nun der Querruder ausgeschlagen, so ist anfangs, also ohne Drehung um die Hochachse, ein Rollmoment und ein entsprechendes negatives Wendemoment vorhanden, so daß sich die Geraden für M_s und M_q um die betreffenden Beträge dieser Nullmomente parallel verschieben. Das Flugzeug selbst strebt dann wiederum durch Drehung um die Hochachse derjenigen Schiebestellung zu, bei der das Seitenmoment 0 wird. Das in dieser Stellung noch vorhandene Rollmoment ist dann kleiner geworden, da ja M_q über γ aus Stabilitätsgründen eine positive Richtung aufweist. Ist die Seitenstabilität, d. h. $\dfrac{d M_s}{d \gamma}$ klein, so wird der vom Flugzeug infolge Querruderausschlag angestrebte Schiebewinkel groß werden und es kann hier wohl vorkommen, daß bei diesem Schiebewinkel das dann noch vorhandene Rollmoment sehr kleine oder sogar umgekehrte Werte annimmt. Im letzten Falle haben wir Instabilität, denn das Flugzeug dreht und rollt entgegengesetzt dem gewünschten Ruderausschlag. Verbessert man nun die Stabilität um die Hochachse, d. h. vergrößert man

$$\frac{d M_s}{d \gamma}$$

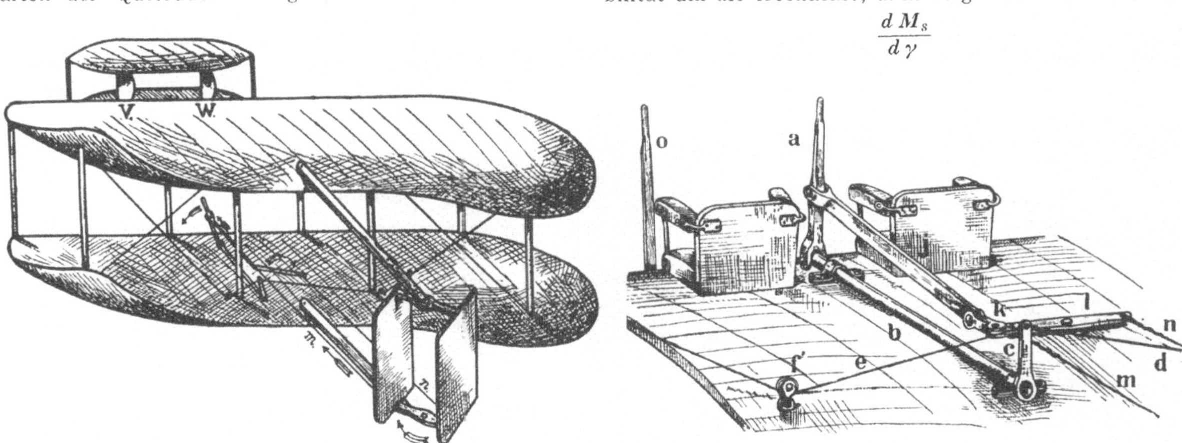

Bild 2. Quersteuerung nach Wright (1902).

so wird der Schiebewinkel, bei dem $M_s = 0$ wird, bei gleichem Querruderausschlag kleiner und die Verminderung der Querruderwirkung durch Schieben nimmt wesentlich geringere Beträge an.

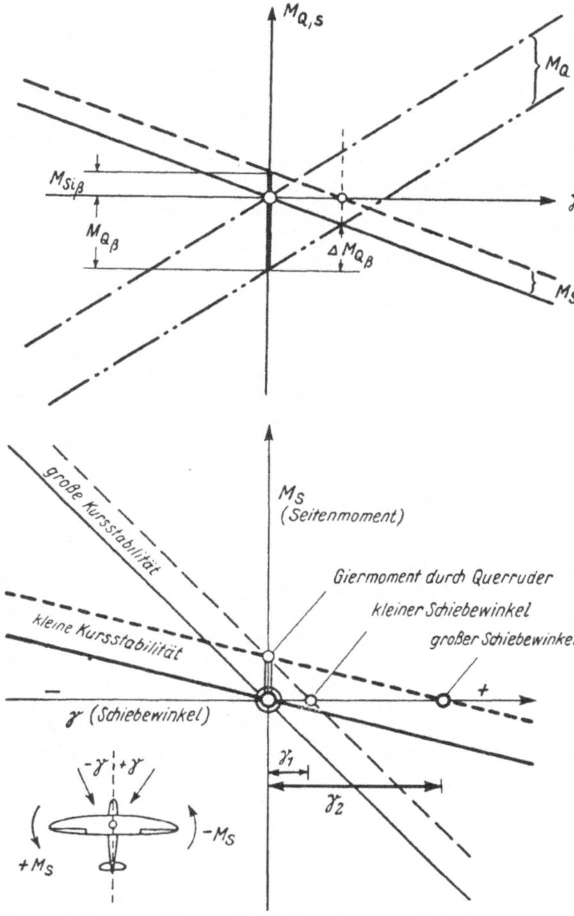

Bild 3a. Stabilitäts- und Steuerdiagramm (Erläuterung).

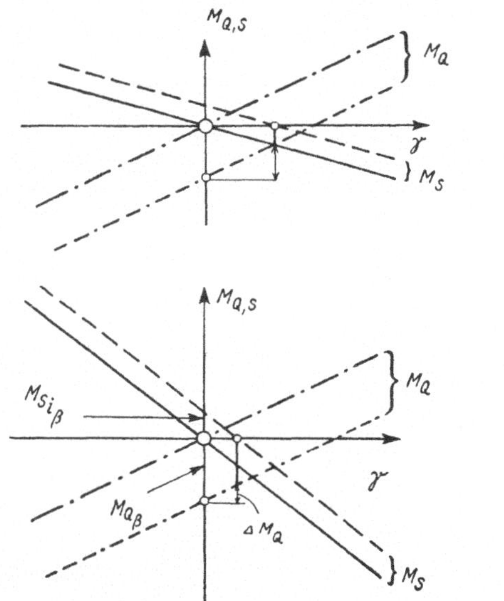

Bild 3b. Vergleich zwischen kleinerer und größerer Seitenstabilität und ihr Einfluß auf die Querruderwirkung.

An sich bedeutet die Verbesserung der Seitenstabilität jedoch konstruktiv eine nicht immer tragbare Einbuße, denn in vielen Fällen wird man gezwungen sein, den Seiten-

leitwerksabstand vom Schwerpunkt zu vergrößern und diese Verlängerung des Rumpfes nach hinten bedingt wiederum eine Vorverlegung des Führersitzes, damit die Schwerpunktslage erhalten bleibt. Die dadurch erkauften Nachteile sind nicht nur aus Gewichtsgründen unerwünscht, sondern auch die Trägheit des Flugzeugs um die Hochachse und die Dämpfung um die Hochachse werden größer. Alles in allem ist dieser Weg zwar einfach, aber entwicklungsmäßig gesehen, ein Rückschritt, und man wird immer wieder vor die Frage gestellt, ob es nicht Mittel und Wege gibt, um selbst bei kleiner Seitenstabilität einwandfreie Querrudereigenschaften zu erreichen. Dazu müssen wir die Ursachen für das Zustandekommen des negativen Wendemoments infolge Querruderausschlags erkennen und an Hand der theoretischen Behandlungen dieses Problems die Wege aufzeigen, die die Entwicklung der Querrudergestaltung und ihres Antriebs gehen muß, um die heute noch vorhandenen Mängel an ihrer Quelle zu beseitigen.

Wie bereits angedeutet und aus der Praxis bekannt, liefert bei positivem Auftrieb des Tragflügels der Ausschlag der Querruder eine zusätzliche Auftriebsverteilung, die eine Änderung des durch die Auftriebsströmung erzeugten induzierten Widerstandes zur Folge hat. Das Anwachsen des Auftriebs erhöht den induzierten Widerstand, während bei abfallendem Auftrieb auf der Seite der hochgehenden Klappe der induzierte Widerstand dieser Flügelhälfte kleiner wird.

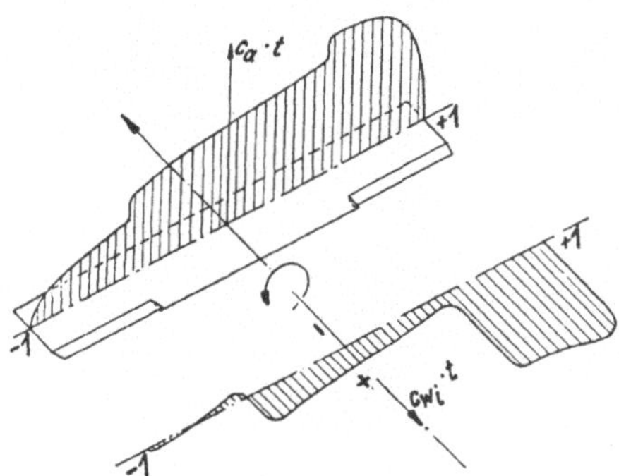

Bild 4. Die Verteilung des Auftriebs und des induzierten Widerstandes bei normalem Querruderausschlag an einem Rechteckflügel.

Bild 4 zeigt das rechnerische Ergebnis der Untersuchung der Querruderwirkung an einem Rechtecksflügel und wir sehen, wie groß die Unterschiede in den induzierten Widerständen tatsächlich werden können. Es ist nun in erster Linie die Aufgabe, dieses induzierte Giermoment aus der Auftriebsverteilung abzuleiten.

In bekannter Weise wird die Auftriebsverteilung des zu betrachtenden Flügels in Form einer Fourier-Reihe angesetzt. Dabei berechnen wir von vornherein die dimensionslosen Beiwerte in der Form, wie wir sie auch bei einer experimentellen Untersuchung an der 6-Komponentenwaage im Windkanal ableiten würden. Deshalb setzen wir die Halbspannweite gleich der Einheit und schreiben dann:

$$c_a \cdot t = \sum_1^{n=m} a_n \cdot \sin n\,\varphi.$$

Hierin ist in bekannter Weise

$$\cos \varphi = -y$$
$$\sin \varphi = \sqrt{1-y^2}.$$

Der Anstellwinkelverlauf längs der Spannweite ist dann gegeben als:

$$\alpha = \sum_1^{n=m} a_n \cdot \frac{\sin n\,\varphi}{\sin \varphi}\left(\xi + \frac{n}{8}\right).$$

Hierin ist

$$\xi = \frac{\sin \varphi}{2 \cdot \pi \cdot \eta \cdot t_y}$$

worin

$$2\,\pi\,\eta = \frac{d\,c_a}{d\,\alpha}$$

des betreffenden Flügelschnittes bei zweidimensionaler Strömung ist.

Die Ableitung dieser Formeln finden Sie auch in meiner Arbeit über die Berechnung der Auftriebsverteilung längs der Spannweite (Luftfahrtforschung 1935, Nr. 3).

Es ist also:

$$\alpha \cdot \sin\varphi = \sum_{1}^{n=m} a_n \cdot \sin n\,\varphi\left(\xi + \frac{n}{8}\right).$$

Ist der Anstellwinkelverlauf gegeben, so kann man aus den oben abgeleiteten Beziehungen die Koeffizienten der betreffenden Auftriebsverteilung berechnen. Kennt man diese Koeffizienten, so kann man daraus sowohl das Rollmoment als auch das induzierte Giermoment bestimmen.

Im allgemeinen gilt für das Rollmoment:

$$M_q = \int\limits_{-\frac{b}{2}}^{+\frac{b}{2}} c_a \cdot t \cdot q \cdot y \cdot d\,y.$$

Da uns für die Gütebetrachtung nur die dimensionslosen Beiwerte interessieren, berechnen wir den Rollmomentenbeiwert direkt:

$$c_{mq} = -a_2 \cdot \frac{\pi\,\Lambda}{32}.$$

Hierin ist c_{mq} definiert

$$c_{mq} = \frac{M_q}{q \cdot F \cdot b}.$$

$\Lambda = $ Flügelstreckung $\dfrac{b^2}{F}$,

weiterhin ist das induzierte Giermoment

$$M_{si} = \int\limits_{-\frac{b}{2}}^{+\frac{b}{2}} c_a \cdot t \cdot \alpha_i \cdot q \cdot y \cdot d\,y.$$

Der dimensionslose Beiwert ist dann

$$c_{ms_i} = \frac{\pi\cdot\Lambda}{256} \cdot \sum_{1}^{n=m} (2\,n+1)\,a_n \cdot a_n + 1,$$

d. h. wir können den induzierten Giermomentenbeiwert in einer Reihe anschreiben als:

$$c_{ms_i} = \frac{\pi\cdot\Lambda}{256}\,(3\,a_1 a_2 + 5\,a_2 a_3 + 7\,a_3 a_4 + \ldots).$$

Bedenken wir nun, daß der Koeffizient a_1 dem Auftriebsbeiwert und a_2 dem Rollmomentenbeiwert des ganzen Flügels verhältig ist, nämlich:

$$a_1 = c_{a\,ges} \cdot \frac{8}{\pi\cdot\Lambda}$$

und

$$a_2 = -c_{mq} \cdot \frac{32}{\pi\cdot\Lambda}$$

dann wird der induzierte Giermomentenbeiwert:

$$c_{ms_i} = \frac{\pi\cdot\Lambda}{256}\left[\frac{-c_{mq}\left(3\,\dfrac{c_{a\,ges}}{\pi\cdot\Lambda} + \dfrac{5}{8}\,a_3\right)}{\pi\cdot\Lambda/256} + 7\,a_3 a_4 + 9\,a_4 a_5 + \ldots\right].$$

Stellen wir nun die Forderung, daß durch richtige Querrudergestaltung und Antriebsart das induzierte Giermoment wenigstens gleich 0 wird, dann muß sein:

$$c_{mq}\left(3\,\frac{c_a}{\pi\,\Lambda} + \frac{5}{8}\,a_3\right) = \frac{\pi\cdot\Lambda}{256}\,(7\,a_3 a_4 + 9\,a_4 a_5 + \ldots)$$

Stellt man nun in einem Diagramm den Verlauf von c_{ms_i} über c_a dar (Bild 5), so erhält man eine Gerade mit negativer Neigung, denn es ist:

$$\frac{d\,c_{ms_i}}{d\,c_{a\,ges}} = -\frac{3\,c_{mq}}{\pi\cdot\Lambda}.$$

Bei dem Auftriebsbeiwert des ganzen Flügels $c_{a\,ges} = 0$ erhalten wir andererseits:

$$c_{ms_0} = -\frac{5}{8}\,c_{mq} \cdot a_3 + \frac{\pi\cdot\Lambda}{256} \sum_{n=3}^{n=m} (2\,n+1)\,a_n \cdot a_{n+1}.$$

Da die Neigung der Geraden bei konstantem Rollmoment nur durch die Flügelstreckung beeinflußt wird, müssen wir also dafür sorgen, daß durch günstige Querrudergestaltung und Antriebsart der Wert von $c_{ms_{i0}}$ möglichst groß wird, damit der Auftriebsbereich, in dem wir positive, also stabile Querrudergiermomente erwarten können, bis zu großen Gesamtauftrieben hinaufreicht.

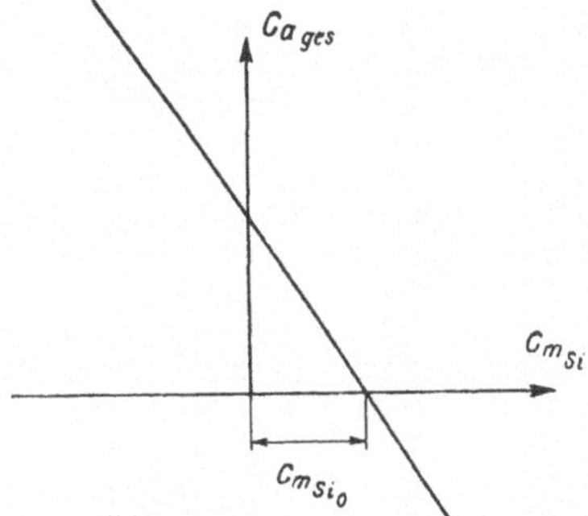

Bild 5. Induzierter Giermomentenbeiwert in Abhängigkeit vom Auftriebsbeiwert des ganzen Flügels.

Weiterhin müssen wir bedenken, daß es vorteilhafter ist, wenn wir für eine Vergleichsrechnung nicht $c_{ms_{i0}}$ direkt bestimmen, sondern in seinem Verhältnis zu c_{mq}^2, denn das induzierte Giermoment entsteht ja aus dem induzierten Widerstand, der bekanntlich dem Auftriebsquadrat verhältig ist, und der an den Flügelenden erzeugte positive oder negative Auftrieb bei Querruderausschlag ist ja seinerseits dem Rollmoment verhältig. So erhalten wir schließlich für eine Vergleichsbetrachtung den Ausdruck:

$$\frac{c_{ms_{i0}}}{c_{mq}^2} = -\frac{5}{8}\,\frac{a_3}{c_{mq}} + \frac{\pi\cdot\Lambda}{256} \sum_{n=3}^{n=m} (2\,n+1)\,\frac{a_n \cdot a_{(n+1)}}{c_{mq}^2}.$$

Wir müssen nun für verschiedenartige Formgebung und Antriebsarten des Querruders die Koeffizienten bestimmen und diese Ableitung so durchführen, daß wir die Richtung eines günstigen Querruderentwurfes feststellen können. Grundsätzlich gehen wir hierbei von folgendem Gedankengang aus:

Der Querruderausschlag nach oben und unten wird stets so eingesetzt, daß eine Änderung des Gesamtauftriebs nicht stattfindet. Wenn wir also beispielsweise ein Differentialquerruder untersuchen, so müssen wir, um die Konstanz des Gesamtauftriebs zu gewährleisten, eine zusätzliche Anstellwinkeländerung des ganzen Flügels vornehmen, damit der Gesamtauftrieb erhalten bleibt. Weiterhin ist es vorteilhaft, die Flügelumrißform der Gestalt anzunehmen, daß $\alpha \cdot \sin\varphi$ eine Reihe liefert, deren Koeffizienten auf einfache Weise berechnet werden können.

Diese letztere Bedingung ist naturgemäß beim elliptisch umrissenen Flügel am einfachsten herzustellen, denn beim elliptisch umrissenen Flügel wird ξ eine Konstante, nämlich:

$$\xi_{ell} = \frac{\Lambda}{16\cdot\eta}.$$

Im Segelflugzeugbau ist die elliptische Grundrißform des Flügels besonders in den letzten Jahren nahezu bei allen Leistungs-Segelflugzeugen weitgehendst verwirklicht worden, so daß man für die Betrachtung der Querruderwirkung bei Segelflugzeugen sehr wohl von der Voraussetzung ausgehen kann, daß der Flügel elliptischen Grundriß besitzt. Die Koeffizienten des durch Querruderausschlag hervorgerufenen Verlaufs von $\alpha \cdot \sin\varphi$ lassen sich dann in einfacher Weise als Fourierkoeffizienten bestimmen, denn es ist dann

$$\alpha \cdot \sin\varphi = \Sigma\,c_n \cdot \sin n\,\varphi,$$

wobei

$$c_n = a_n\left(\frac{\Lambda}{16\cdot\eta} + \frac{n}{8}\right).$$

Solche Untersuchungen sind in allgemeiner Form bereits verschiedentlich durchgeführt worden. Ich möchte jedoch hier einen Fall untersuchen, der bisher nicht in Erwägung gezogen wurde und doch, wie das Rechnungsergebnis später zeigen wird, eine offenbar recht vorteilhafte Querruderanordnung darstellt. Bisher wurde nämlich grundsätzlich davon ausgegangen, daß die Querruderlängen am rechten und linken Flügel zur Flugzeugmitte symmetrisch und gleich sind. Denken wir uns aber einmal den Fall, daß wir am Außenflügel ein kurzes tiefes Querruder haben und daß am ganzen übrigen Flügel eine auftriebserzeugende Klappe angebracht ist, und nun beim starken Ausschlag des kurzen Querruders nach oben, beispielsweise am linken Flügel, die gesamte Auftriebsklappe und die rechte Querruderklappe um weniges nach unten ausgeschlagen wird, so daß der Auftriebsausgleich stattfindet. Wir haben dann eine Antriebsart, die praktisch einem Differentialantrieb von $1 : \infty$ entspricht. Diese Antriebsart muß bekanntlich die günstigsten Giermomente liefern. Ich gehe aber noch aus einem anderen Grunde auf diese Querrudergestaltung ein, denn die Entwicklung der Segelflugzeuge in den letzten Jahren rückt immer mehr die Frage in den Vordergrund, ob es nicht notwendig sein wird, durch Anordnung von auftriebserzeugenden Klappen oder Hilfsflügeln den Geschwindigkeitsbereich der Segelflugzeuge weiterhin auszudehnen. Denn wir wissen, daß wir für den Streckenflug in der Entwicklung auf immer höhere Flächenbelastung kommen müssen, wenn wir geringe Sinkgeschwindigkeiten bei hoher Reisegeschwindigkeit erreichen wollen. Andererseits ist aber dann ein so hoch belastetes Segelflugzeug für den Flug am Hang oder in eng begrenzter Thermik ungeeignet, da die Kurvenradien beim Kreisen zu groß werden. Hier müssen wir die Möglichkeit haben, den Auftrieb wesentlich zu steigern, damit enge Auftriebsbereiche im Langsamflug durchflogen werden können, ohne daß es notwendig ist, dauernd zu kurven und dabei den Geringstwert der Sinkgeschwindigkeit wesentlich zu verschlechtern.

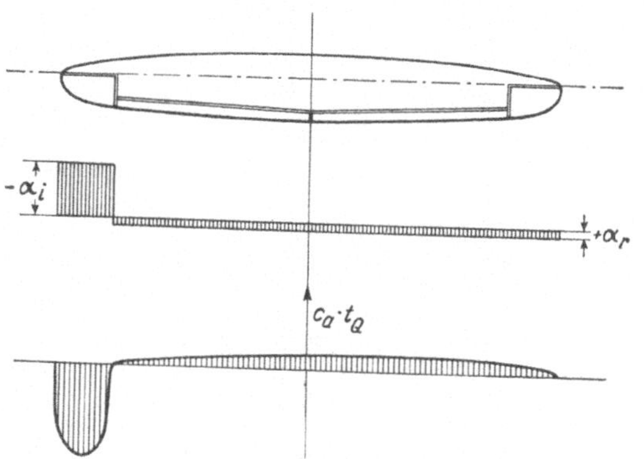

Bild 6. Vorschlag einer neuartigen Querruderanordnung.

Ordnen wir aber am Flügel ein wie heute üblich verhältnismäßig langes Querruder an, so ist der Bereich, in dem wir noch eine auftriebserzeugende Klappe anbringen können, nur klein und wir können kaum erwarten, daß eine solche Klappe wesentliche Vorteile bringen wird. Vielmehr müssen wir bei einem solchen Entwurf dahin streben, mit kurzen, tiefen Querrudern auszukommen, so daß wir längs des ganzen übrigen Flügels eine wirksame Auftriebsklappe anbringen können. Ich werde Ihnen nun zeigen, daß diese Anordnung tatsächlich auch in bezug auf die Kurvenwendigkeit vorteilhaft erscheint, denn bei richtiger Antriebsart erhalten wir sehr günstige positive Querruder-Giermomente, wie wir sie eingangs verlangt haben.

Wir betrachten also einen elliptischen Flügel, bei dem die durch Querruderausschlag erzeugte Anstellwinkeländerung gemäß Bild 6 eintritt. Diejenigen, die in der theoretischen Behandlung solcher Aufgaben noch nicht so vertraut sind, werden sich vielleicht wundern, daß ich hier von einer Anstellwinkeländerung rede, obwohl doch nur die Querruderklappen ausgeschlagen werden. Man kann aber bei einer bestimmten Rudertiefe die Wirkung eines Querruderausschlages durch eine entsprechende Anstellwinkeländerung des ganzen Profiles ersetzen, wobei man sich der bekannten Beziehung zwischen der Änderung des Null-Anstellwinkels und des Klappenausschlages, wie sie sich nach Glauert leicht berechnen läßt, bedient. Es ist nämlich

$$\frac{\alpha_0}{\beta} = \frac{1}{\pi}\left[\pi - \arccos\left(2\,\frac{tr}{t} - 1\right) + 2\,\sqrt{\left(I - \frac{tr}{t}\right)\frac{tr}{t}}\,\right].$$

Man muß dann natürlich noch bedenken, daß hier das theoretische Ergebnis nur in kleinen Bereichen des Klappenausschlages β voll zur Geltung kommt und man mit wachsendem Klappenausschlag eine entsprechende Abminderung durch Einführung eines Klappenwirkungsgrades berücksichtigen muß. Die Werte, wie wir sie aus zahlreichen Messungsergebnissen ermittelt haben, sind in Bild 7 graphisch dargestellt, und wer keine eigenen Messungsergebnisse für solche Rechnungen verwenden kann, dem mögen diese Mittelwertskurven als Unterlagen dienen.

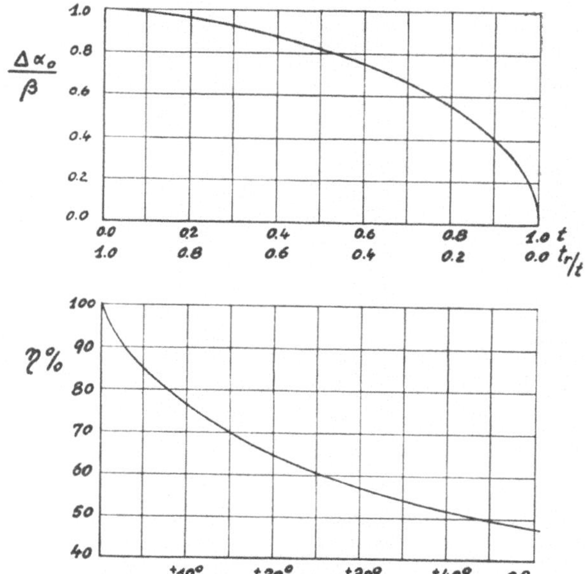

Bild 7. Theoretische Klappenwirkung und Mittelwertkurve des Klappenwirkungsgrades nach Messungen.

Ich will Sie hier nicht weiter mit langen Zwischenrechnungen aufhalten, die sich ja jeder leicht selbst ableiten kann und gleich die Bedingungsgleichung für die Koeffizienten anschreiben. Mit der Definition des Bildes 6 erhalten wir

$$a_n = \frac{\alpha_e - \alpha_r}{kn}\,\frac{(n+1)\sin(n-1)\varphi - (n-1)\sin(n+1)\varphi}{(n^2-1)\cdot\pi}.$$

Hierin ist

$$kn = \frac{\Lambda + 2\,\eta\cdot n}{16\,\eta}.$$

Unter Voraussetzung eines elliptisch umrissenen Flügels, der für die weitere Beispielrechnung mit einer Flügelstreckung von $\Lambda = 16$ angenommen wird, und mit $\eta = 1$ erhalten wir

$$kn_{\Lambda=16} = 1 + \frac{n}{8}.$$

Andererseits erhalten wir für

$$(\alpha_e - \alpha_r) = -\,3\,\frac{c_{mq}}{\sin^3\varphi}\left(\frac{\Lambda + 4\eta}{2\,\eta\cdot\Lambda}\right) = -\,\frac{1,875\,c_{mq}}{\sin^3\varphi}$$

$$\frac{\alpha_r}{\alpha_e} = 1 - \frac{2\,\pi}{2\,\varphi - \sin 2\varphi}.$$

Ich habe nun das Verhältnis der beiden Winkel und ihren Verlauf unter der Voraussetzung berechnet, daß wir einen Rollmomentenbeiwert von $c_{mq} = +\,0{,}05$, wie er etwa normalen Verhältnissen entspricht, erreichen wollen. Das

Ergebnis dieser Rechnung zeigt Bild 8. Wir sehen, wie der Anstellwinkel der linken nach oben ausgeschlagenen Klappe sehr schnell, vor allen Dingen nach außen hin ansteigt, während die nach unten auszuschlagenden Klappen am übrigen Flügel nur sehr kleine Ausschläge brauchen. So haben wir beispielsweise bei einer Teilung bei 80 % der Halbspannweite ein Winkelverhältnis von 18,1 und wir sehen daraus sofort, daß wir ein tiefes Querruder brauchen, denn sonst ist es gar nicht möglich, die Winkeländerungen durch Klappenausschläge zu erreichen.

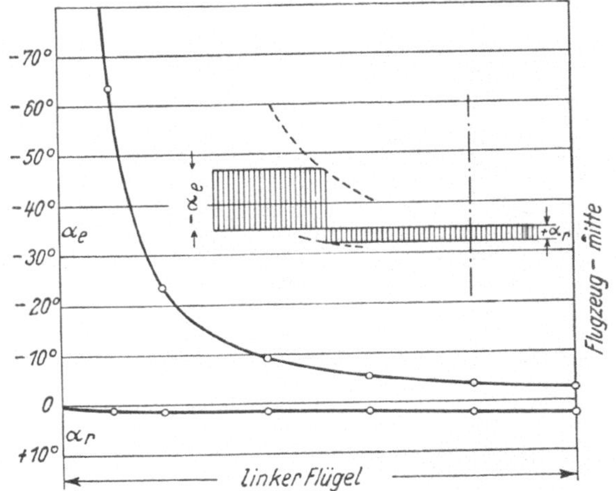

Bild 8. Rechnungsergebnis für den Verlauf der durch Querruderausschlag hervorgerufenen Anstellwinkeländerungen.

Das allgemeine Ergebnis einer gleichartigen Betrachtung zeigt Bild 9. Und zwar habe ich hier für verschiedene Teilungsverhältnisse des Querruders den Faktor

$$\frac{c_{ms_{i_0}}}{c_{mq}^{\,2}}$$

bestimmt. Die Flügelstreckung wurde wiederum wie oben = 16 gewählt. Man erkennt sehr deutlich den sehr schnellen Anstieg des im stabilen Sinne wirkenden Querrudergiermomentes. Um diese Teilungsverhältnisse zu erreichen, muß man naturgemäß eine sehr wirksame Klappenbauweise verwenden, also etwa ein Spaltquerruder, bei dem der Schlitz von oben nach unten so geführt ist, daß die großen negativen Auftriebe nicht durch frühzeitiges Abreißen stark vermindert werden. Es ist weiterhin zu bedenken,

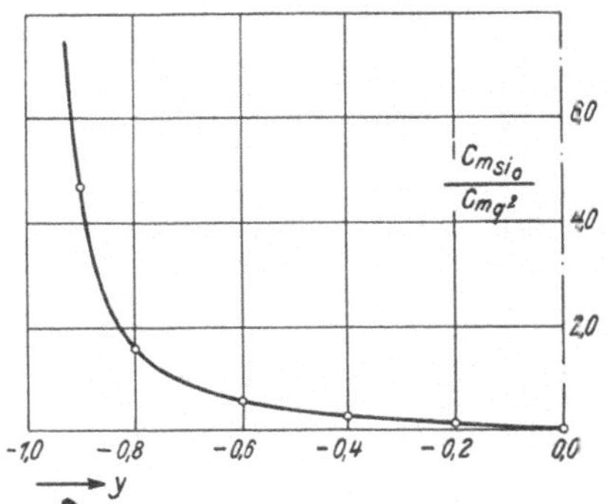

Bild 9. Giermomentenbeiwert bei verschiedener Querruderteilung entsprechend der Darstellung in Bild 8.

daß diese Betrachtung nur insoweit Gültigkeit hat, als eine Konvergenz der Reihe für $\alpha \cdot \sin \varphi$ gewährleistet ist. Ich habe deshalb die berechneten Koeffizienten im Verhältnis zu c_{mq} über dem Teilungsverhältnis aufgetragen (Bild 10) und man erkennt hieraus, daß die eben angeführte Bedingung der Koeffizienten bis zu etwa $y = 0,95$ Gültigkeit hat. Da man ja aller Wahrscheinlichkeit nach aus anderen Gründen niemals so schmale Querruder verwenden kann,

weil die geforderten zulässigen Auftriebe durch Klappenausschlag gar nicht erreicht werden, so genügt die von mir angegebene Formulierung in den in Praxis auftretenden Gebieten vollständig. Nach einigen Umformungen kann man für die Koeffizienten die Beziehung ableiten

$$a_n = -c_{mq}\frac{3(\varLambda+4\eta)}{(n^2-1)\,k_n\cdot\pi\cdot\eta\cdot\varLambda}\left\{\left[n\binom{n}{2}-\binom{n}{3}\right]\cos^{n-2}\varphi\right.$$
$$\left.-\left[n\binom{n}{4}-\binom{n}{5}\right]\sin^2\varphi\cos^{n-4}\varphi+\ldots\right\}$$

Versuche mit solchen Querruderanordnungen sind bisher noch nicht durchgeführt worden und es erscheint im Interesse der Segelflugentwicklung wichtig, diese theoretische Betrachtung einer experimentellen Prüfung zu unterziehen. Soweit Messungsergebnisse vorliegen, sind diese in Übereinstimmung mit den von mir hier theoretisch abgeleiteten Resultat und ich zweifle nicht daran, daß auch die Praxis das Ergebnis der Untersuchung bestätigen wird.

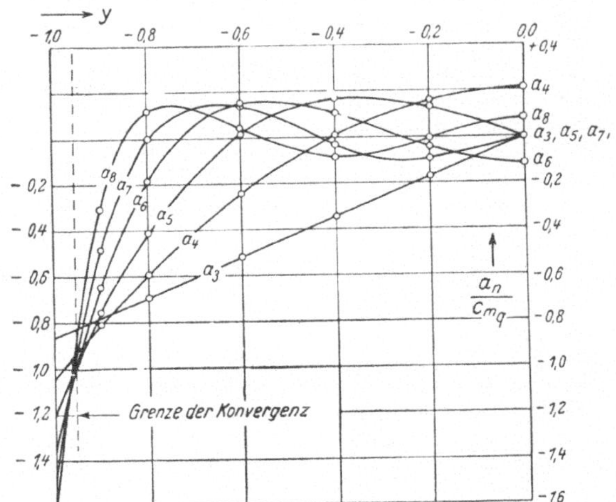

Bild 10. Die Fourier-Koeffizienten für die berechneten Auftriebsverteilungen bei Querruderbetätigung.

Die Vorteile, die sich aus einer Querruderanordnung ergeben, habe ich bereits oben kurz gestreift. Ich möchte aber zum Schluß noch darauf hinweisen, daß in dem Augenblick, in dem es uns gelingt, das Querruder so zu gestalten, daß außer dem Rollmoment auch noch ein stabiles induziertes Giermoment eintritt, die Querruderwirkung wesentlich verbessert wird, so daß wir wiederum mit kleineren Ausschlägen auskommen können, da die zusätzliche Drehung um die Hochachse sodann eine Vergrößerung von c_{mq} hervorruft. Dies geht ja auch aus der Betrachtung des Diagramms des Bildes 3 hervor, wenn wir bedenken, daß nunmehr die Gerade für M_s in dem stabilen Bereich verschoben wird, und der Anstieg von M_q durch den positiven Wert von $\dfrac{dM_q}{d\gamma}$ gegeben ist.

Wir können demnach mit einer wesentlich kleineren Stabilität um die Hochachse auskommen, und da andere Gründe nicht gegen eine Verkürzung des Rumpfes sprechen, erhalten wir zweifellos durch solche Bauweisen eine ganze Reihe von Vorteilen.

Ich hoffe, daß ich Ihnen hier in großen Zügen einen Gedankengang vortragen konnte, der Ihnen zeigen sollte, wie man mit Hilfe der Unterlagen der Tragflügeltheorie auch in die feinere Gestaltung des Querruders hineinleuchten kann und daß uns eine solche Betrachtung wertvolle Aufschlüsse bei der Entwurfsarbeit vermitteln kann. Gewiß gehören zum Flugzeugbau in erster Linie zahlreiche Erfahrungen aus der Praxis, trotzdem müssen wir immer wieder die theoretische Betrachtung zu Hilfe nehmen, wenn es sich darum handelt, neue Wege zur Vervollkommnung zu finden, und innerhalb des Flugzeugbaues ist es gerade der Segelflugzeugbau, auf dem in dieser Hinsicht sehr viel fruchtbare Arbeit geleistet werden kann.

Le problème du vol piqué limite pour le planeur.

Ing. Krzywoblocki, Varsovie.

Le vol piqué présente, pour le planeur, un cas de charge très dangereux. D'une part, l'appareil ne peut être infiniment résistant puisqu'on doit respecter sa limite de poids et d'autre part, la vitesse limite des planeurs modernes de hautes performances est très élevée (de l'ordre de 600 km/h). La capacité de vol piqué d'un planeur est donnée par la limite de la pression dynamique »q« au voisinage du sol. De cela, on peut déterminer la pression dynamique »q« en fonction de la durée et de la longueur du piqué. Ensuite, le conférencier démontre quelques formules avec l'aide desquelles on peut déterminer que la vitesse critique à laquelle l'aile cède par torsion est fonction de sa rigidité en torsion et des caractéristiques aérodynamiques de l'appareil. Le calcul comparatif exécuté sur un planeur déjà construit et notoirement bien réussi montre qu'un rapport de 1,35/1 entre la vitesse critique et celle qui est admissible correspond assez bien à la condition réelle du vol. Il est remarquable que partant de raisonnements différents on arrive à la même conclusion, c'est-à-dire en partant de la considération des vibrations. On doit tenir compte en outre de l'angle de torsion de l'extrémité de l'aile, puisque celui-ci peut modifier radicalement les caractéristiques aérodynamiques du profil.

Enfin, vient l'explication d'une méthode de calcul pour éviter l'effet de l'inversion du gouvernail de profondeur dans quelques phases du vol piqué. En outre, le conférencier propose l'action automatique d'un frein aérodynamique à vitesse de piqué bien déterminée.

The problem of the diving of sailplanes.

Ing. Krzywoblocki.

The nose-dive case is a very dangerous one for sailplanes. On one hand, the machine cannot be built as strong as is desirable, since the weight would then be too high, and on the other, the terminal velocity of a modern high performance sailplane is very high (over 600 km/hr). The diving speed of a sailplane is determined from the terminal dynamic pressure at sea level. From this the variation of dynamic pressure "q" with time and altitude can be derived. The altitude is that through which the dive has been made. Formulae are shown which enable the critical speed for the torsional instability of a wing to be plotted as a function of the torsional stiffness of the wing, and the wing-section character-istics. From comparative calculations on satisfactory types already built, it was considered that a ratio of critical speed of 1,35:1 checks quite well with actual conditions. It is notable that one may achieve the same result by quite other methods, viz by consideration of wing vibration. In addition, the twist at the wing tip must be taken into consideration, since this can basically alter the aerodynamic characteristics of the wing.

In addition a method of calculation is explained which makes it possible to avoid the reversal of elevator in a dive. It is also suggested that automatically operating air brakes be used as a safety measure in the dive.

Il problema dell'affondata limite nell'aliante.

Ing. Krzywoblocki, Warszawa.

L'affondata rappresenta per l'aliante una sollecitazione assai gravosa. Da una parte l'apparecchio non può essere infinitamente resistente, poiché vi sono limiti di peso da rispettare, dall'altra le velocità limiti dei moderni veleggiatori sono enormemente elevate (oltre 600 km/H). La ,,capacità di affondata" di un aliante è data dalla pressione dinamica limite vicino al suolo, onde si può determinare la pressione dinamica q come funzione della durata e della lunghezza dell'affondata stessa. Vengono dimostrate alcune formule col cui aiuto si può determinare, quale funzione della rigidità torsionale dell'ala e delle caratteristiche aerodinamiche dell'apparecchio, quella velocità (critica) alla quale l'ala cede per torsione. Da calcoli comparativi, eseguiti su alianti già costruiti e notoriamente ben riusciti, risulta che un rapporto di 1,35:1 tra la velocità critica e quella ammissibile corrisponde assai bene alle condizioni reali del volo. E'molto notevole che altri studiosì sono arrivati alla stessa conclusione attraverso ragionamenti differenti, cioè partendo dalla considerazione delle vibrazioni. Bisogna tener conto inoltre dell'angolo torsionale all'estremità dell'ala, poiché questo puo modificare radicalmente le caratteristiche aerodinamiche dell'ala.

Infine viene spiegato un metodo di calcolo per evitare l'effetto di inversione del timone di direzione in alcune fasi dell'affondata. Viene proposto inoltre l'azionamento automatico dei freni aerodinamici ad una certa velocità prestabilita.

Das Problem des Sturzfluges beim Segelflugzeug.

Von Ing. Krzywoblocki, Warschau.

Der Sturzflug stellt für das Segelflugzeug einen sehr gefährlichen Belastungsfall dar. Einerseits kann die Maschine nicht beliebig fest gebaut werden, da sonst das Gewicht unvernünftig hoch wird, andererseits sind die Endgeschwindigkeiten moderner Hochleistungssegler sehr hoch (über 600 km/h). Die Sturzflugfähigkeit eines Segelflugzeuges ist durch den Endstaudruck am Boden gegeben. Daraus kann man den Staudruck »q« in Abhängigkeit von der Zeit und von der Fallhöhe ableiten. Es werden Formeln aufgezeigt, die es ermöglichen, diejenige Geschwindigkeit, bei der eine Torsionsinstabilität des Flügels auftritt, als Funktion der Verdrehsteifigkeit des Flügelquerschnittes und der Profileigenschaften darzustellen. Aus Vergleichsrechnungen von schon gebauten und als gut befundenen Segelflugzeugen geht hervor, daß ein Verhältnis von kritischer Geschwindigkeit von 1,35 : 1 den wirklichen Verhältnissen gut entspricht. Es ist bemerkenswert, daß man zu dem gleichen Ergebnis auf einem ganz anderen Wege gelangen kann, und zwar durch die Betrachtung der Schwingungen. Man muß außerdem den Verdrehungswinkel an den Flügelenden beachten, da dieser die aerodynamischen Eigenschaften des Flügels grundlegend ändern kann. — Ferner wird ein Rechenverfahren erklärt, um eine Umkehrwirkung des Höhenruders im Sturzflug vermeiden zu können. Es wird weiterhin vorgeschlagen, Luftbremsen mit automatischer Betätigung als Sturzflugsicherung zur Verwendung zu bringen.

Das Problem des Sturzfluges beim Segelflugzeug.

Von Zbigniew Leliwa Krzywoblocki, Warszawa.

Der Zustand des klassischen Sturzfluges des Segelflugzeuges — das heißt bei $Ca = 0$ — läßt sich durch drei charakteristische Größen feststellen:

1. durch die Geschwindigkeit oder den Staudruck,
2. » » Sturzflughöhe,
3. » » Sturzflugzeit.

Die erste Größe ist von direktem, die anderen von indirektem Einfluß auf die Festigkeit des Segelflugzeuges.

In letzter Zeit bekommt man öfters zu hören, daß bei Erwägung des Sturzfluges nicht nur die erste Größe, sondern auch die beiden anderen in Bezug genommen werden sollen, besonders aber die Sturzflugzeit. Auf diesen Gesichtspunkt lenkte Ihre werte Aufmerksamkeit, meine Herren, schon vor zwei Jahren auf der Tagung in Budapest Herr Dipl.-Ing. Stępniewski, der Leiter des »Instytut Techniki Szybownictwa i Motoszybownictwa«.

In Polen stellte er als erster diese Frage auf, daher erlaube ich mir seine Auffassung bloß anzudeuten.

Das Problem des Sturzfluges beschäftigt heute sehr die Fachkreise des Flugwesens. Für den Segelflug ist dieses Problem aus zwei Gründen von Wichtigkeit:

Erstens ist es der am weitesten gefährliche Flugfall, welcher die Möglichkeit des Auftretens der Torsions-Instabilität des Flügels hervorrufen kann.

Zweitens läßt die hochgezüchtete aerodynamische Güte der Leistungssegelflugzeuge eine hohe Sturzfluggeschwindigkeit zu, woraus die dringliche Notwendigkeit sich ergibt, diese Geschwindigkeit zu begrenzen, wenn wir das Gewicht der Maschine aus Gründen der Sinkgeschwindigkeit in gewissen Grenzen erhalten wollen. Zum Beispiel erreicht eine Hochleistungsmaschine von 22 kg/m² Flächenbelastung mit einem Widerstandsbeiwert $c_{w\,min} = 0,0115$ eine Sturzfluggeschwindigkeit von ungefähr 628 km/h. In Anbetracht dessen könnte bei gewissen Segelflugzeugen die Möglichkeit der Torsionsknickung des Flügels auftreten.

Doch oft liegt uns sehr daran, das Gewicht der Maschine in besonders kleinen Grenzen zu halten. Das Problem des Sturzfluges in nächstfolgender Auffassung zerlege ich in fünf Teile:

a) der zulässige Endstaudruck in bisheriger Auffassung,
b) die zulässige Geschwindigkeit in bezug auf die Torsion-Instabilität des Flügels,
c) die zulässige Geschwindigkeit in bezug auf den Verdrehwinkel des Flügels,
d) die Umkehrwirkung des Höhenruders,
e) die Begrenzung der Sturzfluggeschwindigkeit mittels Luftbremsen.

Die bis heute in allen Ländern, auch in der Auffassung der CINA, gebräuchliche Formeln für die zulässige Sturzfluggeschwindigkeit haben als Grundsatz die stille Voraussetzung, daß der Flügel im Sturzflug ideal steif ist und keiner Formänderung unterliegt, auch daß seine aerodynamische Güte unverändert bleibt. Indem ich in dem ersten Teil des Sturzflugproblems diesen Gesichtspunkt beibehalte, erlaube ich mir Ihnen den Entwurf zur Begrenzung der Sturzfluggeschwindigkeit des Segelflugzeuges nicht in Abhängigkeit von der Kategorie der Segelflugzeuge, sondern auch von den »individuellen«, wenn ich mich so ausdrücken darf, Konstruktionseigenschaften der gegebenen Maschine vorzustellen

Es ist bekannt, daß die Kategorie selbst noch nicht die ganz bestimmte Auffassung aller Eigenschaften eines Segelflugzeuges ist — vielmehr ist dieses eine sehr allgemeine Auffassung. Wenn wir den freien Sturzflug, ohne jede Begrenzung der Geschwindigkeit, betrachten, können wir leicht feststellen, daß die am meisten charakteristische Größe in solchem Fluge die unbegrenzte Geschwindigkeit oder der unbegrenzte Staudruck in Bodennähe ist. Diese Größen erhalten wir nach den Formeln:

$$w_0 = \sqrt{\frac{2}{\varrho}\,\frac{G}{F\,c_{w_0}}}, \qquad q = \frac{G}{F\,c_{w_0}}.$$

Es ist leicht zu zeigen, daß man die maximale Geschwindigkeit im freien Sturzflug aus einer Sturzflughöhe von 2000 bis 3000 m in einer mehr oder weniger angenäherten Weise als gerade Funktion von W_0 darstellen kann. Selbstverständlich tritt diese in einer gewissen Höhe über dem Erdboden auf und ist größer von der Geschwindigkeit W_0. Außerdem ist es bekannt, daß diese maximale Geschwindigkeit nicht viel von W_0 abweicht und daß die Größe des Staudruckes q_0 überhaupt den größten Wert des Staudruckes, welcher im freien Sturzflug auftreten kann, erreicht.

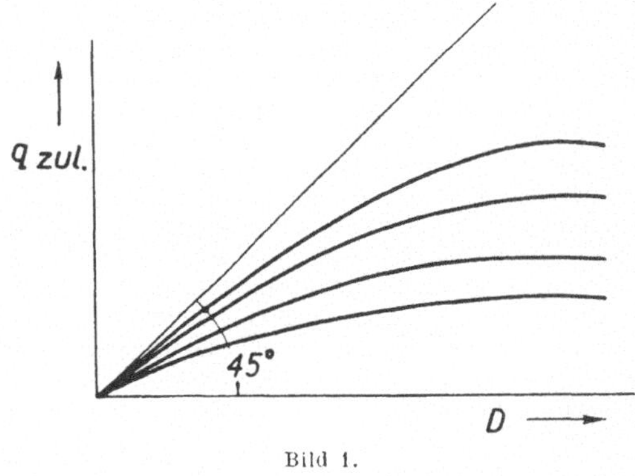

Bild 1.

Diese Größen könnte man als die »natürlichen« Kennzeichen des gegebenen Segelflugzeuges auffassen. Sie sind abhängig, wie man aus den Formeln ersieht, von dem Ausdruck $\frac{G}{F\,c_{w_0}}$, welchen ich als »Sturzflugfähigkeit D« bezeichne. Der Kennwert D enthält, wie zu ersehen ist, alle Angaben des Segelflugzeuges, welche einen Einfluß auf die Größe der Geschwindigkeit und des Staudruckes im Sturzflug ausüben. Diese letzten sind unabhängig vom Gleitwinkel des Segelflugzeuges, von dem maximalen Auftrieb des Profils, oder jeweils anderen Kenngrößen des Flugzeuges. Sie hängen nur von dem obengenannten Kennwert D ab. Es taucht der Gedanke auf, um den zulässigen Endstaudruck im nicht freien Sturzflug, d. h. in solchem Falle, wo der Pilot nicht zuläßt, daß die Maschine Geschwindigkeit aufholt, in Abhängigkeit vom Kennwert D zu begrenzen. Indem wir den Begriff der Kategorie der Segelflugzeuge beibehalten, was als sehr gute Bezeichnung der Segelflugzeuge vom Standpunkt der Verwendungsmöglichkeit gilt, nehme ich an, daß wir für jede Kategorie der Segelflugzeuge laut des Vorschlages von Dipl.-Ing. Stępniewski eine gewisse vereinbarte Sturzflugzeit annehmen. Weiter nehme ich an, daß der zulässige Staudruck ein gewisser veränderlicher Prozentsatz von q_0 ist. Der Prozentsatz hängt von der Sturzflugzeit ab, also von der Kategorie ab; die Veränderung des Prozentsatzes hängt vom Kennwert D ab, so daß die Funktion $q = f(D)$ eine stetige und gleichmäßige Kurve darstellt. Im Diagramm stellt sich $q_0 = f(D)$ als eine Gerade mit der Neigung von 45^0 gegen die Achse D dar. Die Größen $q = f(D)$ sind stetige (regelmäßige) Kurven (Bild 1).

Formeln, die erlauben den Staudruck q in Abhängigkeit von der Zeit zu errechnen, könnte man aus den Berichten von Neumark und den meinen herleiten.

(Neumark, Untersuchungen des freien Falles mit Berücksichtigung des Luftwiderstandes bei veränderlicher Dichte, Bericht ITL 1931. Z. L. Krzywoblocki, Der Sturzflug des Segelflugzeuges, Lwowskie Czasopismo Lotnicze 1938.)

Es wäre nicht unzweckmäßig zu überlegen, ob man sich beim Entwurf des Segelflugzeuges nur auf die obige Annahme der zulässigen Sturzfluggeschwindigkeit ohne Rücksicht auf die anderen in solchem Fluge auftretenden Erscheinungen, welche von großem Einfluß auf die Festigkeit der Tragfläche sind, stützen soll.

Außer den Schwingungserscheinungen, mit welchen ich mich nicht in meinem Vortrage befasse, taucht an erster Stelle die Frage der Torsion-Instabilität des Flügels auf. Es erübrigt sich, die Folgen der Torsion-Instabilität zu erwähnen. Ich möchte hier einen Vorschlag darstellen, der uns in angenäherter Weise erlaubt, schon im Vorentwurf die Widerstandsfähigkeit des Flügels gegen die Torsion-Instabilität zu untersuchen. Wollen wir als die kritische Sturzfluggeschwindigkeit diejenige Geschwindigkeit bezeichnen, bei welcher die Torsion-Ausknickung des Flügels stattfindet, das heißt der Flügel unterliegt der Zerstörung. Laut den Arbeiten von Grzedzielski, Seredyński und anderen könnte man diese Geschwindigkeit in angenäherter Weise als Funktion der Verdrehsteifigkeit des Flügelquerschnittes und den aerodynamischen Größen, welche das angewandte Profil kennzeichnen, darstellen. Der Weg, auf welchem die obengenannten Forscher zu gewissen Formeln gelangten, ist einwandfrei klar. Man soll nämlich den Verlauf der Verdrehmomente und des Verdrehwinkels längs der Flügelspannweite bestimmen und nachher die Größen der einzelnen Parameter, welche die zwei obengenannten Größen bestimmen, für welche der Verdrehwinkel am Flügelende einen unendlichen Wert erreicht, auffinden. Wir nehmen den mathematischen Begriff, »unendlich großer Winkel« an, die physikalische Bedeutung jedoch lassen wir außer acht. Die angenäherten Formeln stellen sich dar wie folgt: Für den einholmigen Flügel oder auch Flügel ohne Holm, d. h. mit tragender Außenhaut (Kastenflügel):

$$v_{kr}^2 = 2{,}76 \, \frac{G \Theta}{A F^2} \quad \ldots \ldots \ldots (1)$$

Für zweiholmige Bauart:

$$v_{kr}^2 = 6{,}78 \, \frac{E J a b}{A L^2 F^2} \quad \ldots \ldots \ldots (2)$$

Darin bedeuten:

$G \Theta =$ Verdrehsteifigkeit des beanspruchten Flügelquerschnittes,

$F =$ Gesamtflügelfläche,

$A = \left(\dfrac{d c_m}{d c_a} - \dfrac{e}{l} \right) \dfrac{d c_a}{d \alpha}$

$e =$ Abstand der Verdrehachse von der Flügelvorderkante,

$l =$ Flügelsehne,

$E J =$ Biegesteifigkeit der Holme,

$L =$ halbe Spannweite,

$a =$ Abstand des Vorderholmes von der Verdrehachse,

$b =$ Entfernung zwischen den Holmen.

Ich muß betonen, daß diese Formeln für den einholmigen und »ohne Holm« gebauten Viereckflügel von konstanter Verdrehsteifigkeit und zu der Flügelvorderkante paralleler Verdrehachse eingeführt wurden. Dasselbe gilt für den zweiholmigen Flügel, dessen Holme gerade und parallel zu der Flügelvorderkante verlaufen und konstante Verdrehsteifigkeit besitzen.

Wie man ersieht, ergeben die obigen Formeln bei Anwendung auf die Flügel der Segelflugzeuge einen nur angenäherten Wert der kritischen Geschwindigkeit im Falle, daß wir eine gewisse mittlere Verdrehsteifigkeit des Querschnittes oder Biegesteifigkeit der Holme annehmen, was bei Anwendung von freitragender Flügelbauart, selbstverständlich in einer gewissen mehr oder weniger kleinen Annäherung, keine besonderen Schwierigkeiten bereitet.

Es ist klar, daß kritische Geschwindigkeit größer als die zulässige Geschwindigkeit sein soll. Aus dieser Bedingung erhalten wir zwei Ungleichheiten, welche die Größe der mittleren Verdrehsteifigkeit des Querschnittes oder die Größe der mittleren Biegesteifigkeit der Holme erfüllen müssen, damit der Flügel im Sturzflug nicht zerstört wird:

$$G \Theta > 0{,}362 \, A F^2 v_{zul}^2 \quad \ldots \ldots \ldots (3)$$

$$E J > 0{,}1475 \, A L^2 F^2 \frac{1}{a b} v_{zul}^2 \quad \ldots \ldots (4)$$

Alle Größen auf der rechten Seite sind schon im Vorentwurf annähernd bekannt; daher ist es leicht, die Größen auf der linken Seite zu bestimmen. Es taucht die Frage auf, um wieviel größer die Steifigkeit von dem Ausdruck auf der rechten Seite von (3) und (4) zu wählen sei. Aus der Gl. (1) erhalten wir:

$$G \Theta = 0{,}362 \, A F^2 v_{kr}^2 \quad \ldots \ldots \ldots (5)$$

Durch Vergleich der Gl. (3) und (5) miteinander berechnete ich den mittleren Wert $G \Theta$ für einige mir bekannte Segelflugzeuge und kam zu der Erkenntnis, daß man für die bestehenden gut durchkonstruierten Segelflugzeuge folgende Gleichung aufstellen kann:

$$v_{kr} = \sim 1{,}3 \div 1{,}35 \, v_{zul} \quad \ldots \ldots \ldots (6)$$

Ich kam auf denselben Wert, welchen die Deutschen Vorschriften in bezug auf die Schwingungen angeben und es ist bekannt, daß in letzter Zeit einige Forscher einen gewissen Zusammenhang zwischen den Schwingungen und der Instabilität, z. B. der Torsion-Instabilität des Flügels zu finden glauben. Endlich muß ich bemerken, daß bei Annahme gewisser einzelner Werte die Gl. (3) in leichter Weise auf die Gleichung für die Verdrehsteifigkeit des Flügels umzuformen ist und diese Gleichung geben die deutschen Vorschriften an. So sehen wir nun die Übereinstimmung dieser Erwägungen mit den deutschen Vorschriften. Aber auch mit den bisher erwähnten Ergebnissen können wir uns nicht befriedigen, deshalb, weil man im Sturzflug mit zulässiger Geschwindigkeit als maßgebende Größe für den Flügel den Verdrehwinkel der Flügelenden ansehen muß. Ein zu großer Verdrehwinkel hat überhaupt eine Änderung der aerodynamischen Eigenschaften des gegebenen Flügels zur Folge. Für die zwei obengenannten besonderen Fälle könnte man für jede beliebige, jedoch kleinere von der kritischen Geschwindigkeit, nach ähnlicher wie der oben angegebener Art und Weise eine Gleichung für den Verdrehwinkel an den Flügelenden ableiten. Indem wir an Stelle dieser Geschwindigkeit den Wert der zulässigen Geschwindigkeit einsetzen, bekommen wir leicht die folgende Gleichung:

$$G \Theta = \frac{0{,}894 \, v_{zul}^2}{1 - \left(\dfrac{v_{zul}}{v_{kr}} \right)^2} \frac{F^2 c_{m_0}}{\vartheta_1} \quad \ldots \ldots \ldots (7)$$

wo ϑ_1 der zulässige Verdrehwinkel der Flügelenden ist, welcher laut den deutschen Vorschriften $3{,}6^0$ beträgt. Die Gl. (7) dient zur Ergänzung der Gl. (3), (4) und (5) und zur Überprüfung, ob der Wert der kritischen Geschwindigkeit gut gewählt wurde. Alle bisher angegebenen Gleichungen müssen bei rationaler und richtiger Annahme der kritischen Geschwindigkeit erfüllt sein und müssen sich gegenseitig ergänzen. Ich habe bis jetzt einen allgemeinen Weg angegeben, den man schon im Vorentwurf des Segelflugzeuges bei Auswahl der Größen für zulässige Sturzfluggeschwindigkeit und bei der Bestimmung der einzelnen Festigkeits- und aerodynamischen Größen des Flügels beschreiten soll. Bei einem gewissen Arbeitsaufwand könnte man die erwähnten Gleichungen entsprechend für diejenigen Flügel ableiten, welche mehr den wirklich ausgeführten Flügeln der Segelflugzeuge ähneln, damit man auf diese Weise zu einem Kriterium kommt, welches schon gewisse Ansprüche auf die Bezeichnung »Vorschrift« haben könnte. Nachdem ich nun alles, was die Torsionsstabilität anbetrifft, angegeben habe, komme ich nun zu kurzer Besprechung einer anderen Erscheinung, welche im Sturzflug auftreten kann, nämlich der Umkehrwirkung des Höhensteuers. Diese Erscheinung tritt manchmal im Sturzflug bei gewissen Flugzeugen auf.

Bekanntlich spürt der Pilot in diesem Falle im Sturzflug ein kräftiges »Ziehen« des Steuerknüppels, das oft über seine Kräfte hinausgeht, sodaß das Flugzeug sich dann besonders für den Sturzflug »engagiert«. Physikalisch betrachtet läßt sich diese Erscheinung auf die Weise klären, daß infolge der speziellen Lage beispielsweise des Segelflugzeuges im Sturzflug das Höhensteuer von oben anstatt von unten angeströmt wird. Diese Erscheinung ist sehr gefährlich und es wird nicht zwecklos sein, zu überlegen, von welchen Parametern die Möglichkeit des Auftretens der Umkehrwirkung des Höhensteuers abhängt.

Diese Richtung einschlagend, kam ich zu gewissen qualitativen Ergebnissen, welche sich auf folgende Weise bezeichnen lassen:

Damit im Sturzflug keine Umkehrwirkung des Höhensteuers auftritt, muß die Ungleichheit auftreten:

$$c_{m_G} \frac{l\,F}{k_1\,s\,L_1\,B'} < i' \quad\ldots\ldots\ldots\ldots \text{(8)}$$

Es bedeutet:

l, F = mittlere Flügelsehne und -fläche,

$\quad s$ = Höhenleitwerksfläche,

L_1 = Abstand des Schwerpunktes des Segelflugzeuges von Mitte der Höhenleitwerksfläche,

k_1 = Beiwert, welcher den Geschwindigkeitsverlust in Nähe des Leitwerkes darstellt,

B' = Beiwert, welcher vom Umriß und der Teilung des Leitwerkes abhängt,

i = wirklicher Anstellwinkel des Leitwerkes.

Wie aus der Ungleichheit (8) zu ersehen ist, sollten die Größen Cmg, l, F klein sein; besonders charakteristisch ist die Bedingung der kleinen Flügelfläche wegen der heute herrschenden Ansicht beim Entwerfen von »ultra-aerodynamischen« Segelflugzeugen mit großer Flächenbelastung. Die Werte s und L_1 sollen groß sein. Aus den Erwägungen der Größen k_1, B, Cmg folgen die Grundsätze:

a) das Verhältnis des Ruders zur Höhenflosse soll klein sein,

b) günstiger sind Schulterdecker als Hoch- oder Tiefdecker,

c) günstig sind kleine Höhenruderausschläge im Sturzflug; damit aber im Normalflug der Ruderausschlag normal sei, müßte man eine Differentialsteuerung anwenden,

d) günstig ist der elliptische und dreieck-elliptische Umriß des Höhenleitwerks,

e) günstig ist ein Höhenruderausgleich.

Als letzter Punkt, den ich in dem Problem des Sturzfluges betrachte, ist die Einführung der Sturzflugbremsen am Tragflügel zum Zweck der Begrenzung der Sturzfluggeschwindigkeit.

Die Meßergebnisse dieser Art Bremsen sind schon bekannt; ich möchte bloß andeuten, daß man ohne Schwierigkeiten automatische Bremsen entwerfen könnte.

Am Rumpfbug könnte sich eine Art bewegliche Haube befinden, welche durch eine Feder mit einer vom zulässigen Endstaudruck abhängigen Vorspannung gehalten würde.

Im Sturzflug nach Überschreiten des zulässigen Staudrucks könnte dann die Haube, die in Richtung des Rumpfinnern in Bewegung gesetzt wird, durch geeignete Hebel die Luftbremsen betätigen.

Ich weise darauf hin, daß das nur eine allgemeine Lösung der automatischen Luftbremsen sei, welche auch andere Lösungen haben könnten, z. B. mittels gewisser Anordnung direkt am Flügel usw.

Die Vorteile der Luftbremsen brauche ich nicht hervorzuheben.

Le gain d'altitude en virage.

Ing. M. Z. Olenski-Varsovie.

Pendant le virage, il sera avantageux que le planeur à égalité de rayon de courbure, possède la vitesse de descente minimum et effectue une spirale avec un diamètre minimum. En appliquant les principes de la mécanique rationelle, en obtient la valeur de la vitesse verticale de vol et la vitesse de translation correspondante en fonction du rayon de virage et pour chaque déterminant α et $\frac{p}{j}\,Cy$. La méthode analytique semblant un peu longue, nous proposons l'usage de la méthode graphique du diagramme réticulaire sur lequel on trace la courbe caractéristique du planeur, soit: $Cy/Cx = f\left(\frac{p}{j\,Cy}\right)$ et où l'on peut lire directement toutes les propriétés intéressantes. Ainsi, par exemple, nous pouvons lire la vitesse verticale de descente et la vitesse sur la trajectoire pour le vol rectiligne, et pour le virage avec un rayon quelconque. Pour l'orientation du pilote, il y a un petit cadran qui lui indique non seulement l'inclinaison latérale du virage, mais aussi la vitesse optima correspondante. Il vient ensuite une application de la détermination de la vitesse en virage du planeur »*TS 1*«. Partant d'une vitesse de descente donnée, on peut naturellement trouver la vitesse sur la trajectoire et l'angle d'inclinaison du virage correspondant.

Sur le diagramme réticulaire, on peut ainsi trouver le rayon limite $R_{gr} = \frac{2\,p}{j\,Cy_{\max}}$. On emploie le diagramme logarithmique où l'on remplace une opération de multiplication et de division par une simple addition ou soustraction de segment, ainsi la détermination de C_y et C_x correspond à un point quelconque de la courbe Cx/Cy, ce qui présente une grande simplification. Un calcul sommaire montre la perte notable de hauteur due à une spirale faite à une vitesse trop grande et donc anti-économique. On peut déterminer sur le diagramme réticulaire l'influence de la charge alaire et des caractéristiques de vol. Suit après un aperçu sur l'expérience du vol en spirale avec des volets de courbure (planeur »*TS 1*«). La première règle dans l'usage de ces volets est que la vitesse minima de descente en vol droit n'est pas augmentée lorsqu'ils sont braqués.

Gaining Altitude by Circling.

Ing. M. Z. Olenski.

In circling flight that sailplane is better which for a given radius of turn has the lower sinking speed. (Turn radius diagram.) Using the basic principles of mechanics, the sinking speed and the corresponding air speed can be determined as functions of the radius of turn. But as such methods of calculations appear rather laborious, a graphical method is suggested. This is in the form of a grid diagram on which the curve $Cy/Ck = f\left(\frac{p}{j\,Cy}\right)$, which is known for a given sailplane, is plotted, in order that all the required characteristics may be read off directly. Thus, for example, the sinking and air speeds may be read off for straight flight and for turns of any radius. For the convenience of pilots a little windscreen is suggested from which the pilot can read off not only the angle of bank but the corresponding speed etc. A few examples are worked out showing any given sinking speed and the minimum sinking speed in the turn, particularly for the »*TS 1*« sailplane. One may, of course reverse the process and determine the air speed and bank for a given sinking speed.

From the grid diagram the limiting radius $R_{gr} = \frac{2\,p}{j\,Cy_{\max}}$ may also be read off. As in addition the diagram is logarithmic, multiplication and division may be done directly by pricking off with dividers, which simplifies matters particularly in the determination of values of Cy and Cx corresponding to any given point on the Cy/Cx curve. A rough estimation of the loss of altitude due to too tight and therefore uneconomical turns indicates that this loss is considerable. The quantitative determination of the effect of wing loading and altitude can also be made from the grid diagram. Tests on turns with wing flaps, particularly on the »*TS 1*«, are reported. The most important point about the use of flaps is to make sure that their use does not increase the sinking speed in straight flight.

Il guadagno di quota mediante lo spiraleggiamento.

Ing. M. Z. Olenski, Warszawa.

Nella virata sara avvantaggiato quell'aliante che a parità di raggio di curvatura possiede la minore velocitá di discesa e che riesce a spiralare con un diametro minore di virata. Per determinare queste caratteristiche dell'aliante ci si serve delle curve caratteristiche e particolarmente del diagramma velocitá di discesa-raggio di virata. Per ogni coppia di valori α e $\frac{P}{j\,Cy}$ si ottiene, applicando i principi elementari della meccanica razionale, la velocitá di discesa e la corrispondente velocitá di traslazione in funzione del raggio di virata. Siccome peró il metodo analitico sembra alquanto macchinoso, si propone l'uso di un diagramma reticolare, nel quale basta tracciare la curva caratteristica dell'aliante in esame $\frac{Cy}{Cx} = f\left(\frac{P}{j\,Cy}\right)$, per poterne ricavare direttamente tutte le proprietá che ci interessano. Cosí ad es. si possono leggere direttamente le velocitá di discesa e di traslazione pia per il volo diritto che per la virata con qualsiasi raggio. Si presenta anche un dischetto, da applicare sul paravento dell'aliante, e che indichi al pilota l'inclinazione della virata e la velocitá ottima corrispondente. Si espongono alcuni esempi pratici della determinazione della velocitá di discesa in virata dell'aliante »*TS 1*«. Partendo da una velocitá di discesa data si puó naturalmente ricavare la velocitá di traslazione e l'angolo di virata.

Dal diagramma reticolare si puó anche ricavare il raggio

limite $R_{gr} = \dfrac{2\,p}{j\,Cy_{\max}}$. Siccome inoltre il diagramma é logaritmico, esso si presta alle operazioni di moltiplica e di divisione mediante semplici addizioni e sottrazioni grafiche di segmenti. Cosí ad es, si determonani i valori di Cx e Cy corrispondenti a un punto qualsiasi della curva Cy/Cx. Un calcolo sommario l'ammonto, del resto notevole, delle perdite

dovute ad uno spiralamento troppo veloce e persió antieconomico. Anche l'influenza del carico alare e della quota di volo quo essere valutata sul diagramma reticolare. Segue un breve rapporto sulle esperienze di spiralamento con alette di curvatura (col »*TS 1*«). Prima regola nell'uso di queste alette é che la minima velocitá di discesa in volo diritto non debba essere aumentata in conseguenza del loro uso.

Höhengewinn durch Kreisen.

Ing. M. Z. Olenski, Warschau.

Beim Kreisen ist dasjenige Segelflugzeug das bessere, welches bei demselben Kreishalbmesser die kleinere Sinkgeschwindigkeit hat (Kurvenhalbmesserdiagramm). Unter Anwendung der Grundregeln der Mechanik gelangt man zur Bestimmung der Sinkgeschwindigkeit und der dazugehörigen Gleitgeschwindigkeit in Funktion des Kurvenradius, und zwar für jedes vorbestimmte Größenpaar α und $\dfrac{p}{j}\,Cy$. Da aber diese Berechnungsmethode zu umständlich erscheint, wird eine graphische Methode vorgeschlagen, und zwar mittels eines Netzdiagramms, in das man die für das gegebene Segelflugzeug bekannte Kurve $\dfrac{Cy}{Ck} = f\left(\dfrac{p}{j\,Cy}\right)$ eintragen muß, um dann alle nötigen Eigenschaften unmittelbar ablesen zu können. So z. B. kann man direkt die Sink- und Fluggeschwindigkeit für den Geradeaus- und Kurvenflug mit jedem beliebigen Radius ablesen. Zur Orientierung der Piloten wird eine kleine Windscheibe vorgeschlagen, auf der der Segelflieger in der Kurve nicht nur die Querneigung, sondern auch die dazugehörige Geschwindigkeit usw. ablesen kann. Es werden einige Anwendungsbeispiele zur Ermittlung der beliebigen und der kleinsten Sinkgeschwindigkeiten in der

Kurve, insbesondere des Segelflugzeuges »TS 1« vorgeführt. Man kann natürlich auch umgekehrt die Fluggeschwindigkeiten und Neigungswinkel, die zu einer bestimmten Sinkgeschwindigkeit gehören, bestimmen.

Aus dem Netzdiagramm läßt sich auch der Grenzradius $R_{gr} = \dfrac{2\,p}{J\,Cy_{\max}}$ ablesen. Da außerdem das Diagramm logarithmisch ist, kann man Multiplikationen und Divisionen direkt auf ihm, und zwar durch Abstechen mit dem Zirkel, ausführen, was besonders für die Ermittlung der Cy- und Cx-Werte, die einem beliebigen Punkte der Cy/Cx-Kurve entsprechen, eine wesentliche Erleichterung darstellt. Eine Überschlagsrechnung der Höhenverluste durch zu schnelles und daher unwirtschaftliches Kreisen zeigt, daß diese Verluste sehr erheblich sind. Die quantitative Bestimmung des Einflusses der Flächenbelastung und der Flughöhe kann ebenfalls auf dem Netzdiagramm geschehen. Es wird über Versuche beim Kreisen mit Profilklappen (insbesondere mit dem »TS 1«) berichtet. Erstes Gebot bei der Verwendung von Klappen ist es, daß deren Gebrauch die kleinste Sinkgeschwindigkeit im Geradeausflug nicht vergrößern darf.

Höhengewinn durch Kreisen.

Von Ing. M. Z. Olenski, Warschau.

1. Aufgabenstellung.

Das Hauptziel dieses Berichtes ist die Festlegung aller derjenigen Mittel, mit welchen der Konstrukteur das Segelflugzeug am fähigsten zum Höhengewinn in begrenzten Aufwindfeldern (d. h. beim Kreisen) gestalten soll.

Ferner wurde bezweckt:

a) Die Erleichterung der Arbeit des Konstrukteurs durch Angabe einer graphischen Methode, welche auf schnelle und leichte Art erlaubt die quantitativen Eigenschaften des Segelflugzeuges sowohl in Kurven als auch im Geradeausflug zu bestimmen.

b) Die Angabe gewisser Richtlinien für den Piloten und Angabe einer Methode zur quantitativen Bestimmung der durch Nichtbeachtung derselben entstandenen Verluste.

2. Aufstellung des Problems.

Zunächst muß festgelegt werden, welche Größen als diejenigen anzusehen sind, die uns die Fähigkeit zum Höhengewinn beim Kreisen bestimmen.

Selbstverständlich wird eine von diesen Größen der Halbmesser des Kreises sein (siehe Formelzeichen).

Denn je kleiner dieser Halbmesser, um so kleiner ist auch der Aufwindbereich, in welchem sich das Segelflugzeug zu halten vermag, oder, in der Mundart der Flieger gesagt, in desto engerem Aufwindkamin wird es Platz finden.

Die zweite zu bestimmende Größe wird die Sinkgeschwindigkeit gegenüber der Luft beim gegebenen Kurvenhalbmesser sein. Denn für den Fall, daß sich zwei verschiedene Segelflugzeuge in genau denselben Aufwindbereichen befinden, müssen sie beide zwecks besserer Ausnützung der Verhältnisse praktisch denselben Halbmesser des Kreises

besitzen (d. h. den größten, bei welchem es jedoch den Aufwindbereich noch nicht verläßt). Alsdann wird bei denselben Halbmessern des Kreisens dasjenige Segelflugzeug das bessere sein, welches gegenüber der Luft die kleinere Sinkgeschwindigkeit aufweisen kann. Zusammenfassend ist zu sagen, daß beim Kreisen dasjenige Segelflugzeug das bessere ist, welches bei denselben Halbmessern des Kreisens die kleinere Sinkgeschwindigkeit besitzt, sowie zum Kreisen mit kleinerem Halbmesser befähigt ist.

Hieraus folgt, daß als bestes Maß für die Fähigkeit zum Höhengewinn durch Kreisen, die graphische Darstellung der Abhängigkeit der kleinsten Sinkgeschwindigkeiten als Funktion des Flugkurven-Halbmessers sein wird. Dieses Schaubild wird dieselbe Rolle beim Kreisen spielen, wie das Diagramm der Sinkgeschwindigkeit in Abhängigkeit von der Fluggeschwindigkeit im Geradeausflug.

Bezeichnen wir zunächst diese beiden Abhängigkeiten kurz als »Leistungskurven des Segelflugzeuges«.

3. Annahmen.

I. Der Kurvenflug ist stationär und richtig ausgeführt,

II. Py und Px während der Kurve erfüllt die Gleichungen:

$$Py = \frac{\gamma}{2\,g} \cdot Cy \cdot S \cdot v_w{}^2$$

und

$$Px = \frac{\gamma}{2\,g} \cdot Cx \cdot S \cdot v_w{}^2,$$

wobei v_w die Schwerpunktsgeschwindigkeit längs der Bahn (in der Kurve) ist, Cy und Cx dagegen den Beiwerten im Geradeausflug gleich sind und denselben Anstellwinkeln entsprechen.

Aus der obigen Annahme I folgt die in Bild 1 schematisch dargelegte Zerlegung der Kräfte in der Kurve.

Auf das Segelflugzeug wirken: das Eigengewicht G und die aerodynamische Reaktion P. Die anderen im Schema angegebenen Kräfte sind lediglich Komponenten. Die Kraft P liegt in der senkrechten Ebene, welche durch den Krümmungshalbmesser und den Schwerpunkt und somit auch durch den Vektor der Schwerkraft geht. Diese Ebene ist im Schema nicht angegeben. Zugleich liegt die Kraft P in der Symmetrie-Ebene des Segelflugzeuges. Die Projektion dieser Kraft auf die Senkrechte ist gleich der Schwerkraft und zu dieser entgegengesetzt gerichtet. Dagegen ergibt die Projektion derselben Kraft auf den Kurven-Halbmesser die notwendige Zentripetalkraft.

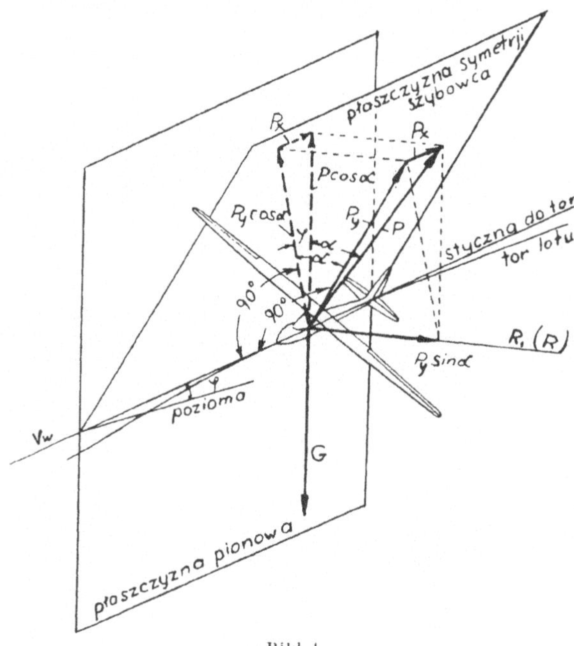

Bild 1.

4. Formelzeichen.

Py und Px = Auftriebs- und Widerstandskraft,

P = die Resultierende, d. h. die gesamte Reaktions-Kraft,

G = Gesamtgewicht (kg),

p = Flächenbelastung (kg/m²),

γ = spezifisches Gewicht der Luft (kg/m³),

α = Neigungswinkel im Kurvenflug (Winkel zwischen Py und der Projektion von Py auf diejenige senkrechte Ebene, welche durch die Segelflugzeug-Längsachse hindurchgeht),

α_1 = Winkel zwischen der Senkrechten und der resultierenden aerodynamischen Kraft P,

R = der Halbmesser des Kreisens, d. h. der Halbmesser desjenigen Zylinders, auf welchem die Schraubenlinie der Flugbahn gelegen ist. Diesen Zylinder wollen wir als den Zylinder des Kreisens bezeichnen,

R_1 = Kurvenhalbmesser, d. h. der größte Krümmungshalbmesser der Ellipse, welche entsteht, wenn wir die Zylinderfläche des Kreisens mit einer Ebene zum Schnitt bringen, die durch die Tangente an die Flugbahn und den durch den Berührungspunkt gehenden Halbmesser des Zylinders gebildet wird,

R_{gr} = Grenz-Halbmesser,

v_p = Schwerpunktsgeschwindigkeit längs der Flugbahn im Geradeausflug,

v_w = Schwerpunktsgeschwindigkeit längs der Flugbahn in der Kurve,

W_p und W_w = die entsprechenden Sinkgeschwindigkeiten,

$W_{w\,min}$ = die beim gegebenen Halbmesser kleinstmögliche Sinkgeschwindigkeit in der Kurve,

l_w = Projektion der durchflogenen Flugstrecke auf die Horizontale in der Kurve,

h_w = Höhenverlust in der Kurve, entsprechend dem Werte l_w,

H = Flughöhe,

φ = Bahnwinkel, d. h. der Winkel zwischen der Tangente zur Flugbahn und der Horizontalen.

5. Hilfsformel.

Aus Platzmangel soll ein Teil der Abhängigkeiten (Funktionen) in der Hauptsache Hilfsformeln, ohne Ableitung angegeben werden.

Diese Abhängigkeiten sind entweder bekannt oder so einfach, daß sie jederzeit mit Leichtigkeit auf Grund der oben angegebenen Annahmen und des Schemas 1 abgeleitet werden können. Den Bahnwinkel in der Kurve bestimmt Formel (1).

$$\operatorname{ctg}\varphi = \frac{l_w}{h_w} = \frac{Cy\cdot\cos\alpha}{Cx} \quad \dots \dots \ (1)$$

Die Geschwindigkeit in der Kurve mit den Neigungswinkel α wird als Funktion der Geschwindigkeit im Geradeausflug bei demselben Anstellwinkel durch die Formel (2) wie folgt ermittelt.

$$v_w = \frac{v_p}{\sqrt{\cos\alpha}}\sqrt{\frac{1+\left(\dfrac{1}{Cy/Cx}\right)^2}{1+\left(\dfrac{1}{Cy/Cx\,\cos\alpha}\right)^2}} \quad \dots \ (2\,a)$$

Für normale Flugverhältnisse kann man mit genügender Annäherung setzen:

$$v_w \cong \frac{v_p}{\sqrt{\cos\alpha}} \quad \dots \dots \dots \ (2\,b)$$

Durch Einführung von α_1 statt α erhalten wir eine zu analoge jedoch genaue Formel:

$$v_w = \frac{v_p}{\sqrt{\cos\alpha_1}} \quad \dots \ (2\,c)$$

In gleicher Weise wird die Sinkgeschwindigkeit in der Kurve in Abhängigkeit von der Sinkgeschwindigkeit im Geradeausflug bei denselben Anstellwinkel durch die Formel (3) festgelegt:

$$W_w = \frac{W_p}{\cos^{3/2}\alpha}\sqrt{\left[\frac{1+\left(\dfrac{1}{Cy/Cx}\right)^2}{1+\left(\dfrac{1}{Cy/Cx\,\cos\alpha}\right)^2}\right]^3} \quad \dots \ (3\,a)$$

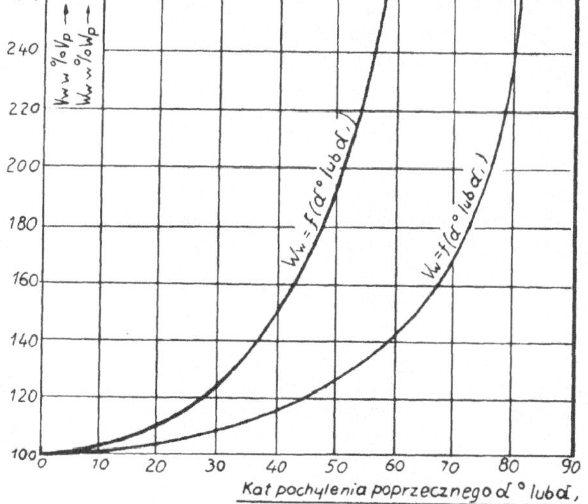

Bild 2. Die prozentuelle Erhöhung der Bahngeschwindigkeit und der Sinkgeschwindigkeit dargestellt als Funktion derselben Größen im Geradeausflug bei demselben Anstellwinkel.

Ähnlich wie bei der Bahngeschwindigkeit können wir auch in den praktisch vorkommenden Fällen des Kreisens mit genügender Genauigkeit annehmen, daß

$$W_w \cong \frac{W_p}{\cos^3 2\,\alpha} \qquad \ldots \ldots \ldots (3\,\text{b})$$

oder wenn wir α durch α_1 ersetzen, erhalten wir genauer

$$W_w = \frac{W_p}{\cos^3 2\,\alpha_1} \qquad \ldots \ldots \ldots (3\,\text{c})$$

Die in den Formeln (2 b) und (2 c) bzw. (3 b) und (3 c) angegebenen Funktionen sind in Bild 2 graphisch dargestellt. Wenn wir mit α_1 rechnen, so sind diese Abhängigkeiten genauer, rechnen wir dagegen mit α, so haben wir es mit Näherungswerten zu tun.

6. Der Kurvenhalbmesser und Halbmesser des Kreisens.

Um zu einer Formel für den Kurvenhalbmesser zu gelangen, projezieren wir auf denselben die Kraft P bzw. Py und Px.

Da die Kraft Px zum Halbmesser R (R_1) senkrecht steht, erhalten wir als Zentripetalkraft:

$$Py \sin \alpha = \frac{G\,v_w^2}{g\,R_1}; \qquad Py = \frac{\gamma}{2\,g}\,Cy\,S\,v_w^2,$$

woraus:

$$R_1 = \frac{2\,G}{S\,\gamma\,Cy\,\sin\alpha} = \frac{2\,p}{\gamma\,Cy\,\sin\alpha}.$$

In Wirklichkeit interessiert uns beim Kreisen die Größe R und nicht R_1, jedoch weichen diese Größen in normalen Verhältnissen des Kreisens nur unwesentlich voneinander ab.

Eine vollkommene Übereinstimmung zu fordern, erscheint dagegen in diesem Falle unzweckmäßig. Zur genaueren Bestimmung dient folgende Formel, mit deren Hilfe man leicht von R_1 zur R übergehen kann.

$$R = R_1 \frac{\left(\dfrac{Cy}{Cx}\right)^2}{\left(\dfrac{Cy}{Cx}\right)^2 + \dfrac{1}{\cos^3 \alpha}} = \frac{R_1}{1 + \dfrac{1}{\left(\dfrac{Cy\cos\alpha}{Cx}\right)^2}} . \quad (5)$$

R_1 wurde hier als größter Krümmungshalbmesser der entsprechenden Ellipse (s. Formelzeichen) bezeichnet. (Der größte Krümmungshalbmesser der Ellipse ist $R_1 = \dfrac{a^2}{b}$, wobei a den großen Halbmesser der Ellipse und b den kleinen bezeichnet.) Mit Hilfe dieser Beziehungen kann man leicht zur Bestimmung der Sinkgeschwindigkeit als Funktion des Kurvenhalbmessers R_1 übergehen.

7. Die Sinkgeschwindigkeit in der Kurve mit vorgegebenem Radius.

Wenn wir von der Formel 3 a ausgehen und in ihr W_p durch den bekannten genauen Wert aus der Formel

$$W_p = \sqrt{\frac{2\,g\,p\,Cx^2}{\gamma\,(Cy^2 + Cx^2)^{3/2}}}$$

einsetzen, so erhalten wir:

$$W_w = \frac{1}{\cos^3 2\,\alpha} \sqrt{\frac{2\,g\,p\,Cx^2}{\gamma\,(Cy^2 + Cx^2)^{3/2}}} \sqrt[4]{\left[\frac{\left(\dfrac{Cy}{Cx}\right)^2 + 1}{\left(\dfrac{Cy}{Cx}\right)^2 + \dfrac{1}{\cos^2\alpha}}\right]^3} .$$

Ersetzen wir hierauf $\dfrac{2\,p}{\gamma}$ durch den laut der Formel (4) gegebenen Wert $\left(\dfrac{2\,p}{\gamma} = R_1\,Cy\,\sin\alpha\right)$, so folgt nach Umformung

$$W_w = \frac{Cx}{Cy} \sqrt{\frac{g\,R_1\,\sin\alpha}{\cos^3\alpha}} \sqrt[4]{\left[\frac{1}{1 + \dfrac{1}{\left(\dfrac{Cy\cos\alpha}{Cx}\right)^2}}\right]^3} \qquad (6\,\text{a})$$

Bei den praktisch vorkommenden Fällen können wir hier wiederum annehmen, daß

$$W_w \cong \frac{Cx}{Cy} \sqrt{\frac{g\,R_1\,\sin\alpha}{\cos^3\alpha}} \qquad \ldots \ldots (6\,\text{b})$$

Es scheint bequemer die Formel (6 b) in einer anderen Form zu verwenden, welche wir erhalten, wenn wir R_1 durch den laut Formel (4) gegebenen Wert ersetzen.

Es folgt alsdann

$$W_w \cong \frac{Cx}{Cy} \sqrt{\frac{2\,g\,p}{\gamma\,Cy\,\cos^3\alpha}} \qquad \ldots \ldots (6\,\text{c})$$

Die mit Ziffer 6 angegebenen Formeln sind die wichtigsten, denn sie gestatten die Bestimmung verschiedener Sinkgeschwindigkeiten bei gegebenem Halbmesser. Die in diesen Formeln aufgetretenen Größen R_1, Cy, α und p sind miteinander durch die Abhängigkeit laut Formel (4) gebunden. Bei der Bestimmung von W_w erscheint es bequemer, die Größen Cy, p, γ zu einer Größe zu vereinigen, und nunmehr die Frage wie folgt aufzufassen: jedem Halbmesser R_1 entspricht eine bestimmte Neigung α, welche vom Wert der charakteristischen Größe $\dfrac{p}{\gamma\,Cy}$ abhängt. Auf diese Weise erhalten wir aus Formel (4) für den gegebenen Halbmesser und die gewählte Größe $\dfrac{p}{\gamma\,Cy}$ ganz eindeutige Werte des Winkels α:

$$\sin \alpha = \frac{p}{\gamma\,Cy}\,\frac{2}{R_1} .$$

Auf diese Weise können wir für jeden vorgegebenen Halbmesser eine Reihe von Winkeln α finden, die den verschiedenen gewählten Werten von $\dfrac{p}{\gamma\,Cy}$ zugeordnet sind.

Also kann man den gegebenen Kurvenradius im Fluge auf verschiedenen Werten von C_y erreichen, jedoch muß jeden von diesen ein ganz eindeutig bestimmter Winkel α entsprechen. Bei vorgegebenem Halbmesser kann man aus der Formelgruppe (6) für jedes einander zugeordnete Paar von den Größen α und $\dfrac{p}{\gamma\,Cy}$ die jeweilige Sinkgeschwindigkeit bestimmen. Diese Sinkgeschwindigkeiten werden natürlich voneinander verschieden sein, jedoch besteht für jeden Kurvenhalbmesser eine bestimmte kleinste Sinkgeschwindigkeit $W_{w\,\text{min}}$. Diese spielt eine ausschlaggebende Rolle, denn sie bedingt den wirtschaftlichsten Höhengewinn im Kreisen. Eine derartige Berechnung von $W_{w\,\text{min}}$ für verschiedene Kurvenhalbmesser erscheint jedoch zu umständlich. Deshalb wird wie folgt eine entsprechende graphische Methode angegeben.

8. Graphische Methode zur Bestimmung der Segelflugzeugleistungen.

Diese Methode erlaubt ein müheloses und unmittelbares Ablesen sowohl der Werte $W_{w\,\text{min}}$ als auch der verschiedenen Halbmesser und aller anderen Größen für den Geradeaus- und Kurvenflug. Sie leistet ebenfalls gute Dienste beim Entwurf, da sie den Einfluß der Belastungsänderung, der Aerodynamischen Charakteristik, der Flughöhe u. a. m. vor Augen führt. Die Methode erleichtert auch das Erhalten von vornherein verlangten Eigenschaften beim Kreisen und Geradeausflug. Die Methode beruht auf der Anwendung eines für alle Segelflugzeuge ein für allemal festgelegten Netzdiagrammes. In dieses Netzdiagramm muß man für das gegebene Segelflugzeug die entsprechende Kurve $\dfrac{Cy}{Cx} = f\left(\dfrac{p}{\gamma\,Cy}\right)$ eintragen, worauf man unmittelbar alle nötigen Eigenschaften ablesen kann. Hierbei genügt es, beim Ablesen die entsprechenden Größen in den Zirkel zu nehmen. Dieses Netzdiagramm wurde als Leistungskurve des Segelflugzeuges bezeichnet.

Es ist in Bild 3 verkleinert dargestellt.

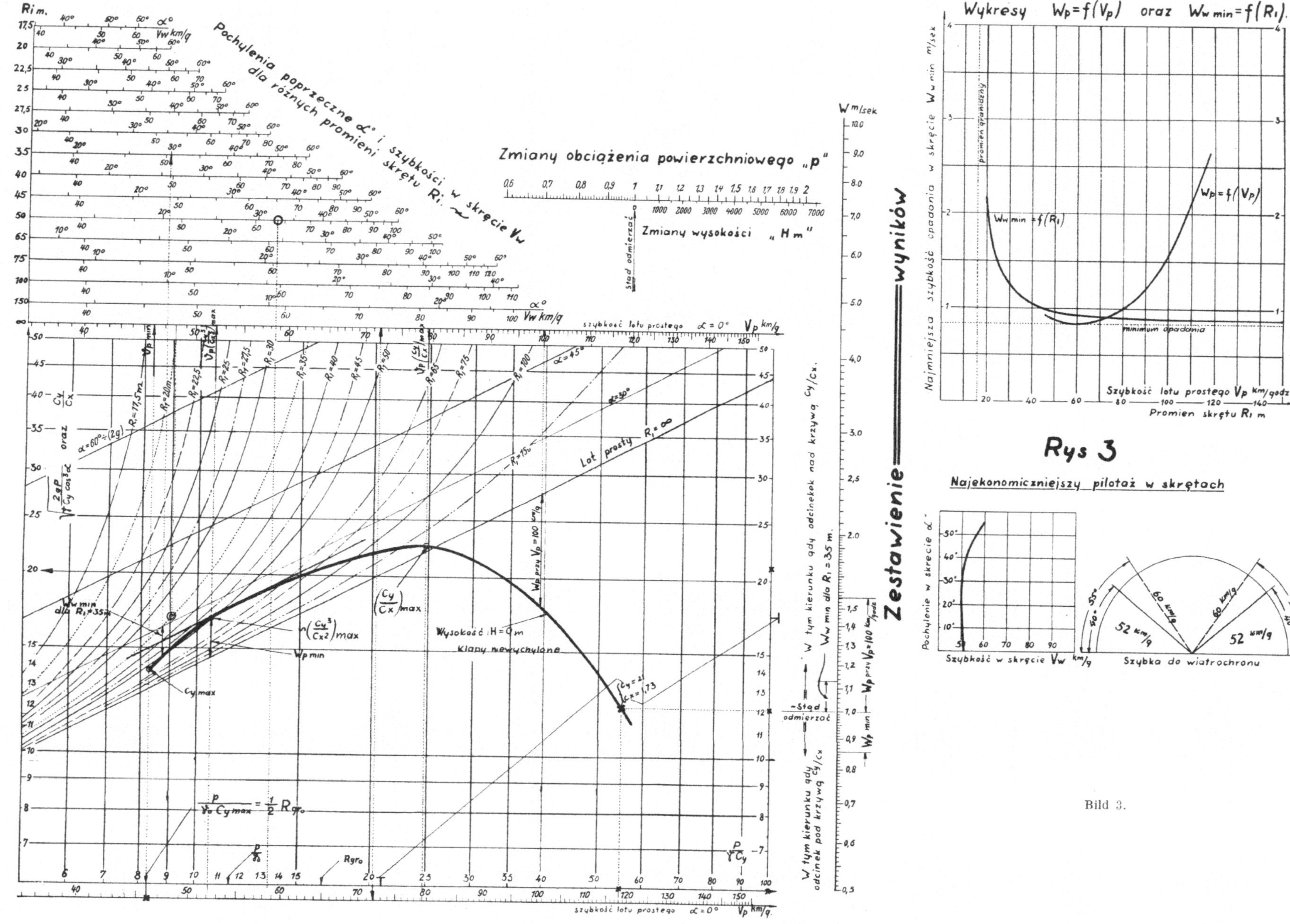

38
Pochylenia poprzeczne α° i szybkości w skręcie Vw
dla różnych promieni skrętu Ri
Zmiany obciążenia powierzchniowego "p"
Zmiany wysokości "H m"
Zestawienie wyników
Wykresy Wp=f(Vp) oraz Ww min=f(Ri)
Najmniejsza szybkość opadania w skręcie Ww min m/sek
Szybkość opadania w locie prostym Wp m/sek.
Ww min=f(Ri)
Wp=f(Vp)
minimum opadania
Szybkość lotu prostego Vp km/godz
Promien skrętu Ri m
Rys 3
Najekonomiczniejszy pilotaż w skrętach
Pochylenie w skręcie α°
Szybkość w skręcie Vw km/g
Szybka do wiatrochronu
52 km/g
60 km/g
55°
40°
Lot prosty Ri=∞
szybkość lotu prostego α=0° Vp km/g
Wysokość H=0 m
Klapy niewychylone
Bild 3.

9. Die Aufzeichnung des Leistungsdiagramms der Segelflugzeuge.

Die Konstruktion beruht auf der Formel (6c). Nach beiderseitiger Logarithmierung der Gleichung erhalten wir:

$$\lg W_w = \lg \sqrt{\frac{2gp}{\gamma\, Cy \cos^3 \alpha}} - \lg\left(\frac{Cy}{Cx}\right) \quad \ldots \quad (6\,\mathrm{d})$$

Wenn wir als die unabhängige Veränderliche die Größe $\dfrac{p}{\gamma\, Cy}$ einsetzen, so ersehen wir, daß das erste Glied der rechten Seite der Gleichung für ein bestimmtes $R_1 =$ konst. in die Abhängigkeit übergeht:

$$\sqrt{\frac{2gp}{\gamma\, Cy \cos^3 \alpha}} = f\left(\frac{p}{\gamma\, Cy}\right),$$

welche von der Art des Segelflugzeuges vollkommen unabhängig ist. Das zweite Glied bildet die Funktion $\dfrac{Cy}{Cx} = f\left(\dfrac{p}{\gamma\, Cy}\right)$, welche nur von der Art des Segelflugzeuges abhängig ist.

Wenn wir diese beiden Funktionen in das gemeinsame logarithmische Netz eintragen, so ergibt uns der Unterschied der Ordinaten, d. h. der senkrechte Abstand zwischen den beiden Kurven in der vorgegebenen Stelle der Abszissenachse die gesuchte Sinkgeschwindigkeit W_w in der Kurve, die dem vorgegebenen $\dfrac{p}{\gamma\, Cy}$ entspricht.

Natürlich betrifft dies nur denjenigen Fall des Kurvenflugs mit einem Halbmesser, für welchen die Kurve $\sqrt{\dfrac{2gp}{\gamma\, Cy \cos^3 \alpha}}$ gezeichnet ist.

Diese Art der Ablesung der Werte W_w ist in Bild 4 zusammengestellt.

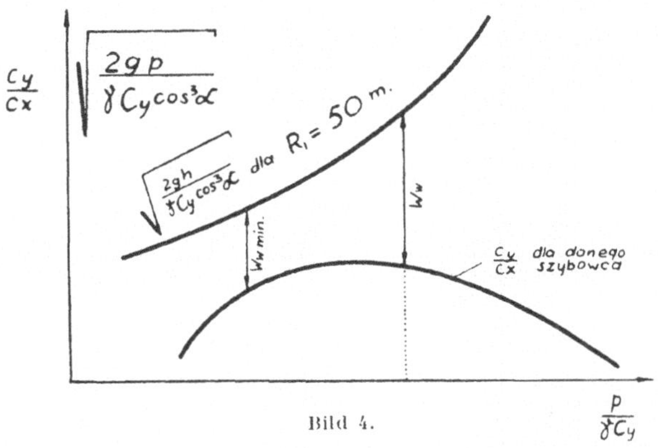

Bild 4.

Wie im Bild dargestellt ist, kann man durch Abstechen mit dem Zirkel unmittelbar den kleinsten senkrechten Abstand zwischen beiden Kurven feststellen. Dieser kleinste Abstand ergibt das $W_{w\,\mathrm{min}}$.

Die Konstruktion der Leistungskurven für Segelflugzeuge beruht darauf, daß man eine Reihe von Kurven $\sqrt{\dfrac{2gp}{\gamma\, Cy \cos^3 \alpha}} = f\left(\dfrac{p}{\gamma\, Cy}\right)$ für verschiedene praktisch vorkommende Halbmesser der Flugkurven einträgt, und zwar als Funktion einer Reihe praktisch wichtiger Werte von $\dfrac{p}{\gamma\, Cy}$ (s. Bild 3).

Die Anschriften neben den einzelnen Kurven geben die Größen der Halbmesser in Meter an. Unten sind die Izo-R-Kurven durch die Funktion für $R = \infty$ begrenzt; diese letztere erscheint im logarithmischen Netz als Gerade. Diese Gerade für $R = \infty$ und $\alpha = 0$ gibt uns alle Werte für den Geradeausflug als Spezialfall des Kurvenfluges. Neben den Sinkgeschwindigkeiten interessieren uns die denselben zugeordneten Bahngeschwindigkeiten v_w bzw. v_P sowie die transversalen Neigungswinkel α. Wir könnten diese Größen

von Fall zu Fall durch Berechnung laut Formeln (4) und (2) für vorgegebene R und $\dfrac{p}{\gamma\, Cy}$ bestimmen. Diese Berechnungen sind jedoch bereits im Diagramm für alle Segelflugzeuge fertig eingetragen; deren Zusammenstellung befindet sich im Diagramm links oben. Die Zahl der Geraden entspricht der Anzahl der Halbmesser. Auf dieser Geraden sind oberhalb der Winkel α^0, und unterhalb derselben die Geschwindigkeiten v_w und v_P eingetragen. Die zugeordneten Werte der Halbmesser sind am Anfang jeder dieser Geraden zu finden. Um die entsprechenden Werte von v_w bzw. α ablesen zu können, muß man auf der dem vorgegebenen R_1 zugeordneten Geraden denjenigen Punkt auffinden, welcher auf derselben Senkrechten des Diagramms liegt, die durch den angenommenen Wert der Abszisse $\dfrac{p}{\gamma\, Cy}$ geht.

Die Geraden (Maßstäbe) für den Geradeausflug ($R = \infty$) befinden sich sowohl oben wie auch unten am Diagramm und enthalten natürlich nur die Werte v_p ($\alpha = 0$).

Um die abgesteckten Sinkgeschwindigkeiten ablesen zu können, ist seitlich rechts am Diagramm ein senkrechter logarithmischer Maßstab angebracht. Noch weiter nach rechts befindet sich das Netzdiagramm, welches zur Eintragung der abgelesenen Werte dient. Oben links sind zu finden die Kurven: für den Geradeausflug $W_p = f(v_p)$ sowie für den Kreisflug $W_{w\,\mathrm{min}} = f(v_w)$. Weiter unten befindet sich ein kleines Netzdiagramm für die Funktion $\alpha = f(v_w)$, welche die Möglichkeit gibt, den wirtschaftlichsten Kreisflug ohne Rücksicht auf den Kurvenhalbmesser zu bestimmen, d. h. jeder Punkt dieser Kurve gibt ein solches Wertepaar v_w und α an, bei welchem die kleinste mögliche Sinkgeschwindigkeit bei demselben, durch das Wertepaar v_w und α, bestimmten Halbmesser auftritt.

Daneben befindet sich die Zeichnung einer kleinen Windscheibe zum Gebrauch für den Piloten. Auf dieser Scheibe werden einige Gerade unter gewählten Winkeln aufgetragen; jede dieser Linie trägt die Bezeichnung der entsprechenden aus dem nebenstehenden kleinen Diagramm $\alpha = f(v_w)$ entnommenen Sinkgeschwindigkeit.

Sieht der Pilot, daß eine dieser Linien parallel zum Horizont verläuft, so bemüht er sich, die entsprechende Geschwindigkeit einzuhalten. Diese Windscheibe dient nicht dem systematischen Gebrauch sondern vielmehr zur Übung in entsprechenden Verhältnissen. Die Scheibe dient in der Hauptsache orientierungsweise zur Erlangung ihres praktischen Verwendungszweckes, denn in der Regel wird es gewisse Abweichungen geben, und zwar als Folge gewisser Einflüsse wie Fehler in den Angaben des Geschwindigkeitsmessers, Abweichungen bei Durchführung einer ungleichmäßigen und nicht vollkommen regelrechten Kurve, Abweichung in der Zuladung usw. Außerdem konnte bisher nicht festgestellt werden, ob die oben aufgeführten Annahmen nicht praktisch ermittelbare Fehler zur Folge haben. Dessenungeachtet erscheint die Verwendung einer solchen Scheibe als zweckmäßig (s. Punkt 12). Schließlich befindet sich oben in der Mitte über dem Leistungsdiagramm ein Maßstab zur Bestimmung des Einflusses bei Veränderung der Flächenbelastung und der Flughöhe.

Wenn wir eine dieser Größen verändern, so verändert sich für jeden Punkt der Funktion $\dfrac{Cy}{Cx}$ lediglich der Wert $\dfrac{p}{\gamma\, Cy}$, dagegen verbleibt der Wert $\dfrac{Cy}{Cx}$ unverändert. Da jedoch der Maßstab von $\dfrac{p}{\gamma\, Cy}$ ebenfalls ein logarithmischer ist, so entspricht einer Vergrößerung oder Verkleinerung von $\dfrac{p}{\gamma\, Cy}$ lediglich eine entsprechende Verschiebung der Kurve $\dfrac{Cy}{Cx}$ nach links oder rechts, um den konstanten auf den erwähnten Maßstab abgelesenen Abstand. Es genügt lediglich die Angabe, wievielmal sich die Flächenbelastung vergrößert hat bzw. von welchem bis zu welchem Werte sich die Flughöhe geändert hat.

10. Die Anwendung des Leistungsdiagramms für Segelflugzeuge.

Die Anwendung dieses Leistungsdiagramms soll am Beispiel erläutert werden.

Im Netzdiagramm Bild 3 ist die Funktion $\frac{Cy}{Cx}$ des Segelflugzeuges »TS 1« eingetragen worden. Das ist ein Versuchssegelflugzeug mit geringer Spannweite, Konstruktion von Dipl.-Ing. Tarczyński und Stępniewski. Es besitzt kleine Klappen mit verschließbarem Spalt. Dieses Segelflugzeug gilt als das wendigste unter den polnischen Segelflugzeugen. Die zahlenmäßigen Angaben befinden sich auf Bild 3. Der Klarheit wegen wurden in Bild 3 lediglich die Kurven für die neutrale Lage der Klappen eingezeichnet. Die dort zusammengestellten Ergebnisse und durchgeführten Manipulationen beziehen sich natürlich ebenfalls nur auf den Fall bei neutraler Lage der Klappen.

Mit Rücksicht auf das leichtere Verständnis werden die einzelnen Erläuterungen nicht nach deren Bedeutung geordnet, so daß unter den wichtigen Punkten sich solche unscheinbare befinden, wie 10e, f, j.

a) Die Ermittlung der beliebigen und kleinsten Sinkgeschwindigkeiten. Um die Sinkgeschwindigkeit bei bestimmtem Halbmesser und Anstellwinkel zu ermitteln, nimmt man in den Zirkel den Abstand zwischen der Kurve für den gegebenen Halbmesser und der Kurve $\frac{Cy}{Cx}$ des gegebenen Segelflugzeuges, und zwar auf der senkrechten durch den entsprechenden Punkt $\frac{p}{\gamma\,Cy}$ auf der Abszissenachse. Alsdann setzt man die abgesteckte Strecke auf dem seitlich rechts befindlichen Maßstab von dem mit 1 bezeichneten Punkt ab und liest die Sinkgeschwindigkeit unter dem zweiten Fuß des Zirkels ab. Das Absetzen auf diesem Maßstabe findet stets von dem mit 1 bezeichneten Punkt aber nicht immer in derselben Richtung statt. Vielmehr werden von diesem Punkt nach oben hier diejenigen Abstände abgesetzt, welche sich oberhalb der Kurve $\frac{Cy}{Cx}$ befinden, z. B. W_p bei $v_p = 100$ km/h oder $W_{w\,\mathrm{min}}$ für $R_1 = 35$ m in Bild 3. Nach unten hingegen (immer von dem Punkte 1 ab) werden diejenigen Abstände abgesetzt, welche sich oberhalb der Kurve $\frac{Cy}{Cx}$ befinden, z. B. $W_{p\,\mathrm{min}}$ auf Bild 3.

Wir lesen nun ab: für $R_1 = 35$ m ist $W_{w\,\mathrm{min}} = 1,12$ m/s oder $W_{p\,\mathrm{min}} = 0,86$ m/s. Die Schnittpunkte der Kurve $\frac{Cy}{Cx}$ mit den entsprechenden Iso-R-Kurven bezeichnen die Sinkgeschwindigkeiten $= 1$ (Länge der Abstände $= 0$). Um die kleinste Sinkgeschwindigkeit bei gegebenem R_1 zu finden, gehen wir ganz ähnlich vor, indem wir vorher durch Anlegen des Zirkels den kleinsten und größten Abstand zwischen beiden Kurven feststellen. Dies hängt davon ab, ob die betreffenden Abstände sich oberhalb der Kurve $\frac{Cy}{Cx}$ oder unterhalb derselben befinden. So ist z. B. auf Bild 3 $W_{w\,\mathrm{min}}$ für $R_1 = 35$ der kleinste Abstand, während $W_{p\,\mathrm{min}}$ der größte Abstand ist.

b) Bestimmung der Fluggeschwindigkeiten und Neigungswinkel, die den verschiedenen Sinkgeschwindigkeiten entsprechen. Jedem auf beliebigem Halbmesser liegendem Punkt sind ganz bestimmte Werte v und α zugeordnet. Wir finden diese Zahlenwerte unmittelbar auf dem sich oben befindlichen Maßstab für den entsprechenden Halbmesser R_1 im Schnittpunkt dieses Maßstabes mit der Senkrechten durch den vorgegebenen Punkt. Zum Beispiel finden wir auf Bild 3 für W_{min} bei $R_1 = 35$ auf dem Maßstabe für $R_1 = 35$ den zugeordneten Neigungswinkel $\alpha = 30^0$ und die Fluggeschwindigkeit $V_w = 51$ km/h.

c) Zusammenstellung der Ergebnisse. Wir tragen die Funktion $W_{w\,\mathrm{min}} = f(R)$ in das fertige logarithmische Netz ein, nachdem wir für verschiedene Kurvenhalbmesser eine Reihe kleinster Sinkgeschwindigkeiten aufgefunden haben.

Diese Kurve besitzt zwei Asymptoten: R_{gr} und $W_{p\,\mathrm{min}}$. In dasselbe Netz tragen wir die Kurve $W_p = f(v_p)$ ein.

Hier benutzen wir lediglich die Kurve für $R = \infty$. Die uns interessierenden Geschwindigkeiten der Flugbahn lesen wir in km/h entweder auf dem unteren Maßstab (unterhalb des Maßstabes $\frac{p}{\gamma\,Cy}$) ab oder aber oberhalb auf dem zweiten Maßstab für $R = \infty$. Die entsprechenden Geschwindigkeiten werden auf normale Art abgelesen, z. B. für $V_p = 100$ km/h lesen wir ab $W_p = 1,57$ m/s.

Die Punkte der Kurve des wirtschaftlichsten Kreisens, d. h. der Funktion $\alpha = f(v_w)$ tragen wir ebenfalls in das vorbereitete Netz ein. Wir erhalten diese Kurve gleichzeitig mit den Punkten der Funktion $W_{w\,\mathrm{min}} = f(R_1)$, und zwar finden wir jedesmal nach Ermittlung irgendeines Wertes von $W_{w\,\mathrm{min}}$ (laut Punkt 10 b) die ihm entsprechenden Werte von α und v_w, welche den gesuchten Punkt festlegen. Auf der Windschutzscheibe vermerken wir entweder angenähert die charakteristischen Kurvenabschnitte oder aber wir legen einfach Punkte fest, die den ganzen Bereich umfassen. So sehen wir z. B. auf Bild 3, daß im Bereich der Winkel von Null^0 — 40^0 v_w fast eine konstante ist und ungefähr 52 km/h beträgt. Wir vermerken dieses deutlich auf der Scheibe. Diese Zahl 52 bezieht sich auf den Gesamtbereich der Winkel von 0 bis 40^0. Darüber hinaus lenkt die Kurve ab, daher wählen wir einen Punkt, z. B. 55^0 und 60 km/h; der auf der Scheibe gemachte Vermerk 60 km/h bezieht sich jetzt nur auf einen Winkel $\alpha = 60^0$ und ist deshalb direkt auf der entsprechenden Geraden eingetragen.

d) Bestimmung des Grenzhalbmessers R_{gr}. Wir erhalten den Grenzradius $R_{gr} = \frac{2\,p}{\gamma\,Cy_{\mathrm{max}}}$, indem wir in die Formel (4) $\alpha = 90^0$ und $Cy = Cy_{\mathrm{max}}$ einsetzen. Auf Bild 3 bezeichnet die, dem am weitesten nach links herausgeschobenen Punkt der Kurve $\frac{Cy}{Cx}$ entsprechende Abszisse den Wert $\frac{p}{\gamma\,Cy_{\mathrm{max}}}$. Es genügt, diesen Wert mit zwei zu multiplizieren, um den Grenzhalbmesser zu ermitteln. Am leichtesten wird R_{gr} dadurch festgestellt, daß man mit Hilfe des Zirkels den Abstand zwischen den Ziffern 10 und 20 desselben Maßstabes $\frac{p}{\gamma\,Cy}$ hinter dem Abstand $\frac{p}{\gamma\,Cy_{\mathrm{max}}}$ absetzt.

Der auf diese Weise bestimmte Wert von R_{gr} ist in Bild 3 zu 16,6 m ermittelt.

e) Die Lage der charakteristischen Punkte der Polaren auf der Kurve $\frac{Cy}{Cx}$ und die Bestimmung der diesen Werten zugeordneten Geschwindigkeiten. Die Lage von $\left(\frac{Cy}{Cx}\right)_{\mathrm{max}}$ wird durch den höchsten Punkt der Kurve bestimmt. Der dem Werte $\frac{Cy^3}{Cx^2}$ entsprechende Punkt wird durch die Lage von $W_{p\,\mathrm{min}}$ bestimmt. Der dem Werte Cy_{max} entsprechende Punkt liegt am meisten nach links. Diese Punkte sind in Bild 3 kenntlich gemacht.

Die entsprechenden Geschwindigkeiten der Flugbahn im Geradeausflug lesen wir auf dem Maßstabe für v_p durch senkrechte Projektion nach oben oder nach unten ab. In Bild 3 lesen wir ab: $v_{p\,\mathrm{min}} = 46$ km/h; v_p bei kleinster Sinkgeschwindigkeit $= 52$ km/h; v_p für $\left(\frac{Cy}{Cx}\right)_{\mathrm{max}} = 79$ km/h.

f) Das Auffinden der Cy- und Cx-Werte, welche einem beliebigen Punkte der Kurve $\frac{Cy}{Cx}$ entsprechen, ohne Hilfe des Rechenschiebers. Auf dem logarithmischen Maßstabe kann man multiplizieren und dividieren, analogisch wie auf einem gewöhnlichen Rechenschieber mit dem Unterschied jedoch, daß man anstatt die Maßstäbe gegeneinander zu verschieben, die entsprechenden Strecken mit dem Zirkel absticht.

Um Cy zu finden, genügt es, die konstante Größe $\frac{p}{\gamma}$ durch die Veränderliche $\frac{p}{\gamma\,Cy}$ zu dividieren. Auf Bild 3 messen wir auf dem Maßstab $\frac{p}{\gamma\,Cy}$ die Größe $\frac{p}{\gamma_0} = 11,5$ ab.

Wir wollen Cy und Cx für einen mit einem Kreuz bezeichneten Punkt bestimmen, für welchen $\frac{p}{\gamma\,Cy} = 55$ ist.

Wir nehmen in den Zirkel die mit zwei Kreuzen bezeichnete Strecke, welche auf dem Maßstab $\frac{p}{\gamma\,Cy}$ zwischen 55 und 100 liegt und stellen sie zu $\frac{p}{\gamma_0} = 11,5$ nach rechts an. Wir erhalten den mit dem Buchstaben T bezeichneten Punkt. Wir lesen $Cy = 21$ ab. Es ist bequemer Cx auf den senkrechten Maßstab (rechts) zu bestimmen.

$$Cx = Cy : \frac{Cy}{Cx}.$$

Wir nehmen in den Zirkel die mit Kreuzen bezeichnete Strecke, welche zwischen $21 - Cy$ und dem entsprechenden Verhältnis $\frac{Cy}{Cx}$ liegt, und stellen sie zu der Ziffer 10 hinzu. Wir erhalten einen Punkt (Buchstabe T) für welchen $Cx = 1,73$ ist.

g) Die Bestimmung der Größen R_1, α, v_w und $\frac{p}{\gamma\,Cy}$ unabhängig vom Segelflugzeugtyp. Wenn zwei beliebige von den erwähnten Größen gegeben sind, so sind die andern zwei exakt bestimmt, unabhängig vom Segelflugzeugtyp. Auf dem Bild 3 finden wir sie auf den Maßstäben α und v_w für verschiedene R_1. Ist $\alpha = 33^0$ und $v_w = 64$ km/h, so entspricht diesen Werten ein Radius von 50 m und $\frac{p}{\gamma\,Cy} = 13,4$. (Der mit einem Kreis bezeichnete Punkt auf der Geraden für $R = 50$ — oben im Diagramm.)

Auf ähnliche Art kann man jede beliebige Zusammenstellung zweier Größen ablesen. Liegen die Werte α und v_w auf kleiner Geraden genau untereinander, so muß man R aus den zwei am nächsten liegenden Größen interpolieren.

h) Die Bestimmung der infolge des unwirtschaftlichen Kreisens entstandenen Verluste (falsche Steuerbedienung). Jedes mit gewisser Neigung durchschnittliche Kreisen, welches eine andere Geschwindigkeit aufweist als die durch die Kurve $v_w = f(\alpha)$ bestimmte, bewirkt vor allem den Verlust, daß die Sinkgeschwindigkeit bei gegebenem R_1 größer ist als die, welche man erreichen könnte. Wir schätzen diese Verluste an Hand eines Beispieles ab und bestimmen α, R und W_w nach den obengenannten Punkten 10 g und 10a.

Angenommen muß ein Pilot mit dem Segelflugzeug »TS« mit einem Radius von 35 m kreisen. Kreist er richtig, so hat er eine Neigung von 30^0, eine Geschwindigkeit von 51 km/h und ein $W_w = 1,12$ m/s (s. Bild 3).

Holt der Pilot beim Kreisen Geschwindigkeit auf (der häufigste Fehler), z. B. bis 65 km/h, so vergrößert sich der Radius bei derselben Neigung von 35 m auf ungefähr 58 m.

Will nun der Pilot den vorherigen Radius von 35 m wieder erreichen, so müßte er eine Neigung von 44^0 besitzen; wenn er jedoch die Neigung vergrößert, so wird er wahrscheinlich auch die Geschwindigkeit, z. B. um weitere 5 km/h, vergrößern. Schließlich wird der Radius von 35 m erreicht bei z. B. $v_w = 70$ km/h, was einem $\alpha = 48^0$ entspricht; dann ist $v_w = 1,60$ m/s. Also beträgt in diesem Falle der Sinkgeschwindigkeitsverlust infolge falschen Kreisens $1,60 - 1,12 = 0,48$ m/s, was 43% beträgt.

Die Kurvenradiusverluste kommen bei engeren Kreisen besonders zum Vorschein, da es schwierig ist, die schon große Neigung weiter zu vergrößern. Zum Beispiel beträgt bei $\alpha = 55^0$ und $v_w = 60$ der Radius $R_1 = 20$ m.

Bei solcher Neigung wird ein Aufholen der Geschwindigkeit bis $v_w = 80$ km/h nicht selten sein und dann wächst der Radius bis 35 m, also um 75%.

Wenn wir in dieser Richtung weitergehen, können wir beweisen, daß zu kleine Geschwindigkeiten beim Kreisen bedeutend kleinere Verluste verursachen als zu große Geschwindigkeiten. Unter Berücksichtigung, daß dem wirtschaftlichen Kreisen schon sehr große Anstellwinkel entsprechen, können wir den Piloten folgende Richtlinien geben:

Im Falle, wo es die Sicherheit zuläßt, sollte man mit einer an die kleinste annähernde Geschwindigkeit, die bei der gegebenen Neigung möglich ist, kreisen.

i) Die Verluste infolge der ungenügenden Steuerarbeit um die Längsachse. Diese Verluste sind leicht zu bestimmen, wenn wir genügend bestimmen können, welche Anstellwinkel und unter welchen Verhältnissen wir sie nicht ausnützen können. Praktisch können wir dieses als die angenäherten Minima, der zum sicheren Kreisen nötigen Geschwindigkeit, bei gegebener Neigung (und bei gewissen Flugverhältnissen) bezeichnen. Aus diesem können wir die entsprechende Größe $\frac{p}{\gamma\,Cy}$ finden (nach Punkt 10) und den Teil der Kurve $\frac{Cy}{Cx}$ zurückweisen, welche sich links davon befindet. Aus dem Bild 3 ersieht man, daß die hervorgerufenen Verluste ebenso bei den Sinkgeschwindigkeiten, wie auch bei den Kurvenradien beim Kreisen sehr bedeutend sind.

j) Die Umrechnung der Geschwindigkeit von km/h auf m/s. Sie geschieht durch Anwendung der Kurve $R = \infty$. Die Geschwindigkeiten in km/h lesen wir auf den Maßstab v_p ab; die Geschwindigkeiten in m/s auf dem linken senkrechten Maßstab, d. h. bei $\sqrt{\dfrac{2\,g\,p}{\gamma\,Cy\,\cos^3\alpha}}$. Auf Bild 3 wurden die entsprechenden Werte der Ziffer 72 km/h und 20 m/s angedeutet.

k) Die quantitative Bestimmung des Einflusses durch die Änderung der Flächenbelastung und der Flughöhe. Bei Änderung der Flächenbelastung sollte man das Verhältnis $\frac{p\ nowe}{p\ stare}$ $\left(\frac{p\ neu}{p\ alt}\right)$ feststellen, nachher die Veränderung von p auf dem oberen mittleren Maßstab auffinden und die Strecke, welche auf diesem Maßstab zwischen dem gefundenen Punkt und 1 liegt, in den Zirkel nehmen. Nachher soll man alle Punkte der Kurve $\frac{Cy}{Cx}$ um die gemessene Strecke in waagerechter Richtung verschieben: nach rechts bei wachsendem p, nach links beim kleineren. Die Ergebnisse für die neue Kurve liest man auf normale Weise ab. Wenn man nun den Einfluß der Veränderung von p nur für gewisse Punkte der Polare bestimmen will, so braucht man nichts zu zeichnen. Es genügt die neue Lage des Punktes abzugreifen und das Ergebnis abzulesen. Wir bestimmen z. B. auf Bild 3, wie groß die kleinste Sinkgeschwindigkeit und die Bahngeschwindigkeit sein würde, wenn p bis 12 kg/m² verkleinert würde.

Es ist: $\dfrac{p\ nowe}{p\ stare} = \dfrac{12}{14,1} = 0,85$. Wir verschieben den Punkt $\left(\dfrac{Cy^3}{Cx^2}\right)_{max}$ um die Strecke, welche zwischen 1 und 0,85 liegt, nach links, und bekommen nun einen neuen Punkt, welcher mit einem doppelten Kreis bezeichnet ist.

Wir lesen nun ab:

ein neues $W_{p\min} = 0,79$ m/s,
bei $V_p = 48$ km/h.

Der Einfluß der Höhenänderung ist identisch gleich dem Einfluß der Veränderung von p. Die Handlungsweise ist dieselbe wie bei Veränderung von p. Wir nehmen dabei sogleich in den Zirkel die auf dem Maßstab der Veränderung von H zwischen der alten und neuen Höhe liegende Strecke.

l) Erleichterung beim Aufzeichnen. Nachdem man sich die erwähnte Handlungsweise auf dem Diagramm angeeignet hat (durch Ausführung einiger Beispiele), so sind alle »aerodynamischen Erwägungen« sehr erleichtert, unabhängig von der Erleichterung der aerodynamischen Berechnungen, denn alle Einflüsse sind unmittelbar sichtbar.

Die Handlungsweise beruht zum größten Teil gar nicht auf dem Zeichnen, sondern auf der Anwendung des Stechzirkels.

Außerdem erleichtert das Diagramm die Auswahl von p und die charakteristischen aerodynamischen Größen zur Erlangung der von vornherein geforderten Eigenschaften des Segelflugzeuges.

Diese Forderungen sind durch gewisse Punkte auf den Kurven $W_{w\min} = f(R_1)$ und $W_0 = f(v_p)$ dargestellt.

Jetzt muß man den umgekehrten Weg beschreiten: man soll die obenerwähnten Kurven orientierend skizzieren und aus ihnen die Kurve $\dfrac{Cy}{Cx} = \dfrac{p}{\gamma\,Cy}$ darstellen, indem man sie freihändig aufzeichnet. Den Teil der Kurve, welcher rechts von $\left(\dfrac{Cy^3}{Cx^2}\right)_{\max}$ liegt, bilden wir direkt durch Abgreifen der einzelnen Punkte im Maßstab des Diagramms aus der Kurve $W_p = f(v_p)$.

Den übrigen Teil der Kurve (links) erhalten wir als die provisorische Envelope einiger freihändig gezogener Kurven parallel zu den Iso-R-Kurven, von welchen diese um die entsprechende Strecke $W_{w\min}$ entfernt sind. Nachdem wir den ungefähren Verlauf der Kurve $\dfrac{Cy}{Cx} = \dfrac{p}{\gamma\,Cy}$ haben, können wir zur Auswahl der charakteristischen Größen und der Flächenbelastung greifen, denn indem wir nun den einen Wert einsetzen, erhalten wir den anderen.

11. Die Methoden zur Erzielung guter Eigenschaften während des Kreisens.

Aus Bild 3 ersieht man, daß die minimale Sinkgeschwindigkeit zwischen $\left(\dfrac{Cy^3}{Cx^2}\right)_{\max}$ und $Cy_{\max}$ stattfindet, und daß dieses bei desto größeren Cy-Werten stattfindet, je kleiner der Kurvenradius ist. Die Neigung der Iso-R-Kurven wächst nämlich mit kleinerem Radius, wodurch die Strecke $W_{w\min}$ mit kleiner werdendem R_1 sich nach links verschiebt. Für sehr kleine Radien gelangt sie bis zu $Cy_{\max}$.

I. Man soll Profile von größten C_y-Werten bei möglichst hohen $\dfrac{Cy}{Cx}$ verwenden.

II. Man soll ein möglichst großes Seitenverhältnis anwenden.

III. Man soll den kleinsten Beiwert des schädlichen Widerstandes erreichen.

IV. Man soll möglichst kleine Flächenbelastung anwenden.

V. Außerdem stellen wir bei Berücksichtigung der Größe $\dfrac{p}{\gamma\,Cy}$ fest, daß diese Eigenschaften am besten bei der größten Luftwichte, also in Erdnähe, sind. Man muß aber bedenken, daß diese Forderungen nur das Kreisen betreffen, also nicht die anderen wichtigen Eigenschaften des Segelflugzeuges berücksichtigen. Sie können sogar mit ihnen im Widerspruch stehen (z. B. IV).

Einer näheren Erläuterung benötigt nur der Punkt I. Wenn wir die Werte Cy und $\dfrac{Cy}{Cx}$ beim Kreisen in Betracht ziehen, so beachten wir nur den Bereich zwischen $\left(\dfrac{Cy^3}{Cx^2}\right)_{\max}$ und $Cy_{\max}$. Wir können Cy vergrößern durch Auswahl entsprechender (fester) Profile oder durch Anwendung spezieller Einrichtungen, die uns nur zeitweise Cy vergrößern. Aus Bild 3 ist ersichtlich, daß bei Vergrößerung der Cy-Werte die Werte kleiner werden, also auch die Punkte $\dfrac{Cy}{Cx}$-Kurve sich nach links und zugleich auch leider nach unten verschieben. Jede Vergrößerung von Cy gestattet also beim sehr kleinen R_1 kleinere Kurvenhalbmesser und kleinere $W_{w\min}$ zu erzielen. (Diese kleinen R_1-Werte haben nicht immer praktische Bedeutung.) Die Verringerung des $W_{w\min}$ bei den anderen mittleren und größeren Halbmessern ist durch eine nicht allzu große Verschlechterung des Wertes $\dfrac{Cy}{Cx}$ bedingt. Je größer die Erhöhung des Cy, um so größer

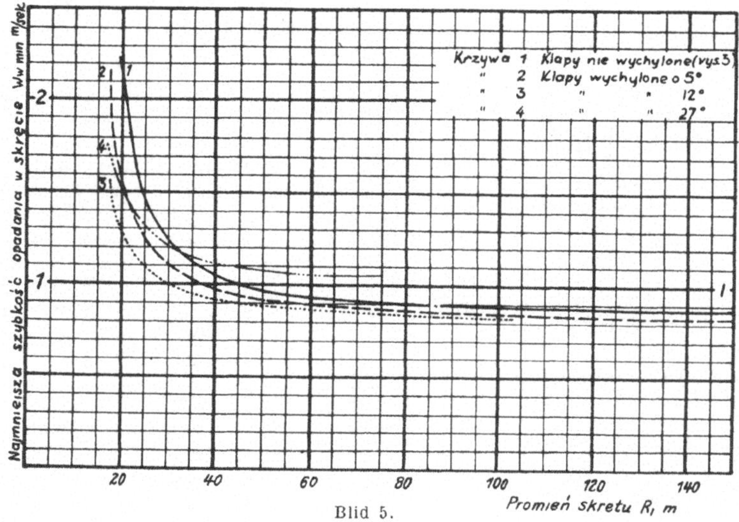

Blid 5.

Aus Bild 3 ersehen wir weiter, daß wir kleine Werte bei zugleich größten $\dfrac{Cy}{Cx}$-Werten für den Teil der Polare zwischen $\left(\dfrac{Cy^3}{Cx^2}\right)_{\max}$ und $Cy_{\max}$ anwenden müssen, um ein Segelflugzeug mit guten Eigenschaften zu bekommen. Dann wird die Segelflugzeugkurve $\dfrac{Cy}{Cx}$ am meisten nach links und nach oben liegen. Wir können zur Erzielung guter Eigenschaften beim Kreisen folgende Bedingungen feststellen, wenn wir das oben Gesagte in die einzelnen Faktoren aufteilen:

kann die Verschlechterung von $\dfrac{Cy}{Cx}$ sein. Wenn wir zwecks Verbesserung der Eigenschaften beim Kreisen den Auftrieb vergrößern, so müssen wir danach trachten, diese Änderung so durchzuführen, um dabei eine Verringerung von $W_{w\min}$ bei allen Halbmessern des Kreisens zu erzielen. Zieht man Bild 3 in Betracht[1]), so kann man voraussehen, daß es sich

---

[1]) Dabei wolle man in Betracht ziehen die Abstände der Kurve $\dfrac{Cy}{Cx}$ von der Kurve für $R_1 = \infty$ sowie von den für kleinere R_1 immer steiler werdenden Kurven (in senkrechter Richtung).

bei allen Flugkurven-Halbmessern mit Rücksicht auf das Kreisen lohnt, nur solche Profiländerungen durchzuführen, welche bei Erhöhung des Cy keine Vergrößerung der Sinkgeschwindigkeit im Geradeausflug nachzieht. Sollte diese Änderung eine Verringerung von $W_{P\,\text{min}}$ nach sich ziehen, so ist natürlich dieselbe mit Rücksicht auf das Kreisen noch mehr angebracht. Wenn $W_{P\,\text{min}}$ nur unbedeutend verringert wird, so verringern sich die kleinsten Sinkgeschwindigkeiten nur für die kleinen Halbmesser des Kreisens. Sie wachsen dagegen für die großen Halbmesser. Bei Verallgemeinerung dieser Betrachtungsweise kann man die folgenden angenäherten Richtlinien angeben:

Wenn irgendeine Vergrößerung der Cy-Werte bei Innehaltung eines bestimmten Halbmessers keine Veränderung von $W_{w\,\text{min}}$ nach sich zieht, so verbessern sich die Eigenschaften des Kreisens für alle kleineren Halbmesser, dagegen verschlechtern sie sich für alle größeren Halbmesser.

Bei Zusammenstellung der verschiedenen Bedingungen zur Erlangung guter Eigenschaften des Kreisens ist zu ersehen, daß man das Kreisen der Hochleistungssegelflugzeuge am wirkungsvollsten durch Anwendung von Einrichtungen zur Erhöhung des Auftriebes verbessern kann[1]). Natürlich muß man dabei für die Möglichkeit zur praktischen Auswertung dieses erhöhten Auftriebes Sorge tragen. Diese Möglichkeiten werden mit Rücksicht auf deren Selbstverständlichkeit nicht besprochen. Sie sind als »Folgerungen« unter Punkt 13 aufgeführt. Als Beispiel der Anwendung von Auftriebseinrichtungen dient Bild 5, in welchem die Kurven $W_{w\,\text{min}} = f(R_1)$ des Segelflugzeuges »TS 1« bei verschiedenen Neigungen der Klappen zusammengestellt sind, und zwar beziehen sich:

Kurve 1 auf nicht ausgeschlagene Klappen,
  »   2 » Klappen mit Ausschlagwinkel von   5⁰,
  »   3 »   »   »   »   » 12⁰,
  »   4 »   »   »   »   » 27⁰.

Man sieht daraus, daß die besten Wirkungen beim Ausschlagen der Klappen um 12⁰ erzielt werden. Dies ist gerade derjenige Ausschlagwinkel, bei welchem $W_{P\,\text{min}}$ noch nicht verschlechtert wird. Auf Bild 6 sind vergleichsweise die Kurven $W_{w\,\text{min}}$ als Funktion von R für die Segelflugzeuge »Rhönsperber« und »TS 1« zusammengestellt.

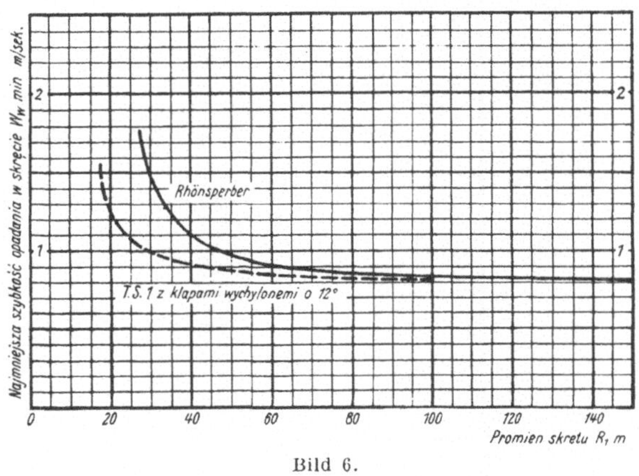

Bild 6.

12. Die ersten Versuchsflüge mit Klappen.

Diese Flüge wurden auf dem Segelflugzeug »TS« ausgeführt. Wie schon angeführt wurde, besitzt er beim Rumpfe kurze Flügelschlitzklappen. Diese Klappen werden durch einen Hebel betätigt, welcher sich unter der linken Hand

---

[1]) Sollte in Zukunft die Vergrößerung der Tragfläche im Fluge zufriedenstellend konstruktiv gelöst werden, so hätte das große Vorteile bei Verbesserung der Wendigkeit zur Folge. Besonders zweckmäßig würde die Vergrößerung der Spannweite durch Herausschieben der Flügel erscheinen und zwar mit Rücksicht auf die gleichzeitige Verringerung von $\dfrac{p}{\gamma\,Cx}$ und Vergrößerung von $\dfrac{Cy}{Cx}$ infolge Vergrößerung des Seitenverhältnisses.

des Piloten befindet. Durch einen Druck mit den Daumen auf den Knopf des Hebels kann man die Klappen sehr leicht und schnell betätigen. Wenn man den Knopf bei beliebigem Klappenausschlag losläßt, bewirkt man deren Blockierung. Der Klappenausschlag bewirkt keine sichtbare Änderung des Gleichgewichtszustandes. In kürzeren Flügen gestatten diese Vorzüge deren Handhabung, wie oft die Verhältnisse es nur erfordern. In längeren Flügen dagegen ermüdet die Hand durch den Druck auf den Knopf. Erforderlich wäre eine Änderung der Betätigung der Blockierung der Klappen, so daß der Druck durch die ganze Handfläche hervorgerufen wird.

Bei ausgeschlagenen Klappen ist die Steuerarbeit um die Längsachse ziemlich gut. Die Anwendung der Klappen machte beim Kreisen und Durchfliegen der Aufwindfelder im Geradeausflug den Eindruck eines deutlichen Vorteiles.

Die nach Bild 3 eingebaute Windschutzscheibe ist bei vollständig guter Sicht zu gebrauchen. Das Kreisen genau nach der Kurve $\alpha = f(v_w)$ war sehr schwierig, weil das Segelflugzeug praktisch an der Grenze des Überziehens war.

Eine spezielle Divergenz wurde nicht festgestellt, denn eine unbedeutende Vergrößerung der Geschwindigkeit ließ in ruhiger Luft ein sehr gutes Kreisen zu. Eine Feststellung der Gültigkeit der Theorie mittels Messungen wurde nicht vorgenommen. In böiger Luft war die notwendige Vergrößerung der Geschwindigkeit groß. Unter anderem wurde dieses durch die zu kleine Steuerbarkeit bei großen Anstellwinkeln verursacht, obgleich diese entschieden besser ist, als auf vielen anderen Segelflugzeugen. Wahrscheinlich wird es sich herausstellen, daß das wirtschaftliche Kreisen eine bedeutend bessere Lösung der Steuerbarkeit um die Längsachse bei großen Anstellwinkeln erfordern wird.

Selbstverständlich ist dieses für alle Flugphasen wegen Vergrößerung der Sicherheit bei böiger Luft in Bodennähe erforderlich.

Das Bedürfnis einer großen Geschwindigkeit als die errechnete könnte außerdem durch die Fehler der provisorischen Messungen, wie durch die im Punkt 3 angegebenen Annahmen hervorgerufen sein.

In Wirklichkeit waren die Flugkurven weder vollkommen regelmäßig, noch genau stationär (Versuche bei ganz ruhigem Wetter wurden nicht ausgeführt). Außerdem brauchen die aerodynamischen Beiwerte bei Kreisumströmung praktisch nicht genau dieselben zu sein, wie im Geradeausflug.

Selbstverständlich sollte man nicht erwarten, daß diese Annahmen den Sinn der angeführten Theorie zu ändern vermögen. Höchstens können sie die Genauigkeit der Berechnung verkleinern oder deren Art modifizieren (z. B. durch Annahme etwas größerer c_x-Werte beim Kreisen als im Geradeausflug).

13. Folgerungen.

Für den Konstrukteur.

1. Um beim Kreisen kleine Kurvenradien und kleine Sinkgeschwindigkeiten zu erhalten, soll man möglichst kleine $\dfrac{p}{\gamma\,Cy}$-Werte bei höchsten $\dfrac{Cy}{Cx}$-Werten anwenden.

Um diese Eigenschaften praktisch auszuwerten, soll man:

    a) sehr gute Steuerbarkeit um die Längsachse bei großen Anstellwinkeln sicherstellen,

    b) die Steuerbarkeit um die Querachse soll genügend groß sein, um alle Anstellwinkel, bei welchen die kleinsten Sinkgeschwindigkeiten für den vorgesehenen Bereich der Radien vorkommen, zu erreichen,

    c) das statische Überziehen in Längsrichtung soll überhaupt nicht existieren oder es soll ohne sichtbaren Höhenverlust und Längenänderung des Segelflugzeuges leicht zu beherrschen sein.

II. Die wirksamste Verbesserung der Eigenschaften beim
Kreisen auf den Hochleistungssegelflugzeugen kann
man heute durch Anwendung von Einrichtungen zur
Vergrößerung des Auftriebes erreichen.

Diese Einrichtungen sollen den folgenden Bedingungen entsprechen:

    a) deren Gebrauch darf die kleinste Sinkgeschwindigkeit im Geradeausflug nicht vergrößern,

    b) sie sollen bei möglichst guten $\frac{Cy}{Cx}$-Werten die größten Cy-Werte geben,

    c) ihre Betätigung soll sofort erfolgen, bei einfacher und bequemer Handhabung durch den Piloten und ohne daß irgendeine Schwierigkeit in der Führung hervorgerufen wird,

    d) sie müssen die allgemeinen Bedingungen erfüllen, die in der Folgerung I unter a, b und c erwähnt wurden.

Richtlinien für den Piloten.

III. Im Falle, wo es die Sicherheitsverhältnisse zulassen, soll man mit der Geschwindigkeit, welche nahe an der möglichst kleinen bei gegebener Neigung liegt, kreisen. Jede unnötige Fahrtvergrößerung ruft bedeutende Verluste hervor.

Endlich wäre es nicht unzweckmäßig zu erwähnen, daß die angeführte graphische Methode folgendes erlaubt:

    a) die unmittelbare und schnelle Bestimmung der Flugleistungen des Segelflugzeuges im Geradeausflug und beim Kreisen,

    b) Hilfe beim Konstruieren und theoretischen Erwägungen,

    c) die Bestimmung der durch ein anderes Kreisen als das wirtschaftliche, hervorgerufene Verluste.

Diese Arbeit wurde in ihrem Anfangsstadium durch den Verfasser in »Lwowskie Czasopismo Lotnicze« Nr. 9, 1936, veröffentlicht.

Die Bearbeitung mit Einzelheiten und die Entwicklung des Diagramms der Flugleistungen, wurde durch I.T.L. (Instytut Techniczny Lotnictwa) bearbeitet.

Planeurs de performance de petite envergure.

W. Stepniewski, Lwów.

Comme planeurs de petite envergure, nous considérons ceux de 12—13 m, ceux de 17—19 m faisant partie de la catégorie normale de planeurs de performances. Allongement et poids à vide. En regardant sur le diagramme No. 1, nous voyons la difficulté d'obtenir pour un planeur de performance, de petite envergure, des allongements normaux de 17, 19 avec une charge au m² raisonnable. Pour cette raison, on doit se contenter d'un allongement plus réduit de (10—14), l'amélioration des qualités aérodynamiques du planeur étant obtenue par d'autres moyens. Polaire des vitesses. Pour la déterminer, nous employons la méthode »Stepniewski« qui consiste à substituer à la polaire véritable une parabole $C_x = C_{x0} + C_y^2 / \Pi \lambda$. Il semble qu'on doive attribuer une certaine discordance entre les essais au tunnel au fait que le nombre de Reynolds est trop petit lors des essais. Sur la figure 4, nous voyons que les polaires de vitesses d'un planeur normal et de celui de petite envergure deviennent pratiquement identiques pour les vitesses élevées. Sur la figure No. 5, nous voyons qu'un planeur d'allôngement 16 aura une vitesse verticale de descente minimum qui sera 71% de celle d'un appareil d'allongement 10 et 81% de celle d'un appareil d'allongement 12. Sur les fig. 6, 7 et 8, nous voyons l'amélioration possible de la vitesse minimum de descente verticale par l'utilisation des volets »Fowler« ou »Junkers«. Mais dans tous ces cas, nous avons une forte variation du coefficient que l'on peut essayer de combattre sur les volets »Junkers«,

d'après la suggestion de l'ingénieur Cijan en déplaçant parallélement le volet. Virage et manoeuvrabilité. Le problème du virage a été traité plus particulièrement par l'Ing. Olenski. On trouve dans chaque cas que pour le virage, le Cy est toujours supérieur à celui correspondant à la vitesse minimum de descente verticale et que la vitesse est en fonction inverse du rayon de virage. Aussi, nous avons de bons résultats avec les dispositifs hypersustentateurs. Le planeur de petite envergure a dans le virage divers avantages par exemple une différence plus petite des vitesses entre l'aile intérieure et celle extérieure. Le calcul de l'accélération angulaire autour des 3 axes montre une indiscutable supériorité de l'appareil de petite envergure.

Départ remorqué. Dans les deux phases du départ remorqué, glissement du planeur (frottement du planeur sur le sol) et roulement de l'avion remorqueur avec décollage du planeur, c'est encore le planeur de petite envergure qui, grâce à son faible poids, se montre supérieur aux planeurs normaux.

En conclusion, on peut dire que les planeurs de petite envergure présentent quelques avantages par rapport aux planeurs normaux, mais que leur vitesse minimum de descente verticale reste plus élevée. En ultime analyse, la meilleure utilisation d'un planeur dépend du tempérament du pilote, la préférence va de l'un à l'autre type, l'un est plus maniable, plus de »chasse«, mais a des qualités aérodynamiques moins bonnes que l'autre.

Veleggiatori d'alto rendimento con piccola apertura alare.

Ing. Stepniewski, Lwów.

Come piccola apertura alare noi considereremo 12—13 m, contro i 17—19 m dei veleggiatori normali. Allungamento e peso proprio: Basandosi sul diagramma 1, si vede la difficolta di ottenere sull'apparecchio a piccola apertura alare degli allungamenti normali (17—19) con un carico alare ragionevole. Percio bisogna accontentarsi di allungamenti minori (10—14), cercando di migliorare le doti dell'apparecchio in altro modo. Polare delle velocità: Si espone anzitutto il metodo Stepniewski sulla sostituzione della vera polare mediante una parabola del tipo: $C_x = C_{xn} + C_y^2/pi.$ lambad (1). Si dimostra che certe discordanze colle prove al tunnel derivano da numeri di Reynolds troppo bassi impiegati al tunnel. In fig. 4 si vede che le polari delle velocità degli apparecchi normali e quelli a piccola apertura alare diventano praticamente identiche. Sulla fig. 5 invece si vede che rispetto ad un apparecchio di allungamento 10 quello di all. 16 ha una velocità di discesa minima 0,71 volte inferiore, rispetto a quello di all. 12 di 0,81 volte. Ora pero le velocità di discesa minime possono essere migliorate mediante dei dispositivi di ipersostentamento (figg. 6, 7, 8), cioè mediante delle alette Fowler o Junkers. Il guaio principale è in tal caso la variazione fortissima del Cm. la quale pero (fig. 7) può essere combattuta con uno spostamento parallelo delle alette Junkers, secondo il suggerimento dell'Ing. Cijan. Virata e maneggevolezza: Il tema »virata« viene trattato più particolarmente dal Sig. Olenski. Si trova in ogni modo che per la virata il Cy è sempre superiore al Cy corrispondente alla minima velocità di discesa in volo diritto, e che lo è in funzione inversa al raggio di curvatura. Anche qui possono servire gli ipersostentatori. Il veleggiatori a piccola apertura alare ha pero dei vantaggi nella virata, come ad es. la minore differenza di velocità tra l'ala interna ed esterna ecc. Facendo i conti dell'accelerazione angolare data dagli alettoni, si trova una indiscussa superiorità dell'apparecchio piccolo, riscontrata anche dai piloti. Decollo a rimàrchio: Nelle due fasi del decollo, lo strisciamento sul terreno dell'aliante fino al suo distacco e la corsa del rimorchiatore fino al decollo definitivo, il veleggiatore di piccola aperture alare, e conció di piccolo peso è nettamente avvantaggiato.

Concludendo si può dire, che il piccolo veleggiatori ha parecchi vantaggi rispetto a quelli normali, ma che vi è anche un difetto congenito, e cioè la velocità di discesa relativamente forte. In ultima analisi dipende quindi dal temperamento dei piloti la preferenza che si deve dare all'uno o all'altro dei due tipi di veleggiatori, quello più maneggevole, più »da caccia«, ma meno sostentatore, oppure quello aerodinamicamente superiore, ma meno brillante come maneggevolezza.

Hochleistungssegler mit geringer Spannweite.

Von W. Stepniewski, Lwów.

Als kleine Spannweite bezeichnen wir eine solche von 12—13 m, gegen die 17—18 m spannenden normalen Hochleistungssegler. Seitenverhältnis und Rüstgewicht: Im Hinblick auf das Diagramm 1 sehen wir die Schwierigkeit, einem Kleinsegler normale Seitenverhältnisse (17—19) und dabei vernünftige Flächenbelastungen zu geben. Daher muß man sich mit einem niedrigen Seitenverhältnis (10—14) begnügen und versuchen, die Maschine durch andere aerodynamische Maßnahmen leistungsmäßig hochzubringen. Geschwindigkeitspolare: Vor allem wird die Stepniewskische Methode der Substitution der wirklichen Polare mit einer Parabel: $C_x = C_{xn} + C_y^2/pi.$ lambda (1) erklärt. Es wird aufgezeigt, daß die teilweise gefundenen Abweichungen auf Fehlern beruhen, die im Windtunnel durch Verwendung zu niedriger Reynoldsscher Zahlen beruhen. In Bild 4 sieht man die praktische Gleichheit der Geschwindigkeitspolare, bei höheren Geschwindigkeiten, für große und kleine Segler. Aus Bild 5 dagegen geht hervor, daß eine Maschine mit Seitenverhältnis 16 gegenüber einer solchen mit 10 0,71mal langsamer sinkt, gegenüber einer anderen mit 12 aber 0,81mal. In den Bildern 6, 7 und 8 sehen wir die Möglichkeit, die Mindestsinkgeschwindigkeit durch Verwendung von Fowler- oder Junkersklappen herabzusetzen. In diesem Fall treten aber starke Veränderungen der Cm-Werte auf, die jedoch teilweise nach Vorschlägen von Ing. Cijan, durch Parallelverschiebung der Junkersklappen vermieden werden können. Kurve und Wendigkeit: Dieses Kapitel wird von Herrn Olenski genauer behandelt. Jedenfalls stellen wir fest- daß im Kurvenflug das Cy stets höher ist als das Cy der Mindestsinkgeschwindig-keit im Geradeausflug, und zwar in umgekehrtem Verhältnis zum Kurvenradius. Auch hier können Profilklappen gut helfen. Der Kleinsegler hat in der Kurve verschiedene Vorzüge, so z. B. eine geringere Geschwindigkeitsdifferenz zwischen Außen- und Innenflügel. In einer Überschlagsrechnung wird dann festgestellt, daß die Rollbeschleunigung des Kleinseglers stets der des Normalseglers überlegen ist. Schleppstart: In den zwei Phasen des Schleppstarts, Rutschen des Segelflugzeuges (Reibung Segelflugzeug—Boden) und Rollen des Schleppflugzeugs mit Geradeausflug des Segelflugzeugs (Leistungsbedarf des Segelflugzeugs im Flug ohne Höhenverlust), ist der Kleinsegler, hauptsächlich wegen seines kleineren Gewichts, dem Normalsegler klar überlegen.

Abschließend kann man sagen, daß der Kleinsegler einige Vorteile aufweist, aber stets eine höhere Mindestgeschwindigkeit besitzt. Daher hängt die Verwendung derartiger Maschinen vorwiegend vom fliegerischen Temperament der Piloten ab, die mehr oder weniger Wert auf aerodynamische Feinheit auf der einen Seite, und »jagdflugmäßige« Wendigkeit auf der anderen Seite legen.

Planeurs de performance de petite envergure.

Par Ing. Stepiewski, Lwów.

Les notations:

L (m) envergure,
Q (kg) poids total en vol,
Q_p (kg) poids propre,
S (m²) surface portante,
λ allongement,
Q/S (kg/m²) charge par m²,
c_x coefficient de la trainée,
c_y coefficient de la portance,
$\varepsilon = c_y/c_x$ finesse,
V_y (m/s) vitesse de la descente en vol plané,
V (m/s) vitesse du vol,
J moment d'inertie,
M couple de roulis.

La notion de la »petite envergure« n'a qu'une valeur relative et ne peut être défini numériquement que par la comparaison des planeurs de performance ordinaire avec des planeurs qui seront classifiés comme appareils de petite envergure.

La plupart des planeurs de performance ordinaires ont l'envergure de l'ordre de $L = 17$—19 m et du tableau ci joint (tabl. 1) nous voyons que pour les planeurs qui nous pouvons nommer sans doute comme des appareils de petite envergure cette caracteristique ne dépasse pas 12 m. Nous allons donc considérer comme des appareils de petite envergure des planeurs dont $L < 12$—13 m.

Ayant établi ainsi la définition de cette catégorie des planeurs nous allons discuter successivement ses caractéristiques principales des facteurs influant sur ses qualités.

Allongement et poids propre. On peut obtenir petite envergure par deux moyens:

a) En conservant les allongements employés dans les planeurs de performance ordinaires, c'est à dire de l'ordre $\lambda = 17$—19, et en réduisant le poids propre par une construction très légère (cette solution, qui exige des constructions spéciales et des matériaux spéciaux doit être considérée comme un moyen cher qui n'est pas toujours justifié).

b) En diminuant un peu l'allongement et en tendant à obtenir de bonnes qualités du vol par la réduction de la traînée de profil et de résistance nuisible, en essayant en même temps atteindre un grand écart des vitesses réelement utiles (p. ex. par l'emploi des dispositifs hypersustentateurs).

Dans nos considérations seront utiles des représentations graphiques suivantes (fig. 1):

En partant de la relation $\lambda = \dfrac{L^2}{S}$ nous construisons, pour des L adoptées constantes, le diagramme représentant $S = f(\lambda)$. Ce diagramme nous permet d'étudier, pour une envergure donnée, les variations nécessaires de la surface portant en fonction des variations de l'allongement.

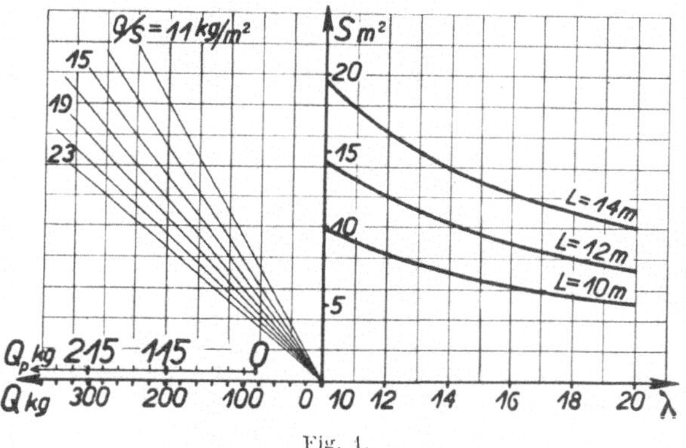

Fig. 1.

Afin d'évaluer quel doit être le poids en vol et le poids propre du planeur nous nous servirons du diagramme représenté à gauche et dont l'échelle verticale S est commune au diagramme droit. Sur ce diagramme à gauche on a représenté, pour différents valeurs de Q/S, $Q = f(S)$. En prenant le poids utile $Q = 85$ kg on lit facilement sur l'échelle horizontale placée au dessus le poids propre du planeur Qp.

En se basant sur ces diagrammes nous voyons qu'on ne peut pas employer de grands allongements pour des envergures très petites et en utilisant en même temps des charges alaires petites et même moyennes, car il devient très difficile, ou impossible d'obtenir si petits poids propres correspondants à cette solution. P. ex. on ne peut pas propablement réaliser un planeur de 10 m d'envergure et d'un allongement $\lambda = 16$ pour des charges alaires employées d'ordinaire dans les planeurs, car même pour $Q/S = 19$ kg/m² le poids propre de la construction devrait être inférieur à 35 kg.

En considérant qu'est très difficile construire un planeur d'utilisation normale au poids propre inférieur à 100 kg surtout en cas d'amenagement d'appareil des dispositifs

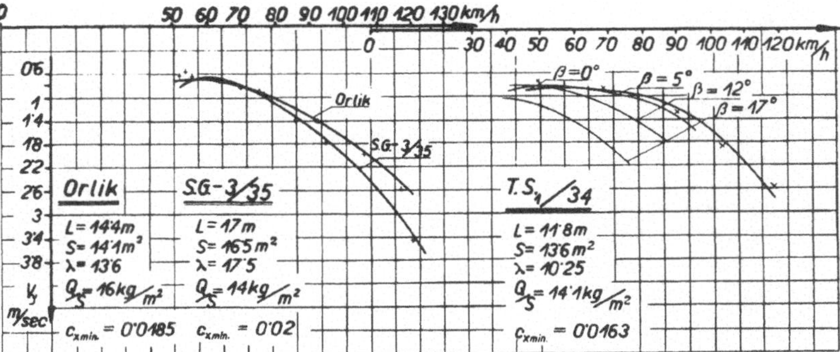

Fig. 3.

hypersustentateurs, il semble, qu'est beaucoup mieux d'utiliser pour des planeurs de petite envergure, des allongements plus médiocres de l'ordre $\lambda = 10$—14. L'influence d'allongement sur des caractéristiques en vol nous donneront des considérations suivantes.

Polaire des vitesses. Une bonne polaire des vitesses est une de caractéristiques principales du planeur de performance, car elle détermine aptitude du planeur aux vols de distance. En parlant du problème de l'économie des motoplaneurs à la conférence de l'ISTUS l'année dernière, j'ai indiqué comme une forme très oportune à la discussion de l'influence des caractéristiques générales sur les performances, le remplacement de la polaire par une parabole (fig. 2) dont l'équation est

$$c_x = c_{xn} + \frac{c_y^2}{\pi \lambda} \quad \ldots \ldots \ldots (1)$$

$$(\text{où } c_{xn} = c_{xp} + c_{xs} = \sim c_{x\min})$$

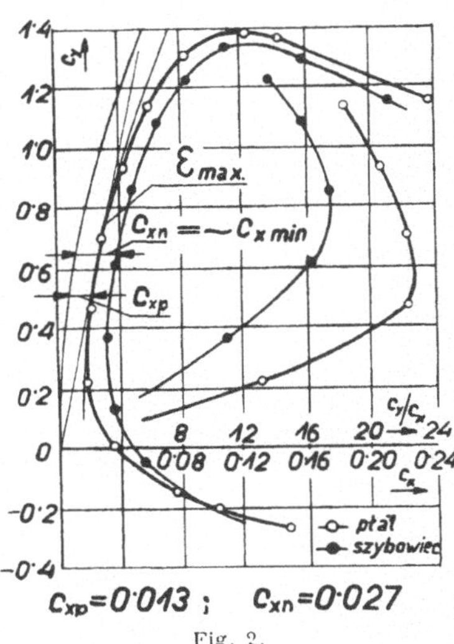

Fig. 2.

En transformant les formules généralement employées dans la mécanique du vol des planeurs nous arrivons aux relations suivantes (voire: Problèmes de l'économie des motoplaneurs; ISTUS 1937):

la vitesse de descente (au sol)

$$V_y = 2 \sqrt{\frac{Q}{S} \cdot \frac{\pi c_{x\min} \cdot \lambda + c_y^2}{\pi \lambda c_y \sqrt{c_y}}} \quad \ldots \ldots (2)$$

la vitesse de descente minimum (au sol)

$$V_{y\min} = \sim 3,04 \sqrt{\frac{Q}{S}} \sqrt[4]{\frac{c_{x\min}}{\lambda^3}} \quad \ldots \ldots (3)$$

la vitesse de descente en vol à la finesse max. (au sol)

$$V_{y\,\varepsilon\max} = \sim 3,4 \sqrt{\frac{Q}{S}} \sqrt[4]{\frac{c_{x\min}}{\lambda^3}} \quad \ldots \ldots (4)$$

finesse maximum

$$\varepsilon_{\max} = \frac{1}{2} \sqrt{\frac{\pi \lambda}{c_{x\min}}} \quad \ldots \ldots (5)$$

c_y correspondant à la vitesse de descente minimum

$$c_{y\,r_{y\min}} = \sqrt{3 \pi \lambda c_{x\min}} \quad \ldots \ldots (6)$$

c_y correspondant à la finesse max.

$$c_{y\,\varepsilon\max} = \sqrt{\pi \lambda c_{x\min}} \quad \ldots \ldots (7)$$

J'ai eu l'honneur d'indiquer l'année dernière en discutant les problèmes des motoplaneurs, que le remplacement de la polaire par une parabole donne une bonne approximation des polaires obtenues dans la soufflerie aux environs de la finesse maximum et pour les pas élevés. Il semble qu'on doit attribuer les différences (que nous pouvons quelquefois trouver) entre les polaires de soufflerie et la parabole de remplacement (pour les C_y utilisable) des appareils bien construits principalement aux erreurs de mesure en soufflerie dues au petit nombre de Reynolds. Les essais des mêmes maquettes à un nombre de Reynolds plus grand démontrent, en effet, des différences beaucoup plus petites. La comparaison des polaires des vitesses de plusieurs planeurs polonais, déterminées par l'Institut de Recherches Aéronautiques (fig. 3, lignes continues), avec les polaires des vitesses obtenues au moyen des formules (2) (des points marqués) semble confirmer complètement le droit d'utiliser la polaire de remplacement, non seulement en considération de la clarté de la discussion de l'influence qualitative sur les performances des caractéristiques principales (λ; Q/S; $c_{x\min}$), mais aussi en égard à l'évaluation quantitative.

Dans tous nos calculs il est très important de bien déterminer la valeur de $c_{x\min}$. Les essais dans la soufflerie effectués à un nombre de Reynolds de l'ordre de $R = \sim 100\,000$ fournit des valeurs de $c_{x\min}$ complètement faussevs vis à vis de la réalité. L'erreur que nous allons commetre dans l'établissement d'un projet sera donc plus petite quand nous évaluons $c_{x\min}$ en se basant sur les c_{xp} des profils employés dans l'aile (qui sont d'ordinaire essayés à un nombre de Reynolds plus élevé) et en tenant compte des résistances nuisibles par le calcul basé sur les coefficients de la traînée du fuselage etc. déterminées par des essais en échelle plus grande.

En représentant la valeur de $4 \dfrac{\pi \lambda c_{\min} + c_y^2}{\pi \lambda c_y \sqrt{c_y}}$ comme

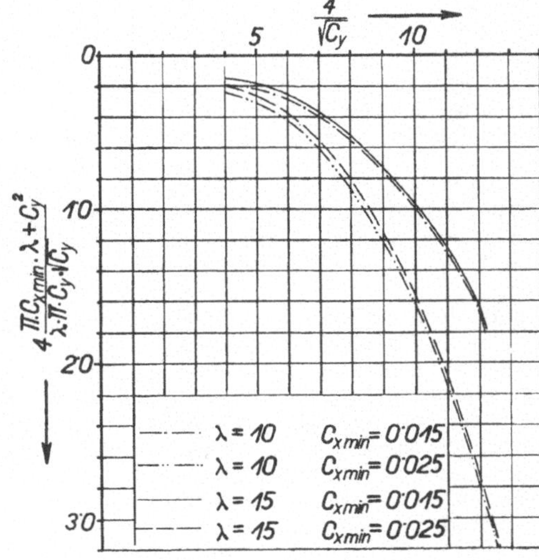

Fig. 4.

une fonction de $\dfrac{4}{\sqrt{c_y}}$, nous obtenons des courbes, dont les valeurs des ordonnées multipliées par $\sqrt{\dfrac{Q}{S}}$ donnent les vitesses verticales de descente au sol et le valeur des abcisses — les vitesses du vol. (fig. 4.) Nous voyons que, les charges alaires étant les mêmes, les polaires des vitesses des planeurs de petite et de grande envergure deviennent presque indentiques aux vitesses plus elevées.

Les vitesses de decente minimum et les vitesses de descente en vol à la finesse maximum diffèrent pour ces deux catégorie de planeurs.

La formule (3) donne la valeur de la vitesse de descente minimum qui doit avoir lieu en vol au $c_y = \sqrt{3\,\pi\,\lambda\,c_{x\min}}$. Il convient de noter, qu'il n'est pas presque jamais possible pour les profils ordinaires et les allongements normalement utilisées d'atteindre des valeurs de c_y résultant de la formule susmentionée. Cette valeur correspondant à la forme parabolique de la polaire, la plus avantage théoriquement peut être considéré comme un idéal auquel il faut tendre si l'on veut utiliser entièrement l'allongement et la faible traînée de l'appareil. Pour comparer l'influence des caractéristiques particulières surla vitesse verticale de descente, j'avais proposé d'adopter la valeur de la vitesse verticale de descente correspondant à la finesse max. en considération de la bonne concordance de cette partie des polaires experimentales (dans la soufflerie ainsi qu'en réalitée) avec la parabole de remplacement. En employant des diagrammes (fig. 5) nous pouvons évaluer l'influence des caractéristiques principales sur la valeur de la vitesse verticale de descente en vol à la finesse max.

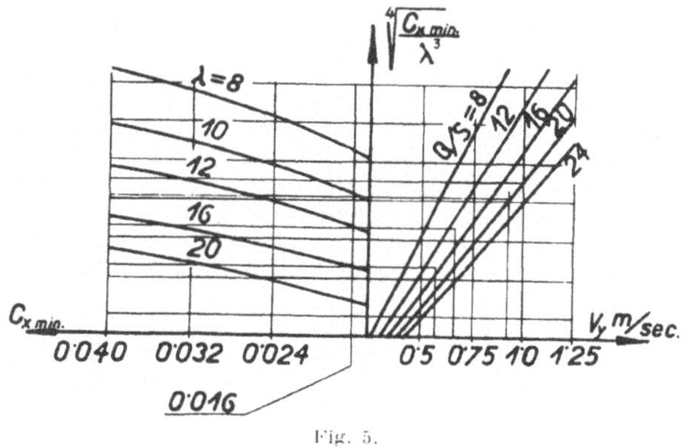

Fig. 5.

En considérant deux planeurs avant la même traînée minimum et la même charge par m², nous verrons que ce planeur d'allongement $\lambda = 16$ aura $V_{y\min}$, 0,71 fois inférieur que celui dont $\lambda = 10$. Par rapport à un planeur de $\lambda = 12$ cette valeur ne sera que 0,81 fois inférieure.

Ici nous nous trouvons devant le dilemme sur lequel les opinions seront sans doute divergentes si vaut mieux pour des conditions moyennes du travail du pilote disposer d'un apparail dont la vitesse minimum de descente est p. ex. de l'ordre de 0,7 m/s mais qui est très maniable et très agréable dans les évolutions, ou bien s'il faut préférer un planeur dont les qualités susmentionées sont moins bonnes, mais dont la vitesse de descente p. ex. est de l'ordre de 0,56 m/s.

A l'égard de la réalisation une forte montée dans les zones des courants ascendants aussi que dans les vols près d'une pante ect. il est d'importance de pouvoir obtenir de petites vitesses du vol tout en conservant de faible vitesse verticale de descente. On voit ici la nécessité d'employer des dispositifs hypersustentateurs qui permetteront d'augmenter la portance d'aile, en conservant une bonne finesse.

Le dispositif le plus efficace constituent sans doute les volets Fovler (fig. 6) qui augment fortement la portance et possèdent une bonne finesse à condition qu'il soient d'une forme convenable, ce que démontre l'allure des polaires »prolongées« qui est très voisine de l'ideale- de la parabole de remplacement. L'emploi des Fovler permet d'atteindre les valeurs de c_y théoriquement les meilleures pour la vitesse verticale de descente. Le défaut de ces dispositifs est leur construction compliquée et les changes considérables du coefficient du moment c_m, qu'entraîne la nécessité d'employer p. ex. des plans fixes réglable en vol et rendant dans les conditions du vol la manoeuvre aisée des volets assez difficile.

Les ailerons Junkers (fig. 7) possèdent une efficacité pareil et le même défaut d'une forte variatione c_m, mais leur construction semble plus facile. Il faut ici mentionner la proposition de l'ing. Cijan qui élimine la forte variation de c_m pour les changes pas trop grandes de c_y, au moyen d'un dispositif consistant dans les déplacements parallèles des ailerons Junkers (positions A, B, C fig. 7).

La solution la plus simple est le volet constitué par l'aileron abbattumuni d'une fente de forme convenable pour obtenir une bonne finesse sur des grandes $c_y \cdot A\,\beta = 0$ — la fente fermée la traînée par rapport au profil simple n'augmente pas d'une façon perceptible percepitable (fig. 8). Un petit braquage d'un tel aileron augmente c_y en conservant une bonne finesse, donc »prolonge« la polaire, tandis que les braquages plus grands augmentent la traînée sans changer la portance. Ce dispositif peut donc être employé très bien pour faciliter l'atterissage, car les grands bracages agissent comme les intercepteurs, en réduisant en même temps la vitesse de l'atterissage. Ce dispositif se distingue aussi par une petite variation de c_m. Par sa simplicité et son petit poids de construction, me semble, que ces dispositifs vont le mieux pour de planeurs de petite envergure. La figure 3 (à droite) donne les résultats pratiques de l'emploi de ces volets rapportés aux polaires des vitesses du planeur de petite envergure TS-1 (Tarczyński-Stepniewski). Nous y voyons que les vitesses verticales de descente obtenues volets braqués sont même un peut inférieures aux vitesses obtenues par volets fermes et qu'elles correspondent en outre aux vitesses du vol relativement très petites.

En général l'emploi des dispositifs hypersustentateurs et l'amélioration des polaires des vitesses en résultant peuvent avoir lieu aussi bien dans les planeurs de grande envergure que dans ceux de petite envergure de façon qu'on ne peut pas donner la préférence à l'un de ces groupes.

Virages et maniabilité. Les problèmes des virages, surtout les problèmes de la plus petites vitesses de descente en virage seront traités par M. Oleński de façon plus détaillée. Nous nous ne bornons ici qu'à tirer des conclusions générales en employant notre méthode analitique en remplaçant la polaire par une parabole.

Les formules données par M. Oleński et relation (1) permettent d'établir une relation entre la vitesse verticale de descente en virage V_{yr} et le rayon du virage R:

$$v_{yr} = \delta\,R_E\left(c_{x\min} + \frac{c_{y2}}{\pi\,\lambda}\right)\sqrt{\frac{2\,g\,\dfrac{Q}{S}\,R}{\sqrt{\left[\delta^2\,c_y^2\,R^2 - 4\left(\dfrac{Q}{S}\right)^2\right]^3}}} \qquad (8)$$

(δ-densité de l'air).

En se servant de cette relation, on peut déterminer dans le virage c_y qui correspond à la vitesse de descente minimum, pour un rayon du virage donné et pour des caractéristiques générales du planeur données.

En déterminant le minimum de la fonction (8) par rapport à c_y:

$$\frac{\partial v_{yr}}{\partial c_y} = 0$$

on obtient, après avoir effectué la différentation, l'équation

$$\delta^2\,R^2\,c_y^2 = 3\,c_{x\min}\,\pi\,\lambda\,\delta^2\,R^2 + 16\left(\frac{Q}{S}\right)^2 = 0$$

et comme d'après (6) $3c_{x\min}\,\pi\,\lambda = c^2_{y\,v_{y\min}}$, on a finalement

$$c_{y\,r_{y\,v\min}} = \sqrt{c_{y\,v_{y\min}} + \frac{16\left(\dfrac{Q}{S}\right)^2}{\delta^2\,R^2}} \qquad \ldots \ldots (9)$$

Cette expression démontre que dans le virage c_y doit être supérieur à $c_{y_{r_{min}}}$, d'autant plus que le virage est plus serré, que le rayon est plus petit et que la charge alaire de l'appareil est plus grande. On voit ici plus clairement encor, la raison de l'emploi des dispositifs hypersustentateurs permettant de prolonger la polaire, sans augmenter, si possible la traînée du profil.

Les essais préliminaires des virages effectués sur le planeur T.S.-1 avec les volets fermés et braqués semblent confirmer entièrement cette opinion.

En première approximation des planeurs de petite et de grande envergure aux caractéristiques égales $\left|\dfrac{Q}{S}', \varkappa, c_{x_{min}}\right|$ seront les mêmes dans les virages établis. Mais pratiquement

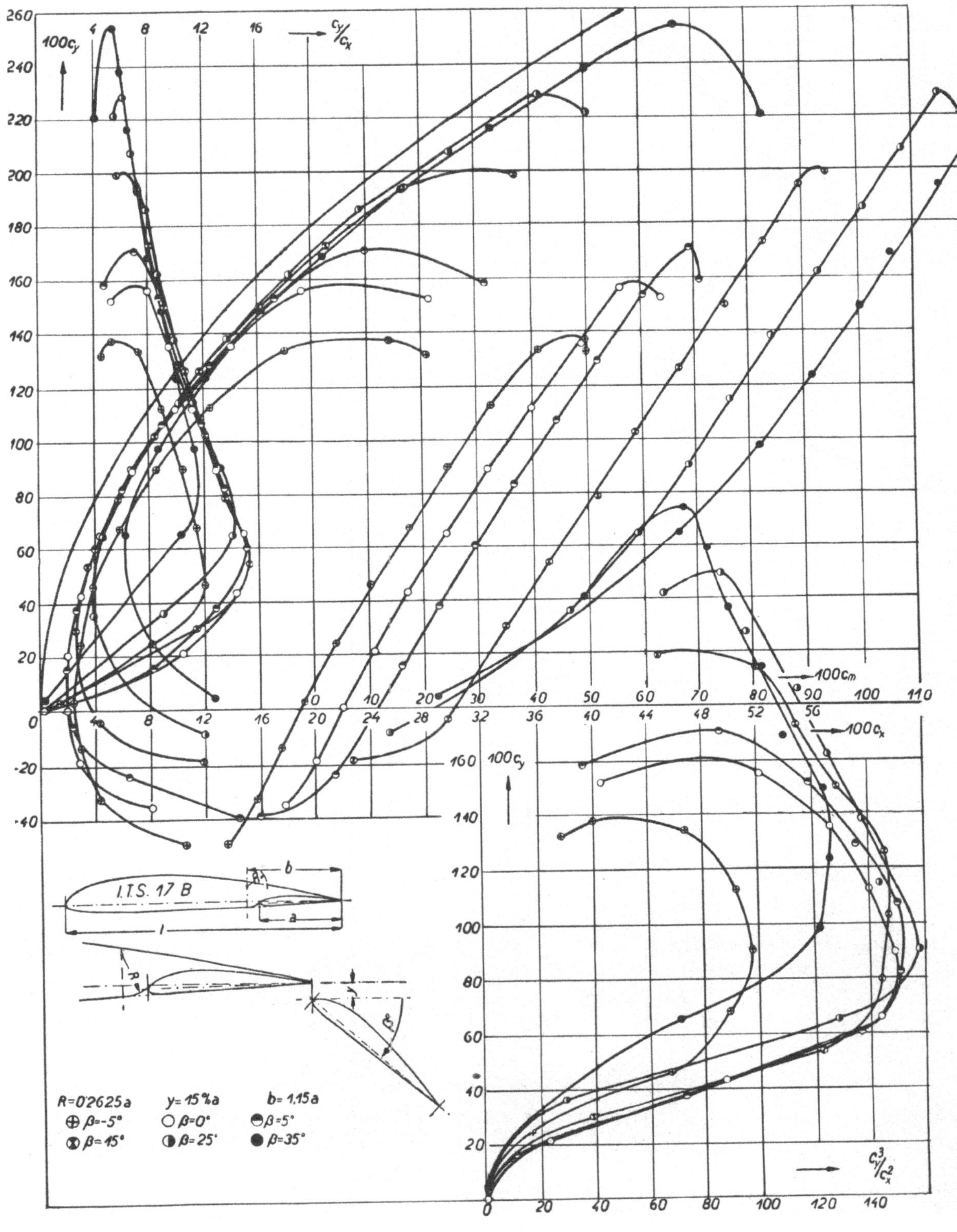

Fig. 6.

100cy
cy/cx
100cm
100cx
100cy
cy³/cx²
P.Z.L.8.
λ=5
Profil
position A
position B
position C
β=0°
β=10°
β=20°
β=30°

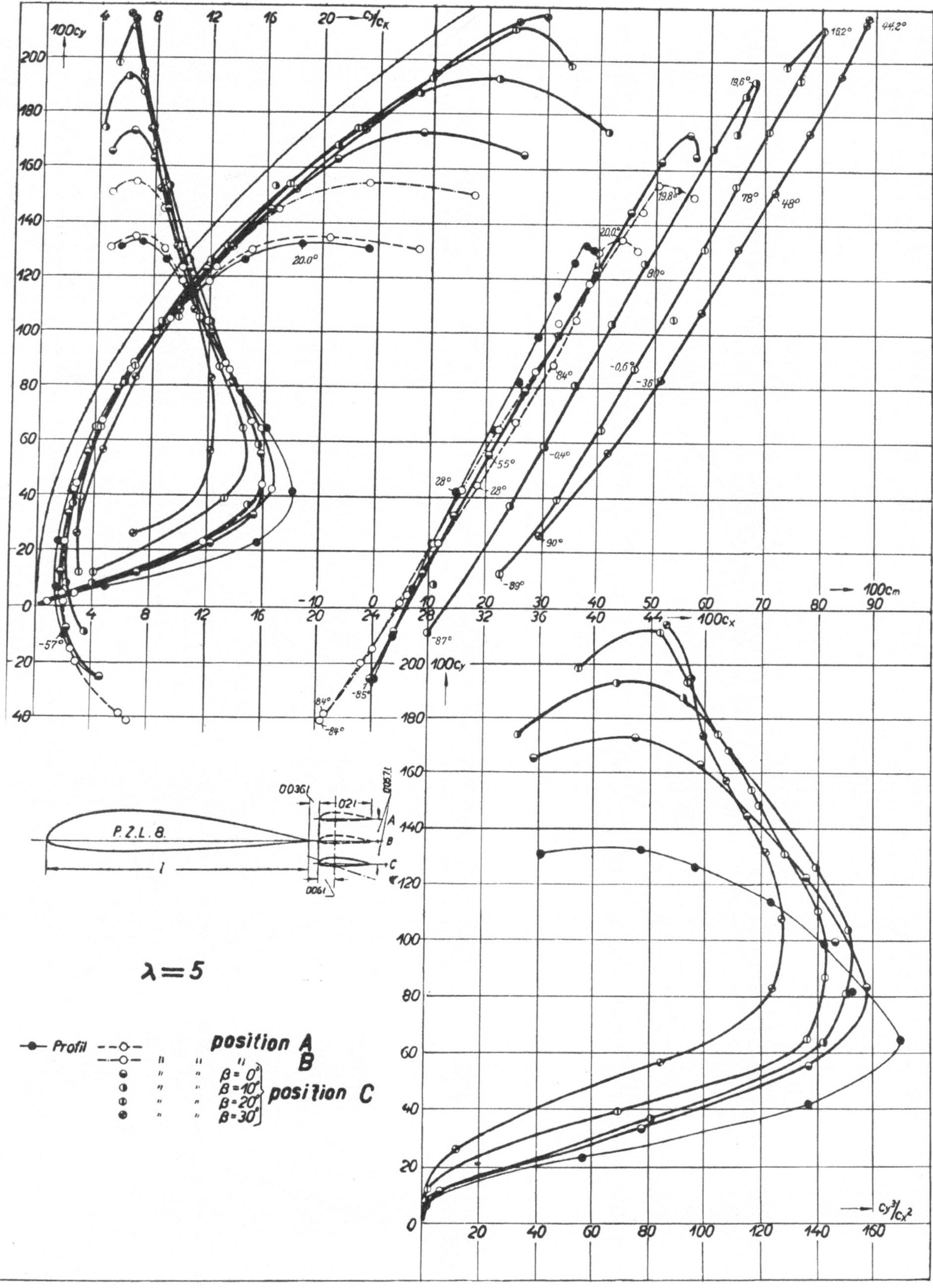

Fig. 7.

100cy
cy/cx
100cx
111°
111°
112°
14,2°
14,3°
04°
04°
03°
-02°
-32°
-118°
-118°
-118°
-117°
-88°
100cy
113°
100cm
180 100cy
cy³/cx²
Przekrój A-B
0 02L
0 19L
L
0 25l
l
λ=~10
B= 0°
B= 10°
B= 20°
B= 30°
B= 40°

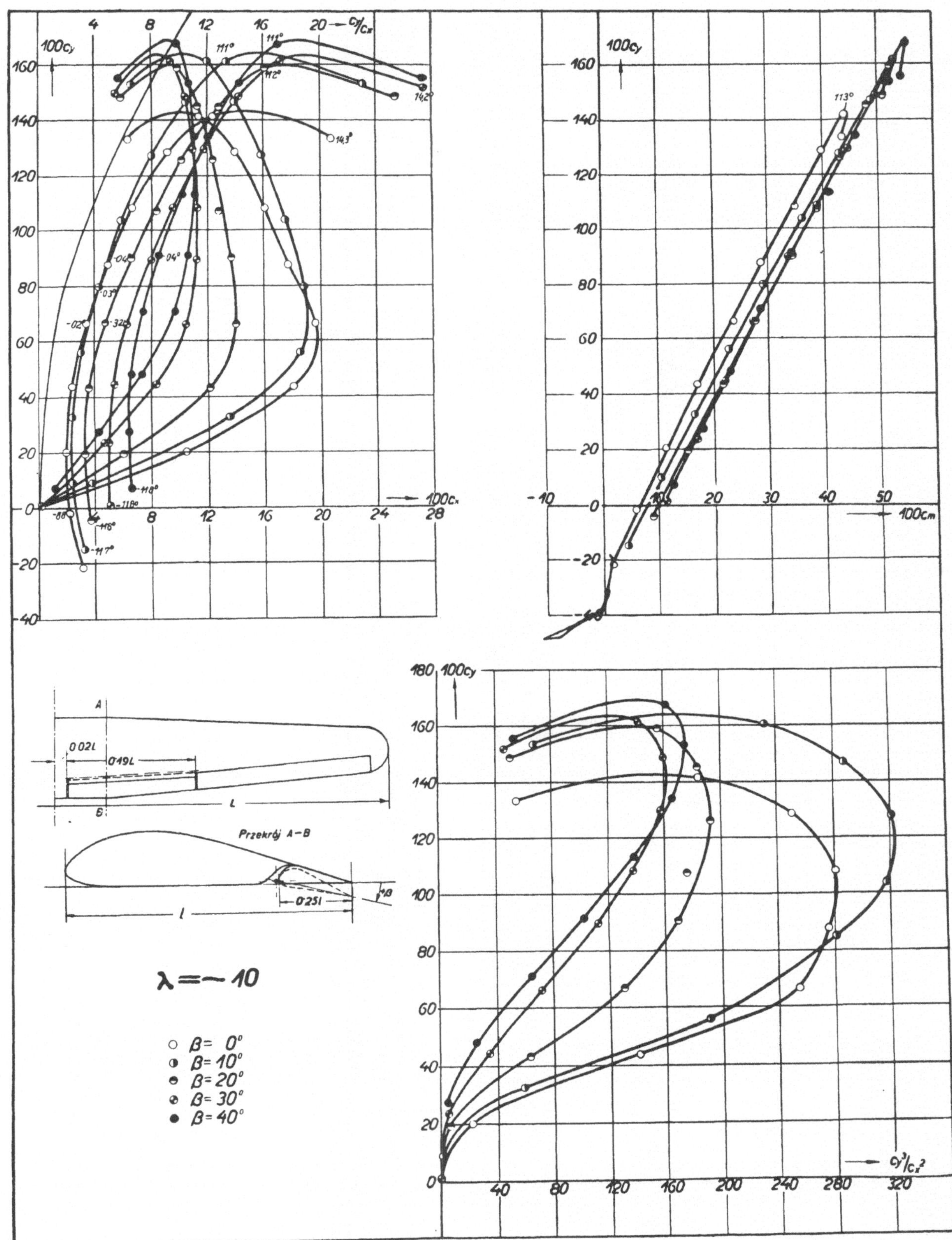

Fig. 8.

ce sont les planeurs de petite envergure qui l'emporteront même pour des allongements plus petits, car les planeurs de petite envergure sont plus réguliers dans les virages et ils exigeront un braquage des ailerons opposé plus faible pour contrebalancer la différence des forces aérodynamiques sur l'aile intérieur et extérieur existant dans le virage et dû aux différantes vitesses d'avancement des ailes. Cette qualité, selon M. Zabski facilite surtout le vol sans visibilité extérieure.

D'ailleurs parmi deux planeurs donnés celui sera mieux qui aura meilleur maniabilité et manoeuvrabilité autour de tous les axes (fig. 9). S'il sagit de la maniabilité de profondeur celle-ci peut être bien résolu aussi pour des appareils de petite ainsi que de grande envergure. L'influenc de l'envergure se

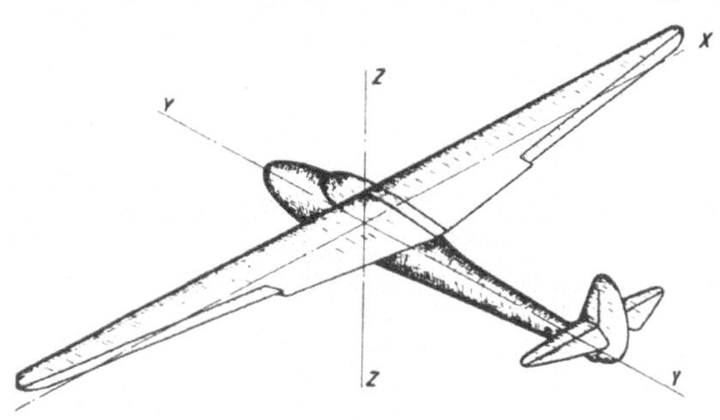

Fig. 9.

marquera dans la question de manoeuvrabilité autour de l'axe longitudinal et autour de l'axe vertical. Je n'aborderai ici que de l'influence de certains facteurs caractérisant manoeuvrabilité transversale due aux ailerons. Je distingue ce problème car il influence fortement l'utilisation pratique. La manoeuvrabilité de direction présente beaucoup d'analogie avec la manoeuvrabilité transversale; je ne l'examinerai donc pas séparément d'autant plus que l'on ne peut pas, faute de données expérimentales, approfondir l'examen quantitif et que les indications générales seront dans ces deux cas bien semblables.

Afin d'examiner le problème de la manoeuvrabilité, considérons les facteurs influant sur la valeur de l'accélération angulaire de la rotation autour des axes correspondants à l'action de différentes gouvernes. Dans le cas de la manoeuvrabilité transversale, c'est l'accélération $\dfrac{\partial \omega_x}{\partial t}$ autour de l'axe X—X. La valeur d'accélération peut constituer une mesure du temps nécessaire, dès le braquage de la gouverne pour que l'avion atteigne la position voulue.

$$\frac{\partial \omega_x}{\partial t} = \frac{M}{J}$$

où M est le couple de roulis dû aux ailerons, et J est le moment d'inertie autour de l'axe X—X.

En adoptant les notations de la fig. 10 et en désignant le poids de l'unité de surface portante par q nous aurons

$$d J = \frac{q_x}{g} l_x \cdot x^2 d x \quad \ldots \ldots \quad (10)$$

D'une façon générale, la forme de l'aile en plan est variable et $l_x = f(x)$.

En supposant pour illustrer le problème que l'aile considérée est trapésoïdale ce qui est un cas assez fréquent pour les planeurs, nous aurons

$$l_x = l_0 \left[1 - \frac{x}{L} \left(1 - \frac{l_e}{l_0} \right) \right] \quad \text{Déterminons: } 1 - \frac{l_e}{l_0} = \alpha.$$

Le poids de l'unité de surface portante sera lui-même variable; en désignant respectivement par q_0 et q_e les poids aux extrémités de l'aile, nous pouvons admettre approximativement que la variation de ce poids suivant l'envergure est linéaire et alors: $\left[q_x = q_0 \left[1 - \left(1 - \frac{q_e}{q_0} \right) \right] \frac{x}{L} \right]$ Déterminons $1 - \frac{q_e}{q_0} = \beta$; alors

$$d J = \left(1 - \beta \frac{x}{L} \right) \left(1 \cdot \alpha \frac{x}{L} \right) q_0 l_0 x^2 d x'.$$

$$d'\text{où} \left[J = \int_0^L \left(1 - \beta \frac{x}{L} \right) \left(1 \cdot \alpha \frac{x}{L} \right) q_0 l_0 x^2 d x \right.$$

$$= q_0 l_0 \left[\frac{1}{5} \alpha \beta - \frac{1}{4} (\alpha + \beta) + \frac{1}{3} \right] L^3 \quad . \quad . \quad (11)$$

Le couple de roulis, si l'on désigne par $\Lambda\Lambda$ la différence de la portance par 1 m² sur l'aile droite et gauche nous aurons

$$d M = \Lambda \Lambda \, l_x \, x \, d x.$$

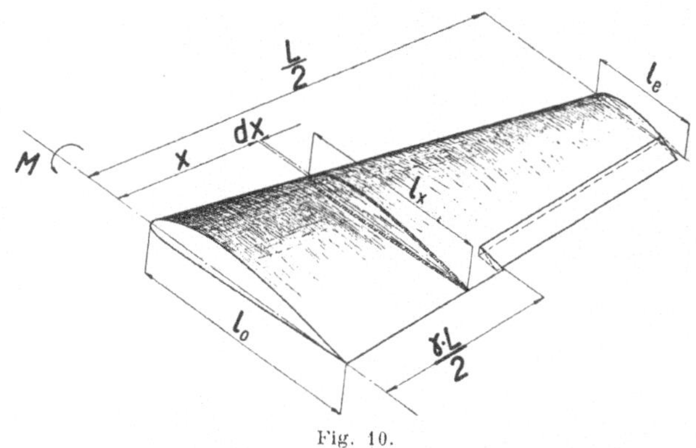

Fig. 10.

En général, on aura $\Lambda\Lambda = f(x)$ mais nous allons supposer, pour simplifier, que $\Lambda\Lambda = $ const et que les ailerons se commence pour $x = \dfrac{\gamma L}{2}$ donc

$$M = 2 \int_{x = \frac{\gamma L}{2}}^{x = \frac{L}{2}} \Lambda \Lambda \, l_0 \left(1 - \alpha \frac{x}{L} \right) x \, d x$$

$$= \Lambda A \left[\frac{1}{2} (1 - \gamma) l_0 - \frac{1}{3} (1 - \gamma) \alpha \right] L^2 \quad (12)$$

d'où

$$\frac{\partial \omega_x}{\partial t} = \frac{\Lambda A (1 - \gamma) \left(\frac{1}{2} l_0 - \frac{1}{3} \alpha \right)}{q \cdot l_0 \left[\frac{1}{5} \alpha \beta - \frac{1}{4} (\alpha + \beta) + \frac{1}{3} \right]} \cdot \frac{1}{L} \quad \ldots \quad (13)$$

Ici nous voyons que outre les divers coefficients comme $\Lambda\Lambda$; q_0; l_0; α; β; γ; la manoeuvrabilité est inversement proportionel à l'envergure, donc les appareils de petite envergure pour même efficacité des ailerons seront plus manoeuvrables transversalement.

Cette plus grande maniabilité d'après notre bon pilote Zabski permet d'utiliser plus facilement les cheminées étroites, car ayant constaté un courant ascendant on peut sans retard mettre le planeur en virage et corriger le virage de façon à virer dans l'étendue du courant ascendant le plus fort. Le changement du sens du virage est plus facile grâce à la vitesse de la réaction aux commandes ce qui diminue la probabilité qu'on perde la cheminée. Il existe la possibilité d'utiliser la thermique à basse altitude non pas seulement grâce à la maniabilité résultant de la petite envergure, mais aussi que grâce aux dimensions réduites de l'aile. Ainsi p. ex. si l'on constate au cours d'un vol la présence près du sol de la thermique permettant de continuer le vol, alors le planeur maniable et petit permet de virer avec un risque moindre et à une altitude plus basse, surtout dans un terrain couvert d'obstacles. Outre la maniabilité due à la petite envergure, elle joue ici ce rôle que l'atterrissage pour planeur de la petite envergure sera plus facile sur des terrains limités et la possibilité d'arriver plus près du sol en glissade. En cas d'un atterrissage sur un terrain accidenté ou incliné, la possibilité est moindre que l'aile heurte le sol ou l'herbe, et dans le cas où l'aile pris contact avec un obstacle de telle manière un couple perturbateur sera plus faible, donc la probabilité moindre d'un endommagement de l'appareil. «

L o n g u e u r d e l'e n v o l. Au point de vue de l'utilisation pratique du planeur, surtout pour les terrains limités est très importante la question de la longueur de l'envol en vol remorqué. Ce problème devient particulièrement important dans les pays où comme en Pologne, une partie considérable des retours des planeurs après les vols de distance se fait par vol remorqué.

Pour la première phase de l'envol du train aérien, c'est à dire jusqu'au moment où le planeur décolle nous pouvons écrire l'équation bien connue

$$\frac{dv}{dt}\frac{Q_A + Q_{pl}}{g} = F - [c_{xA} S_A + c_{xpl} S_{pl} + \mu_A (Q_A - c_{yA} S_A)$$
$$+ \mu_{pl} (Q_{pl} - c_{ypl} S_{pl})] \frac{\delta}{2g} v^2.$$

Si l'on veut obtenir la plus grande accélération possible, on doit tendre à diminuer les quantités que l'on sustrait de F.

En déterminant minimum de l'expression entre parantèses carrés par rapport à c_{ypl}, on trouve la valeur optimum de c_{ypl} à l'envol.

En prenant

$$\frac{\delta}{\delta c_{ypl}} [c_{xA} S_A + c_{xpl} S_{pl} + \mu_A (Q_A - c_{yA} S_A)$$
$$+ \mu_{pl} (Q_{pl} - c_{ypl} S_{pl})] \frac{\delta}{2y} v^2 = \Theta,$$

après le remplacement de c_x d'après (1) et après la solution des équations respectives, on a

$$c_{ypl} = \frac{1}{2} \pi \mu \lambda \dots \dots \dots (14)$$

Nous voyons ici que plus le coefficient de frottement sur le sol μ et l'allongement λ_{pl} sont grands, plus le c_y à l'envol doivent être élèves. L'envol des planeurs en particulier où μ est grand de s'élève jusqu'à $\mu = 0,7$ l'envol doit s'effectuer aux grands c_y. Nous voyons ici encore une fois, l'opportunité de l'emploi des dispositifs hypersustentateurs qui doivent augmenter la valeur de c_y déjà pour les angles d'attaque atteints quand le planeur repose sur le sol.

En admettant avec une approximation assez grande, que la valeur de la traction de l'hélice de l'avion est constante jusqu'au moment du décollage du planeur, on trouve la longueur de la première phase du roulement s_1 à l'envol du planeur en tenant compte que $\frac{dv}{dt} = \frac{dv}{ds} \cdot \frac{ds}{dt} = \frac{dv}{ds} v$.

d'où après l'intégration dans limites $v = 0$ $v = v_{epl}/v_{ep}$ — vitesse du décollage du planeur):

$$s_1 = \frac{Q_A + Q_{pl}}{g} \frac{1}{\delta} \frac{1}{(c_{xA} - \mu_A c_{yA}) S_A + (c_{xpl} - \mu_{pl} c_{ypl}) S_{pl}}$$
$$\cdot \lg_n \frac{F - \mu_A Q_A + \mu_{pl} Q_{pl}}{F - \mu_A Q_A - \mu_{pl} Q_{pl} - [(c_{xA} - \mu c_{yA}) S_A + (c_{xpl} - \mu_{pl} c_{pl}) S_{pl}]}$$
$$\frac{\delta}{2y} v^2_{epl} \dots \dots (15)$$

Nous voyons que la longueur de la première phase de l'envol qui est surtout intéressant pour le planeur, dépend directement de la poids du planeur, comme indique le facteur $\frac{Q_A + Q_{pl}}{g}$ Toutefois les variations des poids du planeur contenues dans les limites admissibles, ne seront pas si grandes pour les planeurs de petite et de grande envergure. L'influence du rapport de la poids du planeur à la poids de l'avion dans l'expression (15) sera plus grande, en particulier dans les conditions de l'envol où les coefficients du frottement du planeur (sur la bêquille) possèdent une valeur élevée. On

voit en outre, que la vitesse minimum à laquelle le planeur peut décoller a une forte influence sur la longueur de l'envol ce qui confirme l'opportunité de l'emploi des dispositifs hypersustentateurs qui permettent de réduire cette vitesse.

Je n'examinerai pas la deuxième phase de l'envol, c'est-à-dire jusqu'au moment du décollage de l'avion. Je me bornerai à indiquer que l'influence du planeur due à la traction nécessaire au vol, à partir du moment où le planeur se trouve dans l'air (dans la position) correcte, sur la longueur du roulement de l'avion est petite car les forces de traction nécessaires pour maintenir le planeur, en vol horizontale sont elles-même assez petites $Q_{pl} \frac{1}{\Sigma_{pl}}$. Je voudrai souligner ici seulment que cette force ainsi que force nécessaire à l'acceleration du train aérien en cette deuxième phase d'envol dépend du poids du planeur et que les planeurs de petite envergure étant d'ordinaire le poids inférieur, on peut considérer comme plus avantageux dans ce cas.

Les qualités des planeurs de petite envergure et de petit poids se manifestent aussi lors des transports à l'endroit de départ et dans le terrain.

On ne peut également pas négliger le fait que les planeurs de petite envergure bien construits seront d'ordinaire d'une construction plus rigide ce qui constitue une qualité désirable par égard à la valeur des déformations admissibles ainsi que par égard à la possibilité de l' apparition des vibrations.

En résumant toutes les considérations des qualités et des défauts des planeurs de petite envergure et leur comparaison avec les planeurs d'envergure plus grande, on vient à la conclusion que des qualités telles que la manoeuvrabilité et un poid propre plus petit distinguent avantageusement les planeurs de petite envergure. D'autres qualités très importants au point de vue de l'utilisation pratique comme la stabilité longitudinale, la réaction opportune des commandes sur le manche à balai et le palonier (ou les pédales), une bonne solution des problèmes du montage et démontage ne dépende que d'une construction particulière réussie et ne favorise aucun proupe de planeurs.

Par contre les planeurs de petite envergure ne peuvent, en général pas être construits comme des appareils de très grand allongement leur vitesse verticale de descente minimum est donc un peu plus grande. Cette vitesse de descente augmentée c'est le prix payé par les planeurs de cette catégorie pour les avantages qui les distinguent.

Et nous venons finalement à la conclusion que la question d'exploiter l'appareil au maximum est grandement une question du tempérament aérien du pilote. Un pilote qui à du tempérament »de chasse« préféra un planeur très maniable de petite envergure, et en tira plus, même si la vitesse verticale de descente minimum de cet appareil est plus grande, que d'un appareil de grande envergure, aux qualités aérodynamiques un peu supérieures en vol rectiligne aux petites vitesses. Or, le nombre de pilotes qui ont du tempérament pareil est assez considérable, je suis donc d'avis que les efforts des constructeurs ne doivent pas laisser en friche la categorie de ces appareils sur lesquels une partie considérable de pilotes pourrait être bien à leur aise dans l'air.

Z a h l e n t a f e l 1.

Planeur	L m	S m²	Q_p kg	Q/S kg/m²	ε_{max}	V_{ymin}	λ
II - 28	12	7,8	88	23	23,4	0,8	18,5
Klein aber mein	10,5	8,5	65	25,9	26,1	0,685	13
Lo 105	10,5	11,4	75	16,22	23,7	0,71	9,7
Windspiel D - 28	12	11,4	54	11,9	22,5	0,64	12,6
T. S. - 1/34 . . .	11,8	13,6	105	14,1	22,5	0,79	10,3

Les études sur le vol musculaire en Italie.

Ing. C. Silva, Cantu.

Les études sur le vol musculaire ont trouvé leur développement majeur en Italie et en Allemagne. Il faut distinguer le vol à voile du vol musculaire. Les planeurs actuels fins, mais lourds, ne sont pas adaptés au vol musculaire, qui n'est pas une illusion.

MM. Bossi et Bonomi réalisèrent l'appareil «Pedaliante» Après, M. Bossi avec au point une hélice spéciale, avec laquelle il remorqua en bicyclette un planeur normal. Pour le »Pedaliante«, ils choisirent le profil NACA 0012 EI. Le «Pedaliante» est à aile haute; caractéristiques: envergure 17 m, surface 21,6 m², allongement: 13,4. Aile monolongeron en 3 parties, la partie centrale porte les 2 hélices. Poids de l'aile 45 kg soit 2 kg par m². Poids du fuselage ovoide y compris tout le mécanisme de commande: 36 kg. Les trois commandes sont actionnées au moyen d'un seul manche avec un volant. Le pilote manœuvre un pédalier de bicyclette lequel meut les deux hélices au moyen d'engrenages coniques. Le pilote est assis sous l'aile . La gouverne

de profondeur n'a pas un profil symétrique, mais le NACA M6. L'atterrisseur est constitué par une roue centrale. La forme particulière du profil n'a pas permis l'application des ailerons. On s'est servi au début de deux volets d'extrados placés à l'extrémité de l'aile, par la perte de portance qui en résulte et par une forte augmentation de traînée on obtient le mouvement de giration correspondant. Néanmoins, on pense y substituer une paire d'ailes sur l'extrémité audessus de l'aile, qui seront manœuvrées par le volant. Le problème de la stabilité transversale n'est pas encore résolu complètement. Les études pour accumuler l'énergie avec un élastique ne sont pas encore terminées.

Les 900 m de vol du «Pedaliante» ont été exécutés par le cycliste et pilote de vol à voile Casco, lequel à l'Institut du vol musculaire de Francfort a montré sa supériorité sur tous les autres pilotes examinés (fig. 1). Les fig. (2, 3 et 4) donnent les calculs comparatifs sur, le devis de puissance de divers appareils et profils.

Gli studi sul volo muscolare in Italia.

Ing. C. Silva, Cantu (Como).

Gli studi sul volo muscolare hanno trovato maggiore sviluppo in Germania e in Italia. Bisogna scindere bene volo a vela e volo muscolare. Gli alianti odierni, fini ma pesanti non sono adatti al volo muscolare. Non c'e da illudersi.

Il Sig. Bossi aveva messo a punto un'elica speciale, colla quale egli aveva trascinato con una bicicletta un aliante normale. Assieme al Sig. Bonomi egli realizzò un apparecchio chiamato «Pedaliante» (Fig. 1). Si scelse il profilo NACA 0012 F I. Dati del «Pedaliante» (ala alta): apertura alare 17 m, superficie 21,6 m², allungamento 13,4. Ala a monolongherone a scatola in tre pezzi, di cui la centrale porta le due eliche, controventata con due tiranti profilati. L'ala pesa 45 kg, cioe 2 kg/m². Fusoliera ovoidale, intelata, che pesa 36 kg compresi tutti i meccanismi, comandi ecc. Azionamento di tutti e tre i comandi mediante una leva a voliantino. Il pilota gira una pedaliera da bicicletta, la quale muove le due eliche mediante ingranaggi conici. Il pilota è seduto sotto l'ala; il centraggio si ottiene mediante

l'applicazione di un profilo NACA M 6 alla coda e un certo calettamento positivo. Una monoruota centrale serve per l'atterraggio. Dato che la forma particolare del profilo non permette l'applicazione degli alettoni, ci si è serviti in una primo tempi di due diruttori posti all'estremità dell'ala; oltre alla perdita di portanza questi inducevano però un forte aumento di resistenza e conciò un momento giratorio corrispondente. Pericò si è pensato di sostituirli con un paio di alette a incidenza variabile col movimento del volantino. Il risultato però non è ancora del tutto soddisfacente.

I voli, che hanno raggiunto una lunghezza massima di circa 900 m, sono stati eseguiti dal ciclista e volovelista Casco, il quale, all'Istituto del volo muscolare di Francoforte, ha dimostrato di essere superiori a tutti gli altri pedalatori esaminati (fig. 2). Gli studi sugli accumulatori di energia con cavi elastici non sono ancora terminati.

Seguono (fig. 3, 4 e 5) alcuni calcoli comparativi sul fabbisogno di potenza di diversi apparecchi e profili.

Die Muskelflugstudien in Italien.

Von Ing. C. Silva, Cantu (Como).

Der Muskelflug ist besonders in Italien und Deutschland erforscht worden. Man darf nicht Segelflug und Muskelflug durcheinanderbringen. Die heutigen Segelflugzeuge, aerodynamisch hervorragend, aber schwer, eignen sich nicht für den Muskelflug. Man darf sich da nicht irre machen lassen.

Bosso und Bonomi entwarfen das Muskelflugzeug »Pedaliante« (Bild 1), nachdem Bossi abschließende Versuche mit einer langsamtourigen Luftschraube angestellt hatte, mit der er ein normales Gleitflugzeug schleppte. Als Flügelschnitt wurde das NACA 0012 F I - Profil gewählt. Technische Daten des Hochdeckers »Pedaliante«: Spannweite 17 m, Tragfläche 21,6 m², Seitenverhältnis 13,4. Dreiteiliger, einholmiger Flügel; das Mittelteil trägt zwei Propeller. Flügelgewicht 45 kg, d. h. 2 kg/m². Gewicht des ovalen Rumpfes einschließlich der Leitwerke und Kraftübertragungen 36 kg. Die drei Leitwerke werden alle durch einen mit einem Steuerrad versehenen Knüppel bedient. Die Kraftübertragung erfolgt mittels normaler

Fahrradpedale, Ketten- und Konusrädergetriebe auf die zwei Propeller. Der Pilot sitzt unter dem Flügel. Das Höhenleitwerk hat daher kein symmetrisches Profil, sondern ein NACA M6. Als Fahrgestell dient ein zentrales Einrad. Da das Flügelprofil keine Querruder zuläßt, wurden zunächst Störklappen angewendet, die aber nicht befriedigten. Bessere Ergebnisse wurden mit zwei kleinen, über den Flügelspitzen befindlichen Hilfsflügeln erzielt, deren Anstellwinkel mittels des Steuerrades verändert wird. Das Querstabilitätsproblem ist aber noch nicht als gelöst zu betrachten, ebenso wie übrigens das der Energiespeicher.

Die 900-m-Flüge des »Pedaliante« wurden vom Radfahrer und Segelflieger Casco durchgeführt, der bei der Vermessung im Muskelfluginstitut Frankfurt sämtliche anderen Muskelflieger in der Leistung weit übertraf (Bild 2).

In den Bildern 3, 4 und 5 werden Vergleichsrechnungen über den Leistungsbedarf verschiedener Profile und Flugzeuge angestellt.

Les études sur le vol musculaire en Italie.

Ing. C. Silva, Cantu (Como).

La séculaire aspiration de l'homme de s'élever dans les airs par ses propres moyens, à pu s'alimenter, dans ces dernières années, de nouvelles espérances par suite des sérieux études et probantes expériences executées sourtout dans les deux nations amies, Allemagne et Italie. Je me borne ici à faire mention des excellents résultats, bien connus par tout le monde, obtenus en Allemagne par Haeßler et Willinger avec leur appareil.

J'ai le devoir de rendre hommage à l'oeuvre passionnée de l'Ing. Oskar Ursinus qui est déjà le Rhônvater, le père de la Rhôn et le père du vol à voile en Allemagne c'est à dire du vol à voile tout court; il a maintenant la noble aspiration de devenir aussi le père du vol musculaire et a fondé à Francfort un institut nommé »Muskelflug-Forschungs-Institut« qui s'est dédié aux récherches sistématiques sur le vol musculaire en commençant par exécuter des mesures sur la force de l'homme mis en présence des différents mécanismes aptes à transformer cette force en rotation, il nous à été, soit indirectement par ses rapports publiés dans »Flugsport«, soit directement par ses conseils et renseignements, d'une grande aide dont je tiens à le rémercier bien.

La croissante finesse des planeurs et les constants progres du Vol à Voile ont permis d'espérer que l'on pourrait faire voler un homme avec les seules forces des ses muscles, ici pourtant on doit faire une nette division entre Vol à Voile et Vol Musculaire, les modernes planeurs de grande performance avec les exigences du vol thermique notamment de distance ont vu leur coefficient de robustesse s'accroître de 7 à 9 et aussi leur allongement a tendance à croître jusqu'à 18 à 20 et plus, ces deux conditions font croître beaucoup le poids à vide qui dépasse aisément les 200 kg, on ne peut donc nullement songer à placer des engins et des mécanismes de propulsion sur ces machines, il en résultera une diminution de finesse et une augmentation ultérieure de poids, tandis que la puissance nécessaire au vol dépassera de très loin les possibilités de l'homme, ce serait pure folie donc de concevoir un planeur qui puisse faire du vol à voile et se sustenter entre une thermique et l'autre par les forces du pilote, au moins ce serait prévenir de beaucoup les événements; on doit se contenter pour le moment de concevoir des machines très légerès, se contenter de coefficients de robustesse infimes de l'ordre de 3 à 4, et envisager de simples vols à peu de distance du sol et de très peu de distance absolue.

L'usine de M. Bonomi que je dirigeais avait, avant 1936, construit un bon nombre de planeurs et sa finesse de construction etait prouvée par le Bertina planeur qui ne pesait que 40 kg, l'usine est établie à Cantù prés de Come, ville rénommée pour ses meubles et pour ses ouvriers menuisiers d'une grande habilité, nous avions suivi avec attention les premiers vol du Haessler Willinger et nous avions de vagues projets de nous adonner à des expériences en matière. En Avril de cette année M. Bonomi se rencontra avec le bien connu pionnier Enea Bossi, qui habitait en Amèrique et etait naturalisé américain, il était un des vieux amis de M. Bonomi, leur amitié datait des temps héroiques de l'aviation d'avant guerre, M. Bossi avait exécutés des études préliminaires et avait fait un avant projet de planeur à deux hélices mues par la force de l'homme.

Il proposa donc à M. Bonomi de s'associer avec lui pour l'étude, la réalisation, et les expériences de ce planeur qui fut baptisé «Pedaliante Bossi-Bonomi» de la combinaison de Pédale et Aliante, dénomination de planeur en italien; M. Bonomi consentit avec enthousiasme et nous nous mîmes au travail, on dressa tout le projet et le détail d'execution et on construit l'appareil complètement en trois mois, un vrai temps de record si l'on songe à tous les problèmes que l'on dut affronter pour méner à bien une telle construction.

Les expériences préliminaires de M. Bossi avaient consisté en des mesurages qui ont permis de s'assurer que la force humaine avait une entité telle que l'on pouvait espérer de se sustenter avec son aide; ces expériences avaient consisté d'une part en la mise à point sur un cycle d'une hélice à bas régime de rotation qui avait permis des vitesses de l'ordre de 45 km/h et de l'autre en des décollages d'un léger planeur école muni d'une roue, traîné sur piste par un cycliste: ayant obtenu des résultats probants de ces expériences, M. Bossi avait compilé l'avant projet qui fut élaboré et exécuté par notre bureau d'études.

On choisit le profil NACA 0012 F I, expressément élaboré par le grand Institut américain de recherches, ce profil (voir Fig. 5) est un biconvexe symétrique suivi d'une queue incurvée vers le bas. Son coefficient maximum de portance dépasse deux, c'est à dire de l'ordre de grandeur de celui d'un bon profil avec hypersostentateurs ouverts, ou en ayant encore une bonne finesse, environ 18 à allongement 6.

Le pédaliante est un monoplan parasol (Fig. 1) de 17 m d'envergure, 21 m² de surface, son allongement est donc 13.4, l'aile est en bois avec un monolongeron en caisson à section carrée et des nervures en bois, sans bord d'attaque en contreplaqué pour gagner en poids au maximum, l'aile est en trois pièces, une partie centrale qui porte les hélices et est rectangulaire, et deux parties latérales trapézoidales. L'aile est contreventée par deux haubans fuselés, les forces dues à l'inertie de l'aile à l'atterrissage sont absorbées par l'encastrement de l'aile et les charges en torsion par le monolongeron, le poids de l'aile est de 45 kg c'est à dire environ 2 kg par m², résultat appréciable si l'on songe à l'important allongement et au fait que l'aile porte les renforcements pour supporter les transmissions et les hélices.

Le fuselage est à section ovoidale et s'amincit vers l'arrière, il est constitué d'une poutre centrale avec des couples et un marouflage, de lisses entoilées, le pilote est complètement enfermé et voit par des amples fenêtres en cellon, son poids, y compris les commandes, les mécanismes de pédalage et le gouvernail de direction, est de 36 kg; les commandes constituent une belle réalisation qui concentre les trois mouvements sur un seul levier puisque les pieds doivent forcément être laissés libres, une poignée fonctionnant comme un volant actionne les commandes latérales, la rotation du levier sur soi-même actionne la direction et son mouvement avant et arrière la profondeur, le pilote est en position couchée et les pédales, du type standard de bicyclette, ont leur axe au dessus du siège. On a ainsi le double avantage d'avoir un maître couple réduit et le maximum de rendement dans le pédalage; une chaine qui monte vers le haut actionne une roue libre, montée sur un arbre qui tourne, sur roulements à billes, dans le bord d'attaque de l'aile, les deux hélices sont enfin actionnées par des pignons d'angle et portées par des supports en tôle de duralumin qui les font tourner loin du bord d'attaque: pour des raisons de centrage, le pilote se trouve au dessous de l'aile et peut rejoindre son poste par une porte large.

Les empennages horizontaux ne sont pas à profil biconvexe, mais à profil porteur, le NACA M 6, et sont montés avec une certaine incidence pour utiliser aussi un peu de leur portance et avoir en outre une bonne stabilité de forme de l'avion, puisque le pilote-cycliste, quand il développe toute sa force, ne peut naturellement pas faire beaucoup d'attention aux pilotage.

Les atterrisseurs sont: une roue centrale disposée au droit du centre de gravité et une roulette de queue orientable et montée sur le gouvernail de direction; pour les premiers essais on disposait d'un court essieu avec deux autres roues, mais il fut abandonné après constation que l'appareil était très stable avec sa roue centrale seule, les commandes,

malaré la très petite vitesse de 10 m/s environ, se démontrè-
rent très efficaces sauf les latérales.

En effet, à cause de la speciale forme du profil on n'avait
pas pu monter des ailerons conventionnels, on utilisa
d'abord des intercepteurs montés sur la partie supérieure
du bord d'attaque et mus alternativement de manière de
détruire la portance de l'aile que l'on voulait faire des-
cendre; on dut constater tout de suite que l'on avait un
fort moment de giration et on en supprima une partie et
la réstante fut munie d'un bord de fuite en dural entaillé en
dents de scie; ce dispositif améliora légèrement la commande,
du moins fut atténué l'effet de giration; par la suite on
essaya des ailerons externes disposés au dessus de l'extrémité
des ailes, ces ailerons donnèrent des résultats plus satis-
faisants, mais le contrôle lateral, pour la forte envergure des
ailes et leur inertie, demeura peu satisfaisant; en effet les
meilleures performances furent obtenues en air parfaitement
calme qui laissait au pilote toute sa tranquillité pour développer toute sa force.

Les premiers vols de mise à point furent exécutés par M.
Bonomi même, mais pour le pédalage on choisit un jeune
pilote de planeur d'une force physique exceptionnelle: M.
Emile Casco, il suffit de dire que, en nous trouvant, l'année
dernière à la Rhön pour assister au Concours International
de Vol à Voile, nous sommes allés un jour à Francfort au
Muskelflug-Forschungs-Institut de M. Ursinus ou le pilote
Casco fut «essayé» à toutes les machines de l'Institut; avec
grande surprise des expérimentateurs, sa puissance fut
trouvée de beaucoup supérieure à celle mesurée auparavant
sur des autres pilotes, la courbe de puissance jambes seules
présentait une puissance instantanée de I CV ½, c'est à dire
supérieure de 20% à celle de Hofmann, le pilote du Haessler
Willinger, qui était le plus fort cycliste soumis aux essais
aux machines de l'Institut, la puissance mains et pieds de
Casco est, sur le diagramme Fig. 2, moindre de celle de
Hofmann, ce qui s'explique par le fait qu'il faut un certain
entrainement pour agir sur pédales et manivelles dans le
même temps, d'autre part ce n'est pas facile concevoir un
mécanisme qui puisse consentir au pilote de conduire son
appareil avec les mains et développer une puissance avec
les mêmes.

Je fais ici remarquer qu'une des choses des plus intéressantes mises en lumière par les études du Muskelflug Institut est
que ce n'est pas vrai que l'homme ne puisse développer plus
de 0,4 de CV comme on croyait, par erreur, les essais
systématiques de l'Institut ont permis d'enregistrer des
puissances instantances de 1½ CV pour les seules jambes
et de presque 2 CV mains et pieds, certainement il s'agit
de puissances en pointe, mais on peut bien espérer du
moteur homme.

Les expériences du «Pedaliante» furent longues et
laborieuses, on essaya trois paires d'hélices et beaucoup de
rapports d'engrenages et de longueurs de pédales, les
dernières hélices ont 2,27 m. de diamètre, 2,90 de pas et
tournent à moins de 300 t/min, elles sont munies de contre-
poids aux extrémités des pales pour obtenir un effet de volant.

Le lancer se fait au moyen d'un sandow qui est mis en
tension par un auto, qui reste en mouvement après le
décollage de l'appareil, qui, après montée de 8 m environ,
entreprend son vol; les meilleures performances obtenues
sont de 900 m mesurés du point de chute du sandow, ce
qui représenterait une finesse de 110 si l'on voulait considerer
le vol comme un plané. Si l'on prête au «Pedaliante» une
finesse de 15, il pourrait faire un plané de 120 m, le 800
environ qui restent sont du vrai vol à muscles, ces expériences furent exécutées au poids à vide de 97 kg et de 162 en
pleine charge ce qui correspond à 8 kg/m².

Dans l'espoir de pouvoir améliorer les performances et
d'étudier la possibilité du décollage sans moyens extérieurs,
on exécuta de longues experiences avec les accumulateurs
d'énergie, on choisit comme moyen d'accumulation le fil
de caoutchouc en traction, un tube en dural contenait un
certain nombre de ces fils qui étaient réunis d'une part à un
piston coulissant dans le tube et au fond du même tube de
l'autre; l'accumulateur était monté dans le fuselage, des
câbles en acier passaient sur un système de poulies formant
taille pour multiplier la longueur utile qui est peu de chose,
le câble s'enroulait ensuite sur un tambour monté sur
l'essieu même des pédales, et était tendu en pédalart à
rébours par le pilote avant le décollage: le principe du
mécanisme est sans doute bon, mais on rencontra beaucoup
de difficultés pour sa réalisation pratique; par exemple
l'hysteresys du caoutchouc qui ne permet de récuperer toute
l'énergie q'on lui a donné, la difficulté de fixer le fils au
piston et au fond du tube en mettant le maximum de
caoutchouc dans le minimum d'espace, et enfin, cause
première du peu de succés du dispositif, le fait que l'appareil
n'était pas concu pour le recevoir et on n'avait que peu d'espace
pour y mettre assez de caoutchouc pour avoir une énergie
suffisante, ces expériences ont donc caoutchouc subies un
arrêt tandis q'on poursuit les études pour l'eventuelle application à un nouvel appareil et pour l'emploi éventuel du
caoutchouc en torsion comme sur les modèles.

Je présente maintenant mis en diagrammes, les résultats
de quelques calculs systematiques qui nous ont permis
d'arriver aux actuelles caractéristiques de l'appareil; dans
le diagramme Fig. 3 sont calculés les surfaces, les envergures
et les puissances nécessaires pour un même appareil de
8 kg/m² et parties auxiliaires (fuselage et empennages)
égales à celles de l'appareil existant; on a fait varier, comme
paramètre de base, les allongements: en croissant ceux ci on
voit une augmentation notable de la surface due au poids
accru de la cellule pour l'augmentation de l'allongement,
une augmentation très forte de l'envergure qui, en rappelant
ce qu'on à dit plus haut, complique les problèmes de stabilité
latérale, et enfin une progressive diminution de la puissance
nécessaire au vol, on voit que cette courbe présente un genou
entre les allongements 13 et 14 au de là desquels la puissance nécessaire décroît de peu, tandis que, poids, surface
et envergure croissent presque linéairement, l'allongement
choisi, 13, 4, représente donc un bon compromis entre les
divers facteurs et l'obtention d'une puissance nécessaire
de 0,9 CV qui est celle que l'on espérait de pouvoir obtenir
pour une minute ½ environ; les résultats ont donné raison
aux calculs.

Une autre recherche faite est reportée dans le diagramme
Fig. 4, avec un même allongement de 15 et charges alaires
croissantes de 6 à 10 kg/m², on note que la surface et l'envergure relative diminuent de manière régulière, tandis
que la puissance nécessaire est en très léger accroissement et
passe par un minimum: à une charge de 6 kg/m² correspond
un appareil de 33 m² de surface et de 22 m d'envergure,
à 8 kg/m², charge de l'appareil existant, correspondant
21,6 m² et 18 m d'envergure, la puissance nécessaire minima
du premier cas est de 0,88 CV, dans le deuxième de 0,89 en
passant par un minimum de 0,87 correspondant à 7 kg m²,
il s'agit comme l'on voit de centièmes de CV.

On a aussi posé la question si l'on avait pu avoir le
mêmes résultats avec des autres profils de forte portance,
par exemple le bien connu G 652 ou avec le NACA 23012
suivi d'une autre aile du même profil à incidence 20º.

Le diagramme Fig. 5 répond en mode décisif, nous
voyons les courbes des puissances nécessaires et des vitesses
de vol correspondantes aux incidences de l'aile, on constate
que la puissance minimum nécessaire pour le profil NACA
0012 F I employé est de 0,88 CV, pour le NACA 23012 de
0,91 et pour le G 652 de 0,97 CV; on pourrait objecter que,
tandis que les deux prémiers profils ont été essayé au
tunnes à haute pression du NACA, le dernier à été essayé à
bas nombre de Reynolds; nous poursuivons les recherches
sur les profils et nous savons que au NACA on aurait trouvé
un autre profil d'un meilleur rendement pour le spécial
emploi auquel il est destiné.

En nous maintenant dans la stricte extrapolation de
l'appareil existant nous en avons calculé un autre avec
allongement 15,7 kg/m²; surface de 22,8 m², poids à vide
réduit à 85 kg et 160 en charge, on trouve une puissance
minima de 0,83 CV avec un améliorement un peu modéré de

6% environ, naturellement on pourra rechercher de nouvelles formes de construction qui permettent des poids plus réduits, des meilleurs rendements dans les propulseurs etc.

Ces notes sont seulement communiquées pour faire présent aux chercheurs toutes le difficultés q'on a du affronter pour rejoindre le modeste résultat q'on a obtenu et pour encadrer le problème pour les études à venir.

Pour poursuivre ces études, l'infatigable Pionnier et Vice Président de l'ISTUS, M. Bonomi, à fondé en Milan un Institut italien pour le vol à muscles; le programme de travail de cet Institut est vaste et très intéressant, il comporte: des mesurages mesurations pratiques soit à point fixe q'en mouvement des différents systémes de propulsion, hélices, ailes battantes ou vibrantes etc.; études sur les profils et sur les dispositifs constructifs de l'appareil proprement dit; l'Institut travaille en liaison scientifique avec le Muskelflug-Forschungs-Institut de Francfort qui s'est occupé essentiellement des mesurations de la force humaine.

Naturellement M. Bonomi est la victime d'une quantité d'inventeurs qui le harcèlent de lettres, dessins, projets et sollicitations, d'une petite statistique faite je trouve 19 inventeurs de moyens soi disant infaillibles de systèmes de pédalage qui devraient permettre de doubler la puissance humaine et même plus, et 22 inventeurs d'appareils qui tous affirment d'être réussis à résoudre complètement le problème, q'il ne reste q'un petit detail, la construction de l'appareil, entre eux on trouve: aéroplanes, ailes battantes, hélicoptéres et même autogires. Le pauvre M. Bonomi est continuellement harcelé par ces soidisants inventeurs et on devra lui faire un procès de sanctification pour la patience demontrée! Le plus beau est que presque tous sont des personnes sans aucune instruction technique qui confondent avec la plus grande désinvolture force avec puissance et basent leur grande invention sur une très banale erreur de mécanique, nous avons aussi reçu le projet d'un ingénieur qui proposait de remplir le fuselage et les ailes d'hydrogène et avait breveté cette belle trouvaille! On voit que tous les inventeurs déçus par le mouvement perpétuel se sont donnés au vol à muscles!

Je ne veux ici affirmer que le problème soit insoluble, la génialité humaine en a vu de bien autres et le chemin déjà parcouru nous donne à bien espérer que le problème sera résolu, mais la voie est longue et difficile et il faudra beaucoup d'étude et d'expériences avant de voir décoller et voler pour un temps d'une certaine durée un appareil mu par la seule force de l'homme.

Gli studi sul volo muscolare in Italia.

Ing. C. Silva, Cantu (Como).

La secolare aspirazione dell'uomo di librarsi nell'aria con i suoi propri mezzi ha potuto alimentarsi, in questi ultimi anni, di nuove speranze in seguito ai seri studi ed alle buone esperienze eseguite sopratutto nelle due nazioni amiche, Germania ed Italia. Mi limito qui a citare gli eccellenti risultati, ben conosciuti da tutti, ottenuti in Germania da Haesslar e Willinger con il loro apparecchio.

Sento il dovere di rendere omaggio all'opera appassionata dell'Ing. Oskar Ursinus che è già il Rhon fater, il padre della Rhon e padre del volo a vela in Germania, cioè del volo a vela in generale; egli ha ora la nobile aspirazione di diventare anche il padre del volo muscolare ed ha fondato a Francoforte un istituto detto Muskelflug-Forschungs-Institut che si è dedicato alle ricerche sistematiche sul volo muscolare cominciando ad eseguire delle misurazioni sulla forza dell'uomo messo in presenza dei differenti meccanismi atti a trasformare questa forza in moto rotatorio, egli ci è stato, sia indirettamente per mezzo dei suoi rapporti pubblicati su «Flugsport», sia direttamente con i suoi consigli ed informazione, di un grande aiuto di cui tengo a ringraziarlo molto.

La sempre crescente finezza degli alianti ed i costanti progressi del volo a vela, hanno permesso di concepire la speranza che si sarebbe potuto far volare un uomo con la sola forza dei suoi muscoli; qui tuttavia si deve fare una netta distinzione fra volo a vela e volo muscolare, i moderni veleggiatori di alte caratteristiche con le loro esigenze per i voli termici, specialmente di distanza, hanno visto il loro coefficiente salire a 9 da 7 ed anche il loro allungamento crescere fino a 18 o 20 e più, queste due condizioni fanno crescere moltissimo il peso a vuoto che arriva a superare allegramente i 200 kg, non si può quindi assolutamente pensare a montare dei meccanismi di propulsione su questi apparecchi, ne risulterà una diminuzione di finezza ed un ulteriore aumento di peso, mentre la potenza necessaria al volo supererà di gran lunga la possibilità dell'uomo, sarebbe dunque una pazzia pensare ad un'aliante che possa fare del vero volo a vela e sostenersi, fra una termica e l'altra con le forze del pilota, sarebbe almeno un anticipare di molto gli avvenimenti; bisogna per ora accontentarsi di studiare gli apparecchi leggerissimi, restare in coefficienti di robustezza bassissimi, dell'ordine di 3 a 4 ed attendersi dei semplici voletti a poca distanza dal suolo e di poca lunghezza.

Lo Stabilimento del Comm. Bonomi, cui ero addetto, aveva, prima del 1936 costituito un buon numero di alianti e la sua finezza di costruzione era ben provata dal Bertina che non pesava che 40 kg. Lo Stabilimento si trova a Cantu, presso Como, città rinomata per i suoi mobili e per i suoi falegnami di grande abilità; noi avevamo seguiti con interesse i primi voli dell'Haessler Willinger ed avevamo dei vaghi progetti di dedicarci ad esperienze in materia. In Aprile di quell'anno il Comm. Bonomi incontrò il noto pioniere Enea Bossi, che abitava in America e si era naturalizzato Americano, egli era un vecchio amico del Sig. Bonomi; la loro amicizia datava dai tempi eroici dell'aviazione di anteguerra, il Sig. Bossi aveva eseguiti degli studi preliminari ed aveva fatto un progetto di massima di un aliante a due eliche mosse dalla forza umana.

Egli propose dunque al Comm. Bonomi di associarsi con lui per lo studio, la realizzazione e le esperienze di questo apparecchio che fu chiamato Pedaliante Bonomi-Bossi dalla combinazione delle parole Pedale ed Aliante, il Sig. Bonomi acconsentì con entusiasmo e ci mettemmo al lavoro, fu eseguito tutto il progetto dettagliato e si construì l'apparecchio in un tempo totale di tre mesi, un vero tempo di primato se si considerano tutti i problemi che si sono dovuti risolvere per riuscire in una costruzione siffatta.

Le esperienze preliminari del Sig. Bossi erano consistite in misurazione che avevano permesso di assicurarsi che la forza umana aveva una entitá tale da far sperare che ci si potesse sostenere con il suo aiuto; tali esperimenti erano consistiti, da una parte nella messa a punto su una bicicletta di una elica a basso numero di giri che aveva permesse delle velocità dell'ordine di 45 km/h e dall'altra il far decollare il leggero aliante da scuola munito di una ruota e trascinato su di una pista da un ciclista; avendo ottenuti dei buoni risultati da queste prove, il Sig. Bossi aveva compilato il progetto di massima che fu poi elaborato ed eseguito dal nostro Ufficio Tecnico.

Il profilo scelto fu il NACA 0012 F I, appositamente elaborato dal grande Istituto Americano di prove, questo profilo consiste in un biconvesso simmetrico seguito da un codino incurvato verso il basso, la sua portanza massima è di più di 2, dell'ordine di grandezza cioè di un buon profilo con ipersostentatori aperti, pur conservando un buonissimo rendimento, sui 19 ad allungamento 6.

L'apparecchio (Fig. 1) è un monoplano ad ala alta di 17 m di apertura, 21,6 m² di superfice, con un allungamento quindi di 13,4, l'ala è costruita in legno con un monolungherone a scatola di sezione quadrata e da centine, senza bordo di attacco resistente, ciò per guadagnare il massimo di peso, l'ala è in tre pezzi, un piano centrale che porta le eliche ed è rettangolare a due parti laterali a pianta trapezia, l'ala è controventata da due tiranti profilati, i carichi rovesci imperniati sul bordo di attacco e mossi alternativamente in modo da distruggere la portanza dell'ala che si vuol far discendere, dato il forte momento di girazione che davano se ne dovette sopprimere una parte, mentre la rimanente fù munita di una lamina a denti di sega che migliorò leggermente il comando, in seguito furono sperimentati degli aleroni esterni disposti sopra alle estremità delle ali, questi aleroni diedero un risultato più soddisfacente, ma il controllo

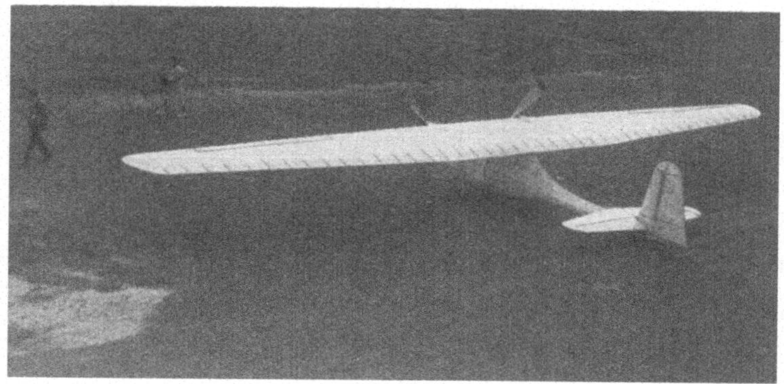

Fig. 1.

all'atterraggio sono assorbiti dall'incastro dell'ala, e le sollecitazioni di torsione dal monolungherone, il peso di tale ala è risultato di 45 kg cioè poco più di 2 kg/m², risultato non cattivo dato l'allungamento abbastanza elevato e dato che comporta dei rinforzi interni per portare le trasmissioni e le eliche.

La fusoliera è di forma ovoidale molto rastremata, consiste in una trave centrale, con delle ordinate ed una profilatura in stecche intelata, il pilota è completamente rinchiuso e vede attraverso ad ampie finestre in Cellon, il suo peso compresi i comandi, meccanismi di pedalaggio e timoni di direzione è risultato di 36 kg, i comandi costituiscono una bella realizzazione che accentra i tre comandi in uno dato che ovviamente i piedi dovevano essere lasciati liberi, una levetta funzionante come un volante aziona il comando laterale, la rotazione su se stessa in tutta la colonna aziona il timone e la sua oscillazione il timone di profondità, il pilota è seduto molto disteso è la pedaliera di tipo comune, e posta più in alto del sedile, si ottiene così il doppio scopo di avere una sezione maestra ridotta e la massima efficienza nella pedalata, una catena che sale verso l'alto comanda un pignona a ruota libera calettato su di un albero disposto su cuscinetti a sfere nel bordo di attacco, le due eliche sono poi comandate a mezza di ingranaggi conici e portate da supporti in dural che le tengono lontane dal bordo di attacco, per ragioni di bilanciamento il pilota si trova proprio sotto l'ala ed eccede al suo posto attraverso una portiera.

I piani orizzontali non sono a profilo biconvesso ma bensì a profilo portante; il NACA M 6 calettato con un certo angolo in modo da utilizzare anche un poco della portanca della portanza della coda ed ottenere anche una buona stabilità intrinseca dell'apparecchio dato che il pilota ciclista, quando sviluppa tutta la sua forza, non può dedicare molta attenzione al pilotaggio.

Gli organi di atterraggio consistono in una ruota centrale posta sotto al centro di gravità, ed in una ruotina di coda orientabile solidale con il timone in direzione, per le prime esperienze fu utilizzato un corto assale con due ruote: ma lo stesso fù poi abbandonato essendosi dimostrato che l'apparecchio era stabilissimo solo con la ruota centrale, i comandi si dimostrarono tutti efficacissimi nonostante la bassissima velocità, intorno ai 10 m/s salvo i laterali.

Infatti data la speciale forma del profilo non si era potuto munire l'apparecchio di alettoni convenzionali, furono utilizzati in un primo tempo degli intercettori

laterale, anche per la forte apertura delle ali ed il loro peso non indefferente relativamente al peso totale, fù sempre poco soddisfacente; difatti i migliori risultati furono ottenuti in aria perfettamente calma che lasciava al pilota la massima tranquillità per sviluppare tutta la sua forza.

I primi voli di messa a punto furono eseguiti dal Comm. Bonomi stesso, ma per il pedalaggio fu scelto un giovane pilota di veleggiatori di eccezionale forza, Emilio Casco; basti dire che trovandoci l'anno scorso alla Rhon ad assistere al consorso Internazionale di volo a vela, ci recammo un giorno a Francoforte al Muskelflug-Forschungs-Institut dove il pilota Casco stesso fu sottoposto a tutte le misurazioni di potenza abituali sulle macchine dell'Istituto, con grande sorpresa degli sperimentatori la sua potenza risultò molto superiore a quella fino allora rilevata, la curva di potenza delle sole gambe presentava un massimo istantaneo di I cavallo a mezzo superiore cioè del 20% circa di quello di Hofmann, il pilota dell'Haessler Willinger che era il più forte pedalatore sottoposto a misure all'Istituto, la forza mani e piedi di Casco risulta dal diagramma unito (Fig. 2) inferiore a quella di Hofmann, ma ciò si spiega col fatto che si esige un certo addestramento per agire su pedali e manovelle contemporaneamente; d'altra parte non è facile concepire un meccanismo che possa consentire di pilotare con le mani ed in pari tempo fare forza.

Faccio qui rilevare che una cosa messa in luce dal Muskelflug-Institut è che non è vero che l'uomo non possa erogare più di 0,4 di CV come erroneamente indicato dai più, le

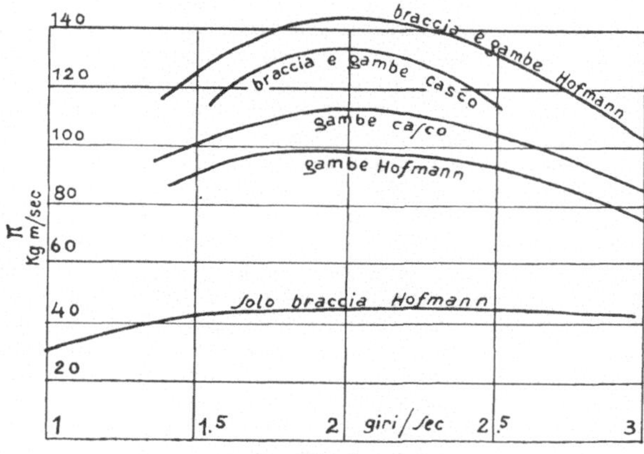

Fig. 2.

prove sistematiche dell'Istituto hanno registrate delle potenze delle sole gambe di I CV e ½ e di quasi due a mani e piedi!

Le esperienze del «Pedaliante» sono state lunghe e laboriose, furono provati tre paia di eliche ed una infinità di moltiplice, le ultime eliche hanno 2,27 m di diametro e 2,90 m di passo, girano a meno di 300 giri al'e sono munite di pesi alle estremità delle pale per fare da volano.

Il lancio avviene a mezzo di un cavo elastico che viene teso da un automobile, sotto il tiro dell'elastico, l'apparecchio si porta ad una altezza di circa 8 m ed inizia il suo volo, i migliori voli sono stati di circa 900 m il che rappresenterebbe una finezza di 110 se si volesse considerare il volo come una planata, assegnando all'apparecchio una finezza di 15, esso percorrerebbe 120 m di planè, i rimanenti 800 m circa sono di vero e proprio volo muscolare; queste esperienze furono eseguite con il peso a vuoto di 97 kg e peso totale di 172 il che corrisponde a 8 kg/m².

Nella speranza di migliorare il volo e di studiare le possibilità di decollo senza mezzi esterni, si sono eseguite lunghe esperienze con gli accumulatori di energia, fu scelto come mezzo di accumulazione l'elastico impiegato a trazione, un tubo di lega leggera contiene un fascio di fili di gomma collegato ad un pistone mobile da una parte ed al fondo del tubo dall'altra, il tubo è disposto lungo la fusoliera dell'apparecchio, delle funi di acciaio scorrono su di un certo numero di carrucole fisse e mobili disposte come in una taglia di muratori in modo da moltiplicare la corsa utile che non è molta, la fune si arrotola poi direttamente su di un tamburo calettato direttamente sulla pedaliera; il principio del meccanismo è buono ma si sono incontrate molte difficoltà per la sua pratica realizzazione: citerò fra queste l'isteresi della gomma che fa si che non si può ricuperare tutta l'energia che le si è fornita, la difficoltà di fissare i fili di elastico al pistone ed al fondo del tubo ed infine, causa prima del poco successo del dispositivo, il fatto che l'apparecchio non era concepito per riceverlo e troppo poco spazio si aveva a disposizione per allogarvi un quantitativo di elastico tale da dare energia sufficiente allo scopo, le esperienze sono state quindi momentaneamente sospese mentre proseguono gli studi per l'applicazione eventuale ad un nuovo apparecchio e per l'impiego eventuale dell'elastico a torsione come nei modelli volanti.

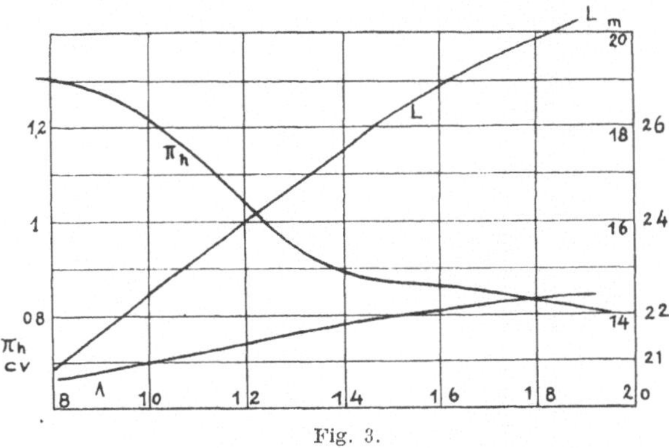

Fig. 3.

Presento ora, messi in diagramma, i risultati di alcuni calcoli sistematici che ci hanno permesso di arrivare alle attuali caratteristiche dell'apparecchio, nel diagramma Fig. 3 sono riportate le superfici alari, le aperture alari e le potenze necessarie di uno stesso apparecchio di 8 kg/m² a parti ausiliarie come fusoliera ed impennaggi eguali a quelle dell'apparecchio esistente, si è fatto variare l'allungamento come parametro di base, col crescere di esso si nota un accrescimento abbastanza notevole della superfice necessaria dovuto al fatto dell'aumento peso di cellula dovuto all'allungamento, un aumento dell'apertura alare molto forte che, per quanto detto sopra, complica i problemi della stabilità laterale ed una diminuzione progressiva della

potenza necessaria al volo, la curva presenta un ginocchio fra gli allungamenti 13 e 14 al di là dei quali la potenza necessaria diminuisce il poco, mentre aumentano peso, superficie ed apertura alare in modo quasi lineare l'allungamento scelto, 13,4 rappresenta quindi un buon compromesso fra i diversi fattori ed il raggiungimento di una potenza necessaria di circa $^9/_{10}$ di CV che è appunto quella che si sperava di poter ottenere per 1 min e ½ circa, i risultati sono corrisposti ai calcoli.

Un'altra ricerca fatta è riportata nel diagramma Fig. 4 con uno stesso allungamento di 15 e carichi alari crescenti da 6 a 10 kg/m², si nota che la superficie e relativa apertura alare necessari discendono in modo regolare mentre la potenza necessaria è in lentissimo accrescimento anzi passa per un minimo, mentre a $P/S = 6$ kg/m² corrisponde un apparecchio di 33 m² di superficie e 22 metri di apertura, a 8 kg/m², carico dell'apparecchio esistente corrispondono a m² 21,6 e 18 metri di apertura alare. La potenza necessaria minima del primo caso è di CV. 0.88, del secondo 0.89, passando per un minimo di 0,87 corrispondenti a 7 kg/m², si tratta come si vede di centesimi di CV.

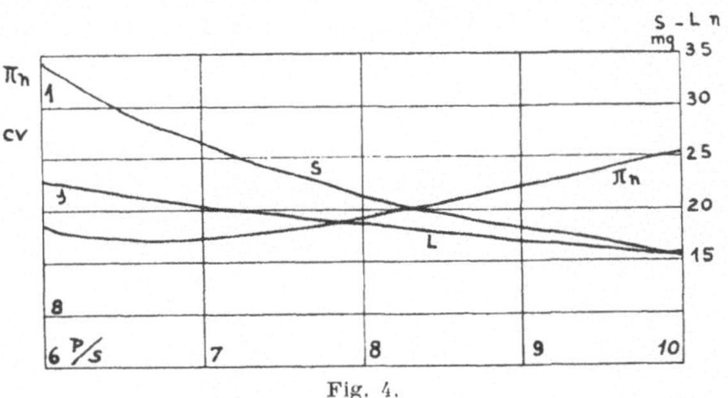

Fig. 4.

Si è anche posto il quesito se gli stessi risultati non si sarebbero potuti ottenere con altri profili di forte portanza, ad esempio con il Gottinga 652 o con il NACA 13012 seguito da una aletto dello stesso profilo calettata a 20°, il diagramma Fig. 5 risponde in modo esauriente, in esso vediamo le curve

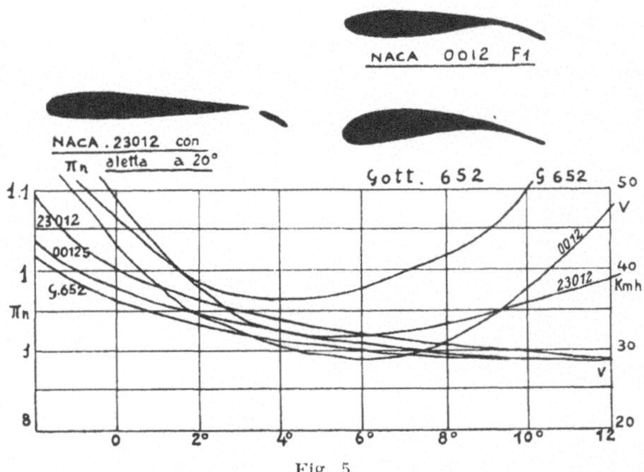

Fig. 5.

delle potenze necessarie e delle velocità corrispondenti ai vari angoli di attacco dell'ala, si vede che la minima potenza necessaria per il profilo NACA 0012 FI da noi adottato è di 0,88 CV, per il NACA 23012 di 0,91 e per il G 652 di 0,97, si potrebbe obiettare, che mentre i due primi profili sono stati provati al NACA ed altri numeri di Reynolds, il terzo è stato provato a numero basso. Stiamo proseguendo le ricerche sui profili e sappiamo che al NACA si sarebbe trovato un profilo di rendimento migliore per lo scopo speciale cui è destinato.

Mantenendoci nella stretta extrapolazione dell'apparecchio esistente ne abbiamo calcolato uno con allungamento 15, $P/S = 7$, superficie portante m² 22,8, pesa vuoto ridotto a

85 kg e 160 a pieno carico, si è trovata una minima potenza necessaria di 0,831 con un miglioramento abbastanza modesto del 6% circa, naturalmente si potranno cercare altre formule che permettano pesi più ridotti, miglioramenti di rendimento nei propulsori ecc. ecc.

Queste brevi note devono servire solo a rendere note agli studiosi tutte le difficoltà che si sono dovute superare per giungere al modesto risultato che si è avuto, ed in pari tempo ad inquadrare il problema per gli studi futuri.

A questo scopo l'instancabile pioniere Comm. Bonomi ha fondato a Milano un Istituto Italiano per il volo muscolare; il programma di lavoro di questo Istituto è vasto ed interessantissimo, esso consiste in: misurazioni pratiche sia a punto fisso che in movimento dei vari sistemi di propulsione, eliche, ali battenti o vibranti ecc.; esperimenti e misurazioni pratiche sugli accumulatori di energia; studi sui profili e disposizioni costruttive dell'apparecchio propriamente detto; l'Istituto lavora in collegamento scientifico col Muskelflug-ForschungsInstitut di Francoforte che si occupa più specialmente delle misurazioni sulla forza umana.

Naturalmente il Comm. Bonomi è vittima di una quantità di inventori che lo bersagliano di lettere, disegni, progetti e sollecitatorie. Da una piccola statistica fatta trovo 19 inventori di sistemi infallibili di pedalaggio (dicono loro) che dovrebbero permettere di raddoppiare la potenza umana a 22 inventori di apparecchi che tutti affermano di essere riusciti a risolvere completamente il problema che non manca loro che un piccolo particolare, la esecuzione del progetto, fra questi si trovano aeroplani, ali battenti, elicotteri autogiri ecc. Il povero Comm. Bonomi è assillato continuamente da questi sedicenti inventori e lo si dovrà proporre per un processo di santificazione per la pazienza dimostrata! Il bello si è che quasi tutti sono persone senza alcuna istruzione tecnica che confondono con la massima disinvoltura forza con potenza e basano la loro grande invenzione su di un errore banalissimo di meccanica, abbiamo però trovato un Ingegnere che proponeva nientemeno che di riempire la fusoliera e le ali di idrogeno ed aveva anche brevettato quel bel ritrovato! Si vede che tutti gli inventori delusi del moto perpetuo si sono riversati sul volo muscolare.

Non voglio con questo affermare che il problema sia insolubile, il genio umano ha superato ben altre difficoltà ed il cammino fatto ci dà da sperare che il problema si risolverà, ma la vita è lunga e ci vorrà molto studio e molto sperimentare prima di vedere staccarsi da terra e volare per un tempo indefinito a sue volontà un apparecchio mosso dalla sola forza dell'uomo.

Alcune considerazioni sulla rigiditá di parti strutturali di aeroplani.

Prof. Amstutz, Berna.

Il costruttore di aeroplani non é completamente libero nel disegno degli elementi resistenti staticamente, ma é soggetto a seguire certe forme impostegli da considerazioni di carattere aerodinamico. Ora queste forme sono tutt'altro che adatte per ottenere una buona robustezza e rigiditá tenendo basso il peso. Praticamente si arriva ad aumentare il peso. Permane peró l'inconveniente delle deformazioni relativamente cospicue. In genere le forti deformazioni flessionali delle ali non destano preoccupazione, mentre forti angoli torsionali sarebbero di effetto assai indesiderato. Il relatore enumera alcuni inconvenienti derivanti da tali deformazioni e prospetta dei concetti costruttivi per migliorare la resistenza alla torsione delle ali.

Some Considerations on the Stiffness of Aircraft Parts.

Prof. Amstutz.

The aeroplane designer is limited to a certain definite exterior shape, based on aerodynamic considerations, for the proportioning of the elements of the aeroplane with which he must produce the required strength. For the fulfillment of the requirements for great strength and stiffness and low weight, the limitations are very unfavorable. The tendency to subordinate structural to aerodynamic problems results in the disadvantage of increased weight, which is often balanced out by the aerodynamic gains. There remains, however, the disadvantage of relatively great deformations. Large wing bending deflections are not in general dangerous, but a large torsional deflection in a wing is very unfavorable. Their disadvantages are discussed, and some suggestions for the design of torsionally stiff wings are made.

Quelques remarques sur la rigidité des parties des avions.

Prof. Amstutz.

Pour la construction des éléments qui doivent assurer la solidité de l'appareil, le constructeur se trouve lié à des formes extérieures déterminées qui sont établies selon des considérations aérodynamiques. Pour remplir ces exigences de grande solidité et de grande rigidité avec un poids restreint, ces conditions de forme sont très peu pratiques. La contrainte à la subordination donne à la partie arrière un poids plus grand, qui doit fréquemment être compensé par une partie avant aérodynamique. Mais c'est la partie arrière qui garde des déformations relativement plus grandes. En général il ne faut pas songer à de grandes flexions de l'aile. Mais une forte torsion de l'aile en vol serait très peu favorable. Ses parties arrière sont discutées et on ajoute quelques points de vue pour la construction d'une aile rigide en torsion.

Einige Betrachtungen über die Steifigkeit von Flugzeugteilen.

Von Prof. Amstutz, Bern.

Der Flugzeugkonstrukteur ist für die Ausbildung der Elemente, die dem Flugzeug seine Festigkeit geben sollen, an bestimmte äußere Formen gebunden, die nach aerodynamischen Gesichtspunkten festgelegt werden. Für die Erfüllung der Forderung großer Festigkeit und Steifigkeit bei geringstem Gewicht sind diese Formbedingungen sehr unbequem. Der Zwang zur Unterordnung bringt den Nachteil höheren Gewichts, der häufig durch aerodynamische Vorteile wettzumachen ist. Es bleibt aber der Nachteil verhältnismäßig großer Deformationen. Große Flügeldurchbiegungen sind im allgemeinen unbedenklich. Sehr ungünstig wäre aber eine starke Verdrehung der Flügel im Fluge. Ihre Nachteile werden besprochen und einige Gesichtspunkte für die Ausbildung verdrehsteifer Flügel beigefügt.

Einige Betrachtungen über die Steifigkeit von Flugzeugteilen.

Von Prof. E. Amstutz, Zürich.

Im Flugzeugbau hat der Konstrukteur die Elemente, welche Kräfte und Momente aufnehmen und dem Ganzen seine Festigkeit erteilen sollen, einer äußeren Form anzupassen, die nach aerodynamischen Gesichtspunkten festgelegt wird. Diese äußere Form kommt dem Wunsche des Konstrukteurs, hohe Festigkeit mit geringstem Gewicht und großer Steifigkeit verbinden zu können, nicht sehr entgegen, am wenigsten wohl beim aerodynamisch hochgezüchteten Segelflugzeug.

Nehmen wir als Beispiel die Flügel eines Hochleistungs-Segelflugzeuges: Ein weitspannender, schmaler und vor allem recht dünner Flügel ist im wesentlichen senkrecht zu seiner Ebene belastet. Damit ist er hauptsächlich auf Biegung, in gewissen Fluglagen auch stark auf Verdrehen beansprucht.

Mit einem auf Biegung beanspruchten Element verbindet der Konstrukteur aber die Vorstellung eines hochkant stehenden Tragwerkes, während der Flügel ausgerechnet flach liegt und senkrecht zum Vektor des Biegemomentes nur eine sehr geringe Bauhöhe aufweist. Ähnlich ungünstig liegen die Verhältnisse bei Torsion, wofür der Konstrukteur den kreisrunden Querschnitt bevorzugen würde, hier aber ein flaches, bandartiges Gebilde torsionsfest gestalten muß. Unwillkürlich werden wir an Föppls[1]) anschauliche Gegenüberstellung der Verdrehsteifigkeit eines Spazierstocks und der flächengleichen Reißschiene erinnert, die er zum Nachweis der Untauglichkeit der Navier'schen Ansätze für die Verdrehaufgabe anführt.

Die ungünstigen Bedingungen der äußeren Form haben zunächst ein Mehrgewicht zur Folge gegenüber Konstruktionen, die keinen derartigen Beschränkungen unterworfen sind. Aerodynamische Vorteile werden in vielen Fällen die Nachteile des Mehrgewichtes aufwiegen, so daß der freitragende Eindecker, nach seiner weiten Verbreitung zu schließen, meistens die günstigste Lösung darstellt. Im besonderen überwiegen beim Hochleistungs-Segelflugzeug die Vorteile der äußeren Form und lassen große Streckungsverhältnisse der Flügel bei verhältnismäßig sehr geringer Flügeldicke zu.

Als weitere Folge des Zwangs zur Unterordnung unter die vorgegebene Gestalt ergeben sich große Formänderungen der Bauteile unter den im Betrieb auftretenden Belastungen. Mit diesen Formänderungen und deren Auswirkungen beschäftigen sich die folgenden Ausführungen.

In erster Linie interessiert die Frage, welche Nachteile die verhältnismäßig großen Deformationen mit sich bringen. Die psychologischen Auswirkungen auf den Flugzeugführer, wenn er unerwartet große Deformationen sieht, oder in unmittelbarer Umgebung seines Sitzes auch spürt, sollen beiseite gelassen und nur die rein technischen Fragen besprochen werden.

Zunächst ist daran zu erinnern, daß die meisten Sätze der Statik und Festigkeitslehre, mit denen wir zu arbeiten pflegen, von der Annahme ausgehen, daß die Formänderungen klein bleiben. Diese Annahme ist in der Regel notwendig, um auf einfachem Wege zu leicht handzuhabenden Beziehungen und Bemessungsformeln zu gelangen. Es ist somit notwendig zu prüfen, ob nicht durch die tatsächlich auftretenden großen Deformationen Verhältnisse entstehen, welche in den normalen Festigkeitsrechnungen nicht oder nur ungenügend berücksichtigt sind. Ein Beispiel soll zeigen, um was es sich etwa handeln kann.

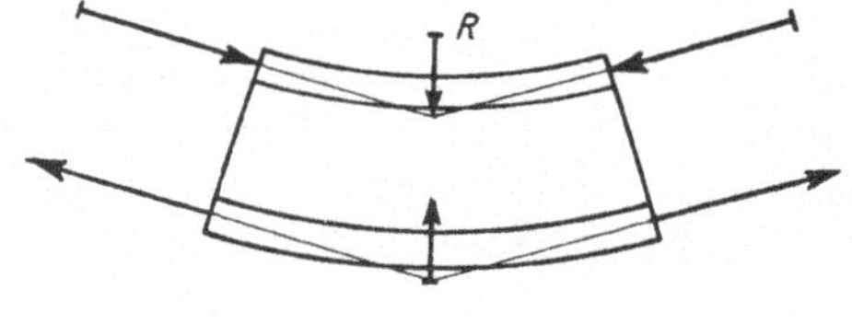

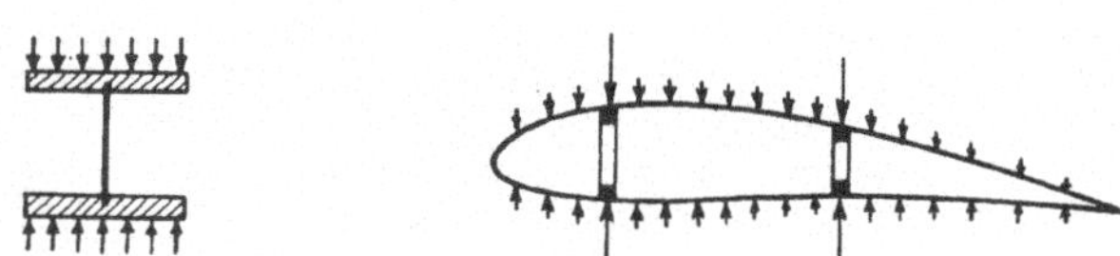

Bild 1a: Am stark durchgebogenen Balkenelement wird der Steg durch eine Radialkraft R zusammengedrückt, weil die Gurtkräfte nicht mehr gleichachsig sind.
Bild 1b, c: Breite, dünne Gurten und mittragende Beplankungen werden durch die Radialkräfte eingedrückt, wodurch sich ihre Tragfähigkeit vermindert.

An einem stark durchgebogenen Trägerelement (Bild 1) stehen die resultierenden Druckkräfte an den Schnittufern des Druckgurtes nicht mehr für sich allein im Gleichgewicht, weil sie nicht gleichgerichtet sind. Dasselbe gilt für die Zugkräfte an den Schnittufern des Zuggurtes. Das Gleichgewicht des betrachteten Elementes als Ganzes bleibt nach wie vor gewahrt, indem die Resultierenden aus den Kräften am Zug- und Druckgurt entgegengesetzt gleich sind. Wir erkennen aber als Folge der vorausgesetzten starken Durchbiegung eine Druckbelastung des Steges, die in der elementaren

Biegetheorie nicht beachtet wird[1]). Ist der Steg eines wenig biegesteifen Holmes dieser Druckkraft nicht gewachsen, so ist damit die Tragfähigkeit des Holmes erschöpft, denn nach Ausfallen des Steges würden sich die nun ungestützten Gurten gegenseitig nähern, wodurch Widerstands- und Trägheitsmoment rasch abnehmen, so daß schließlich die Druck- oder Zuggurte unter Wirkung der ansteigenden Normalkräfte zu Bruch gehen. Ähnlich ungünstige Wirkungen kann die betrachtete sogenannte Radialkraft zeitigen bei breiten, dünnen und ungestützten Holmgurten oder bei dünnen Flügelbeplankungen, wobei im letzteren Falle die ohnehin schon große Neigung zum Ausbeulen unter Wirkung von Druck- oder Schubkräften erhöht wird. Mit der Erscheinung des örtlichen Ausbeulens und Ausknickens dünnwandiger Elemente ist auch die häufigste Form der ungünstigen Auswirkung starker Deformationen erwähnt.

Diese Betrachtungen zeigen jedenfalls, daß für die Festigkeitsrechnung von Flugzeugen grundsätzlich die Auswirkung im Betrieb zu erwartender großer Deformationen zu berücksichtigen ist.

Besonders bedenklich werden große Formänderungen dann, wenn sie eine Veränderung der äußeren Belastungen im Sinne einer Erhöhung oder ungünstigeren Verteilung zur Folge haben. Da beim Flugzeug ein wesentlicher Teil der Lasten Luftkräfte sind, die in hohem Maße formempfindlich sind, bedarf diese Möglichkeit sorgfältiger Untersuchung. Beschränken wir uns dabei auf den Flügel.

Ein starkes Durchbiegen des Flügels ist in dieser Hinsicht meist ohne nachteilige Folgen. Eine etwas stärkere Belastung der Druckgurte durch die nach innen geneigte Resultierende der Luftkräfte (Bild 2) ist immerhin zu berücksichtigen. Denkbar sind bei sehr biegeweichen Flügeln auch höhere Beanspruchungen durch Böen[2]).

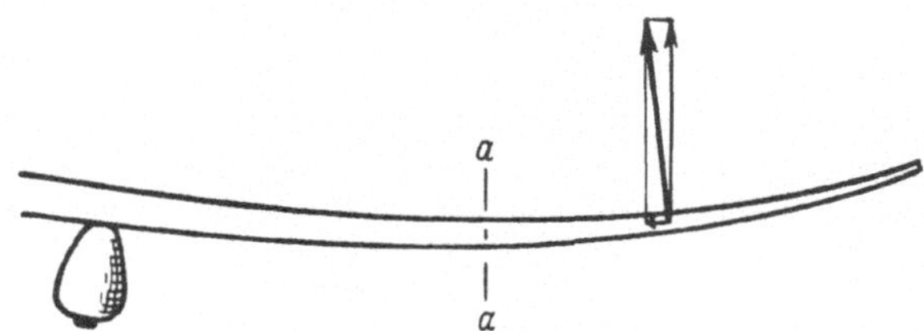

Bild 2. Bei starker Durchbiegung der Flügel erhalten die Holmgurten im inneren Teil des Flügels, z. B. im Schnitt $a-a$, wegen der Schrägstellung der Auftriebskraft eine zusätzliche Druckbelastung.

Weit ungünstiger wirkt sich eine geringe Verdrehsteifigkeit der Flügel aus, was in der scharfen Winkelempfindlichkeit der Flügelprofile begründet liegt. Eine Flügelverdrehung von wenigen Graden kann zu einer vollständigen Umwandlung der Lastverteilung führen, und zwar vor allem im Sturzflug, wo im Mittel der Auftrieb ganz oder doch nahezu verschwinden soll, was eben auch als Differenz recht großer Kräfte möglich ist. Nachteilig äußert sich geringe Verdrehsteifigkeit der Flügel etwa durch folgende Erscheinungen:

a) Umkehr der Querruderwirkung, indem der Flügel unter Wirkung des Querruderausschlages so weit nachgibt, daß schließlich ein äußeres Gesamtmoment um die Längsachse (Rollmoment) entsteht, das dem durch den Querruderausschlag beabsichtigten Moment entgegengesetzt gerichtet ist (Bild 3).

b) Bei starker Flügelverdrehung sind die tatsächlich auftretenden Luftkraftverdrillmomente wesentlich größer als am unverformten Flügel (Bild 4). Es kann so weit kommen, daß für die mit der fortschreitenden Verformung wachsenden Drillmomente kein Gleichgewichtszustand mehr möglich ist, so daß der Flügel wegbricht. Es ist dies der Fall der sog. statischen Torsions-Instabilität[3]).

<hr>

[1]) Föppl A. und L., Drang und Zwang, 2. Bd., S. 38, München und Berlin 1928, bei R. Oldenbourg.

[1]) Vergl. etwa: J. Kober, Stegbeanspruchung hoher Biegungsträger, Z.F.M., 1925, S. 276.
[2]) H. G. Küssner, Beanspruchung von Flugzeugflügeln durch Böen. DVL-Jahrbuch 1931, München und Berlin 1931, bei R. Oldenbourg.
[3]) Siehe: H. Reissner, Neuere Probleme aus der Flugzeugstatik, Z.F.M. 1926; ferner G. Dätwyler in Schweizer Aero-Revue, Zürich-Oerlikon 1931, S. 264, und in NACA. Techn. Note Nr. 520, Washington 1935.

c) Bei starker Flügelverdrehung im Sturzflug, wo der Auftrieb ganz oder nahezu verschwindet, kommt dieser Mittelwert durch erheblichen negativen Auftrieb an den Flügelenden und positiven Auftrieb in Flügelmitte zustande, eine Erscheinung, welche durch eine allfällig vorhandene nega-

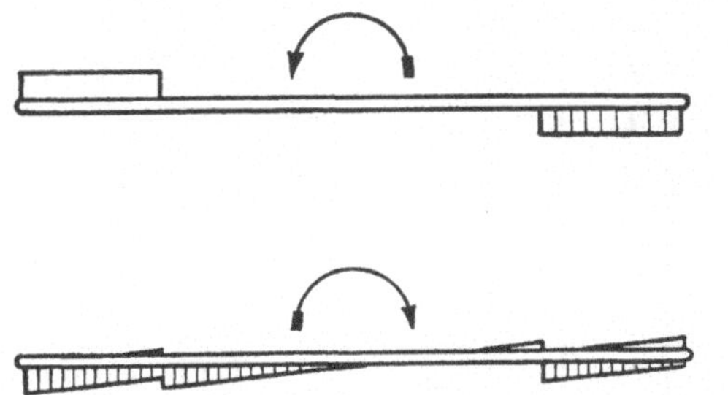

Bild 3. Am verdrehweichen Flügel erzeugt ein Querruderausschlag ein starkes Verwinden des Flügels. Die Querruderwirkung wird dadurch herabgesetzt. und es kann sogar ein Rollmoment entstehen mit entgegengesetztem Drehsinn, als durch den Querruderausschlag beabsichtigt.

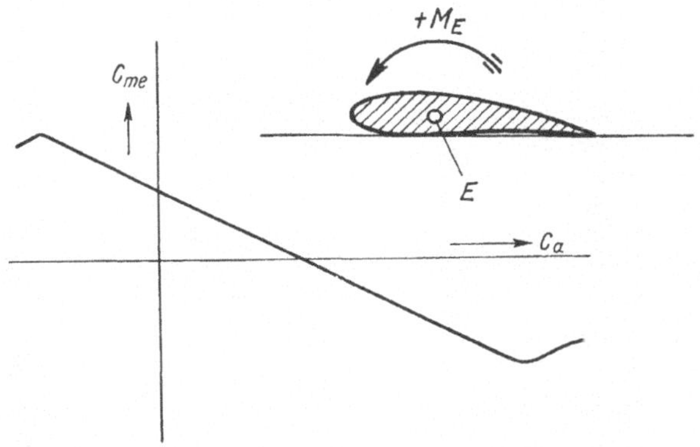

Bild 4. Typischer Verlauf des Drillmomentenbeiwertes c_{me} um die elastische Achse E des Flügels. Das Nachgeben der Flügelenden beim verdrehweichen Flügel im Sturzflug bei nahezu verschwindendem Auftrieb hat ein weiteres Ansteigen des Drillmomentes zur Folge.

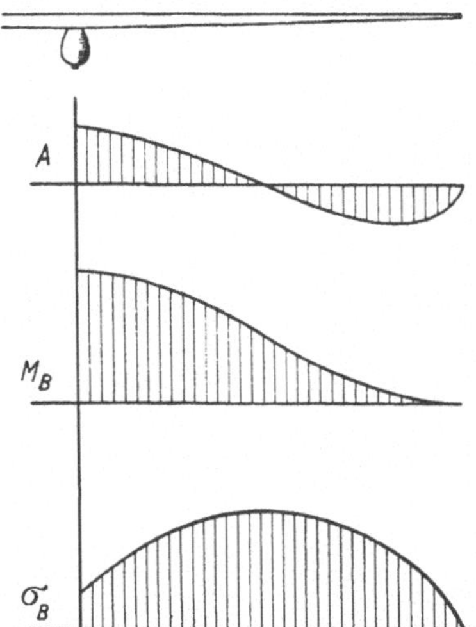

Bild. 5. Auftriebsverteilung an einem verdrehweichen Flügel bei verschwindendem Gesamtauftrieb im Sturzflug und daraus folgende Verteilung der Biegemomente und Biegespannungen. Es kann ein Flügelbruch nach unten etwa in der Mitte der Halbspannweite eintreten.

tive Schränkung des Flügels noch verstärkt wird. Bei den großen Sturzfluggeschwindigkeiten werden die aus dem negativen Auftrieb der äußeren Flügelteile entstehenden Biegespannungen leicht sehr groß (Bild 5) und können zum Wegbrechen des Flügels nach unten führen, eine Erscheinung, die in der Praxis des Segelfluges nicht unbekannt ist.

d) Schließlich ist bekannt, daß verdrehweiche Flügel zum Flügelflattern neigen, indem sie aus dem Luftstrom Energie zum Anfachen aufnehmen, so daß in kurzer Zeit Amplituden auftreten, die zum Flügelbruch führen müssen. Dabei ist besonders hinzuweisen auf den im allgemeinen noch wenig bekannten Typus der sog. A-Schwingungen, wie sie durch die experimentellen Untersuchungen des Aerodynamischen Institutes an der Eidgenössischen Technischen Hochschule nachgewiesen worden sind[1]. Sie unterscheiden sich grundsätzlich vom gewöhnlich betrachteten Typus der sog. B-Schwingungen, denen ein Luftkraft-Massenkopplungseffekt in Form des bekannten Nachhinkevorganges zugrunde liegt. Die A-Schwingungen kommen im wesentlichen dadurch zustande, daß bei Profilen mit scharfem Abreißen das Anliegen der Strömung beim Hin- und Rückgang nicht gleich erfolgt, so daß bei Hin- und Rückgang ungleiche Luftkräfte auftreten, was schwingungserregend wirken kann. Bei sehr verdrehweichen Flügeln wird das Flügelende im Sturzflug in das Gebiet des größten negativen Auftriebes, d. h. des Abreißens der Strömung an der Flügelunterseite gelangen, womit die Gefahr des Auftretens von A-Schwingungen gegeben ist. Dieser Mechanismus hat übrigens zur Folge, daß ein wesentlicher Einfluß der Steilheit der Flugbahn auf das Eintreten von Schwingungen festzustellen ist, weil mittlerer Auftrieb und Flügelverdrehung bei gegebener Geschwindigkeit davon abhängig sind.

Aus dem Vorstehenden geht die große Bedeutung ausreichender Verdrehsteifigkeit hervor, während sich große Biegesteifigkeit als nicht so wichtig erweist. Immerhin ist zu beachten, daß für eine Fläche, die von einem Biegeträger getragen wird, sich eine Durchbiegung des Trägers wie eine Verdrehung der Fläche auswirkt.

Den konstruktiven Maßnahmen zum Erzielen großer Verdrehsteifigkeit sollen nun noch einige Betrachtungen gewidmet werden.

Die Koppelung von zwei Holmen zu einem verdrehsteiferen Ganzen führt bei Inanspruchnahme nur der Rippenverbundwirkung praktisch bestenfalls etwa zu einer Steifigkeit gleich der Summe der Verdrehsteifigkeiten der beteiligten Holme, weil die Ausbildung verdrehsteifer Rippen unwirtschaftlich schwer ist. Durch Einfügen weiterer Diagonalstäbe läßt sich die Verdrehsteifigkeit des Systems aber noch weiter steigern. Seine Festigkeitsberechnung wird naturgemäß etwas kompliziert, darf aber deswegen nicht etwa unterlassen oder allzusehr vereinfacht werden. Die ungenügende Bemessung von Druckstäben in solchen Raumbilden kann katastrophale Folgen haben. Die Unfallchronik des Segelflugwesens kennt solche Fälle[2].

Die empfehlenswerteste Maßnahme zum Erzielen großer Verdrehsteifigkeit ist im allgemeinen die Anwendung geschlossener Querschnitte in Form der Nasenrohre oder anderer kastenförmiger Kombinationen einer dünnen Haut mit den Holmen. Maßgebend für die Verdrehsteifigkeit ist in erster Linie die vom Kasten eingeschlossene Querschnittsfläche. Leider ist die Ausnutzung der dünnen Beplankungen im allgemeinen recht gering, indem sie, selbst in den verhältnismäßig stark gewölbten Flügelnasen, schon bei geringen Spannungen örtlich auszubeulen beginnen, womit das Maß der Steifigkeit bei weiterer Belastung absinkt. Eine große Zahl von Längs- und Queraussteifungen wird notwendig, um die dünne Haut ihre Funktionen erfüllen zu lassen. Das Gewicht dieser Stützglieder ist in Vergleich zu ihrer Wirkung recht hoch, und es drängt sich immer wieder die Frage auf, ob sie nicht durch eine zweckmäßigere Konstruktionsform ersetzt werden können. Beachtenswert ist jedenfalls die von de Haviland neuerdings zur Anwendung gebrachte Bauweise mit einer starken Verdickung der Sperrholzhaut durch Zwischenlagen aus dem leichten Balsaholz. Damit wird an Stelle örtlicher Stützung durch Längs- und Querträger eine

[1] Ackeret J. u. Studer H. L., Bemerkungen über Tragflügelschwingungen, Helvetica Physica Acta, 1934, und Studer H. L., Experimentelle Untersuchungen über Flügelschwingungen, Zürich 1936, A.-G. Gebr. Leemann & Co.
[2] Siehe z. B. »Der Segelflieger«, 1931, Nr. 11. S. 10, und 1932, Nr. 7, S. 9.

erhöhte Eigensteifigkeit der Haut an den gefährdeten Stellen erreicht, was gleichzeitig den großen Vorteil der wesentlich glatteren Flügeloberfläche ergibt. Es ließen sich vielleicht auch gewisse leichte, schwammartige Kunststoffe entwickeln, die sich ähnlich dem Balsaholz zu solchen Zwecken eignen würden. Große Vorteile könnten derartige leichte Füll- und Stützkörper auch im Metallschalenbau bieten, wenn sie zu einer besseren Ausnützung der dünnen Blechhaut führten. Zur weitern Erhöhung der Verdrehsteifigkeit könnte dann auch noch eine Vorspannung der Hautbleche zur Anwendung kommen.

Die Möglichkeit, durch Vorspannungen eine Erhöhung der Steifigkeit zu erzielen, ist wenig bekannt und soll zum Schluß am Beispiel des Monosparflügels, wo sie praktisch zur Anwendung gelangt, noch kurz besprochen werden.

Die Verdrehsteifigkeit des Monosparflügels wird erzielt durch Zugglieder — Stahldrähte —, die über Stützen in einer gebrochenen Spirale um den einen Holm herumgeführt sind[1]) (Bild 6). Durch Vorspannen dieses Draht-

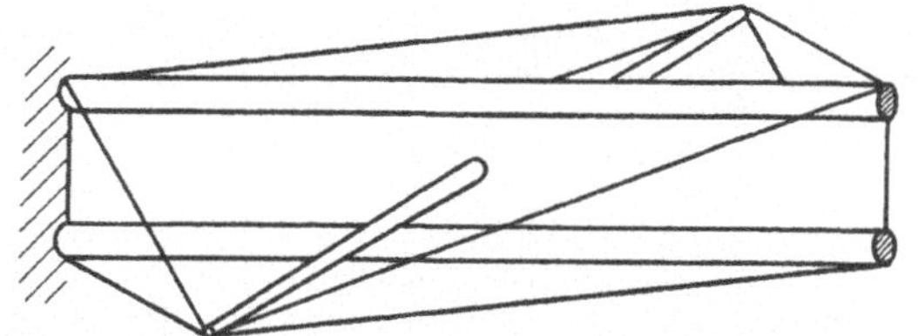

Bild 6. Aufbau des sogenannten Monosparflügels mit Stahldrahtverspannung zur Aufnahme der Drillmomente.

systems, das natürlich für Drehmomente in beiden Richtungen vorhanden sein muß, kann die Verdrehsteifigkeit in einem bestimmten Bereich verdoppelt werden, was man sich am besten an Hand eines Gleichnisses nach Bild 7 klarmachen kann.

Eine zu belastende gewichtslose Schale sei zwischen zwei Gummischnüren aufgehängt. Sind die Gummischnüre ohne Vorspannung eingepaßt, so wird bei Belastung der Schale

die ganze Last P von der gezogenen oberen Gummischnur getragen werden müssen, weil die untere Schnur keine Druckkraft aufzunehmen imstande ist. Die Auslenkung der Schale, die ein Maß für die Steifigkeit des Systems darstellt, entspricht somit der Kraft-Weg-Charakteristik der gezogenen Gummischnur allein. Werden aber die Gummischnüre mit Vorspannung versehen, so wird eine Belastung der Schale zunächst auch nur die obere, gezogene Schnur belasten.

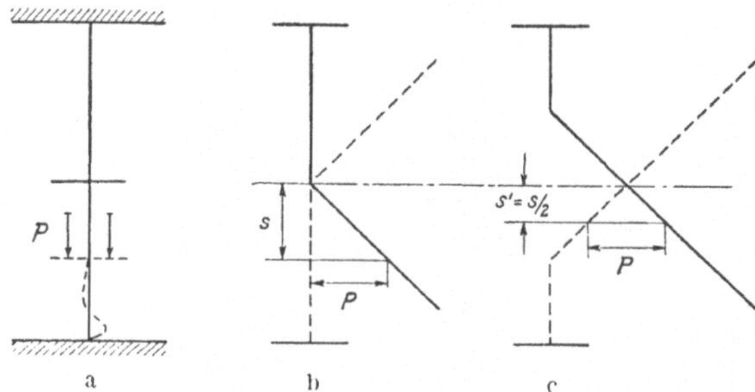

Bild 7. 7a: Gewichtslose Schale zwischen zwei Gummischnüren als Gleichnis zur Erläuterung der Wirkung einer Vorspannung auf die Deformation.
7b: Kraft-Weg-Diagramm ohne Vorspannung. (——— Für die obere, - - - - - - für die untere Gummischnur.)
7c: Kraft-Weg-Diagramm mit Vorspannung.

Wegen ihrer Dehnung wird sie aber dabei von einem Teil der Vorspannung der Gegenschnur entlastet, und aus dem Kraft-Weg-Diagramm geht hervor, daß bei gleicher Charakteristik beider Gummischnüre die Auslenkung der Schale durch die Vorspannung gerade auf die Hälfte reduziert wird. Dies gilt für Belastungen bis zum doppelten Betrag der Vorspannung. Für noch größere Belastungen liegen wieder gleiche Verhältnisse vor wie ohne Vorspannung, d. h. man erhält für das System mit Vorspannung ein geknicktes Kraft-Weg-Diagramm. Aus diesen Überlegungen geht auch hervor, daß man die Vorspannung zweckmäßig bis zum halben Betrag der Elastizitätsgrenze treibt. Es darf natürlich nicht übersehen werden, daß nicht nur die Zugglieder, sondern auch alle auf Druck beanspruchten Stützen des Systems um einen der Vorspannung entsprechenden Betrag dauernd mehr belastet sind als ohne Vorspannung. Dieser Nachteil wird da und dort die Anwendung dieses Prinzips nicht mehr als vorteilhaft erscheinen lassen.

La progettazione degli attacchi principali delle ali.

Dipl.-Ing. Pieler, Darmstadt.

Si considera la progettazione degli attacchi principali delle ali tenendo conto della resistenza alla pressione labiale dei fori e della distribuzione delle tensioni. Vengono illustrate le varie possibilitá di aumen tare la resistenza alla pressione labiale mediante la lamellazione del legno, la sovrapposizione di strati di legno duro ecc. Gli attacchi possono provocare l'accumulamento locale delle tensioni nel punto in cui gli sforzi vengono trasmessi dalla fusoliera al longherone alare. Le esperienze presentate dimostrano che tali nodi delle tensioni si possono evitare facilmente e senza alcun aumento di peso.

Design of Main Spar Fittings.

Dipl.-Ing. Pieler.

The design of main spar fittings with reference to bearing strength and stress distribution etc. is reported. The various possibilities for increasing bearing strength by increasing the number of laminations, and by the use of hardwood inserts or layers, were explained on the basis of tests. The main spar connection fittings cause a great stress concentration where the fuselage fitting loads are introduced into the spar. Tests show the possibility of avoiding this entirely without weight increase.

Ausführung von Hauptholmanschlußbeschlägen.

Von Dipl.-Ing. Pieler, Darmstadt.

Es wird über die Ausführung von Hauptholmanschlußbeschlägen unter Berücksichtigung der Lochlaibungsfestigkeit bzw. des Spannungsverlaufes berichtet. Die verschiedenen Möglichkeiten zur Erhöhung der Lochlaibungsfestigkeit durch stärkere Lamellierung, durch Ein- oder Aufschäften von Hartholz wurde auf Grund von Versuchen erläutert. Die Hauptholmanschlußbeschläge rufen an der Stelle, wo die Rumpfübergangsbeschlagskräfte in die Holme eingeleitet werden, unter Umständen eine starke Spannungsanhäufung hervor. Angestellte Versuche zeigen die Möglichkeit, ohne Gewichtsaufwand diese Kerbstellen vollständig zu vermeiden.

Ausführung von Hauptholmanschlußbeschlägen.

a) unter Berücksichtigung der Lochlaibefestigkeit,
b) unter Berücksichtigung des Spannungsverlaufs.

Von Dipl.-Ing. L. Pieler, Darmstadt.

Bekanntlich zeigt sich bei breiten Kiefernholmen von 60 bis 80 mm, daß Bolzen bzw. Rohrniete von Dmr. 12 nur zu einem Teil tragen, weil bei dem großen Abstand der Beschlagsbleche der Niet bzw. der Bolzen auf Biegung beansprucht werden und nur an ihren Enden tragen. Unsere Versuche haben gezeigt, daß ein Rohrniet 12 × 1,5 voll tragend nur auf eine maximale Länge von 40 mm eingesetzt werden kann, bei Vollbolzen ist dieser Wert entsprechend dem höheren Trägheitsmoment größer. Man dürfte demnach, wollte man bei einer Beschlagsausführung mit 12 × 1,5 Rohrnieten die Niete vollkommen ausnutzen, den Holm nur 40 mm breit bauen. Dies dürfte jedoch bei freitragenden Flügeln in einholmiger Bauweise und größerer Spannweite kaum möglich sein, da dann das W bzw. J des Holmquerschnittes an der Einspannstelle nicht mehr ausreicht.

Bild 1 zeigt die normale Beschlagsausführung wie sie bei den Segelflugzeugmustern »Sperber«, »Habicht« und »Kranich« vorliegt.

Wir haben also durch die große Nietzahl zusätzliches Gewicht durch die langen Beschläge. Bei 8 Laschen, die bei einer solchen Beschlagsausführung vorhanden sind, macht sich diese Gewichtserhöhung schon unliebsam bemerkbar.

Man könnte jetzt einwenden, doch dann einen größeren Nietdurchmesser zu wählen. Der Durchmesser der Niete ist je-

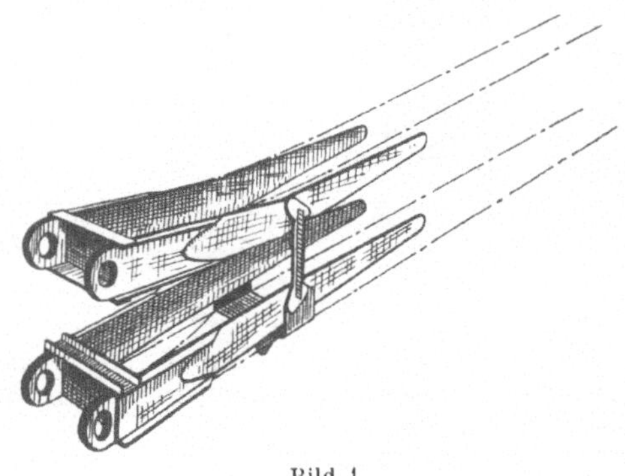

Bild 1.

doch meist festgelegt, weil man bei allzu großem Niet- und damit Lochdurchmesser im Holm den reinen Gurtquerschnitt auf Zug stark schwächt und damit Kerbstellen erhält.

Es sollen jetzt einige Möglichkeiten besprochen werden, wie man ohne allzu großen Aufwand die Lochlaibefestigkeit bei größter Gewichtsersparnis erhöhen kann.

Bild 2.

Bild 2 zeigt den Versuchsaufbau bei den Lochlaibeversuchen in der Zerreißmaschine. Die Formänderungen wurden mit Meßuhren gemessen, die einerseits mit dem Holz verbunden waren und andererseits an dem auf dem Beschlag befestigten Zeiger ihren Anschlag hatten. Dadurch, daß die Anordnung entsprechend der Darstellung gewählt wurde, konnten die Dehnungen in dem Bereich des Nietes ausgemerzt werden. Der Nietdurchmesser betrug bei allen durchgeführten Versuchen $12 \times 1,5$ mm; der Bolzendurchmesser war 12 mm. Die Bruchlast ist dann erreicht, wenn die Verformung durch Auslaibung des Holzes bzw. Verquetschen oder Abscheren des Nietes oder des Bolzens 1,5 mm beträgt.

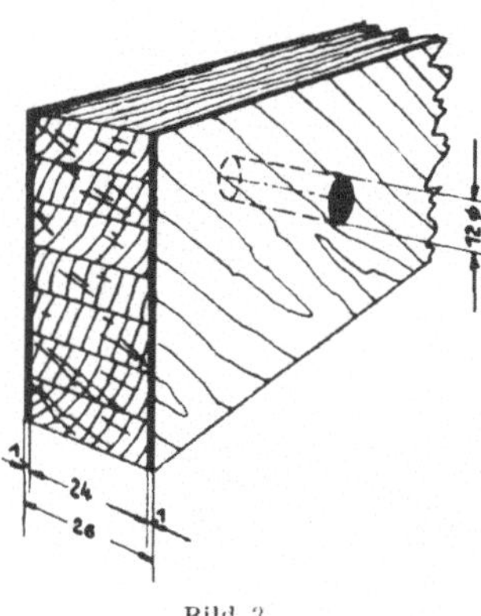

Bild 3.

Bild 3 zeigt das erste Versuchsstück, und zwar allgemeiner Art um den Einfluß verschiedener Lamellenstärken bzw. Materialien überhaupt zu klären.

Das Versuchsstück ist 24 mm breit und beidseits mit je 1,0 mm Birkensperrholz diagonal abgesperrt. Bei der geringen Holzbreite von 26 mm gegenüber dem verhältnismäßig großen Niet- bzw. Bolzendurchmesser von 12 mm trägt der Niet bzw. Bolzen auf seine ganze Länge. Als Bestwert für das Verhältnis Nietdurchmesser zu Nietlänge und

damit Gurtbreite haben wir auf Grund von Versuchen den Wert 1 : 3 gefunden. Dieser Wert stimmt mit den von anderen Firmen angestellten Versuchen überein.

Versuchsergebnisse bei Rohrnieten.					
	Rohrniete φ	Lochleibefläche cm²	Bruchlast P_K	Lochleibefestigkeit σ_L	Spez. Gewicht g/cm³
1. Kieferlamellen 10 mm stark....	12·1,5	3,12	1035	322	0,548
2. Kieferlamellen 4 mm stark.....	12·1,5	3,12	1185	380	0,554
3. 4 mm Kiefer mit 4 mm Esche....	12·1,5	3,12	1175	377	0,594
4. 4 mm Kiefer mit 4 mm TVBu 40 .	12·1,5	3,12	1310	420	0,660
5. 4 mm Kiefer mit 4 mm Lignofol..	12·1,5	3,12	1800	576	0,845
Versuchsergebnisse bei Vollbolzen.					
	Bolz. φ				
1. Kieferlamellen 10 mm stark....	12	3,12	1140	365	0,548
2. Kieferlamellen 4 mm stark.....	12	3,12	1315	421	0,554
3. 4 mm Kiefer mit 4 mm Esche....	12	3,12	1200	385	0,594
4. 4 mm Kiefer mit 4 mm TVBu 40 .	12	3,12	1485	476	0,660
5. 4 mm Kiefer mit 4 mm Lignofol..	12	3,12	2185	700	0,845

Wir haben mit dem dargestellten Versuchsstück folgende Versuche angestellt:

1. Das Stück war aus 10 mm starken Kieferlamellen hergestellt,
2. aus 4 mm starken Kieferlamellen,
3. es waren abwechselnd 4 mm starke Kiefern- mit gleich starken Eschenlamellen verleimt,
4. es waren 4 mm starke Kiefer- mit 4 mm Lignofollamellen verleimt,
5. es sind abwechselnd 4 mm Kiefer- mit 4 mm TV Bu 40-Lamellen verleimt.

Zu dem verwendeten hochvergüteten Buchenholz TV Bu 40 möchte ich bemerken, daß dies 40 Schichten auf den laufenden Zentimeter Stärke hat. Und zwar wurden auf besonderen Wunsch $^2/_3$ der Schichten längs und $^1/_3$ der Schichten quer gelegt, deshalb, weil sich bei früheren Versuchen mit Lignofol und normalem TV Bu 40 bei geringen Stärken immer wieder gezeigt hat, daß das Holz leicht spaltet oder sich wirft. Bei Lignofol fehlt die Querverbindung vollkommen, bei normalem TV Bu läuft nur jede zehnte Lage quer.

Die Versuchsergebnisse sind auf der unteren Hälfte des Bildes aufgetragen. Die Versuchswerte sind Mittelwerte aus mehreren Versuchen; das spezifische Gewicht wurde jeweils für die Längeneinheit ermittelt.

Unter Berücksichtigung der Lochlaibefestigkeit der verschiedenen Ausführungen sowie des betreffenden spezifischen Gewichts liefert die Ausführung den Bestwert bei der σ_L/G ein Maximum ist. Die gefundenen Werte sind auf Bild 4 aufgetragen.

Zusammenfassend kann hierzu gesagt werden, daß man bei Verwendung von Kiefernholz für die Gurte schon stärkere Lamellierung die Lochlaibefestigkeit ganz beträchtlich heraufsetzen kann. Bei Verwendung von Hartholz in diesem Falle Lignofol, kann man ebenfalls sehr gute Werte erreichen. Berücksichtigen muß man jedoch immer wieder, daß man bei breiten Holmen nur dann den ganzen Niet ausnutzen kann, wenn sich die Gurtbreiten zum Nietdurchmesser $\approx$ wie 3 : 1 verhalten.

Zu der zweiten Versuchsreihe, die noch günstigere Ergebnisse lieferte, als die erste, soll jetzt kurz Stellung genommen werden.

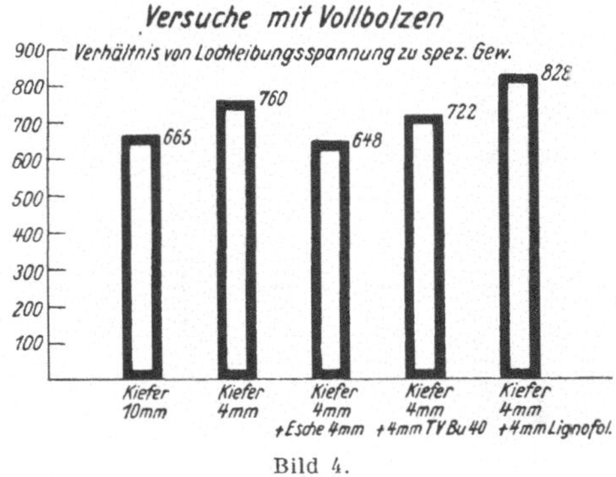

Bild 4.

Bild 5 zeigt einen 60 mm breiten Holm, der beidseits mit 2,0 mm starken Birkensperrholz diagonal abgesperrt ist.

Mit diesem Versuchsstück wurden folgende Versuche angestellt:

1. das Versuchsstück war aus 10 mm starken Kiefernlamellen hergestellt,
2. auf beiden Seiten waren 10 mm starke TV Bu 40-Bretter aufgeleimt,
3. auf beiden Seiten waren 10 mm starke Lignofolbretter aufgeleimt, das entsprechende Kiefernholz war weggenommen (ebenso bei 2).

Es ergaben sich folgende Versuchsergebnisse.

Versuchsergebnisse mit Rohrnieten.					
	Rohrniete ϕ	Lochleibefläche cm²	Bruchlast P_K	Lochleibefestigkeit σ_L	Spez. Gewicht g/cm³
1. Nur Kiefer	12·1,5	7,2	1640	228	0,54
2. 10 mm stark TV Bu	12·1,5	7,2	1950	271	0,668
3. 10 mm stark Lignofol	12·1,5	7,2	3500	486	0,86
Versuchsergebnisse mit Bolzen.					
	Bolz. ϕ				
1. Nur Kiefer	12	7,2	2390	332	0,54
2. 10 mm stark TV Bu	12	7,2	3355	466	0,668
3. 10 mm stark Lignofol	12	7,2	5510	766	0,86

Bild 6 zeigt das Verhältnis der Lochlaibefestigkeit zum spezifischen Gewicht. Man sieht, daß trotz des hohen spezifischen Gewichts des Lignofols von 1,35 g/cm³ das Verhältnis von Lochlaibefestigkeit zu spezifischem Gewicht für die Längeneinheit, der durch Lignofol verstärkte Holm wesentlich günstiger liegt, als der reine Kiefernholm.

Zusätzlich gewinnt man natürlich dadurch, daß nur noch die halbe Nietzahl erforderlich ist, noch an Beschlagsgewicht.

Versuch 2 zeigt uns fernerhin, daß bei Verwendung von reinen Kiefernholmen die Lochlaibefestigkeit der Vollbolzen sich zu der Lochlaibefestigkeit der Rohrniete entsprechend den Trägheitsmomenten verhält. Der Bruch trat auf reine Laibung auf, dadurch, daß die Bolzen bzw. Rohrniete bei dem breiten Holm stark auf Biegung beansprucht wurden und die äußeren Fasern des Holms durch die Biegung der Bolzen bzw. Nieten auf Lochlaibung stark überbeansprucht wurden.

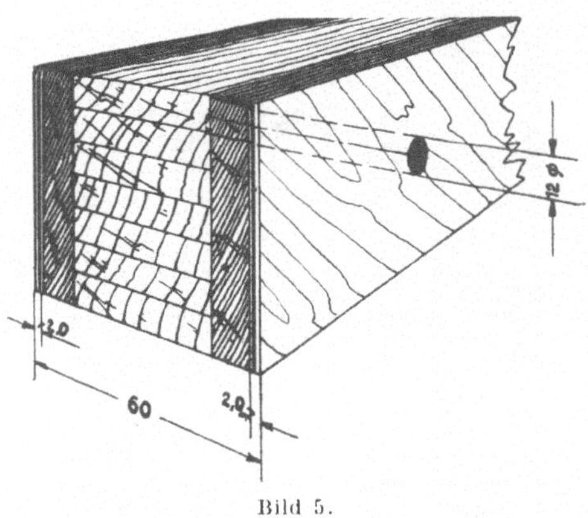

Bild 5.

Die Lochlaibefestigkeit des Vollbolzens Dmr. 12 in dem 60 mm breiten Kiefernholm bezogen auf die Gesamtlänge des Bolzens, verhielt sich zur Lochlaibefestigkeit des Nietes 12 × 1,5 wie $\frac{332}{228} = 1,45$; das Trägheitsmoment des Bolzens verhält sich zu dem des Nietes wie $\frac{0,1035}{0,0696} = 1,48$.

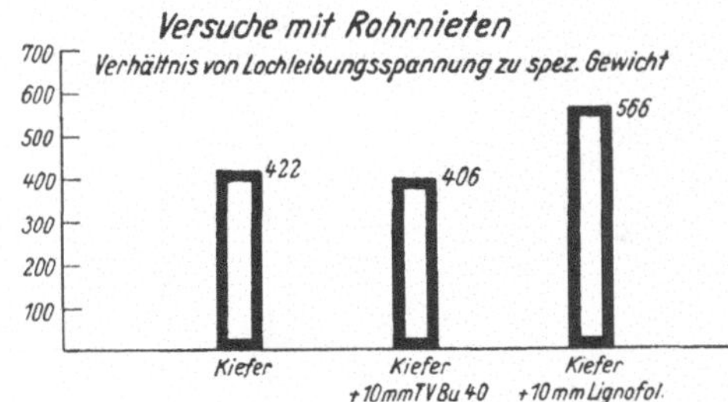

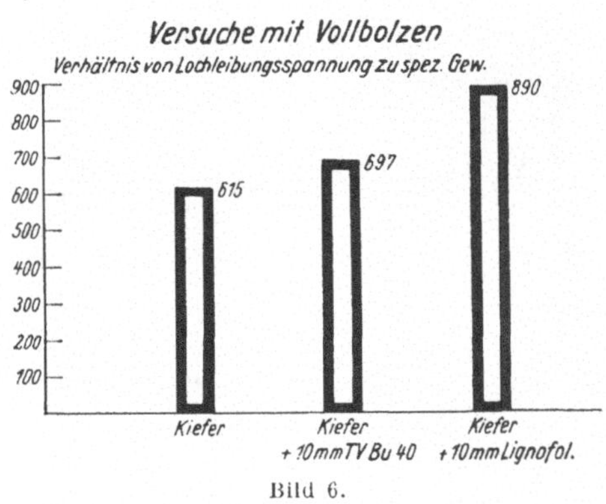

Bild 6.

Bild 7, 8 und 9 zeigen die Bruchstücke. Die angestellten Versuche zeigen, daß man bei Verwendung des geeigneten Materials die Lochlaibefestigkeit wesentlich heraufsetzen kann. Wenn auch die aufgewendete Arbeit zur Ausführung eines solchen Anschlusses größer ist als bei Normalausführung in Kiefer, wird man doch bei breiten Holmen aus oben angeführten Gründen zu der vorgeschlagenen Ausführung greifen.

Bild 10 zeigt den Hauptholmanschluß einer Sonderausführung des »Kranich«, bei dem, bedingt durch den breiten Holm von 75 mm, beidseits 10 mm Lignofol eingeschäftet wurden.

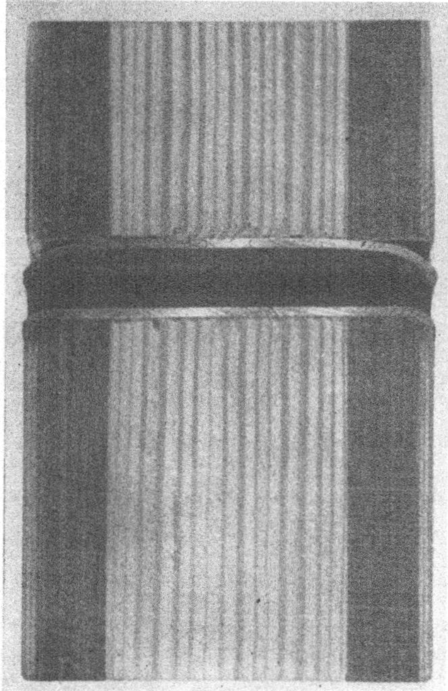

Bild 7.

Bild 8.

Neben den Maßnahmen, die, wie oben beschrieben, eine Erhöhung der Lochlaibefestigkeit bei geringstem Gewichtsaufwand in sich einschließen, ist gerade bei der normalen Beschlagsausführung, d. h. bei seitlich auf den Gurten liegenden Laschen ein wesentlicher Faktor zu beachten. Der Flügel-Rumpf-Zusammenschluß ist neben anderen ähnlichen Baugliedern die Stelle, an der sich infolge der erhöhten Spannungsanhäufung eine Kerbstelle bilden kann, die u. U. den Bruch einer Maschine nach sich zieht.

Bild 9.

Die Deutsche Forschungsanstalt für Segelflug hat die Tragfähigkeit des Holmmittelstücks des Segelflugzeugmusters »Sperber sen.« einer Weiterentwicklung des »Sperber« versuchsmäßig nachgeprüft. Der Versuch wurde von Herrn Schünemann von der Deutschen Forschungsanstalt für Segelflug ausgeführt. Es soll wegen der Erkenntnisse, die dieser Versuch geliefert hat, an dieser Stelle darauf eingegangen werden.

Wie aus Bild 11 ersichtlich ist, wurde ein Flügelmittelstück, wie es am »Sperber sen.« und anderen Segelflugzeugmustern in Mitteldeckerbauweise vorliegt, untersucht. Die maximalen Beanspruchungen für diesen Bereich bringt beim »Sperber sen.« der A-Fall. Der Holm ist im A-Fall-Druckmittel gelagert. Der Bruchbefund des Versuchsstücks zeigte wohl ausreichende Festigkeit, ließ jedoch die ungünstige Einleitung der Kräfte durch den Rumpfaufhängebeschlag auf starke Kerbwirkung bzw. örtliche Spannungsanhäufung schließen.

Gerade die Kerbstelle am Rumpfaufhängebeschlag durch obige Einflüsse ist um so kritischer, weil zusätzlich noch Kerbwirkung durch das Endigen der auf Biegung mittragenden Torsionsnase sowie den Hilfsholm und die evtl. vorhandene Beplankung zwischen Haupt- und Hilfsholm hinzu kommt. Um über die wirklich auftretenden Beanspruchungen Aufschluß zu erhalten, wurden mit dem Versuchsstück mit der normalen Beschlagsausführung 2 Versuche angestellt.

Die beiden Versuche 1 und 2, unterscheiden sich dadurch (Bild 12):

Bei Versuch 1 waren die beiden Rumpfaufhängebolzen nicht miteinander verbunden, bei Versuch 2 war, um die Verhältnisse am Flugzeug wiederzugeben, zwischen die Bolzen ein Stahlrohr gelegt.

Die Steifigkeit dieses Verbindungsrohres entsprach ungefähr der des Hauptspantes, an dem die Rumpfaufhängebeschläge sitzen. Die beiden Ausführungen wurden untersucht, um den Einfluß der durch den Hauptspant am Flugzeug vorhandenen elastischen Verbindung beurteilen zu können.

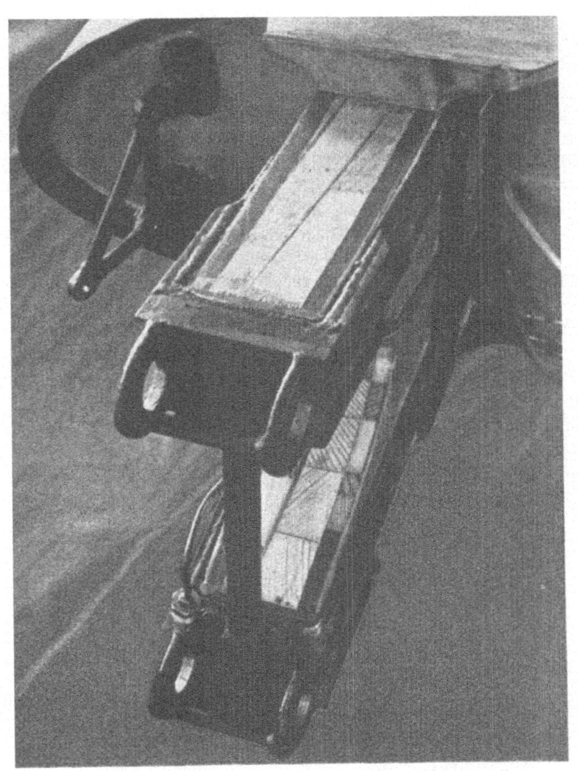

Bild 10.

Bild 12.

Bild 11.

Die Verbindung entlastet bei A-Fall-Beanspruchung dadurch, daß sie Zugspannungen übernimmt. Wie aus den aufgetragenen Dehnungen zu ersehen ist, ist der Anteil jedoch gering. An der Form der Dehnungen und an dem ungünstigen Verlauf hat die Verbindung nichts geändert. Bei beiden Versuchen nahmen die Bedingungen vom Ende des Beschlags nach Holmmitte hin stark zu, entgegen den rechnerisch nach $\sigma = \dfrac{M}{J} \cdot e$ ermittelten Spannungen, die nach Flugzeugmitte hin abnehmen müßten.

Dieses Spannungsmaximum ist insofern äußerst kritisch, weil zu der dadurch verursachten erheblichen Kerbwirkung noch die Kerbstelle durch Aufhören von Torsionsnase usw. kommt.

Bild 13 zeigt die Dehnungen längs der Unterkante des Holms bei Versuch 1; die Achse der Beschlagslasche liegt nahezu parallel zur Unterkante Holm, die Rumpfaufhängebolzen sind nicht verbunden.

Bild 14 zeigt die Dehnungen für die beiden Versuche übereinander aufgetragen. Wie schon oben erwähnt, ist durch das Verbindungsrohr bei Versuch 2 wohl eine Abnahme der Dehnungen und damit der Zugspannungen zu verzeichnen. Der Verlauf der Dehnungen hat sich jedoch nicht geändert, d. h. die Kerbstelle am Anfang des Beschlags wurde nicht beseitigt.

Bild 15 zeigt das Versuchsstück nach dem Bruch.

Der letzte Bolzen des unteren Beschlags ist einseitig abgeschert und der durch den Beschlag gefaßte Holzteil ist in

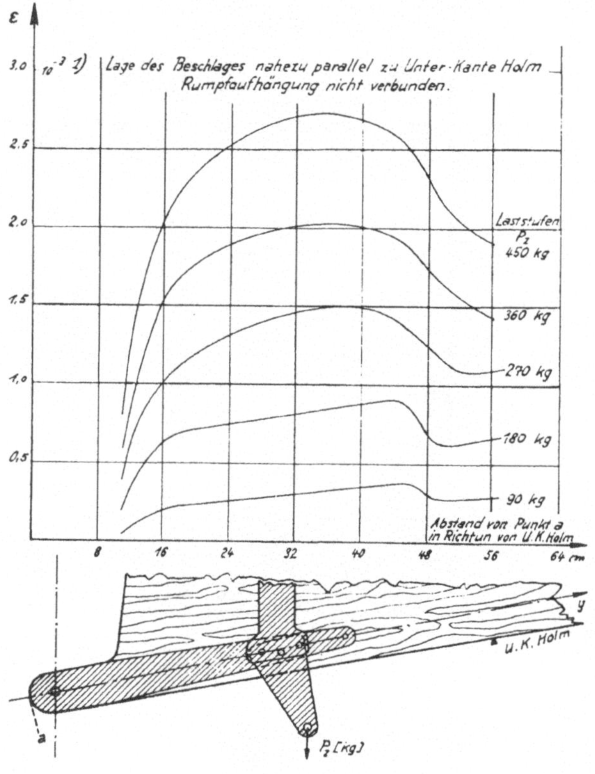

Bild 13.

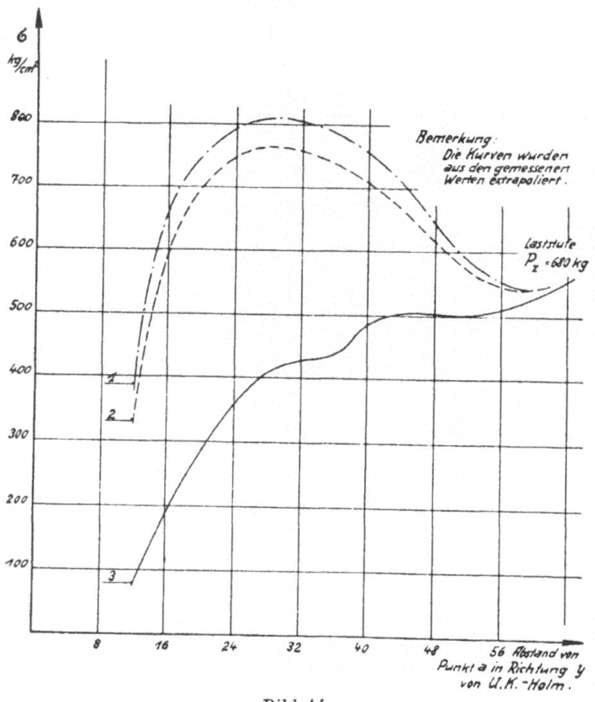

Bild 14.

der durch den Rumpfaufhängebeschlag örtlich besonders hoch beanspruchten Zone auf Zug sowie längs der oberen Bolzenreihe des Beschlags auf Schub weggegangen.

70

Bild 16 zeigt Versuch 3, bei dem die unteren Laschen stärkere V-Stellung erhielten. Da angenommen werden konnte, daß die maximalen Spannungen infolge Kraftzusammenflusses nach Mitte Holm zu größer sein konnten als an den Außenkanten des Holms wurden die Dehnungen längs der Ober- und Unterkante des Holms in Gurtmitte, sowie seitlich an den Holmgurten gemessen. Der Dehnungsverlauf an Unterkante Holm, also da, wo die Lasche mit der größeren V-Stellung sitzt, ist auf Bild 17 aufgetragen.

Es ist deutlich zu ersehen, daß das Spannungsmaximum von Versuch 1 und 2 vollkommen beseitigt ist, die Dehnungen nehmen entsprechend der Kraftaufnahme der einzelnen Beschlagsbolzen stetig nach innen zu ab. Bild 14 zeigt den Dehnungsverlauf der 3 Versuche.

Auf Bild 18 ist der Dehnungsverlauf längs der Oberkante des Holms aufgetragen. Es zeigt sich, daß bei anwachsender Beanspruchung eine geringe Neigung zur Bildung einer örtlich erhöhten Druckspannung im Obergurt unmittelbar vor der senkrechten Verbindungslasche besteht. Obgleich Lasche und Obergurt nahezu parallel verlaufen, ist der Spannungsanstieg jedoch nur unerheblich.

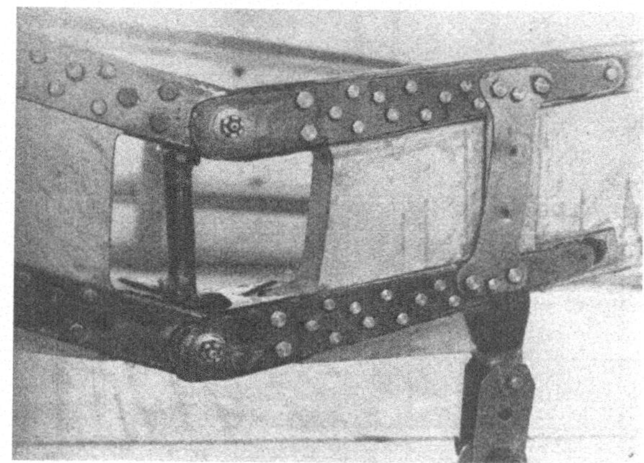

Bild 15.

Die Ursache für das günstigere Verhalten des Obergurts gegenüber dem Untergurt dürfte vor allem darin zu suchen sein, daß die Druck- und Schubflächen im Obergurt gemeinsam gleichzeitig zur Aufnahme der Kräfte herangezogen werden, während im Untergurt die Zugbeanspruchung die Schubbeanspruchung wesentlich überwiegt. Zu berücksichtigen ist ferner noch, daß ein Teil der Druckspannungen des Obergurts unmittelbar auf Stirndruck am Beschlag abgesetzt werden.

Wie schon eingangs erwähnt, wurden, um ein Maß für den Spannungsverlauf über die gesamte Holmhöhe zu haben, die Dehnungen auch seitlich an den Gurten gemessen.

Bild 19 zeigt den Dehnungsverlauf. Es zeigt sich, daß im Innern der Gurte, vor allem im Untergurt, durch die stärkere V-Stellung der unteren Laschen keine Spannungserhöhung eingetreten ist.

Um ein Bild über die erhöhte Tragfähigkeit des Versuchsstücks unter statischer Last gegenüber der Normalausführung zu erhalten, wurde bis zum Bruch belastet. Der Bruch (Bild 20) trat bei einer Beanspruchung, die 10% über der von Versuch 1 liegt, ein. Die Bruchursachen waren jedoch ganz anderer Natur als bei Versuch 1 und 2. Während bei diesen, wie schon erläutert, der Untergurt durch P_z seine Tragfähigkeit verlor, wurde bei Versuch 3 das Verbindungsrohr zwischen den beiden Beschlagsbolzen zusammengedrückt. Die Ursache hierfür lag darin, daß durch die stärkere V-Stellung der Untergurtbeschläge das Verbindungsrohr bei A-Fall-Belastung stark auf Druck beansprucht wurde. Das Rohr war gegenüber Versuch 1 und 2 nicht verstärkt worden.

Durch das Nachgeben des Rohrs wurden die Beschlagslaschen des Untergurts stark auf Biegung beansprucht.

Hierdurch riß eine Lasche im Zugbereich ein und die Bolzen laibten im Holzquerschnitt aus.

Durch geringes Mehrgewicht, dadurch daß man das Verbindungsrohr entsprechend der Druckkraft, die es erhält, verstärkt und dadurch, daß man die Beschlagslaschen, be-

Der Kraftfluß kommt in einem verhältnismäßig breiten Band vom Außenflügel her an und wird unter dem Zwang der Gurtbeschlagslaschenkraft sowie der Rumpfaufhängebeschlagskraft nach der Unterkante des Holmes hin abgebogen.

Bild 16.

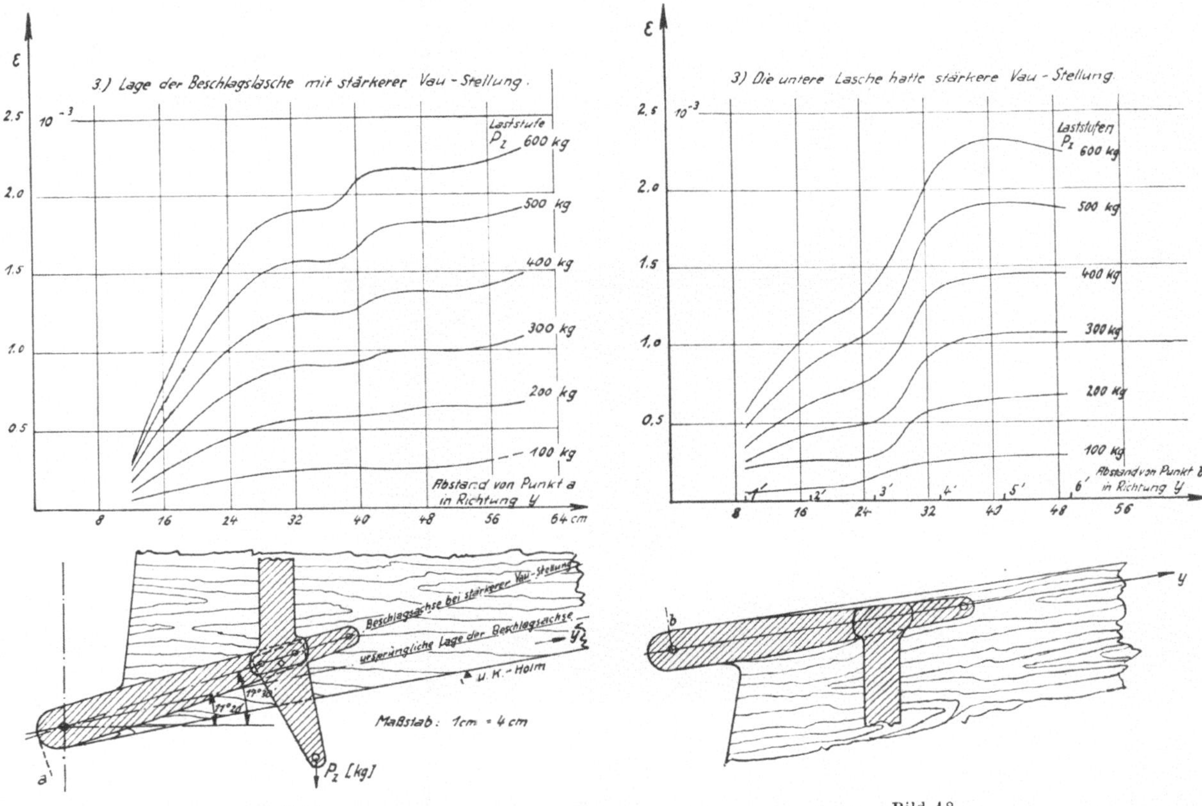

Bild 17.

Bild 18.

sonders im Innenbereich, mit einer Bördelkante versieht, kann die Tragfähigkeit des Flügelmittelstücks noch beträchtlich erhöht werden.

Bild 21 zeigt den schematischen Verlauf des Kraftflusses im Untergurt wie er sich bei Versuch 1 und 2 einstellt.

Durch dieses Abbiegen und Zusammenpressen des Kraftflusses im Untergurt treten gerade im Bereich der Bohrlöcher Spannungen auf, die hoch über den nach der einfachen Biegeformel $\sigma = \dfrac{M}{J} \cdot e$ gerechneten Spannungen

liegen werden. Das Kraftflußbild zeigt, daß die Lasche für
die Aufnahme der Rumpfaufhängebeschlagskräfte recht
ungünstig angeordnet ist, denn

1. wird die Rumpfaufhängekraft recht tief eingeleitet,
2. wird der Gurt in einem außerordentlich hoch beanspruchten Bereich durch die Bohrlöcher stark ge-
   schwächt.

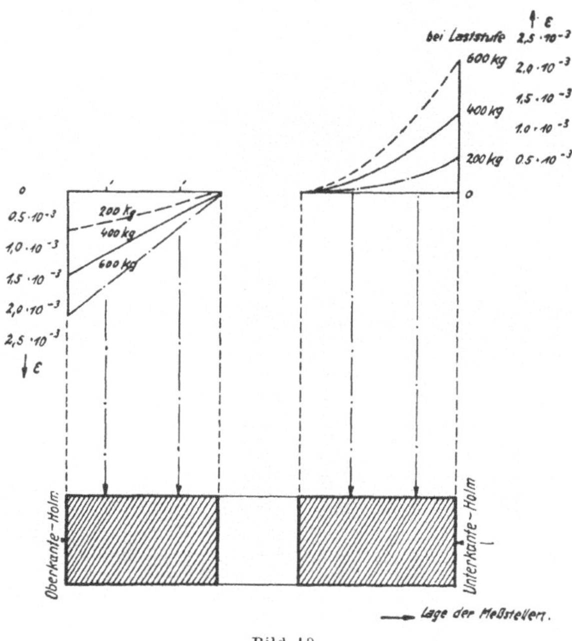

Bild 19.

Man muß demnach bei derartigen Beschlagsanordnungen
bestrebt sein, die Einleitungspunkte der Rumpfaufhängebeschlagskräfte möglichst von der Unterkante Holm weg
und in einen Bereich geringerer Spannungen zu legen.

lich günstigere Verhältnisse liefern dürfte als die ursprüngliche Ausführung.

Eine ähnliche Beschlagsausführung, wie die der vorer-
wähnten Maschinen in Mitteldeckerbauweise (»Sperber«,
»Habicht«, »Kranich«) haben wir auch beim »Bussard«,
einem Hochdecker. Bei einem Bruchversuch mit der A-Fall-
Belastung trat ein ähnlicher Bruch ein, wie der oben beim
»Sperber sen.« erläuterte.

Bild 24 zeigt eine Gesamtansicht des Versuchsstücks,
und zwar unter A-Fall-Belastung. Der Holm liegt auf dem
Rücken.

Bild 25 zeigt den Beschlag nach dem Bruch, der ähnlich
wie beim »Sperber sen.« erst weit über der Mindestbruch-
festigkeit eintrat. Auch hier liegt die Achse des Beschlags
nahezu parallel zur unteren Holmkante; die Bolzen zur Aufnahme der Rumpfaufhängebeschlagskräfte sitzen jedoch
in einem weniger hochbeanspruchten Teil des Untergurts
am Ende des Beschlags.

Das Bild zeigt den Zug-Schubbruch des Holms am Unter-
gurtbeschlag.

Der oben besprochene Versuch mit dem Mittelstück des
»Sperber sen.«, ebenso wie der kurz erläuterte Versuch mit
dem »Bussard«-Flügel, zeigen, daß besonders dann, wenn
senkrecht zum Gurt große Kräfte eingeleitet werden, äußerst
ungünstige Beanspruchungen auftreten können und daß
man die hierdurch entstehenden Kerbstellen auf einfache
Art und Weise ohne großen Gewichtsaufwand weitgehendst
beseitigen kann.

Bild 26 zeigt nochmal die Beschlagsausführung bei der
Weiterentwicklung des Segelflugzeugmusters »Kranich«.
Das Bild zeigt einmal die im Untergurt eingeschäftete Ligno-
folbeilage, andererseits sieht man die stärkere V-Stellung
der Untergurtlasche. Die Bolzen zur Aufnahme der Rumpfaufhängebeschlagskräfte sitzen in einem wesentlich weniger
hoch beanspruchten Bereich.

Bild 27 zeigt die Hauptholmbeschlagsausführung, wie
sie bei dem Segelflugzeugmuster »Reiher« gewählt wurde.
Der Holm ist 150 mm breit, die Gurte sind 35 bis 40 mm
stark. Es war unter diesen Umständen unmöglich, wie bei

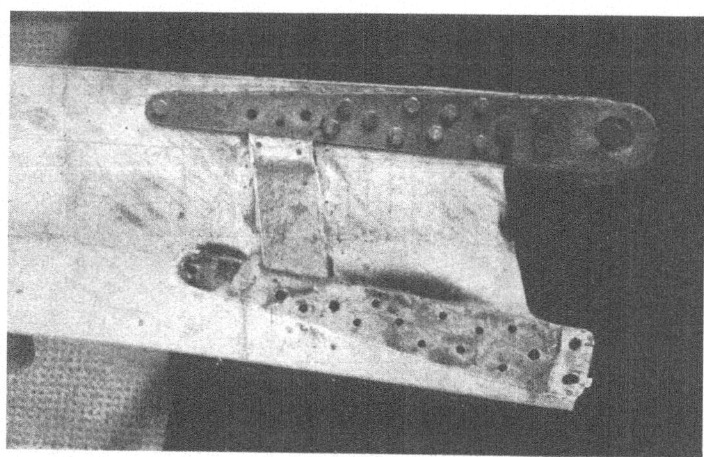

Bild 20.

Bild 22 zeigt den wesentlich günstigeren Kraftfluß im
Untergurt bei Versuch 3; der Kraftfluß im Holmgurt wird
stetig durch die Bolzen übernommen und auf die Laschen
übertragen.

Bild 23 zeigt eine weitere Möglichkeit, die untere Beschlagslasche auszuführen. Sie wurde jedoch nicht untersucht, obgleich auch sie, wie Versuchsausführung 3, wesent-

den normalen Holmausführungen der bekannten Segelflugzeugmuster »Kranich«, »Habicht«, »Sperber« usw., die Beschlagslaschen seitlich auf die Gurte zu legen. Bei der vorliegenden Ausführung wurden die Gurte jeweils wie mit
einer Zange oben und unten gefaßt. Die Rohrniete trugen
wegen der geringen Gurtstärke auf ihre ganze Länge. Zur
Überleitung von Zugkräften aus dem Gurt in den Beschlag

72

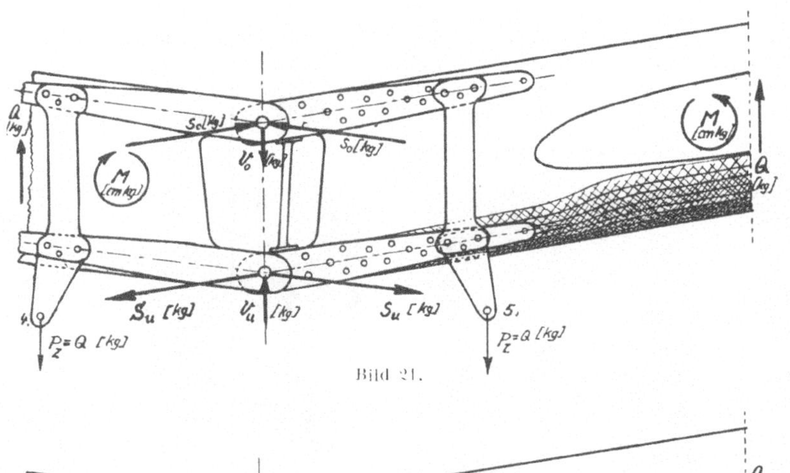

Bild 21.

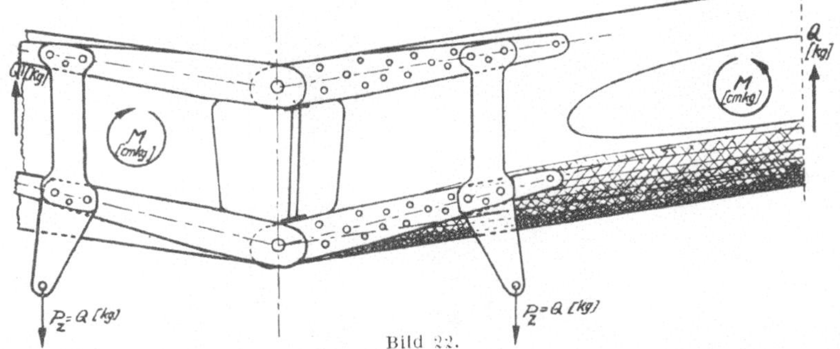

Bild 22.

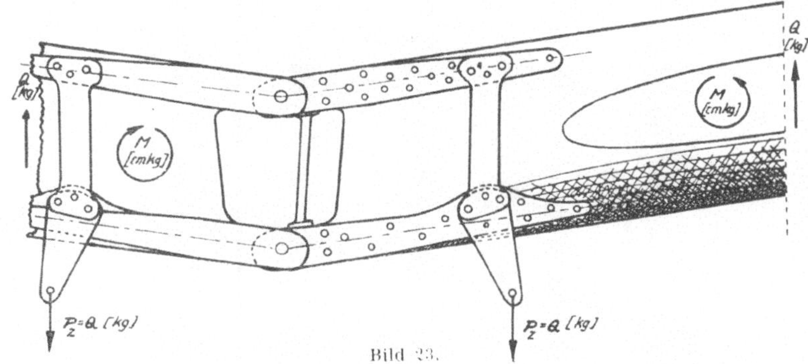

Bild 23.

Bild 24.

werden alle Rohrniete herangezogen. Die Druckkräfte werden jedoch nur durch die im Bereich der Dopplung sitzenden
Nieten, sowie durch Stirndruck auf den Beschlag übertragen. Das Bild zeigt den Rumpfaufhängebeschlag auf

B.B. Durch die gewählte Ausführung in Stahlrohr werden
die Rumpfaufhängebeschlagskräfte einwandfrei übertragen
und örtliche Spannungserhöhungen vermieden.
Bild 28 zeigt den gleichen Beschlag von unten gesehen.

Bild 25.

Bild 26.

Bild 27.

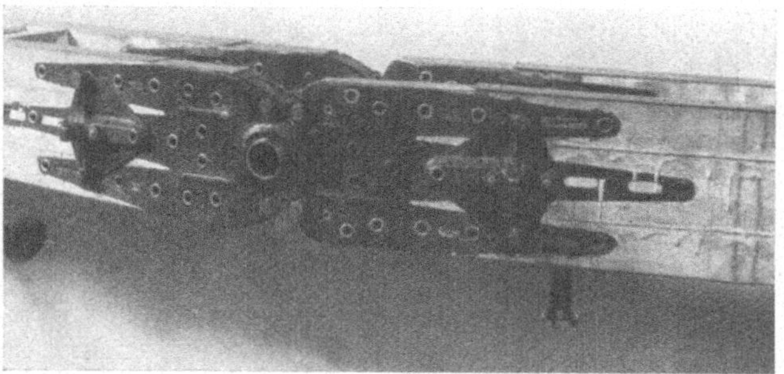

Bild 28.

Les ondes de remous dans les Alpes.

Dr. Externbrink, Darmstadt.

D'après Vegener, les ondes de remous se forment quand une couche de barrage se trouve à une faible hauteur au-dessus de l'obstacle. Dans les couches inférieures, le mouvement du vent peut être faible, pendant qu'au-dessus le vent ascendant s'établit. Une masse d'air homogène (p. ex. air polaire) ne donne pas lieu à la formation d'ondes de remous, comme les masses d'air stratifié (air tropical maritime) où elles se forment facilement. Suivant les lois de l'hydrodynamique audessus de l'obstacle pendant que l'air est accéléré, il se produit une diminution de pression. En ce lieu, l'inversion est abaissée. C'est l'impulsion pour le départ du remous. Mathématiquement, on peut démontrer la formation d'une onde instable le long de la surface de séparation. Dans l'atmosphère libre, l'inversion n'est pas une solution de continuité mathématique mais bien une couche de mélange.

Tant plus cette couche approche de la théorie de discontinuité (saut de température), tant plus on peut prononcer l'arrêt du mouvement vertical de l'onde.

A la couche de séparation dans un tel cas, il se forme de nombreux très petits tourbillons. Les trois points suivants sont à la base de nos connaissances sur les ondes de remous:

1º La longueur d'onde varie avec la vitesse du vent;

2º Sur les nuages des ondes de remous de petite longueur d'onde, on voit parfois pendre des petites bandes descendantes, pour les ondes de grande longueur, non. Ceci indique grosse modo la stabilité et l'instabilité;

3º En regardant dans la direction du vent, on rencontre d'abord le vent descendant, puis le vent ascendant. Ceci vient de ce que l'impulsion qui génère la première onde vient d'en haut.

Obstruction Waves in the Alps.

Dr. Externbrink, Darmstadt.

According to Wegener, obstruction waves take place if a "blocking layer" (inversion) occurs at a small height above the obstruction. In the lower layers the wind movement may be slight, the up-currents occuring at considerable altitude. Homogeneous air masses (such as polar air) do not form obstruction waves. Layered air masses (subtropical warm air) do. In accordance with hydrodynamic laws, just over the peak, where the air is accelerated, there occurs a reduction in pressure. The inversion bends down as a result, and this is the impulse for the wave. Mathematically, the occurrence of an unstable wave at the boundary layer can be proved. In the free atmosphere, however, an inversion is no mathematical surface of discontinuity, but is a mixing layer. The more the mixing layer approaches the theoretical discontinuity conditions, the better is the development of the wave up-current. The boundary region is always in a state of fine turbulence. There are three important conditions in the development of obstruction waves, which are:

1. Wave length altering according to the wind speed.

2. From obstruction wave clouds of short wave length, one sometimes sees cloud strips broken away, but in the case of long waves this does not occur.

3. Looking in the wind direction, one meets first the down-current, and then the up-current. That results from the wave impulse coming from above.

Hinderniswogen in den Alpen.

Von Dr. Externbrink, Darmstadt.

Nach Wegener treten Hinderniswogen auf, wenn eine Sperrschicht in geringer Höhe über dem Hindernis liegt. In den unteren Schichten kann schwache Windbewegung sein, während hoch oben der Aufwind einsetzt. Homogene Luftmassen (z. B. Polarluft) geben keine Hinderniswogen, geschichtete Massen (suptropische Warmluft) wohl. Entsprechend der Hydrodynamik entsteht, knapp über dem Hindernis, d. h. da, wo die Luft beschleunigt wird, eine Druckverminderung; die Inversion biegt sich nach unten durch. Das ist der Impuls für die Woge. Mathematisch läßt sich das Entstehen einer instabilen Welle an der Grenzfläche nachweisen. In der freien Atmosphäre ist aber eine Inversion keine mathematische Diskontinuitätsfläche, sondern eine Mischungsschicht. Je mehr sich die Mischungsschicht der theoretisch geforderten Diskontinuität nähert, um so besser entwickelt sich der Wogenaufwind. Die Grenzfläche ist stets ganz fein verwirbelt. Es sind insbesondere 3 Momente in der Entwicklung der Hinderniswogen, die festgelegt werden müssen:

1. Die gleichsinnig mit der Windgeschwindigkeit veränderlichen Wellenlängen,

2. Aus Hinderniswogenwolken kleiner Wellenlänge sieht man zuweilen Fallstreifen hängen, aus solchen großer Wellenlänge nicht. Das zeigt ganz grob Instabilität und Stabilität an.

3. In Windrichtung gesehen, trifft man zuerst den Abwind und dann den Aufwind an. Das kommt von dem von »oben« kommenden Wogenimpuls.

Le onde di risucchio sulle Alpi.

Dr. Externbrink, Darmstadt.

Secondo Wegener le onde di nisucchio si formano, quando uno strato di sbarramento si trova a bassa quota al di sopra dell'ostacolo. Negli strati inferiori il vento puó essere debolissimo, mentre in alto si hanno le ascendenze. Masse d'aria omogenee (ad es aria polare) non danno luogo alla formazione di onde di risucchio, mentre masse d'aria stratificate (aria tropicale marittima) vi si prestano facilmente. Secondo le leggi dell'idrodinamica sopra l'ostacolo, cioé laddove l'aria é accelerata, si ha una diminuzione di pressione. In quel punto l'inversione si abbassa. Questo é il punto ci partenza per l'onda. Matematicamente si puó dimonstrare la formazione di un'onda instabile lungo lo strato di sbarramento. Ma nella libera atmosfera l'inversione non é una soluzione di continuitá matematica ma bensi uno strato di rimescolamento. Quanto piú questo strato si avvicina alla discontinuitá teorica (salto di temperatura), tanto piú pronunciato resta il movimento verticale dell'onda. Lo strato di separazione é in tal caso formato da tanti piccolissimi vortici. Tre sono le nozioni che finora sono a base delle nostre conoscenze in tema delle onde di risucchio: 1) la lunghezza d'onda varia colla velocitá del vento, 2) dalle onde di piccola lunghezza si vedono talvolta sporgere piccole strisce discendenti, da quelle di grande lunghezza no. Ció indica grosso modo le condizioni di stabilitá e instabilitá, 3) Camminando in direzione del vento, si incontra prima la discendenza e poi l'ascendenza. Cio dipende dall'impulso proveniente dall'alto, che genera la prima onda.

Die Grundlagen des Wellensegelfluges.

Wenn wir auf die Geschichte des Segelfluges zurückblikken, so ist diese Schau eng mit dem Studium der Energiequellen in der Atmosphäre verknüpft, die sich der Segelflug nutzbar gemacht hat. Im Vordergrund stehen vor allen Dingen der Hang- und Thermiksegelflug. — Wohl niemand hat bei den ersten Hangsegelflügen geahnt, daß gerade der Hang, oder besser, das Hindernis den Segelflieger befähigen würde, große Höhen aufzusuchen. Es scheint heute als sollte sich den beiden erwähnten Segelflugarten der Wellensegelflug gleichberechtigt an die Seite stellen. — Bei den in Rede stehenden Wellen handelt es sich — ganz allgemein gesprochen — um eine Naturerscheinung, die im Lee von größeren Hindernissen auftritt, die teilweise, wenn die Kondensationsverhältnisse günstig sind, als linsenförmige Wolke sichtbar wird. Bild 1 zeigt eine solche Wolke schematisch, sie ist in der Meteorologie bekannt als »Hinderniswoge«. Man sieht einen scharf abgesetzten Oberrand; die Basis ist unregelmäßig und als Ganzes hängt die Wolke im Lee etwas tiefer und ist dort deutlich zerfasert.

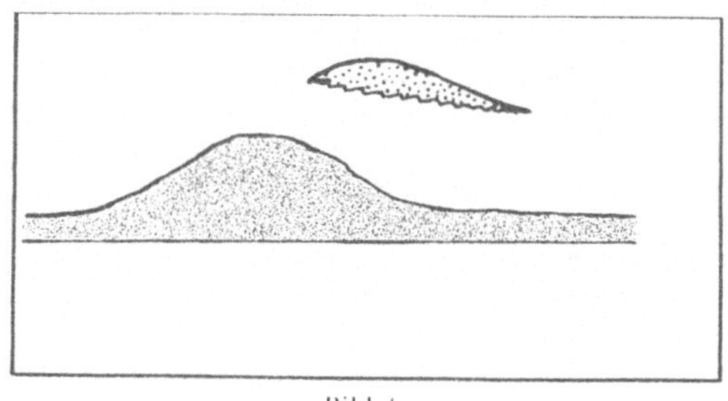

Bild 1.

Es ist kaum anzunehmen, daß die großen Wellen, die bisher allein bewußt vom Segelflug ausgenutzt worden sind, denselben nennenswert beeinflussen werden. Es ist allein schon durch die Seltenheit ihres Auftretens bedingt. Jedoch unsere Erfahrungen im Alpengebiet zeigen, daß man zwischen großen Föhnwolken, die nur bei großen Windgeschwindigkeiten entstehen, und den »täglichen Wellen« unterscheiden muß, ähnlich dem Unterschied zwischen großen Kumulonimbus und dem kleinen Schönwetterkumulus. Der Segelflug in der täglichen Welle kann genau so wie der gewöhnliche Thermikflug bei gutem Strahlungswetter betrieben werden, alleinige Voraussetzung ist lediglich günstiges Flugwetter. Im Bild 2 sind zwei Barometerschriebe und die dazugehörige Temperaturverteilung kopiert. Beim ersten Schlepp sieht man, daß in etwa 5000 m Höhe das Fallen zurückgeht. Die Welle war nicht sichtbar, der Pilot flog daran vorbei. Beim zweiten Schlepp, der sofort anschließend gemacht wurde, hat der Flugzeugführer die Welle gefaßt und steigt. — Wir werden später noch einige Eigentümlichkeiten an dieser Darstellung besprechen.

A. Beobachtungen und Erfahrungen.

Unsere praktischen Kenntnisse von den Hinderniswogen seien kurz zusammengefaßt:

1. Wellen kleinerer Wellenlängen bilden sich hinter einzelnen überströmten Hindernissen bei Windgeschwindigkeiten zwischen 10 und 50 km/h (tägl. Welle).

2. Die Wellen sind ortsfest. Die Luft bewegt sich durch den Wellenraum.

3. Wächst die Windbewegung über 50 km, so erzeugen Gebirgszüge, die quer zur Windrichtung stehen, Wellen mit großer Wellenlänge (Föhnwelle).

B. Thermische und experimentelle Erklärungen.

Einige Ausführungen aus der dynamischen Meteorologie werden den Sachverhalt klarstellen. Soweit bekannt ist, hat A. Wegener zuerst versucht, die Ursachen der Entstehung von Hinderniswogen zu erklären. Er ging von der Betrachtung einer Grenzfläche oder Inversion aus, die über dem Hindernis liegt. Der Hangaufwind hebt die Inversion an (Bild 3) und erzeugt dadurch die Woge. So einleuchtend die Erklärung ist, so unbefriedigend ist sie für den Segelflug, denn wir wissen ja, daß der Hangaufwind nur begrenzt wirksam ist. Andrerseits kennen wir von unseren Flügen her Wellen, die in so großer Höhe standen, daß Bodenreibungserscheinungen und ähnliche Fragen nicht in Betracht gezogen werden können. Freilich an die Existenz einer Inversion oder dynamisch gesprochen Diskontinuität ist die auftretende Welle gebunden. — Bei der Behandlung der Wogenwolken, jener kleinen weißen Wogenwolken, die überall auf-

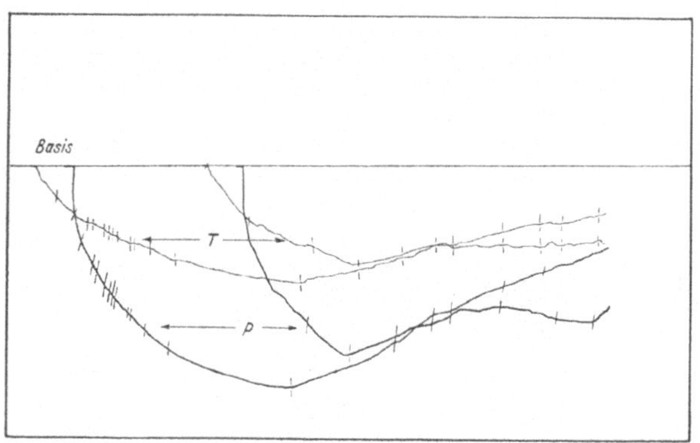

Bild 2.

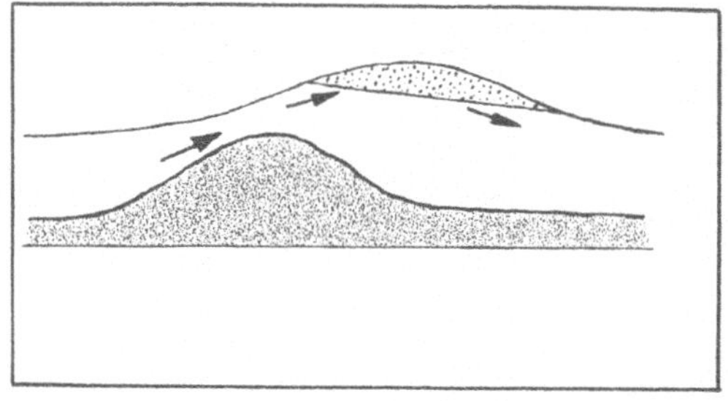

Bild 3.

treten, erkannte Helmholtz deren Abhängigkeit von einem Wind- und Dichtesprung, Bedingungen, die fast stets von den atmosphärischen Grenzflächen erfüllt werden. Betrachten wir nun isoliert die Strömungsvorgänge an einem Hindernis, so erhalten wir das in der Figur (Bild 4) wiedergegebene altbekannte Bild. Die Luft erfährt über dem Hindernisgipfel eine Beschleunigung. Legen wir nun in einer beliebigen Höhe eine Grenzfläche hinein, längs der der Druck hydrostatisch gegeben ist (hydrostatische Druckunterschiede sollen nennenswert nicht auftreten), so muß sich unter dem Einfluß des Hindernisses infolge der Druckverminderung die Grenzfläche durchbiegen. Das bedingt, daß die strömende Luft unmittelbar unter und über der Grenzfläche aus dem Gleichgewicht gebracht wird. Hinter dem Hindernis versucht die Luft dieses Gleichgewicht wieder herzustellen und schwingt nun, infolge des Gewinnes an vertikal gerichteter kinetischer Energie nach der andern Seite aus dem Gleichgewicht. Dieses Pendeln um die Gleichgewichtslage ist — nebenbei bemerkt — eine sehr häufige Erscheinung in der Atmosphäre.

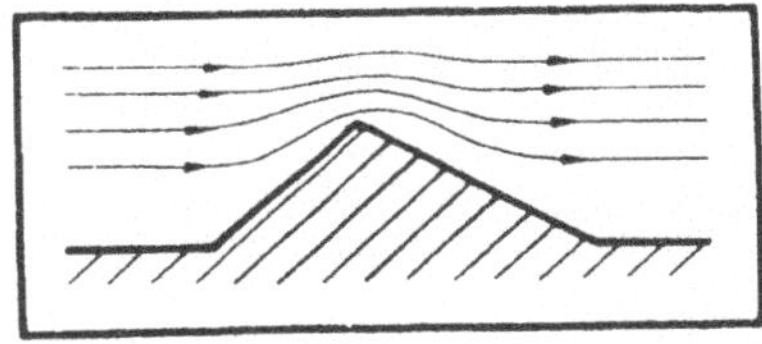

Bild 4.

Auf diesem Wege kommen wellenförmige Störungen an die Grenzfläche. Die Ortsfestigkeit dieser Störungen hat zur Folge, daß sie instabil sind. Praktisch bedeutet dies, daß nach dem Bernoullischen Gesetz an den durchbogenen Stellen Unterdruck herrscht, da sich die Stromlinien dort drängen. Damit kommt man zu der von Prandtl dargestellten Grenzfläche (Bild 5), die er aus einem Versuch gewonnen hat, indem eine schwache gewellt, nicht deformierbare dünne Wand in eine strömende Flüssigkeit gestellt wurde. Man sieht ganz klar die Wellen mit Unterdruck (—).

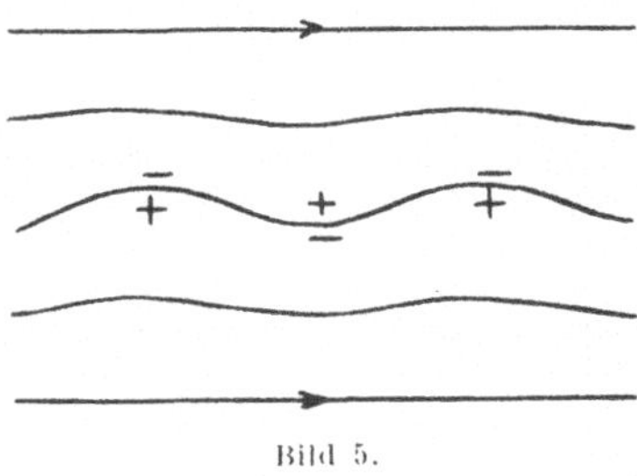

Bild 5.

Durch den Versuch wird anschaulich dargetan, daß wellenförmige Störungen in strömenden Medien zeitlich anwachsen müssen. — Besonders einleuchtend lassen sich diese Fragen theoretisch diskutieren. Dabei möchte ich aber nicht versäumen, auf den erheblichen Unterschied zwischen Wellen an einer freien und einer inneren Grenzfläche hinzuweisen. In der Atmosphäre sind es stets innere Wellen. — Für die Wellenlängen, die hier in Frage kommen, ist die Energiequelle gravitationell-kinetisch. V. Bjerknes entwickelt die Fortpflanzungsgeschwindigkeit von Wellen an einer inneren Grenzfläche zweier homogen-inkompressibler Medien zu

$$\omega = \frac{Q\,U + Q'\,U'}{Q + Q'} \pm \sqrt{\frac{g}{\mu}\,\frac{Q - Q'}{Q + Q'} - Q\,Q'\left(\frac{U' - U}{Q + Q'}\right)^2},$$

wenn $U' > U$ ist.

Q = Dichte der unteren, Q' = Dichte der oberen Schicht,
U = Geschwindigkeit der unteren, U' = Geschwindigkeit der oberen Schicht,
g = Erdbeschleunigung,
μ = Wellenzahl.

Die rechte Seite der Gleichung besteht aus zwei Gliedern, der konvektiven und der dynamischen Geschwindigkeit. Uns interessiert hier besonders die Wurzel, d. i. die dynamische Geschwindigkeit. Unter der Wurzel steht das Schwere- und das Trägheitsglied. Es fällt sofort auf, daß das Trägheitsglied stets negativ und mithin nur labilisierend wirken kann. Überwiegt dem Betrage nach dieser Ausdruck, so wird die Wurzel imaginär; als Lösung ergibt sich eine instabile Welle, die mit der Zeit im Exponenten anwächst. Die Gleichung für ω gibt aber auch an, daß bei reeller Wurzel die Welle stabil ist. Wir übersehen ganz klar, daß es einen Grenzwert geben muß, an dem die entstehende Welle (bei wachsender Wellenlänge) aus dem instabilen in den stabilen Zustand übertreten muß. Dieser Grenzwert ist etwa bei 2 km erreicht. — Hier ist Gelegenheit, auf den Unterschied zwischen den Helmholtzwogen und den Hinderniswogen hinzuweisen. Es ist nach dem obigen Grenzwert gänzlich unwahrscheinlich, daß Helmholtzwogen stabil werden, weil sie in λ allein abhängig sind vom Windsprung. Für stabile Zustände dieser Wellen, deren Aufwind auf der Hamburger Tagung von Höhndorf behandelt worden ist, wären ganz ungewöhnliche Windsprünge erforderlich, die kaum auftreten. Die Abhängigkeit in λ bei Hinderniswogen ist dagegen durch die Windgeschwindigkeit bedingt, denn diese Wellen stellen sich mit ihren Wellenlängen automatisch auf das Hindernis ein. Gemäß den früher angegebenen Erfahrungssätzen ist also die kleine Welle instabil und die große stabil. Man durchschaut diese Vorgänge sofort, wenn man plausible Werte in das Schwereglied einsetzt

$$\left(\mu = \frac{2\,\pi}{\lambda}; \quad \frac{Q - Q'}{Q + Q'} = \frac{1}{100}; \quad \Delta T = 5{,}5^0\right),$$

dadurch kann man die mit wachsendem λ verknüpfte Stabilisierung verfolgen. — Waren wir bisher von der Voraussetzung ausgegangen, daß $U' > U$ ist, so läßt sich die gleiche Betrachtung auch für $U' = U$ durchführen, wo Instabilität also nicht von vornherein gegeben ist. Selbst in diesem Falle kann für die Störung ein Integral gefunden werden, welches die Zeit als Faktor enthält. Dies läßt sich auch elementarphysikalisch bei Betrachtung der Strömungsvorgänge an der Grenzfläche zeigen. Die Störung durch das Hindernis erlischt nicht gleichzeitig mit dem erteilten Impuls infolge der Zusammendrängung der Stromlinien ($U' + U$) an der durchbogenen Stelle der Grenzfläche, sondern wächst an. Der Windsprung entsteht also erst über dem Hindernis selbst. In diesen Tatsachen liegt zugleich eine Lösung für die zur Zeit noch gänzlich unklaren Fragen der Entstehung von Grenzflächen in der Atmosphäre überhaupt. Aus unserer Erfahrung sind uns Fälle mit $U' = U$ außerhalb des Hindernisses bekannt, sie liefern nur sehr schwachen Abwind, obwohl sich bei Kondensation sehr schöne linsenförmige Wolken zeigen, die uns zu ziemlich unfruchtbaren Schlepps verführt haben. Die Abhängigkeit der Aufwindstärke vom Windsprung ist daraus verhältnismäßig offensichtlich. Oft sieht man auch Fallstreifen aus der kleinen Hinderniswogenwolke hängen, das skizziert ganz grob die Instabilität; aus großen Wolken haben wir diese bisher nicht beobachtet. Auch experimentell lassen sich Hinderniswogen erfassen.

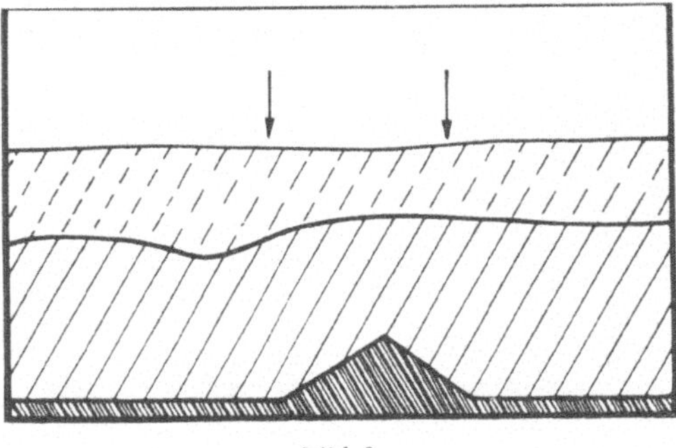

Bild 6.

Schichten wir in einer Wellenrinne zwei verschiedene dichte Flüssigkeiten übereinander und bewegen ein am Boden befindliches Hindernis, so erhalten wir die abgebildete Welle (Bild 6) an einer inneren Grenzfläche. Auffällig hebt sich die zwischen den beiden Pfeilen befindliche Einbuchtung ab. Wenn wir eine dritte Flüssigkeit darüber schichteten, gelangten wir hinter dieser Störung gewissermaßen zum 2. Stockwerk der Wellenbildung, wie dies ebenfalls in der Atmosphäre beobachtet worden ist. Der Impuls der Wellenbildung schält sich aus diesem Versuch genügend klar heraus. — Jedoch muß auf eine beträchtliche Abweichung aufmerksam gemacht werden und diese liegt bei der Strömungsform selbst.

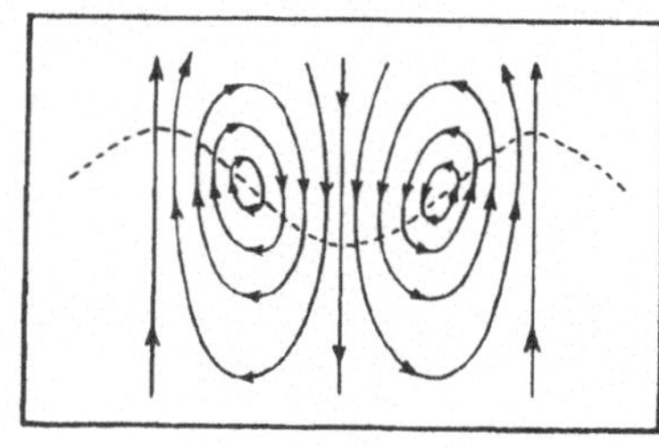

Bild 7.

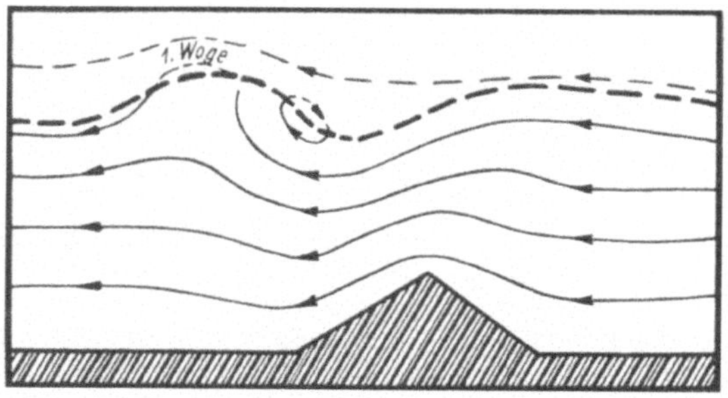

Bild 8.

Im Versuch zeigen die Stromlinien infolge der Begrenzung durch starre Seitenwände geradlinigen Verlauf in der Horizontalen, in der Atmosphäre dagegen sind sie deutlich nach rechts, d. i. antizyklonal, gekrümmt. Quantitative Schlüsse dürfen keinesfalls aus dem Versuch gezogen werden, zumal gerade diese antizyklonale Zirkulation der überströmenden Massen mit der Entstehung einer unteren Grenzfläche in engem Zusammenhang zu stehen scheint, weil hier Rechtsablenkung und Gradientwindeinstellung leicht Windsprünge erzeugen. Als prädestiniert wären für die Alpen etwa die Höhen zwischen 3000 und 4000 m anzusehen.

Zusammenfassend zergliedern wir die Prozesse, die zur Entstehung der Hinderniswoge führen, in

a) das stationäre Überströmen des Hindernisses und
b) die Bildung einer instabilen Welle an der Grenzfläche.

Die Stromlinien bei Hinderniswogen ergeben sich aus der Überlagerung der beiden obengenannten Systeme. Bild 7 zeigt die Stromlinien der reinen instabilen Welle nach Bjerknes. Die folgende Darstellung (Bild 8) zeigt die resultierenden Stromlinien, die allerdings nur qualitativ richtig sind. Es wird besonders die Asymmetrie der Woge (Kennzeichen der dynamischen Instabilität) zum Hindernis hin durch den Gleitwirbel zum Ausdruck gebracht. Entfällt der Windsprung, so wird der Gleitwirbel Null und die Welle erlischt. Entfällt die Translation, so pflanzt sich die Woge gegen das Hindernis fort, bis der Gleitwirbel die noch vorhandene Energie verbraucht hat und damit Null wird. Alle diese Fragen sind durch unsere Flüge belegt worden, wie sie umgekehrt aus unseren Flugversuchen herauszulesen sind.

C. Einige Flugerfahrungen.

Erstaunliche Höhenleistungen können wir noch nicht für uns verbuchen, jedoch sind wir in den Monaten April und Mai bis in die jüngste Zeit in allen Höhen zwischen 4000 m und 5000 m fast täglich gesegelt. Unsere Aufgabe war die systematische Untersuchung. Von ganz entscheidender Bedeutung bei der Ausnutzung der Wellen ist die Erfahrung des Piloten. Bis heute sind deshalb die rein fliegerischen Erfolge täglich gewachsen. Von Wichtigkeit ist die Maschinenfrage; wir haben unsere Flüge mit einem stark überladenen Segelflugzeug machen müssen, im übrigen sind die Arbeiten, die unter Umständen zur Entwicklung eines speziellen Maschinentyps führen, noch nicht abgeschlossen. Wir stehen ganz am Anfang der praktischen Seite des täglichen Wellensegelflugs, die nun aber, nachdem die verschiedenen wissenschaftlichen, bisher gänzlich dunklen Fragen geklärt sind, ernsthaft in Angriff genommen wird. Wir wissen von unseren Versuchsflügen mit Motormaschinen, daß zwei bestimmte Höhen von den Hinderniswogen bevorzugt werden, und zwar sind es im allgemeinen die Stufen 3000 bis 4000 m, wie schon hervorgehoben, und 6000 bis 7000 m (kleinere Abweichungen hiervon sind möglich), selbst darüber ist Aufwind wahrgenommen worden. Nach unseren letzten Höhenschlepps, die wir bis in 8000 m Höhe ausgedehnt haben, müssen wir mit Aufwind auch in dieser Höhenlage rechnen. Die Temperaturverteilung, die früher bereits gezeigt wurde, gibt an, daß in nahezu allen Höhen Wellen entstehen können, soweit der Temperatursprung in Frage kommt, wenn der Windsprung hinzutritt. Dabei handelt es sich gar nicht um ein besonders typisches Meteorogramm, wir besitzen eine große Zahl gleicher Art. Es gibt natürlich auch Tage, an denen die einzelnen Wellenstockwerke durch tote Räume getrennt sind, so daß Anschlußmöglichkeiten nach oben hin fehlen, weil keine Überlagerung stattfindet, jedoch sind diese ziemlich selten. —

Occurrences in the Layers near the Ground during the Production
of Vertical Thermal Currents.

Dr. Höhndorf, Darmstadt.

Temperature measurements of the air layers near the ground were made with resistance thermometers at heights of 1, 5, 10, 14 and 20 metres from the ground. In addition, the air currents were made visible by oil vapour. The temperature differences and the temperature unsteadiness are greatest in windless weather and full sunlight, and decrease rapidly with increase of wind and shade. The corresponding curves are in general parallel, although there are sudden changes in one thermometer, the others remaining constant. The oil vapour, whose own movement (inherent movement) was small compared to that of the air, was observed and its movements transferred to the thermographs by descriptive and time marks. The thermometers affected by the vapour spirals with no wind indicated a considerable warming. Suddenly the smoke would leave the rising spiral, and form, at some distance, other vertical spirals. These gusts followed one another every 15 to 30 seconds from all directions. With high wind speeds the variations in direction of the ground gusts were smaller. These miniature cold air fronts occia often in the neighbourhood of a heavy shadow of a cumulus cloud. By observations of the upper thermometers and of the inner structure of the smoke it was discovered that these cold fronts often did not reach the ground, but were consumed in a mixing layer. When it reaches the ground the vold air gust gives up the push it had from the warm air and later dissipates itself. Finally it can be concluded:

1. With equally good sunshine, the breakaway is greater with strong wind, and

2. With equally strong winds the breakaway is greater with greater sunshine.

The production of vertical thermal currents by the sailplane itself is not possible over flat land, since after breakaway the air which was not in movement must be set in motion. On slopes, however, the conditions are better, as the warm air will flow up the slope in any case.

Les phénomènes dans les couches d'air voisines du sol pendant le détachement
des ascendances thermiques.

Dr. Höhndorf, Darmstadt.

Les mesures de température furent exécutées à l'aide de thermomètres électriques à résistance placés à 1, 5, 10, 14 et 20 m d'altitude. Les courants d'air furent rendus visibles par des fumées d'huile. Les différences de température et les variations de la température ont un maximum quand le rayonnement est maximum et le vent minimum, elles diminuent inversement rapidement avec l'augmetantion du vent et l'ombre des nuages. Les courbes thermométriques ont grosso modo une allure parallèle mais quelquefois, elles présentent une brusque variation sur un thermomètre pendant que les autres n'ont pas varié. La fumée de l'étuve fut observée et ses mouvements enregistrés et les points notés tracés sur les termogrammes. Quand le vent est calme, il se forme facilement des spirales ascendantes, les thermomètres montrent alors relativement un fort échauffement. Soudainement, la fumée descend après la colonne ascendante et reforme ensuite à peu de distance une autre spirale ascendante. Ces rafales se succèdent de 15 à 30" de distance avec des petites différences de direction, avec l'augmentation de la vitesse du vent viennent des variations de direction, des petites rafales au sol. Ces irruptions d'air froid microscopiques se trouvent fréquemment au voisinage de l'ombre, d'un Cu. Par l'observation du thermomètre supérieur et de la structure intime de la colonne de fumée, on voit que cette intrusion d'air froid ne peut pas toujours parvenir jusqu'au sol, mais disparaît dans la couche de mélange. Par la pénétration jusqu'au sol, la bulle d'air froid provoque le détachement ascendant de l'air chaud, elle-même se disperse au contact avec le sol et meurt. En conclusion, l'on peut dire:

1º A égalité de rayonnement, le détachement thermique est favorisé par la force du vent et

2º A égalité de vitesse du vent, le détachement de l'ascendance thermique est favorisé lorsque le rayonnement est plus fort.

La provocation de vent ascendant thermique pendant que le planeur même est sur la plaine n'est pas possible, puisqu'après le détachement propre doit passer le temps nécessaire pour la mise en mondement du courant. Contre la peute se trouve le meilleur raffort puisqu'alors l'air chaud afflue en remontant la pente.

Vorgänge in der bodennahen Schicht bei der Ablösung thermischer Aufwinde.

Von Dr. Höhndorf, Darmstadt.

Es wurden Temperaturmessungen der bodennahen Luftschichten mittels Widerstandsthermometern, die in 1, 5, 10, 14 und 20 m Höhe befestigt waren, durchgeführt. Die Strömungen wurden außerdem durch Ölrauch sichtbar gemacht. Die Temperaturunterschiede und die Temperaturunruhe sind bei voller Einstrahlung und windruhigem Wetter am größten und nehmen bei zunehmendem Winde und zunehmender Beschattung rasch ab. Die zugehörigen Kurven laufen im großen und ganzen parallel, es treten aber auch plötzliche Veränderungen an einem Thermometer auf, die bei den anderen fehlen. Der Ölrauch, dessen Eigenbewegung der Luft gegenüber übrigens recht gering war, wurde beobachtet und seine Bewegungen mittels Beschreibungen und Zeitmarken an den Thermographen festgelegt. Bei Windstille traten oft Spiralen auf; die davon berührten Thermometer zeigten dann starke Erwärmungen an. Plötzlich unterlief der Rauch dann die aufsteigende Säule und formte in einiger Entfernung andere Vertikalspiralen. Diese Böen folgten einander in 15 bis 30" Abstand, aus den verschiedensten Richtungen; bei größerer Windstärke wurden die Richtungsschwankungen der Bodenböen kleiner. Diese Miniatur-Kaltlufteinbrüche treten häufig bei Nahen eines dichten Cu-Schattens auf. Durch Beobachtung der oberen Thermometer und des inneren Gefüges des Rauches wurde festgestellt, daß diese Kaltlufteinbrüche oft nicht bis zum Boden dringen, sondern in der Mischungsschicht aufgezehrt werden. Beim Durchfallen bis zum Boden dagegen löst die Kaltluftböe das Aufsteigen der Warmluft aus und läuft sich dann später selbst tot. Abschließend kann gesagt werden, daß

1. bei gleich guter Einstrahlung die Ablösung bei stärkerem Wind, und

2. bei gleich starkem Wind die Ablösung bei besserer Einstrahlung häufiger auftritt.

Die Auslösung thermischer Aufwinde durch das Segelflugzeug selbst ist über der Ebene wohl nicht möglich, da ja nach der Auslösung die bisher ruhende Luft erst in Bewegung geraten muß; am Hang dagegen liegen die Verhältnisse besser, da ja sowieso die Warmluft hangaufwärts fließt.

I fenomeni nello strato d'aria a contatto colla terra durante il distacco delle ascendenze termiche.

Dr. Höhndorf, Darmstadt.

Le misurazioni termometriche furono eseguite mediante dei termometri elettrici a resistenza fissati a 1, 5, 10, 14 e 20 m d'altezza. Le correnti d'aria furono inoltre rese visibili mediante del fumo d'olio. Le differenze di temperatura e le oscillazione della medesima hanno un massimo, quando l'irraggiamento é massimo e il vento é minimo; esse diminuiscono invece rapidamente coll'aumentare del vento e delle ombre di nubi. Le curve termometriche hanno grosso modo un andamento parallelo, ma qualche volta si hanno salti bruschi su un termometro, mentre gli altri non ne risentono nulla. Il fumo della stufa fu osservati, e i suoi movimenti registrati mediante osservazioni verbali e punti cronometrici tracciati sui termogrammi. Con vento calmo si formano facilmente delle spirali; i termometri da esse toccati segnano un forte riscaldamento. Improvvisamente il fumo sottopassa poi la colonna ascendente e riforma poi a poca distanza un'altra spirale ascendente. Queste raffiche si seguono a 15—30″ di distanza dalle direzioni piu disparate; coll'aumentare del vento diminuiscono le oscillazioni nella direzioni delle raffiche. Queste irruzioni d'aria fredda microscopiche sono frequenti in vicinanza del l'ombra di un Cu. Osservando in tali casi i termometri superiori e la struttura intima della colonna di fumo, si osserva che queste irruzioni di aria fredda non riescono sempre a giungere fino a terra, poiché esse vengono «digerite» nello strato di rimescolamento. Riuscendo a penetrare fino a terra la bolla d'aria fredda provoca il distacco ascendente dell'aria calda, mentre essa stessa si disperde al contatto col suolo. Concludendo si puo dire: 1) a parità di irraggiamento il distacco delle termiche é favorito da un vento più forte, e 2) parità di vento cale distacco avviene meglio, quando l'irraggiamento é più forte.

Il provocare il distacco di una corrente termica da parte di un veleggiatore appare impossibile in pianura, poiché dopo l'atto del distacco deve passare il tempo necessario per la messa in moto della corrente. Ben diverso, e più favorevole, e il caso del pendio, poiché allora si tratta di aria che sta gia risalendo verso l'alto.

Vorgänge in der bodennahen Schicht bei der Ablösung thermischer Aufwinde.

Von Dr. Höhndorf, Darmstadt.

Zwei Problemstellungen führten zu den folgenden Untersuchungen:

a) eine meteorologische: vergleicht man durch rohe Abschätzungen — in den Fällen, in denen es überhaupt möglich ist — den Rauminhalt der in Cu enthaltenen Wolkenluft mit dem Flächeninhalt des Bodenfeldes, von dem die entsprechende Luft aufgestiegen ist, so zeigt sich, daß von dieser Fläche eine in allen Fällen mehr als 30 m dicke Luftschicht aufgestiegen sein muß, während die eigentliche bodennahe Warmlufthaut die Dicke von 1½ m, nach den Untersuchungen von Geiger, nur selten überschreitet. In dieser untersten Schicht herrschen ungeordnete Vertikalbewegungen kleinster Teilchen vor, in Höhen schon unterhalb 100 m finden wir die in gewissem Sinne geordneten Vertikalbewegungen der segelfliegerisch ausnutzbaren Aufwindfelder,

b) eine segelfliegerische: ist es für ein Segelflugzeug möglich, sich selbst thermische Aufwinde auszulösen.

Der Mechanismus des Entstehens thermischer Aufwinde, die Vorgänge in der Mischungsschicht oberhalb der bodennahen Warmlufthaut waren also zu untersuchen.

Durchgeführt wurden die Messungen mit Hilfe von Widerstandsthermometern, die an einem Gittermast in 1, 5, 10, 14 und 20 m Höhe aufgehängt waren. Alle 6″ wurden durch Fallbügel die Stellungen der 5 Galvanometer gleichzeitig registriert. Die ursprünglich vorgesehene gleichzeitige Registrierung der Windgeschwindigkeit in den Höhen der Thermometer scheiterte aus mehreren Gründen. Als Strömungs-Anzeigegerät wurde eine Rauchfahne benutzt (mit Öl betropfte Heizplatte, analog Landefeuer, in 15 cm Höhe über dem festen Boden), die in unmittelbarer Nähe des Turmes entstand.

Bild 1. Der Meßturm.

Temperaturmessungen.

Meßgenauigkeit: Ursprünglich waren die Angaben eines jeden Thermometers auf $\sim \pm 0,1^0$ C genau, sie hingen im wesentlichen von der Ablesegenauigkeit ab, mit der der Mittelpunkt der mehr oder weniger dicken Punkte sich bestimmen ließ. 1^0 C entspricht einem Ausschlag von 4 mm. Später veränderte das »Vergleichsthermometer« seinen Widerstand langsam durch Korrosion, es mußte dann an einer Anschlußstelle etwas nachgelötet werden; so kam zu allen Werten ein konstanter Fehler, die angezeigten Werte wurden um $0,6^0$ bis — noch später — $0,8^0$ C zu groß. Mit Anbringen dieser Korrektur wären die Angaben wieder mit der alten Genauigkeit zu machen gewesen. Dann aber traten, von uns zunächst nicht bemerkt, Kontaktfehler hinzu, so daß jedes einzelne Thermometer mit einem bei jeder Messungsreihe anderen und vor allem kaum kontrollierbaren additiven Fehler behaftet ist. Es ist natürlich möglich, mit Hilfe der ersten Registrierungen die mittlere Temperaturabnahme in den unteren Schichten bei den verschiedenen Wetterlagen zu bestimmen und mit deren Hilfe die Nullstellungen der einzelnen Höhentemperaturen festzulegen; da dies aber in manchem Einzelfall nicht ohne eine gewisse Willkür geht, wurde im allgemeinen darauf verzichtet. Bei den hier gezeigten Auswertungen sind die Einzelwerte jedes Thermometers weiterhin mit einem Fehler von $\pm 0,1^0$ C miteinander vergleichbar, dazu tritt aber bei jedem noch eine unbekannte additive Konstante, die für jedes Thermometer einen andern Wert hat.

Der Einfluß der Strahlung auf die Thermometer ist so gering, daß die Ventilation der schon bei Windstille vorhandenen geringen Turbulenz ausreicht, um Fälschungen der Temperatur zu verhindern.

Ergebnisse: Die Temperaturschwankungen in den einzelnen Höhen zeigt Zahlentafel 1 (Windgeschwindigkeit 0 bis 2,5 m/s).

Bewölkung	Zeit	20 m	14 m	10 m	5 m	1 m
volle Sonne	10—14	1,77 (2,21)	1,85 (2,69)	2,39 (2,51)	2,84 (3,59)	3,92 (4,63)
	8—10 und 14—16	1,66 (2,12)	1,92 (2,50)	2,24 (2 66)	2,70 (3,25)	3,52 (4,08)
Ci, Cis oder Fracu-Schatten . .	10—14	1,81 (2,10)	1,96 (2,55)	2,17 (2,43)	2,70 (3,55)	3,50 (3,70)
	8—10 und 14—16	1,27 (2,10)	1,57 (2,30)	1,73 (2,80)	2,13 (2,40)	2,87 —
dichter Wolkenschatten	10—14	0,87 (1,1)	0,92	1,02	1,26	1,72 (2,10)
	8—10 und 14—16	0.77	0,95	1,07	1,29	1,76 (2,85)

Bei voller Einstrahlung und windruhigem Wetter sind die auftretenden Temperaturunterschiede am größten und gleichzeitig hat auch die Temperaturunruhe, d. h. die in der Zeiteinheit auftretenden Temperaturänderungen, ein Maximum. Mit zunehmendem Winde und mit zunehmender Beschattung (Ci, Cis, Cu) nehmen beide Werte ab. Die Registrierkurven aus 5 m Höhen sehen dann so aus wie die aus 20 m Höhe bei praller Sonne und Windstille. Noch etwas fiel bei der Auswertung auf. Die Kleinstwerte der Temperatur in jedem Intervall werden häufig fast erreicht, und es lagen stets mehrere Punkte genau auf dem Eichlineal, die Größtwerte streuen dagegen sehr stark: häufig trat sogar nur an ein oder zwei Stellen in der Zeit von 30 bis 60 min ein extrem großes Maximum auf — die entsprechenden Werte wurden in Klammern gesetzt — nie aber fanden sich auch nur annähernd so zahlreiche Punkte in der Nähe des Maximum wie in der Nähe des Minimum. Die Kleinstwerte waren außerdem über das ganze Intervall gleichmäßiger verteilt, die Größtwerte häuften sich an einzelnen Stellen. Auf die Deutung dieser Erscheinung können wir erst weiter unten eingehen.

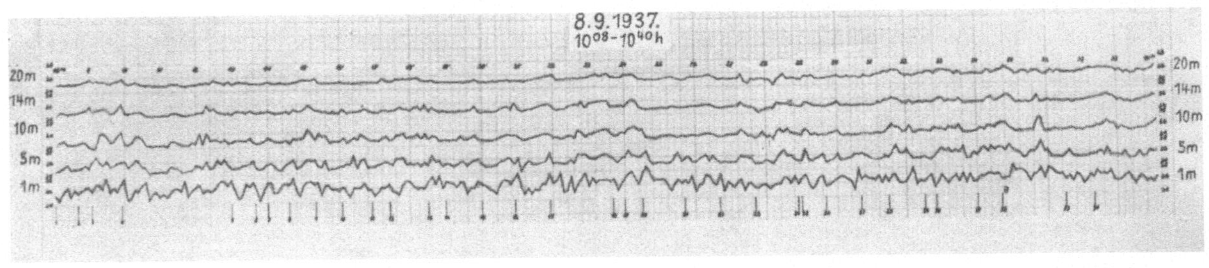

Bild 2. Wolkenlos, 1—2 m s.

Zu Bild 2—6. Beispiele des Temperatur-Verlaufes in den Höhen von 1 m, 5 m, 10 m, 14 m, 20 m. Im Original: 1^0 C = 5 mm; 1' = 25 mm. (Die obere Zahlenleiste gibt die Zeit von Minute zu Minute, die beiden Randleisten die Temperaturen von 2^0 zu 2^0 C.)

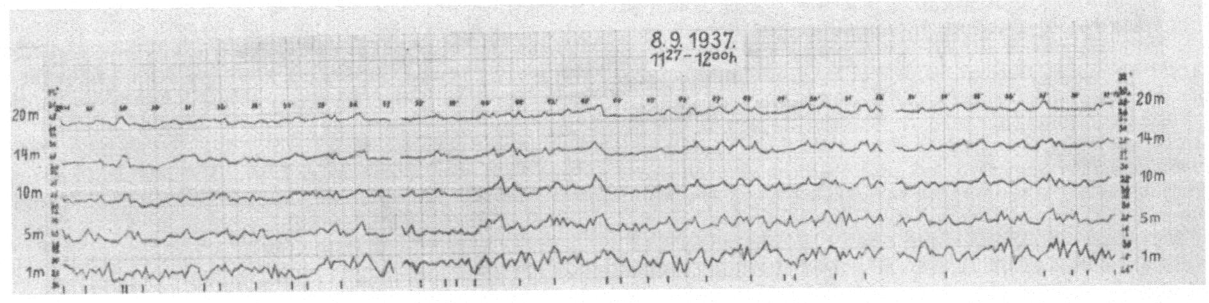

Bild 3. Wolkenlos, 1—2 m s.

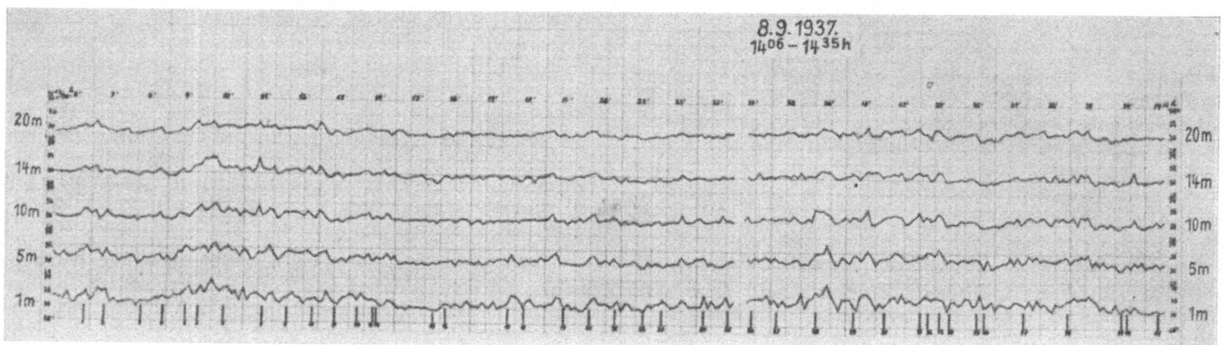

Bild 4. Leichter Cis-Schatten, 1—3 m/s.

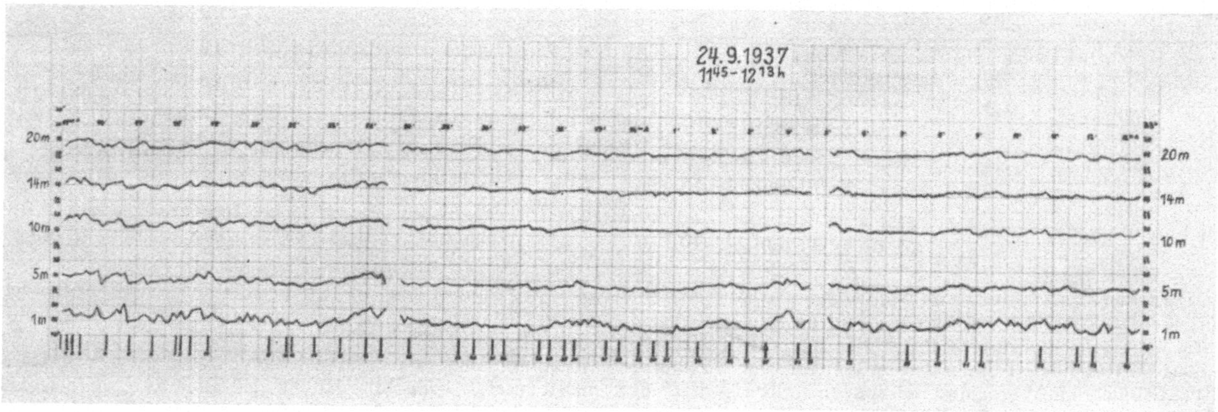

Bild 5. Zeitweise Cu-Schatten 0,5—1,5 m/s.

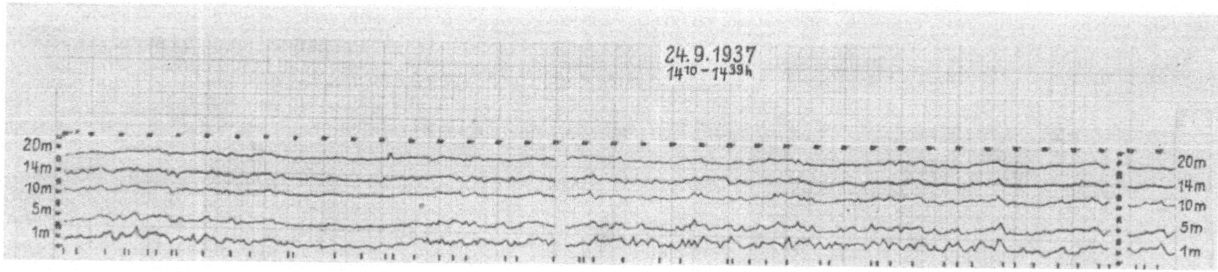

Bild 6.

Ein Vergleich der gleichzeitigen Messungen in den verschiedenen Höhen zeigt, daß wohl im allgemeinen die auftretenden Unregelmäßigkeiten »parallellaufen«, daß aber doch im einzelnen ganz erhebliche Abweichungen auftreten können. Meist schreitet eine starke Abkühlung von oben nach unten und eine Erwärmung von unten nach oben, die Abkühlung rasch, oft so rasch, daß sie gleichzeitig an mehreren Thermometern aufzutreten scheint, die Erwärmung meist langsamer. Der langsame Temperaturanstieg an den oberen Thermometern wird meist durch eine plötzliche Abkühlung beendet, der oft eine Zeit mit stärkeren Temperaturschwankungen folgt, manchmal tritt diese Unruhe nur an einigen Thermometern auf und fehlt an den anderen. Auch abgesehen von dem sehr viel unruhigerem Verlauf der Kurve des Thermometers in 1 m Höhe lassen sich Einzelheiten: ausgeprägte Zacken der Kurve, Unruhegebiete usw. nicht immer in den andern Kurven wiederfinden, im großen und ganzen ist aber die Parallelität doch so deutlich, daß zusammengehörende Kurvenstücke sofort als solche erkannt werden können.

Rauchfahnen.

Unmittelbar über der Heizplatte war der Rauch natürlich heiß und kompakt, aber schon in einem Abstande von 2 bis 3 m bildete er lockere Wolken ohne merkbare Übertemperatur. Seine Eigengeschwindigkeit gegen die Luft erschien — auch schon auf Grund der ganzen Rauchbewegungen — im allgemeinen gering. Die Bewegungen des Rauches wurden nun über Zeiten von 30 bis 50 min — so gut wie möglich — in Worten beschrieben und mit der Uhrzeit auf 1 s genau protokolliert, und es wurden gleichzeitig Zeitmarken an den Temperaturschreibern gemacht, die natürlich erst bei dem — evtl. 6 s später erfolgenden — nächsten Schlag der Bügel aufgeschrieben wurden. Die hauptsächlich auftretenden Bewegungszustände, beobachtet in einem Abstand von 3 m vom Ofen, waren:

1. a) deutlich und quer und
   b) deutlich hoch,
2. a) überwiegend quer und
   b) überwiegend hoch, geringe Abweichungen von der Horizontalen bzw. Vertikalen treten auf,

3. a) meist quer und
   b) meist hoch, es treten kurzzeitig auch stärkere Abweichungen von der betreffenden ausgezeichneten Richtung auf,

4. a) mehr quer und
   b) mehr hoch, Richtungsabweichungen um 30⁰ sind normal,

5. wechselnd, die Zugrichtung des Rauches pendelt mit mehr oder weniger großen kurzfristigen Abweichungen um ½ rechten Winkel gegen die Horizontale,

6. a) quer und
   b) hoch, genauere Angaben lassen sich nicht machen,

7. kurz quer und kurz hoch, kurzfristige Bewegungen wie unter 1 und 2,

8. »Spirale«, der Rauch schraubt sich mit geringer Rotationsgeschwindigkeit — mehr als 2 m (oft über 20 m verfolgbar) empor,

9. »Überkämmen«, der Rauch führt Bewegungen ähnlich denen der Brandungswogen aus; dies trat bei den Wetterlagen, bei denen wir beobachteten (meist Windgeschwindigkeiten unter 6 m/s), äußerst selten auf.

Im allgemeinen traten die Bewegungen in der Reihenfolge 1a bis 5a und dann 5b bis 1b auf. Die höheren Thermometer (5 bis 20 m) zeigen in der Zwischenzeit eine mehr oder weniger gleichmäßige Erwärmung an, die an den in 5 m und 10 m häufiger durch eine kurzfristige stärkere Erwärmung, in 14 und 20 m Höhe durch eine kurzfristige geringe positive oder negative Temperaturänderung unterbrochen ist. Hat sich der Zustand 1b eingestellt, dann änderte sich der weitere Ablauf mit der Wetterlage:

a) bei Windstille in dieser Zeit bis in Höhe von 20 m und wohl auch noch darüber traten »Spiralen« auf. Trafen sie die Thermometer, dann fanden sich auch in der Höhe starke Erwärmungen (in 20 m bis zu 2⁰ über den mittleren Wert). Diese Spiralen gingen in der Nähe des Turmes meist von der Heizplatte aus (s. o.), doch traten sie, wie die Bewegungen der Windfahnen zeigten, fast ebenso häufig auch dann auf, wenn die Heizplatte fehlte. (Den Beobachtungen »mit Rauch« stehen etwa 15 mal soviel Beobachtungszeiten »ohne Rauch« gegenüber.) Häufig treten solche »Spiralen« nicht isoliert sondern in Serien von 2 bis 5 Exemplaren auf. Von den normalen »Staubteufelchen« unterscheiden sie sich durch ihre viel geringere Energie.

b) Nach dieser Periode a, die nur bei ganz windstillem Wetter zur Zeit der Beobachtung auftrat, spielte sich

der weitere Verlauf wieder gleichmäßig ab; der Rauch begann plötzlich mit großer Geschwindigkeit dicht über dem Boden entlang zu wehen, er unterlief sozusagen den vorher aufgestiegenen Rauch, der deutlich weiterhin noch aufstieg; alle Thermometer, auch das in 1 m Höhe, zeigen Erwärmung. Diese selben Rauchschwaden, die zunächst »deutlich quer« zogen, begannen dann in einiger Entfernung von der Heizplatte auch Vertikalbewegungen nach oben, ihre Horizontalgeschwindigkeit hatte sich inzwischen verringert. Inzwischen stieg der Rauch auch vom Ofen wieder mehr oder weniger deutlich hoch. Eine zweite und dritte evtl. auch mehr Böen folgten in den nächsten 15 bis 30 s mit ähnlichen Erscheinungen. Meist zeigte kurz nach Einsatz der

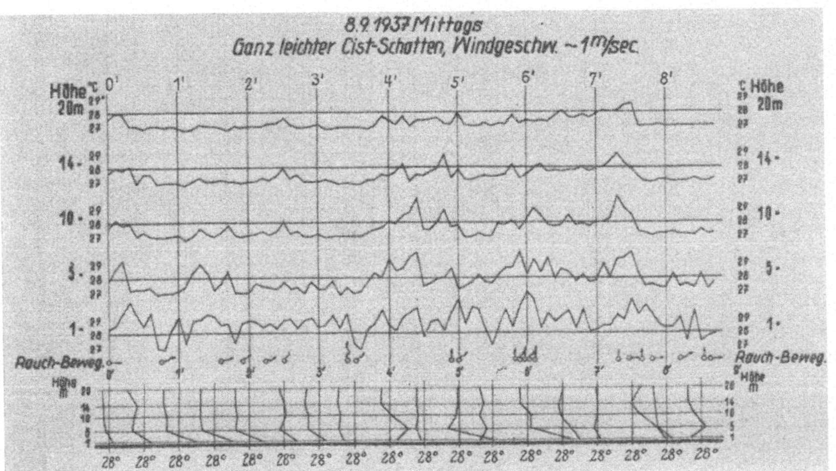

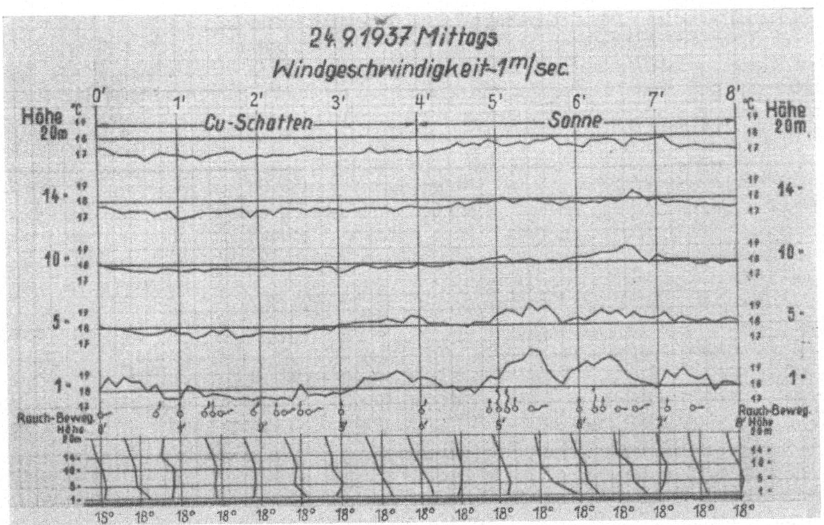

Bild 7 und 8. Temperatur-Verlauf zwischen zwei Ablösungen.

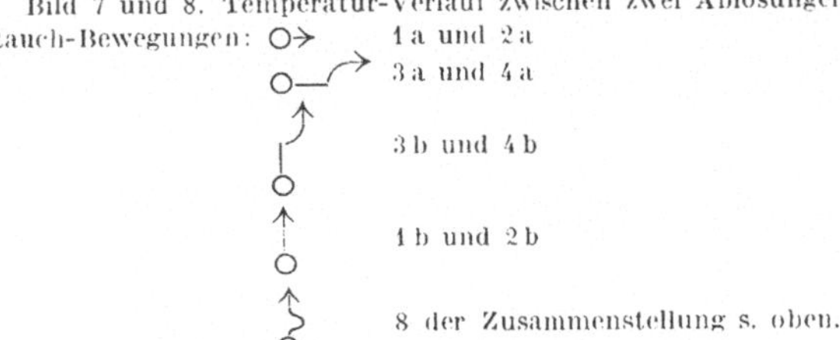

Unterste Zeile: Darstellung der Temperatur-Schichtung von ½ zu ½ Minute. Im Original: 1' = 5 cm, 1⁰ C = 1 cm, 5 m Höhe = 1 cm. Die Temperaturen sind korrigiert und in den verschiedenen miteinander vergleichbar.

6*

zweiten das unterste Thermometer — ohne daß eine merkbare Geschwindigkeitsänderung dabei auftrat — nach dem Temperaturanstieg eine kräftige Abkühlung, dann starke Unruhe, beim Einsatz der dritten gleich die Abkühlung. Jedes Abheben von Warmluft macht sich auch in der Höhe bemerkbar, schließlich tritt Beruhigung ein, alle Thermometer sind wieder von kühler Luft umspült, der Rauch zieht horizontal. Die einzelnen Böen kommen aus den verschiedensten Richtungen. Herrscht in 10 m Höhe eine Windrichtung ausgesprochen vor, dann wird ihr Halbraum auch von den Bodenböen bevorzugt. Je größer die Windstärke, um so kleiner sind auch die Richtungsschwankungen der Bodenböen.

Diese Kaltluft, die hier Miniatureinbrüche ausführt, muß im allgemeinen der Höhe entstammen. Im allgemeinen: denn auch mit dem Nahen eines dichten Cu-Schattens setzen häufig jene Böen ein ($^1/_3$ bis $^1/_2$ der Fälle); sonst zeigt sich eine Wirkung der Beschattung in der Größe der Temperaturstreuung im Mittel erst nach 12 bis 15 s insofern, als die Spitzenwerte kleiner werden und erst nach 30 bis 40 s tritt eine merkbare Abkühlung und Beruhigung ein. In den oben gemeinten Fällen treten solche Böen kurz vor oder kurz nach der Beschattung auf und der oben beschriebene Einbruchvorgang spielt sich schneller ab, meistens treten nur zwei, selten noch eine schwache dritte Böe auf.

Die oberen Thermometer zeigen häufig, und zwar unter plötzlicher Windzunahme, an der Windfahne der betreffenden Höhe kurzfristige plötzliche Abkühlungen; diese sind jetzt als solche Kaltluftböen zu erklären, die, wenn sie bis zum Boden durchfallen, die Einbrüche herbeiführen. Nicht immer fallen sie trotz ihrer — wegen der niedrigen Temperatur — größeren Dichte bis zum Boden durch; die Energien der unteren, sozusagen brodelnden Warmluft, die unter stetem Vermischen mit der Umgebung aus der unmittelbaren Bodennähe aufsteigt und allmählich immer größere Höhen erfaßt, ist anscheinend so groß, daß sie diese Kaltluftböen, soweit sie schwach sind, in den Vermischungsprozeß mit hineinzieht. Die Abwärtskomponenten des »Brodelns«, die der Rauch anzeigte, hatten kleine Sinkgeschwindigkeiten und treten — während der zur Rede stehenden Zeiten mit langdauerndem nahezu senkrechtem Aufsteigen — fast ausschließlich im stark vermischten lockeren Rauch auf, der vorher aufgestiegen war. Dadurch, daß dem Rauch durch die Heizplatte eine Anfangsgeschwindigkeit nach oben erteilt wurde, kommt eine einseitige Bevorzugung in die angezeigten Bewegungen hinein, selbstverständlich treten in der Nachbarschaft des Rauches auch absteigende Bewegungen auf, ebenso auch im Rauch selbst nur in größerem Abstande von der Platte als in dem, dessen Bewegungen protokolliert wurden.

Fällt nun eine solche Kaltluftböe bis zum Erdboden durch, dann muß sie sich dort ausbreiten und die Warmluft zum Aufsteigen veranlassen; während ihres Weges am Boden entlang erwärmt sie sich aber selbst und »läuft sich tot«. Dadurch aber, daß erdbodennahe Luftschichten aufsteigen, muß als Ersatz neue Luft von oben nachfließen; diese wird den Gebieten luvwärts der schon in größere Höhen aufgestiegenen Luft entnommen, denn dort, wo diese kühlere, horizontal schneller bewegte Luft gegen die aufsteigende warme stößt, wird sie bevorzugt auf Grund der Archimedischen Gesetze zum Absteigen gezwungen. Am Boden fließt die kalte Luft im allgemeinen entsprechend ihrer Geschwindigkeit auf Grund ihrer Trägheit weiter und wird nur ganz lokal die Gebiete bevorzugen, die besonders erhitzt und da-

mit sowohl in der Horizontalen als auch Vertikalen besonders labil sind.

Die Miniatureinbruchsfronten wandern also im allgemeinen — in mehreren Staffeln — mit dem Winde in ca. 30 m Höhe über das erhitzte Feld hinweg. Natürlich ist dabei die Ablösefläche weder in bezug auf die Temperatur noch auf die Geschwindigkeit (vertikal und horizontal) symmetrisch. Bei Windstille erzwingen wahrscheinlich die »Spiralen« absteigende Kaltluftböen aus der Höhe als Ausgleichsströmungen. Ist die Ablösung an einer Stelle erst einmal in Gang gebracht, dann erzeugt die dadurch eintretende Austauschbewegung Vertikalböen, die für weitere Ablösungen sorgen. Nur unter ganz homogenen Bedingungen könnte die Ablösung symmetrisch nach allen Seiten fortschreiten, bis dann die ringförmige Zone abhebender Luft an irgendeiner Stelle zerreißt und wieder eine Unsymmetrie sich herstellt, die dann nach einer Richtung weiter wandert. So wird auch »windstilles« Wetter an Strahlungstagen durch einzelne Böen unterbrochen, im Gegensatz zu den Verhältnissen des Nachts bei fehlender Einstrahlung. Durch jede Ablösung wird das Gleichgewicht in den unteren Schichten zerstört, bei weiterer Einstrahlung stellt es sich von neuem wieder her. Je labiler es ist, um so leichter kann es gestört werden, um so geringere Energien sind zur Auslösung nötig. Andrerseits sind die Auslöseenergien gegeben, so sind die zur Ablösung von Aufwinden nötigen Überhitzungen der bodennächsten Schicht um so kleiner, je größer die Energie der auslösenden Ursache ist. Bei sehr starkem Wind und schwächerer Einstrahlung sind also ähnliche Häufigkeiten der Ablösung und damit ähnliche Volumina aufsteigender Luft zu erwarten wie bei geringem Wind und starker Einstrahlung. Leider läßt sich aus den vorliegenden Messungen diese Behauptung nicht beweisen, da Messungen bei der ersten Wetterlage fehlen. Soweit aber Windunterschiede auftreten, zeigen sie deutlich die Tendenz:

1. bei gleich guter Einstrahlung häufigere Ablösung bei stärkerem Wind und

2. bei gleich starkem Wind häufigere Ablösung bei besserer Einstrahlung.

Die Zeiten schwanken zwischen 5 bis 7 min (wolkenlos, Mittagszeit, ca. 4 m/s) und 25 min (As-transl., 15 h und ca. $^1/_2$ m/s Wind).

Vermessungen von Aufwindfeldern mittels Segelflugzeugen zeigten darüber hinaus, daß auch ihre Struktur in der Höhe (Ausdehnung in horizontaler und vertikaler Richtung, Breite der Randturbulenz) von der Zeit zwischen zwei Ablösungen in erster Näherung abhängig sind, also bei Windstille und guter Strahlung ähnlich denen bei starkem Wind und schlechter Einstrahlung. Natürlich treten Unterschiede der Vertikalgeschwindigkeit und damit der Turbulenzstärke auf.

Das zweite Problem ist hiernach auch zu beantworten: ist eine überhitzte Luftschicht am Boden vorhanden, d. h. ist nicht die letzte Ablösung erst vor kurzem durchgegangen, dann kann durch einen Sturzflug mit anschließendem Ziehen oder durch eine Steilkurve in Bodennähe wohl eine Böe erzeugt werden, die auslösend wirkt. Zunächst ist das Aufwindgebiet natürlich sehr eng, es dauert erst einige Zeit (die Rechnung ergibt 40'') bis es die 30-m-Höhe passiert. Über der Ebene ist das für ein Segelflugzeug schon zu spät. Anders am Hang, wo die Heißluft, die dort ja bekanntlich hangaufwärts fließt, also nicht erst von der Geschwindigkeit Null an beschleunigt werden muß, die Höhe von ca. 30 m in kürzerer, von der Hangneigung abhängigen Zeit erreichen kann.

Quelques observations sur les courants sous le vent de la montagne.

Dipl.-Ing. Maletzke, Darmstadt.

Le D.F.S. a étudié les courants sous le vent de montagne à la Wasserkuppe (Rhön) en août 1937 et en octobre de la même année à l'Herzogstand (prè-Alpes septentrionales, près du lac de Walchen) à l'aide de ballons équilibrés.

Sur la Wasserkuppe il avait été disposé sur les deux pentes côté septentrional (Abtsroder Kuppe) et côté méridional (Weltenseglerhang), la première est plus raide que la seconde.

Sur le Herzogstand les mesures se limitaient à la mesure du vent du Sud.

Les résultats de la Wasserkuppe sont beaucoup plus abondants que ceux de l'Herzogstand à cause de la facilité et de la fréquence des observations.

Les trajectoires des ballons pilotes observées sur la Wasserkuppe se divisent d'après les deux pentes. Dans les cas les trajectoires montrent qu'une fois l'influence du terrain existe peu ou plus et d'autres fois, le mouvement vertical thermique.

Les trajectoires sur la pente nord sont très différentes. Elles montrent une fois le tourbillon connu sous le vent de l'obstacle. D'autres trajectoires montrent à égalité de vitesse horizontale du vent l'insinuation près de l'obstacle d'un tourbillon complètement permanent. Le détachement caractéristique du tourbillon sous le vent de l'obstacle est discuté. Dans un cas, on observe particulièrement clairement un courant supérieur qui surmonte »l'air mort« derrière la crête. Cet »air mort« représente le territoire de l'obstacle à l'abri du vent.

Les trajectoires sur la pente sud montrent une fois une très bonne adaptation au terrain, une autre fois une espèce de mouvement oscillatoire. Si on cherche à expliquer le caractère oscillatoire de ce mouvement, on ne peut pas arriver à une réponse claire.

Les quelques chiffres de mesure de ballons pilotes sur l'Herzogstand montrent jusqu'à une vitesse du vent de 9 m, aucun mouvement vertical particulier sous le vent des Alpes.

A Contribution to the Study of Airflow in the Lee of Hills.

Dipl.-Ing. Maletzke.

In order to investigate the flow in the lee of hills, tests with "no-lift" balloons were made by the DFS at the Wasserkuppe (Rhoen) in August 1937 and at the Herzogstand (north edge of the Alps near Walchensee) in October of the same year.

At the Wasserkuppe there are two available slopes, the North Slope (Abstroder Kuppe) and the South Slope (Weltenseglerhang), depending on the weather. These slopes differ in that the former is steeper than the latter. At the Herzogstand measurements could only be made when the wind was from the south.

Due to more favorable weather and greater possibilities for making measurements, the number of balloons used from the Wasserkuppe was considerably greater than from the Herzogstand. Correspondingly the results of the investigation cover a wider range for the Wasserkuppe.

The balloon paths on the Wasserkuppe are different for the two slopes, but in both cases there were paths mainly dependent on the form of the slope and others which indicated the presence of vertical thermal currents.

The paths taken by the balloons over the North Slope were of many shapes. Sometimes they show the well-known lee eddy behind an obstruction. Other paths at the same wind speed indicate that the air follows the ground closely behind the obstruction. The formation of eddies and their character are discussed. By the use of balloons, the phenomenon of an overfall (which streams over the top of the "dead air region" behind the hill) is clearly seen. The "dead air region" is roughly identical with the wind shadow of the obstruction.

The balloon paths on the South Slope either follow the slope closely or carry out a kind of oscillation. It was investigated to what extent this motion was a true oscillation, but no definite result has so far been obtained.

The small number of balloon measurements made at the Herzogstand indicate that up to 9 m/s wind speed there is no special or peculiar vertical motion in the lee of the Alps.

Ein Beitrag zur Strömung im Lee von Gebirgen.

Von Dipl.-Ing. Maletzke, Darmstadt.

Zur Untersuchung der Strömung im Lee von Bergen wurden von der D.F.S. im August 1937 auf der Wasserkuppe (Rhön) und im Oktober des gleichen Jahres auf dem Herzogstand (nördlicher Alpenrand beim Walchensee) Schwebepilotmessungen durchgeführt.

Auf der Wasserkuppe standen entsprechend dem Gelände und der Wetterlage zwei Hänge, der Nordhang (Abstroder Kuppe) und der Südhang (Weltenseglerhang), zur Verfügung, die sich in ihrer äußeren Gestalt dadurch unterschieden, daß der erste steiler geneigt als der letztere war. Auf dem Herzogstand war nur bei Südwind die Möglichkeit zum Messen gegeben.

Bedingt durch günstigere Wetterlage und durch die größeren Meßmöglichkeiten ist die Zahl der Schwebepilotbahnen auf der Wasserkuppe wesentlich größer als auf dem Herzogstand. Dementsprechend ist das Ergebnis der Untersuchungen auf der Wasserkuppe wesentlich vielgestaltiger.

Die Schwebepilotbahnen auf der Wasserkuppe ergeben eine Einteilung nach den beiden Hängen, wobei sich in beiden Fällen einmal Bahnen ergeben, die dem Geländeeinfluß mehr oder weniger unterliegen, und zum andern solche, die thermische Vertikalbewegung zeigen.

Die Bahnen über dem Nordhang sind sehr vielgestaltig. Sie zeigen einmal den bekannten Leewirbel am Hindernis. Andere Bahnen zeigen bei der gleichen horizontalen Windgeschwindigkeit ein vollständiges Anschmiegen der Strömung an das Hindernis. Wirbelauslösung und Wirbelcharakter im Lee des Hindernisses werden besprochen.

Bei einem Ballon erkennt man besonders deutlich eine Oberströmung, die über den »Totluftraum« des Berges hinweggleitet. Der »Totluftraum« ist etwa mit dem Gebiet des Windschattens vom Hindernis identisch.

Die Bahnen am Südhang zeigen einmal eine sehr gute Anpassung an das Gelände, ein andermal eine Art Schwingungsbewegung. Es wird untersucht, inwieweit diese Bewegung Schwingungscharakter hat oder nicht. Eine eindeutige Antwort kann nicht gegeben werden.

Die geringe Zahl der Pilotmessungen auf dem Herzogstand zeigt bei Windgeschwindigkeit bis zu 9 m/s keine besonderen Vertikalbewegungen im Lee der Alpen.

Alcune osservazioni sulle correnti sottovento della montagna.

Dipl.-Ing. Maletzke, Darmstadt.

Il D.F.S. ha studiato le correnti sottovento delle montagne sulla Wasserkuppe (Rhön) nell'agosto del 1937 e due mesi dopo sullo Herzogstand (prealpi settentrionale, vicino al Lago Walchen). Furono eseguiti lanci e osservazioni di palloncini equilibrati.

Sulla Wasserkuppe si aveva a disposizione due pendii, quello settentrionale (Abstroder Kuppe) e quello meridionale (Weltenseglerhang), di cui il primo è più ripido del secondo. Sullo Herzogstand le misurazioni si limitavano ai periodi di vento da S.

I risultati della Wasserkuppe sono molto più ricchi di quelli dello Herzogstand, a causa della maggiore facilità e frequenza delle osservazioni.

Nelle traiettorie osservate sulla Wasserkuppe si ha la divisione secondo i due pendii; nelle due categorie vi sono poi i lanci influenzati più che altro aerodinamicamente dal terreno, e quelli con influenza termica.

Le traiettorie sul costone settentrionale sono di differentissima natura; vi sono dei lanci che dimostrano chiaramente l'esistenza del solito vorica primario di risucchio, mentre altri dimostrano che il vento ha seguito a contatto diretto il pendio. Il distacco e il carattere dei vortici di risucchio vengono descritti ampiamente. In un lancio si osserva con particolare chiarezza una corrente superiore che sormonta »l'aria morta« dietro la cresta. Questa »aria morta« è identica alla cosidetta ombra aerodinamica della montagna.

Le traiettorie lungo il costone meridionale mostrano certe volte un adattamento del vento al terreno, altre volte invece una specie di moto oscillatorio. Si cerca di spiegare il carattere oscillatorio di questo movimento, senza però arrivare ad una conclusione chiara.

Nel piccolo numero di lanci eseguiti sull'Herzogstand non si sono trovate delle componenti verticali con un vento fino a 9 m/s.

Ein Beitrag zu den Strömungsverhältnissen im Lee von Bergen.

Von Dipl.-Ing. Maletzke, Darmstadt.

Im August 1937 wurden auf der Wasserkuppe und im Oktober des gleichen Jahres auf dem Herzogstand Strömungsuntersuchungen mit Schwebepiloten durchgeführt. Sie hatten einmal zum Ziel, die Leeverhältnisse an sich zu klären und zum anderen zu untersuchen, ob Rückschlüsse von Erscheinungen, die am einzelnen Berg auftreten, auch auf die Verhältnisse am Gebirge zu übertragen sind.

Die Wasserkuppe, inmitten der Rhön gelegen, stellt mit ihren Hängen einen typischen Berg des deutschen Mittelgebirges dar. Die Hangneigung ist nicht besonders stark. Der Herzogstand, in unmittelbarer Nähe des Walchensees, liegt am nördlichen Alpenrand. Seine Hänge sind wesentlich steiler und vor allem ist sein Höhenunterschied gegenüber der oberbayerischen Hochebene ganz beträchtlich.

Auf der Wasserkuppe stehen für Messungen im Lee alle Hänge mit Ausnahme des Osthanges zur Verfügung. Auf dem Herzogstand dagegen kann bei Messungen für den vorgesehenen Zweck nur ein Wind mit nord-südlicher Richtung bzw. umgekehrt ausgenutzt werden. Infolge dieser Geländeabhängigkeit stehen die Zahl der Meßtage auf dem Herzogstand in einem sehr schlechten Verhältnis zu denen auf der Wasserkuppe.

Die Messungen wurden grundsätzlich mit Schwebeballonen durchgeführt. Auf dem Herzogstand mußten die meisten Ballone aber einen gewissen Auftrieb erhalten, um einmal über den unmittelbaren Einfluß der sehr kräftigen Leewirbelströmung hinwegzukommen und um zum anderen auch ein Bild über die Vertikalbewegungen in höheren Schichten zu erhalten.

Die Ballone wurden im Doppelanschnitt verfolgt. Meßtechnisch wurde die übliche Methode durch photographische Registrierung und durch die Verständigung der Meßstände untereinander mit drahtlosen Kurzwellentelephoniegeräten vervollständigt. Die Art der photographischen Registrierung wurde von Höhndorf in den Beiträgen zur Physik der freien Atmosphäre, Band XXII, erläutert. Hier soll lediglich zur Ergänzung die Aufnahme einer Registrierung in vergrößertem Maßstab wiedergegeben werden (s. Bild 1).

Höhen- und Seitenteilkreis sind durch eine Scheibe getrennt, auf der zum gemeinsamen Ablesemarke, ein feiner Haarstrich, zu sehen ist. Man erkennt, daß bei dieser Registrierung eine Ablesung auf 0,05 Winkelteile keine Schwierigkeiten bereitet.

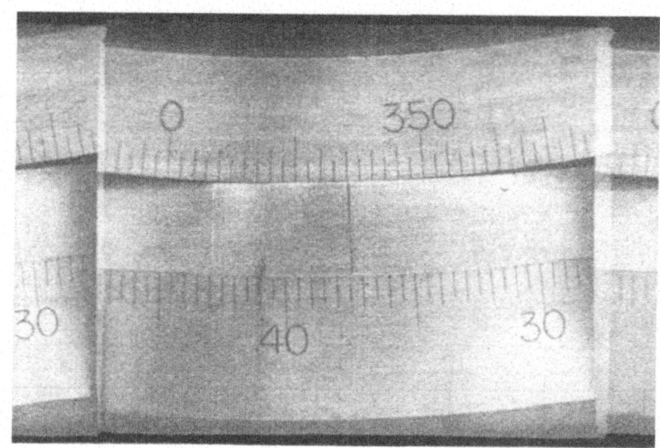

Bild 1.

Die durch die DFS entwickelten Kleingeräte für drahtlose Telephonie, die infolge ihres geringen Gewichtes von 2,4 kg von jedem Meßtrupp selbst bei größeren Anmarschwegen bequem mitgeführt werden konnten, brachten für die praktische Durchführung der Messungen eine Reihe von Vorzügen mit sich. Hier sei nur darauf hingewiesen, daß durch die Zeitangabe von einer Kommandostelle eine synchrone Ablesung gewährleistet war und daß durch die sprachliche Verständigungsmöglichkeit sehr viele Schwierigkeiten, die sich erst im Laufe der Messungen herausstellten, mühelos überwunden werden konnten.

Ergebnis der Messungen.

Die Schwebeballonbahnen auf der Wasserkuppe.

Da, wie bereits aus dem oben Erwähnten hervorgeht, Westwinde auf der Wasserkuppe für die Meßzwecke bedeutungslos waren und Ostwinde in der Aufenthaltszeit nicht auftraten, so beschränkten sich die Messungen auf den Nordhang (Abtsroder Kuppe) und den Südhang (Weltenseglerhang). Eine erste Übersicht der vermessenen Bahnen zeigt bereits das Ergebnis, daß die Bahnformen der beiden Hänge sich in ganz bestimmter Richtung unterscheiden. Während die Bahnen über dem Nordhang eine gewisse Vielgestaltigkeit erkennen lassen, so sind diejenigen über dem Südhang als einheitlich zu bezeichnen. Die Besprechung der einzelnen Bahnen wird aus diesem Grunde getrennt nach den beiden Hängen durchgeführt.

Die Bahnen über dem Nordhang.

Am Nordhang der Wasserkuppe wurden 39 Schwebepiloten an 4 verschiedenen Tagen vermessen. Die Windgeschwindigkeiten sind verhältnismäßig einheitlich und liegen in Bodennähe zwischen 3 und 5 m/s, während die Windrichtung um maximal 180° schwankt.

Auf Grund ihrer groben äußeren Form lassen sich die Bahnen der Schwebepiloten in zwei Hauptgruppen einteilen:

1. Bahnen, die im wesentlichen in Bodennähe bleiben und damit auch sehr stark dem Bodeneinfluß unterliegen.
2. Bahnen, die gleich nach dem Start oder später deutlich wegsteigen.

Bodenbeeinflußte Strömung.

Eine ganze Zahl von Pilotballonen zeigten unmittelbar hinter dem Hindernis den bereits bekannten Leewirbel an. Die Ballone wurden zum Teil im Lee wesentlich unterhalb der Abtsroder-Kuppe gestartet, andere auf der Kuppe selbst. Diejenigen Ballone, die unterhalb Kuppenhöhe gestartet wurden, zogen in den allermeisten Fällen zunächst ganz langsam und ohne Anzeichen bemerkenswerter turbulenter Bewegung hangaufwärts. Sobald sie dann etwa die Höhe des Hindernis-Äquators erreicht hatten, wurden sie mit relativ großer Geschwindigkeit vom Hang weg bewegt und fielen sehr rasch, den absteigenden Ast des Leewirbels bildend. Verschiedentlich konnten die Leewirbelbewegungen nicht nur ein- sondern zwei- und in einem Falle dreimal in unmittelbarer Nähe des Hindernisses beobachtet werden. Da sich nun aber der eine Meßstand in der Nähe des Startplatzes befand, so war die regelmäßige Bahnverfolgung für diesen Meßtrupp infolge der großen Winkeländerungen in vielen Fällen gar nicht möglich. Es stellte sich bei diesen Messungen heraus, daß selbst 10 Sekunden-Intervalle noch reichlich groß sind, um die wirkliche Bahn erfassen zu können. Die Standortänderungen des Ballons gingen teilweise mit solch großer Beschleunigung vor sich, daß bei der nächsten Ablesung bereits eine Bewegung erfaßt wurde, die mit derjenigen der vorangegangenen kaum noch im Zusammenhang stand. Wenn es trotz dieser großen Schwierigkeiten gelungen ist, einen Leewirbel in der Nähe des Hindernisses in seinem ganzen Umfang und Bewegungsverlauf zu erfassen, so ist dies nur dem großen Eifer eines geschulten Meßtrupps zu verdanken.

Der Leewirbel.

Die Ballonbahn Nr. 58 (s. Bild 2) zeigt eine typische Leewirbelbewegung, der Ballon, der an der Hangkante gestartet wurde, steigt mit 1,8 m/s etwa 18 m über das Hindernis und fällt dann anschließend. Nach 1,2″ bildet sich ein neuer Wirbel aus, der noch ein Stück höher hinaufreicht. Die Aufwärtsbewegung wird sehr plötzlich von einer kräftigen Abwärtsbewegung (3,8 m/s) abgelöst. Die Verteilung der Vertikalgeschwindigkeit innerhalb der beiden aufeinanderfolgenden Leewirbel ergibt eine pulsatorische Be-

wegung. Der Wirbel besteht also nicht aus einer einheitlichen Bewegungsform, ein Ergebnis, das zwar bekannt, aber hier in den Meßwerten einleuchtend zum Ausdruck kommt.

Zum Schluß möge noch die Breite der beiden Wirbel angegeben werden, die bei einer horizontalen Windgeschwindigkeit von 4—5 m/s etwa 100 m beträgt. Dieser beschriebene Fall eines Leewirbels wurde an vielen Ballonbahnen beobachtet. Manchmal traten zwei, auch drei Leewirbel hintereinander nahezu an der gleichen Stelle auf, ein andermal wurden sie von der allgemeinen Strömung auf Entfernungen bis 400 m weit vertragen.

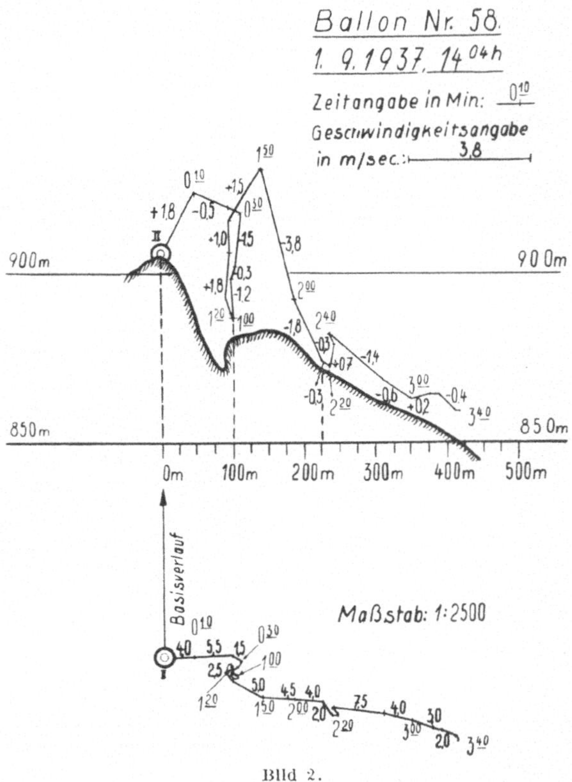

Bild 2.

Die hangnahe Strömung.

Bei anderen Ballonbahnen wiederum war ein Leewirbel nicht vorhanden. Gleich einer Potentialströmung, die sich dem Profil des Hindernisses eng anschließt, zog der Ballon den Hang hinunter. In Bild 3, das die Bahn des Ballons Nr. 88 wiedergibt, folgt dieser dem Hanggefälle auf eine Strecke von 1100 m. Dabei bewegt er sich mit einer horizontalen Geschwindigkeit von 4—5 m/s. Ein Vergleich mit der Strömungsgeschwindigkeit oberhalb des Hindernisses läßt erkennen, daß die Bodenströmung abgebremst ist, da sie 1—2 m/s tiefer liegt. Der Ballon bewegt sich also innerhalb der atmosphärischen Grenzschicht. Bei acht weiteren Ballonen wird dieses Anschmiegen der Strömung an das Gelände beobachtet, wobei die Entfernungen vom Hindernisäquator bis zur Zerstörung des glatten Bahnverlaufes schwanken.

Die Wirbelbildung.

Nach kürzerer oder längerer Strecke wird die Strömung, die sich im Profil eng angepaßt hat, durch einen Wirbel zerstört. Sein Wesen ist dadurch gekennzeichnet, daß er zunächst eine kräftige, aufwärts gerichtete Vertikalbewegung zeigt, die nach einer gewissen Zeit wieder zur Ruhe kommt und dann abwärts geht. Der erste Teil des Wirbels ist dabei in Windrichtung gesehen, wesentlich kürzer als der absteigende Teil; wohl eine Folge der Verteilung der Vertikalbewegung. Die aufsteigende Bewegung in diesen Wirbeln erreicht durchschnittliche Werte von über 1 m/s. Das Maximum liegt bei $v_z = 2{,}8$ m/s; Abwinde sind durchschnittlich schwächer. Die Aufstiegsbewegung erreicht eine Höhe von 8—45 m über ihrem Ausgangspunkt. Im Durchschnitt schwanken die Werte von 20—30 m. Die Wirbel haben eine

verschiedenen Geschwindigkeiten übereinander gleiten, in ihrer Trennungsfläche eine Unstetigkeit ergeben, die zur Wirbelbildung, zur sog. Aufrollung der Trennungsfläche führt. Auf die Verhältnisse in der freien Atmosphäre übertragen könnten also Wirbel entstehen, ohne besondere

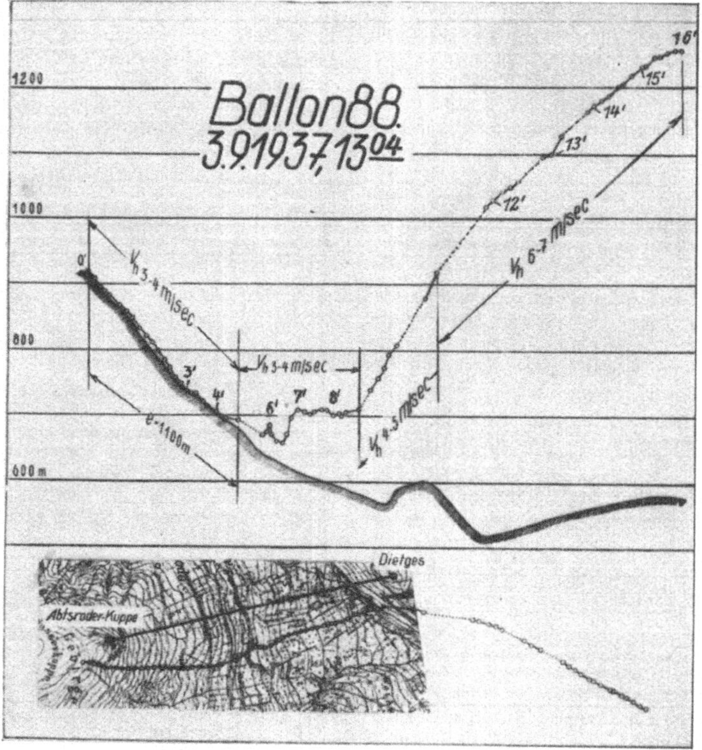

Bild 3.

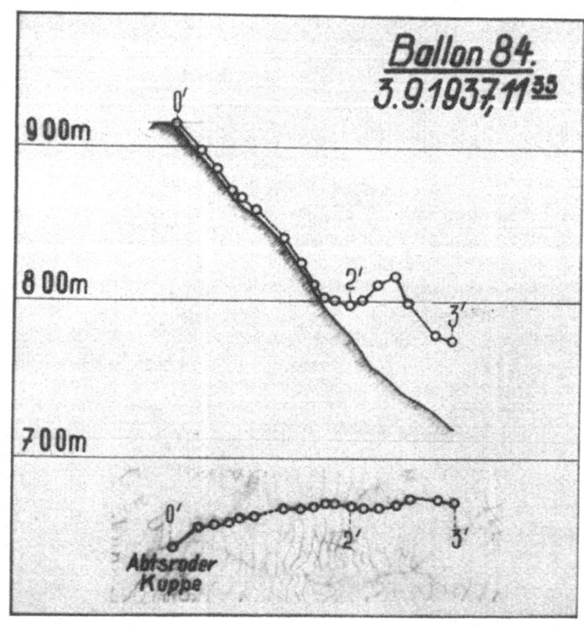

Bild 4.

Bild 5.

mittlere Länge von 150 m, wobei unter Länge die Ausdehnung in Windrichtung gemeint ist.

Auf die Frage nach den Entstehungsmöglichkeiten dieser Wirbel sei mit zwei Überlegungen geantwortet. Aus der Aerodynamik her ist bekannt, daß zwei Schichten, die mit

Kennzeichen des Geländes voraussetzen zu müssen, wenn nur die Entstehungsmöglichkeit zweier verschieden schnell beweglicher Luftmassen gegeben ist. Die Bedingung hierfür ist durch die atmosphärische Grenzschicht ohne weiteres gegeben. Sie ist ein Begriff, den man aus der Aerodynamik

übernommen hat. Während man aber in der Aerodynamik
mit Millimetern rechnet, so in der Meteorologie mit der
Größenordnung »Meter«.

Bild 4 zeigt auf einer Strecke von 550 m eine dem Profil
eng angepaßte Strömung. Ganz ohne erkennbare Ursache
wird diese Strömung durch Wirbelbildung zerstört. Man
muß also annehmen, daß es sich hier um eine im oben besprochenen Sinne entstandene Wirbelbewegung handelt.

Die zweite Auslösungsmöglichkeit wird offenbar durch
das Gelände selbst bedingt. Ändert sich das Gefälle an einer
Stelle in markanter Weise, d. h. also, fällt es beispielsweise
plötzlich sehr stark, so erhält man eine Art Bergprofil.
Das stark fallende Stück ist dann als Leeseite des Berges
aufzufassen. Damit ist die physikalische Voraussetzung
für die Bildung eines Wirbels gegeben, der in seinem Wesen
mit dem oben besprochenen Leewirbel vollkommen identisch
ist. Wie dieser Leewirbel eine Erscheinung ist, die nur in
gewissen Zeitabständen aufzutreten pflegt, so wird eine
Gefälleänderung wirbelauslösend wirken können, aber sie
muß es nicht.

Bild 5 zeigt ein Beispiel für diese zweite Auslösungsmöglichkeit. Nachdem der Ballon auf einer Strecke dem
fallenden Hang eng gefolgt ist, hebt er sich mit dem Erreichen der Gefälleänderung aus der unmittelbaren Bodenströmung heraus.

es sich um eine Strömung handelt, die über die Abtsroder
Kuppe hinweggeströmt ist und nun infolge ihres Eigen-
gewichtes das Bestreben hat, in ihre Höhenausgangslage
zurückzukehren. Über das Maß, wann die Luftströmung ihre
tiefste Lage erreicht hat, lassen sich keine Angaben machen,
da die Umkehrung des Bahnverlaufes im letzten Teil durch
die aufsteigende Bewegung am Königstein bedingt ist.

Die Bahn des Ballons Nr. 84 (s. Bild 6) zeigt noch ein
weiteres wesentliches Merkmal der Leeverhältnisse. Der
erste Teil der Bahn verläuft parallel zum Hang. Durch
einen Wirbel wird der Ballon um 25 m gehoben, fällt wieder
um geringe Höhe und steigt dann bis etwa zur Höhe des
Hindernisses empor. Vergleicht man nun die Horizontalgeschwindigkeit der beiden Bahnabschnitte vor und hinter
dem Wirbel, so erkennt man, daß praktisch kein Geschwin-
digkeitsunterschied zwischen der Luftströmung, die unmittelbar über den Boden hinwegzieht und derjenigen in
Höhen bis zu 300 m über Grund besteht. Damit besitzt
ein großer Raum im Lee der Abtsroder Kuppe einen einheitlichen Charakter der Horizontalgeschwindigkeit. Ein
Vergleich der Horizontalgeschwindigkeit in diesem Leeraum
mit derjenigen der oberen Strömung deutet auf ein kräftiges
Abbremsen der Strömung hinter dem Hindernis hin und
ähnelt damit dem Charakter der Grenzschicht. Es ist bemerkenswert, daß dieser Raum abgebremsten Strömungs-

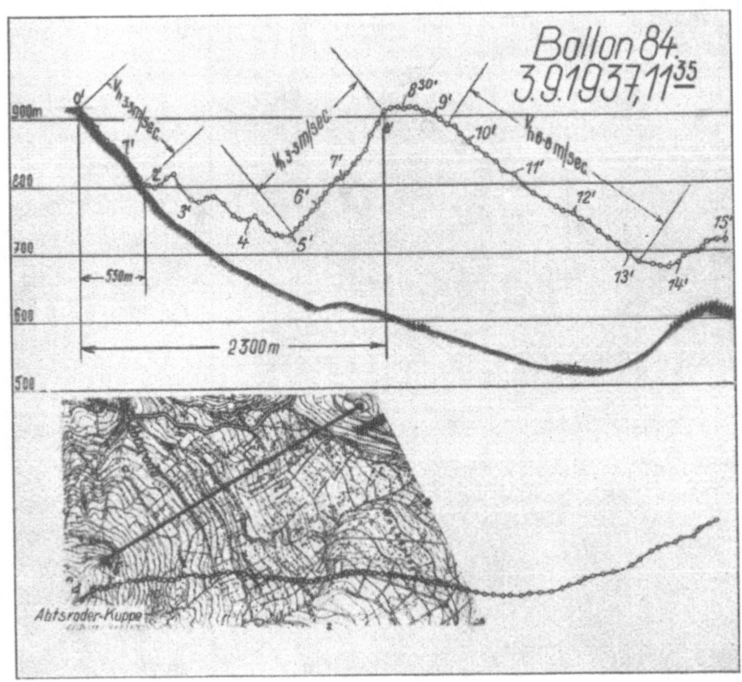

Bild 6.

Bei einer Reihe von Bahnen steigt der Ballon im Anschluß an die Wirbelbewegung in die Höhe. Dieses Aufsteigen wird dann mehr oder weniger plötzlich unterbrochen,
trotzdem er beispielsweise im Fall von B 76 kurz zuvor noch
ein Steigen von 3,6 m/s aufwies. Nach einer gewissen Über-
gangszeit beginnt er wieder zu fallen.

Sieht man sich daraufhin die Bahn des Ballons Nr. 84
(s. Bild 6) näher an, so erkennt man einen erheblichen Unterschied der Horizontalgeschwindigkeiten im aufsteigenden
Teil der Bahn gegenüber der abwärts gerichteten Bewegung.
Er beträgt 3—4 m/s. Der Ballon ist also nach Punkt 8^{30}
in eine neue Strömung, gekennzeichnet durch den ver-
änderten Geschwindigkeitscharakter hineingekommen. Bemerkenswert ist ihr Einsetzen in 2300 m Entfernung hinter
dem Hindernis. Denkt man sich diesen Bahnverlauf nach
rückwärts verlängert, so gewinnt man den Eindruck, daß

materials, der dieser Eigenschaft wegen in Zukunft als Totluftraum bezeichnet werden soll, praktisch mit dem Gebiet
des Windschattens eines Hindernisses verglichen werden
kann.

Diese Beobachtung läßt sich fast ausnahmslos, wenn man
insbesondere den oben angeführten Einfluß der Wirbelbewegung auf die Horizontalgeschwindigkeit berücksichtigt,
bei allen denjenigen Ballonen feststellen, deren Bahn sich
unterhalb und oberhalb des Berges bewegt.

Im Lee eines Berges bilden sich demnach in einer Zahl
von Fällen zwei Strömungsräume aus:

1. Der Raum, der von der Oberströmung eingenommen
   wird,
2. der Totluftraum.

Dabei ist die Oberströmung die eigentliche hindernis-
abgelenkte Strömung. Sie gleitet vor dem Hindernis auf-

wärts, behält diese nach oben gerichtete Strömung auch hinter dem Hindernisäquator noch bei, um erst nach einer gewissen Entfernung infolge ihrer Schwere wieder abzufallen. Alle Turbulenzelemente, die diese Strömung von unten angreifen, vermögen sie nicht erkennbar zu beeinflussen.

Der Totluftraum wird in seinem Umfang weder allein vom Leewirbel noch von dessen Verlagerungsweite bestimmt, sondern umfaßt das gesamte, im Windschatten des Berges liegende Gebiet. Die Strömungsgeschwindigkeit hat ihren

über der Abtsroder Kuppe. Sie zeigen im wesentlichen zwei Formen. Die erste ergibt eine sehr gute Anpassung an das Gelände. Ein Beispiel hierfür ist die Bahn des Ballons Nr. 52 (s. Bild 7). Auf diesem Bild erkennt man sofort, wie sich der Ballon jeder Geländeänderung anpaßt. Er zeichnet in diesem Falle bei einer horizontalen Windgeschwindigkeit von 7—9 m/s das Gelände also fast naturgetreu nach.

Bei der zweiten Form (s. Bild 8) könnte man zunächst auch eine gewisse Geländeabhängigkeit feststellen. Aber hier werden kleine Erhebungen beispielsweise durch ent-

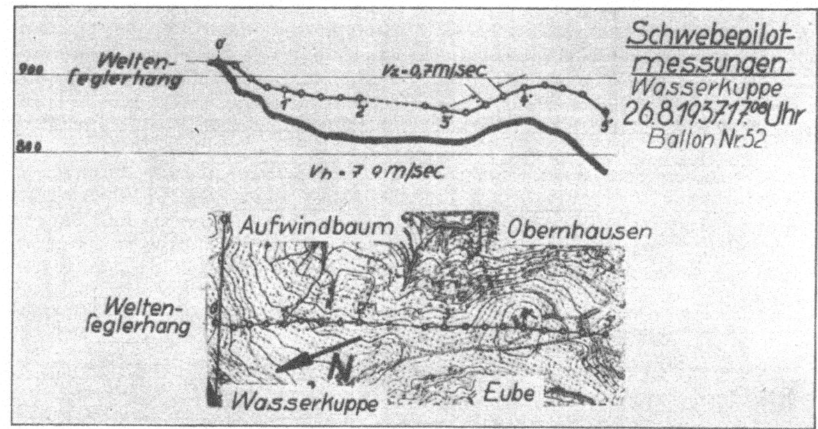

Bild 7.

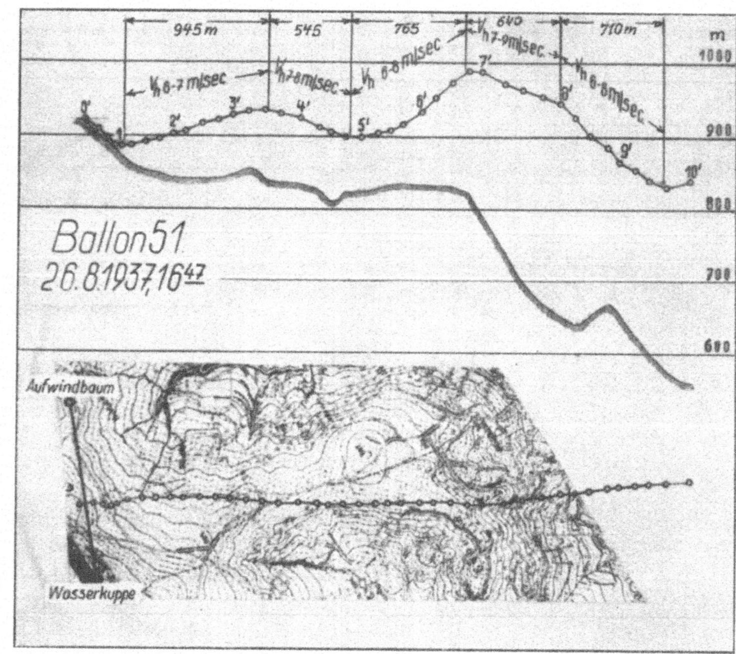

Bild 8.

eigenen Charakter. Die Bewegungsformen in diesem Raum erscheinen zum Teil unabhängig von den Bewegungsverhältnissen der Oberströmung, wenn auch die Oberströmung zeitweise in den Totluftraum hineinragen mag. Im großen und ganzen aber hält die Natur hier offenbar auf eine scharfe Trennung.

Die Bahnen über dem Südhang.

In den eingeführten Betrachtungen wurde bereits darauf hingewiesen, daß die Bahnen über dem Südhang der Wasserkuppe (Weltenseglerhang) einheitlicher sind als diejenigen

sprechende Änderungen in der Ballonbahn wiedergegeben, die das Maß der Geländeerhebung im Gegensatz zur ersten Form ganz wesentlich übersteigen.

Auf Grund dieser äußeren Bahnform ist man geneigt, sie als eine Schwingungsbewegung im Lee der Wasserkuppe aufzufassen. So ist es erstaunlich, daß die Bahn des Ballons in ihrem letzten Stück bereits in einer Höhe von 240 m über Grund ihre Absinkbewegung beendet und Tendenz zum Aufsteigen zeigt. Die Ballone über dem Nordhang haben gezeigt, daß eine neue Erhebung im Lee des Hindernisses die Bahn des Ballons zwar nach oben abbiegt, daß dieses Abbiegen aber erst wenige Meter über Grund stattfindet. Es liegt also kein Anlaß vor, im Falle des besprochenen Ballons das Gelände für das Wenden der Bahn bei min 9⁴⁵ verantwortlich zu machen.

Vergleicht man weiterhin die übrigen Bahnen der zweiten Form untereinander, so fällt auf, daß eine zweite Sorte etwa doppelte Wellenlänge und dann auch doppelte Amplitude aufweisen. Um diesen Vergleich praktisch durchführen zu können, wurde die Bahn der Ballons Nr. 51 etwas idealisiert als Schwingung (s. Bild 9) dargestellt.

Als Einheitsmaß für die Wellenlänge wurde die Viertelwellenlänge gewählt, um auf diese Weise auch kürzere Bahnteile in den Kreis der Betrachtungen ziehen zu können. Das Ergebnis wurde in Zahlentafel 1 zusammengestellt. Aus ihr ist zunächst für Ballon Nr. 51 eine Viertelwellenlänge von 250 und 1000 m zu entnehmen, für Ballon Nr. 50 eine solche von 600 und 2000 m. Die Amplitude beträgt im ersten Fall 90 m, im zweiten 175 m. Man ersieht hieraus

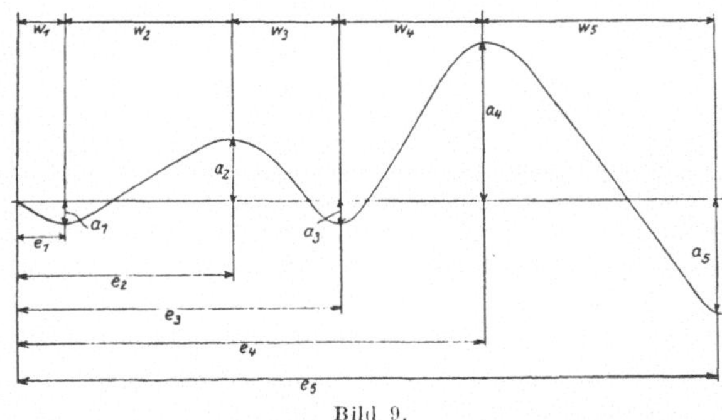

Bild 9.

Zahlentafel 1.

	e_1	e_2	e_3	e_4	e_5	a_1	a_2	a_3	a_4	a_5	W_1	Vzm^1	W_2	Vzm^2	W_3	Vzm^3	W_4	Vzm^4	W_5	Vzm^5
Nr. 51.	250	1200	1800	2600	3900	-15	+35	±0	+90	-70	250	—	1000	+0,6	00	-0,7	800	+1,3	1300	-1,5
Nr. 47.	400	1050				±0	+85				400	0,0	600	2,1						
Nr. 46.		1400	1950	2600			-40	-50	+20						600	-0,4	600	+1,4		-1,3
Nr. 50	600	2600				-55	175				600	-0,9	2000	+1,7						
Nr. 26	1050	2950				-60	255				1050	-0,75	1800	1,6						

also das bereits oben ausgesprochene Ergebnis der Verdoppelung charakteristischer Werte. Ohne auf deren Ursache hier näher einzugehen, sei abschließend festgestellt, daß die Vermutung einer Schwingungsbewegung, einer Bewegung also, die über die einfache Geländeabhängigkeit hinausgeht, auch einige praktische Unterlagen hat. Zum Schlusse sei noch erwähnt, daß innerhalb des aufsteigenden Teiles der Bahn von Nr. 51 Aufwinde von 1,3 m/s auftreten. Sie würden bei genügend großer räumlicher Ausdehnung zum Segelfliegen also weitaus ausreichen. Bemerkenswert für sämtliche Bahnen, die diese schwingungsartige Bewegung zeigen, ist die Tatsache, daß sie sich im ersten Teil ihrer Bahn sehr eng dem Hang anpassen, in gleicher Weise, wie es über dem Nordhang bei der »hangnahen« Strömung der Fall war. Untersuchungen von v. Ficker über Strömungsverhältnisse in den Alpen haben gezeigt, daß bei Föhn die Strömung im Lee des Hindernisses sich dem Gelände unmittelbar anschmiegt und damit im Gegensatz zu den bekannten Strömungserscheinungen nicht zur Bildung eines Leewirbels führt. Seilkopf kommt im Anschluß an eine Betrachtung verschiedener meteorologischer Ereignisse bei Föhnwetterlagen zu dem Ergebnis, daß die atmosphärische Grenzschicht infolge allgemeiner Bedingungen abgesaugt wird und damit die Strömung sich eng dem Gelände anschließt. Man ist geneigt, den ersten Teil dieser Ballonbahnen als eine föhnartige Strömung zu betrachten, an die sich eine schwingungsartige Bewegung anschließt. Inwieweit diese beiden Bahnteile zusammengehören, kann aus den wenigen Bahnen nicht entschieden werden.

Ballonbahnen mit thermischer Vertikalbewegung.

Im großen und ganzen ergeben diese Bahnen keine neuen Gesichtspunkte. Ein Teil der Ballone steigt unmittelbar von der Hangkante weg, ein anderer Teil ist zunächst noch dem Einfluß des Leewirbels unterworfen, um dann aber auch wegzusteigen. Besonders erwähnt zu werden verdient eigentlich nur diejenige Gruppe, bei der die thermische Vertikalbewegung vom Leehang selbst ausgeht. Und hierbei ist die Bahn des Ballons Nr. 79 charakteristisch. In den ersten beiden Dritteln der Bahn bewegt sich der Ballon in Boden nähe, um dann aufzusteigen. In seinem mittleren Teil, wo das Gelände im Aufriß eine muldenförmige Vertiefung zeigt, treibt er nur mit ganz geringer Horizontalgeschwindigkeit (1—2 m/s) weiter. Eine Gefälleänderung bedingt dann eine wirbelartige Auslösung, die nach einem gewissen Zeitabschnitt zur thermischen Vertikalbewegung führt. Betrachtet man diesen Vorgang von dem Standpunkt aus, welche Zeit verstreicht,

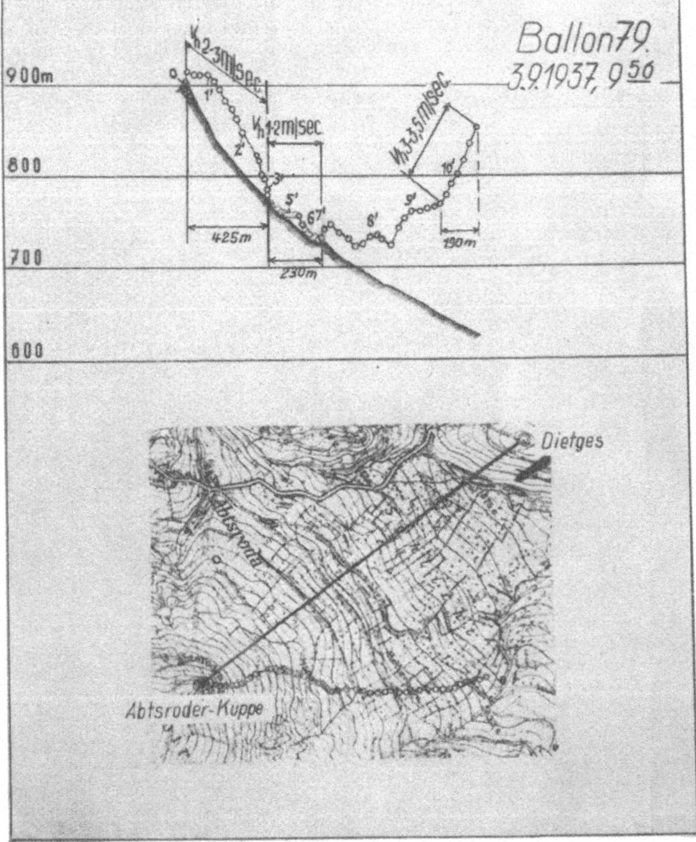

Bild 10.

bis es zur Entwicklung thermischer Vertikalbewegung
kommt, so kann man sagen, daß bei diesem Ballon
bis zur Auslösung 4 min verstrichen sind und daß der
Auslösungsvorgang selbst noch einmal 3 min in Anspruch
genommen hat. Damit zeigt dieser Ballon einmal die
Entwicklung thermischer Vertikalbewegung am Leehang
und zum anderen dürfte die Zeitspanne von 3 min innerhalb deren sich die »Thermik« auslöste, ein interessanter
Beitrag zum Problem des »Selbstanrührens« der Thermik
sein.

Die Messungen auf dem Herzogstand.

In der Einleitung wurde bereits darauf hingewiesen, daß
die Geländeverhältnisse auf dem Herzogstand ganz andere
als die auf der Wasserkuppe sind. Der wesentliche Unterschied aber ist vor allem darin zu sehen, daß die Wasserkuppe mitten in der Rhön und damit inmitten einer Berglandschaft liegt, während der Herzogstand am nördlichen
Alpenrand gelegen ist und damit nahezu unmittelbar an die
oberbayerische Hochebene grenzt. Der Höhenunterschied
beträgt rund 1000 m auf eine Entfernung von 5 km. Der
Alpenrand verläuft in dieser Gegend von W nach E.

Infolge dieser speziellen Geländeverhältnisse war die
Aufgabe von vornherein eine andere als auf der Wasserkuppe. Kam es dort darauf an, eine Art Kleinstruktur der
Leebewegungen festzustellen, so war hier als Ziel der Messungen an eine Untersuchung großräumiger Bewegungen
gedacht. Es sollte also festgestellt werden, ob sich im Lee
des Alpenrandes besondere Vertikalbewegungen ausbilden.

Für die Messungen wurde die Basis Herzogstand—Heim-
garten mit einer Länge von 2,1 km gewählt. Diese Basis
verlief praktisch parallel zum Alpenrand. Bedingt durch die
Aufgabe wurden die Ablesungen nur in zeitlichen Abständen
von 20 s durchgeführt. Die Wetterlage während der Messungen war einmal bestimmt durch Abgleitvorgänge im
Hochdruckgebiet, dessen Kern über dem südlichen Teil von
Skandinavien lag und einem Tief über Oberitalien. Äußerlich war die Wetterlage dadurch gekennzeichnet, daß in
etwa 1400 m Höhe eine geschlossene Scu-Decke lag, aus der
nur die höheren Berge herausragten und den ganzen Tag
über nicht aufriß. Der Südwind war am Vormittag kräftig
und flaute tagsüber immer mehr ab.

In Anbetracht der geringen Zahl der vermessenen
Ballone und vor allem bedingt durch die Tatsache, daß die
vorhandenen Meßreihen alle von einem Tage stammen, läßt
sich das Ergebnis nicht verallgemeinern. Es soll nur als
eine Art Erfahrungsbericht hinzugefügt werden.

Der Wert dieser wenigen Messungen liegt vor allem
darin, daß praktisch sämtliche Ballone eine Höhe von
5000 m erreichen und damit einen Überblick über einen
großen Querschnitt gestatten. Sie zeigen das bemerkenswerte Ergebnis, daß wesentliche Unterschiede der Vertikalbewegung als Funktion der Höhe nicht zu beobachten sind.
Lediglich im Grundriß, also im horizontalen Strömungs-
feld, ergeben sich Abweichungen. Im unteren Teil der
Bahnen erkennt man eine Umströmung des Herzogstand-
massivs. Dabei treten zwei Gruppen auf. Bei der einen
reicht der Einfluß bis auf etwa 700 m, bei der anderen bis
auf rund 1000 m über den Herzogstandgipfel hinaus. Beide
ergeben eine Strömung, die offenbar durch die Öffnung der
Berglandschaft zwischen Walchensee und Kochelsee, dem
Tal zwischen Jochberg und Herzogstand bedingt ist.

Als Endergebnis dieser Messungen im Hinblick auf
Vertikalbewegungen kann festgestellt werden, daß solche
bei den gemessenen horizontalen Windgeschwindigkeiten
bis zu 7 m/s und bis zur Höhe von 5000 m nicht auftraten.

Zusammenfassung.

Ein Vergleich der Meßserien auf der Wasserkuppe mit
derjenigen auf dem Herzogstand läßt sich infolge der be-
schriebenen Ungleichheit der Meßreihen nicht durchführen.

Als wichtiges Ergebnis der Messungen auf der Wasserkuppe kann einmal das Vorhandensein eines Totluftraumes
bezeichnet werden, der nach oben hin von der Oberströmung
begrenzt und in seiner Reichweite etwa durch den Windschatten des Berges bestimmt ist. Zum andern übt offenbar
die Gestalt des Hindernisses und die Windgeschwindigkeit
eine bedeutende Rolle auf die Bewegungsformen im Lee
des Hindernisses aus.

Die wenigen Messungen auf dem Herzogstand haben
gezeigt, daß bei Windgeschwindigkeit bis zu 7 m/s keine
Vertikalbewegungen im Lee der Alpen, selbst bis zur Höhe
von 5000 m, auftreten.

Osservazioni di meteorologia alpina fatte dal servizio austriaco durante la grande guerra.

Dott. Schwabl, Vienna.

Molti problemi sulle correnti alpine, e che hanno una notevole importanza pratica per il volo a vela, attendono ancora la loro risoluzione. Tra l'altro ci sono le innumerevoli questioni riguardanti le correnti locali, di periodicità giornaliera. Il materiale del servizio meteorologico alpino dell'esercito austro-ungarico durante la grande guerra ci permette di fare un notevole passo in avanti in questo campo. Il fatto di avere delle serie di osservazioni praticamente continue svolte in un gran numero di stazioni opportunamente disposte, permette di studiare con grande precisione i sistemi delle correnti locali e il loro andamento giornaliero. Con particolare cura furono studiati i risultati della regione di Trento. Il relatore conclude con una considerazione teorica sulle cause della nascita delle brezze locali e dei disturbi talvolta osservati.

Contribution aux recherches sur les courants aériens alpins d'après les observations et mesures du service météorologique alpin pendant la guerre.

Dr. Schwabl, Vienne.

Dans les recherches sur les courants aériens, alpins il reste encore à résoudre toute une série de problèmes qui ont une importance pratique pour le vol sans moteur. Au premier rang figure la question des courants périodiques de jour, différents suivant les lieux. Le matériel d'observation du service météorologique alpin autrichien pendant la guerre a fourni par sa spécialité une nouvelle possibilité de faire un progrès dans ce domaine de recherches. Le fait que des observations presque continues à des hauteurs et à des expositions différentes, bien qu'en des endroits à peu près voisins, ont été réalisées, permet une étude vraisemblablement suffisante du système local des perturbations et de sa terminaison quotidienne. Comme région particulière, il faudrait envisager les environs de Trient. Une recherche sur les conditions dans lesquelles commencent le système local de vent et les perturbations conclut le travail.

A Contribution to Research on Alpine Wind Currents, based on Observations and Measurements by the Alpine Military Weather Service during the War.

Dr. Schwabl.

There are still a large number of unsolved problems connected with research on Alpine wind currents which are of practical importance to soaring flight. Of greatest importance are those connected with various local winds varying with the time of day. The observations made by the Austrian Alpine Weather Service during the war make it possible to take another step forward in this line of research. The fact that almost continuous observations at various altitudes and exposed but closely spaced positions are available, makes possible a fairly exact study of the local wind system, and also its daily variation. As a more restricted region, the area around Trient was chosen for study. A consideration of the conditions required for the occurrence of the local wind system and the disturbances which occurred, concludes the paper.

Ein Beitrag zur alpinen Strömungsforschung auf Grund von Beobachtungen und Messungen des alpinen Feldwetterdienstes im Kriege.

Von Dr. Schwabl, Wien.

In der alpinen Strömungsforschung sind noch eine ganze Reihe von Problemen, die auch für den praktischen Segelflug Bedeutung haben, ungelöst. Dazu gehören vor allem Fragen, die die verschiedenen lokalen, tagesperiodischen Strömungen betreffen. Das Beobachtungsmaterial des österreichischen alpinen Feldwetterdienstes im Kriege gibt durch seine Eigenart eine neue Möglichkeit, auf diesem Forschungsgebiet einen Schritt weiterzugehen. Der Umstand, daß nahezu kontinuierliche Beobachtungen an verschieden hohen und exponierten, aber doch nahe beieinander gelegenen Stellen vorliegen, macht ein ziemlich genaues Studium des lokalen Strömungssystems und seines täglichen Ablaufes möglich. Als engeres Gebiet wurde die Gegend um Trient in Betracht gezogen. Eine Untersuchung über die Bedingungen der Entstehung des lokalen Windsystems und der vorkommenden Störungen schließt die Arbeit ab.

Ein Beitrag zur alpinen Strömungsforschung auf Grund von Beobachtungen und Messungen des alpinen Feldwetterdienstes im Kriege.

Von Dr. W. Schwabl, Wien.

Die hervorragenden Segelflugleistungen des Vorjahres in den Alpen haben das Interesse für den alpinen Segelflug und damit auch für die alpine Strömungsforschung gewaltig gesteigert. Auf diese Weise haben gewisse Probleme, die in der Meteorologie bereits seit Jahrzehnten diskutiert werden, ohne daß man heute schon von einer endgültigen Klarlegung sprechen könnte, praktische Bedeutung gewonnen. Einen großen Raum nehmen darunter alle jene Fragen ein, die sich auf die lokalen tagesperiodischen Strömungen im Gebirge beziehen. Dies schon deshalb, weil die allgemein günstigsten Segelflugbedingungen in den Alpen gerade bei solchen Wetterlagen anzutreffen sind, die die Ausbildung lokaler Strömungssysteme besonders begünstigt. Die lokal bedingten Strömungen spielen im Gebirgsland ja überhaupt eine ausschlaggebende Rolle.

Obwohl gerade in den letzten Jahren durch eine ganze Reihe praktischer Vermessungsarbeiten, wobei in erster Linie die Innsbrucker Meteorologenschule zu nennen ist, unsere Kenntnisse auf diesem Gebiet bedeutend erweitert wurden, ist noch nicht alle Arbeit getan. Das hat zwei Gründe. Erstens ist das Problem ein äußerst weitläufiges und kompliziertes. Zweitens sind die bisher angewandten Methoden der praktischen Forschung, wenn sie auch die einzig möglichen waren, nicht als ideal zu bezeichnen. Außerdem ist das zur Verfügung stehende Beobachtungsmaterial beschränkt.

Wichtige Fragen bedürfen noch einer eingehenden Klärung. Dazu gehört etwa die Frage der gegenseitigen Beeinflussung der verschiedenen Strömungskomponenten im Gebirge, wo Talwind, Bergwind, Gradientwind, sekundärer Talwind usw. ein ziemlich kompliziertes Gebilde ergeben. Wovon hängt ihre Mächtigkeit und gegenseitige Begrenzung ab? Welche konkreten Bedingungen führen zu Störungen des lokalen Windsystems? Wie sehen diese Störungen im einzelnen aus? Welche Eigenarten gibt es bei lokalen Windsystemen in verschiedenen Teilen der Alpen? Die restlose Beantwortung dieser Fragen steht heute noch in mancher Beziehung aus. Gerade die letzte ist in dem Augenblick wichtig geworden, als man auch im alpinen Gebiet versucht, größere Streckenflüge durchzuführen. Große Verschiedenheiten auf verhältnismäßig kleinem Raum sind ja in Gebirgslagen typisch.

Aus diesen Gründen müßte jede Möglichkeit benützt werden, die gestattet, in der Beantwortung solcher und ähnlicher Fragen einen Schritt weiterzugehen. Solch eine Möglichkeit schien sich bei einer Bearbeitung des Materials des österreichischen alpinen Feldwetterdienstes, das seit dem Kriege in den Archiven der Zentralanstalt für Meteorologie in Wien liegt, zu ergeben. Dabei war von vorneherein klar, daß man nicht allzugroße Erwartungen an die Ergebnisse knüpfen dürfte. Das ergab sich schon aus dem ursprünglichen Zweck und den Umständen, unter denen die Beobachtungen gemacht wurden. Andererseits ließ die Fülle des Materials und eine gewisse Eigenart Ergebnisse erwarten, die auf andere Weise kaum zu erhalten wären und die als Ergänzung der bekannten Arbeiten nicht uninteressant sind.

Zunächst einige Worte über den Feldwetterdienst selbst. Die Organisation eines alpinen Wetterdienstes auf österreichischer Seite geht auf das Jahr 1915 zurück. Damals wurden erstmalig an der Kärntner Gebirgsfront Wetterposten an hochgelegenen Stellen eingerichtet. Die Kärntner Hochstationen dienten später als Vorbild für die Einrichtung eines ausgedehnten Beobachtungsnetzes, das sich von der Schweizer Grenze bis zu den Julischen Alpen und dem Karst erstreckte. Im Sommer 1917 wurde der höchste Stand an Hochstationen mit 20 über 2000 m Höhe erreicht. Dazu kamen eine ganze Anzahl von Pilotierstellen in den Tälern. Als bemerkenswerteste Station ist vor allem der Ortler zu erwähnen, der mit 3900 m den höchsten Wetterposten darstellte. Die Beobachtungen wurden regelmäßig in dieser Höhe nur 60 m unterhalb des Gipfels durchgeführt, man kann sich denken, unter welchen Schwierigkeiten. Die Lage der übrigen Stationen war verschieden günstig. So mußte bei der Wahl des Beobachtungsortes auch auf die militärische Situation Rücksicht genommen werden. Immerhin war das Beobachtungsnetz sehr dicht und auf engem Raum eine so große Anzahl von Stationen vorhanden, wie man sie eben nur im Kriege für militärische Zwecke einzurichten in der Lage ist.

Ausgerüstet waren diese Stationen mit einem Thermometer, manche sogar mit einem Aßmann, einer Wildschen Windfahne und meist einem Hand-Anemometer. Die Wind- und Bewölkungsbeobachtungen spielten die Hauptrolle, war doch ein Hauptzweck die Versorgung der Luftfahrtruppe mit der nötigen Meldung.

Außer diesen Beobachtungsstellen gab es noch eine sehr große Anzahl von Frontstationen, die an exponierter Stelle kontinuierliche Wind- und Bewölkungsbeobachtungen zu machen hatten. Ihre Ergebnisse erwiesen sich in der Mehrzahl als brauchbar.

Trotz der sich notwendigerweise ergebenden Verschiebungen sind verhältnismäßig lange Beobachtungsreihen von einem Jahr und mehr von einzelnen Stationen vorhanden. Es ist klar, daß nach dem Kriege der Anreiz bestand, dieses Material auszuwerten. Bei dem großen Umfang der Akten beschränkte sich aber alle Bearbeiter auf die Auswertung bestimmter Pilotierreihen, die immerhin interessante Ergebnisse lieferten. Dazu gehört die Arbeit von Pollak über die Trienter Pilotierungen, von Barda-Schedler, die die meisten Höhenwindmessungen in Mittelbildungen darstellte, und schließlich benützte Tollner nochmals die Trienter Messungen, um damit eine Zusammenstellung der Berg- und Talwinde zu ergänzen. In allen Fällen handelt es sich um statistische Zusammenfassungen ohne eingehenderes Studium der Einzelfälle.

Die Hauptresultate waren folgende: Die lokalen Luftströmungen spielen im betrachteten Gebiet, also im alpinen Teil südlich des Zentralkammes eine absolut vorherrschende Rolle. Die Höhe von über 2000 m, bis zu der sie sich erstrecken, ist bedeutend größer als in anderen Teilen der Alpen, etwa im Norden. Außerdem zeigen sie gewisse Eigenarten, ein Umstand, auf den Eckhart bei einem Vergleich mit seinen Innsbrucker Talwindstudien hinwies. Im Gegensatz zu Innsbruck setzt der Trienter Talwind zuerst in der Höhe ein und dringt dann nach unten vor (s. Bild 1).

Es erschien daher interessant, das Material nach einem neuen Gesichtspunkt zu bearbeiten und vor allem die Beobachtungen der Frontstationen heranzuziehen. Dadurch konnte die besondere Eigenart des Materials voll ausgenützt werden, daß nämlich ein- und zweistündige fortlaufende Beobachtungen gleichzeitig an einer ganzen Reihe von verschieden exponierten, aber relativ nahe beieinanderliegenden Stellen vorlagen. Die Pilotierungen der benachbarten Orte stellten eine wertvolle Ergänzung dar. Dabei war es allerdings nur möglich, einen beschränkten Raum über eine beschränkte Zeit zu betrachten. Raum und Zeit wurden so gewählt, daß die Beobachtungen möglichst vollständig zur Verfügung standen.

So ergab sich als näher zu betrachtendes Gebiet der Abschnitt Trient, etwa von der Adamellogruppe im Westen und den sieben Gemeinden im Osten begrenzt. Als Zeit wurden die Monate April, Mai, Juni 1918 gewählt. Es wurde nun versucht, folgende Fragen zu beantworten: Wie sieht das lokale Strömungssystem im ganzen benachbarten Gebiet, nicht nur in einem bestimmten Tal, aus? Unter welchen Bedingungen treten Störungen auf?

Im ganzen waren 15 Frontstationen, davon 5 Höhenstationen, auf einer 50 km langen und ungefähr $W\!-\!E$ verlaufenden Linie vorhanden. Die Lage der charakteristischen Stellen sei näher beschrieben:

Im Westen: Lardaro, Praso, Strada, im Arnotal, enges Tal parallel zum Etschtal.

Tomeabru, Höhenstation 1730 m, etwa in der Mitte zwischen Sarca und Arnotal.

Valtarsa, gegen SSE ansteigendes Tal zwischen Pasubio und Zugna Torta, das im Etschtal bei Rovereto mündet.

Außerdem im Norden: Tonale 2700 m Höhenstation in der Ortlergruppe.

Die kontinuierlichen Windbeobachtungen an diesen Stationen ließen in Verbindung mit den Pilotierungen der benachbarten Orte Trient, Fraveggio und Levico eine Reihe charakteristischer Erscheinungen erkennen.

1. An Tagen mit rein ausgebildetem Lokalwindsystem zeigen alle Stationen in Tallage einen eindeutig bestimmten täglichen Gang des Windes. Dieser Gang ist wie zu er-

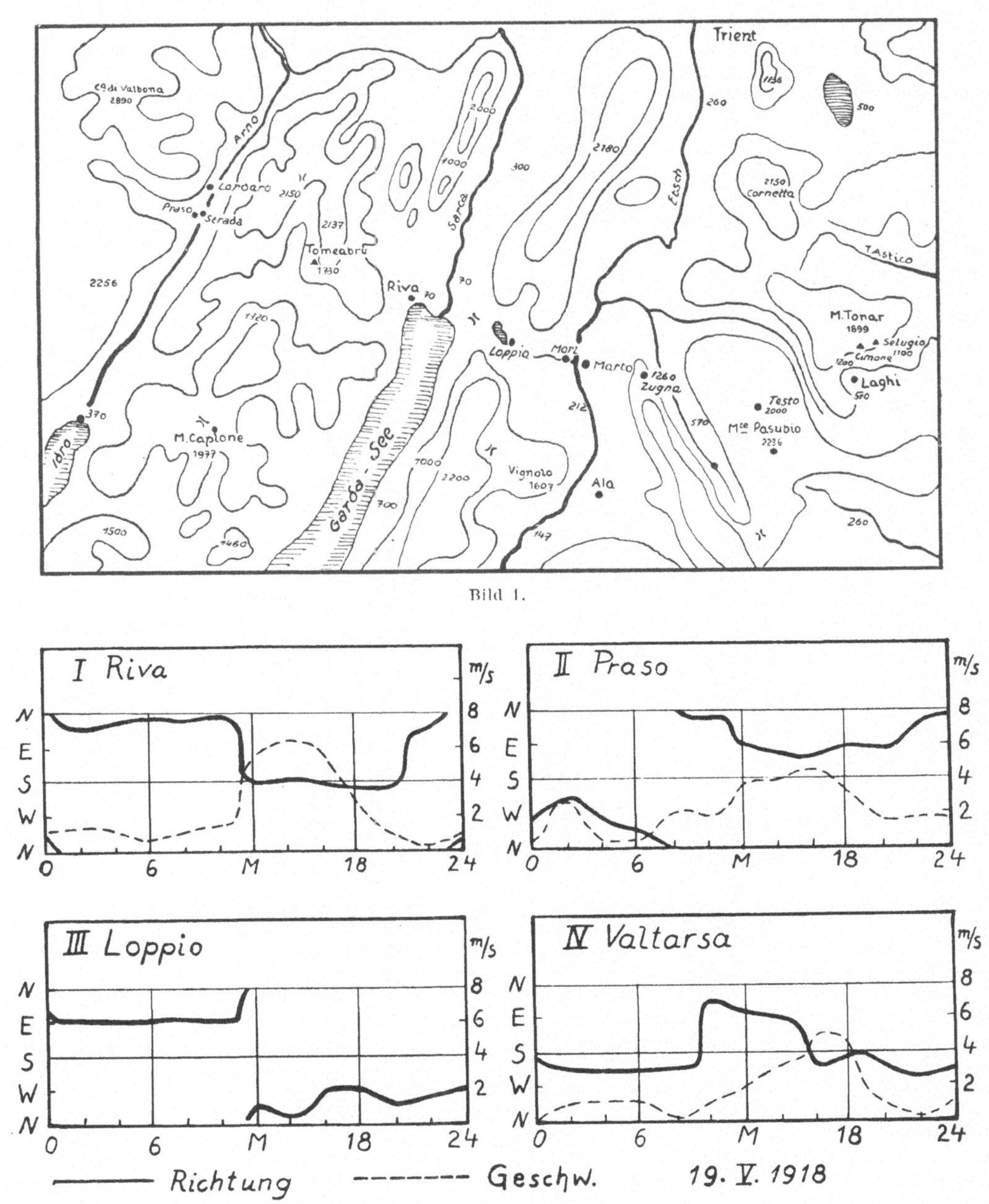

Bild 1.

Bild 2.

Riva und Torbole am Nordende des Gardasees, anschließend Sarcatal, parallel zum Etschtal.

Loppio auf der Höhe des west-östlichen Verbindungstales zwischen Sarca und Etsch.

Mori und Marco im Etschtal.

Zugna Torta, Höhenstation 1260 m, Pasubio, Höhenstation 2240 m, beide östlich des Etschtales.

warten, je nach dem Talverlauf verschieden (s. Bild 2). Von Interesse ist nun das Verhalten der allgemeinen Südströmung, die regelmäßig in den späteren Vormittagsstunden zuerst in der Höhe einsetzt und die man als übergeordneten Talwind bezeichnen kann. Sie verdankt ihre Entstehung einer ziemlich großen Druckdifferenz zwischen der Ebene und dem südlich des Zentralkammes gelegenen Alpengebiets, die thermisch begründet ist und täglich wiederkehrt. In nordsüdlich gelegenen Tälern, so im Etschtal und am Gardasee, ist bloß dieser »große« Berg- und Talwind wirksam. Schon in schmäleren Tälern treten Abweichungen auf und vor allen Dingen in Lagen, die keinen Talanstieg gegen Norden aufweisen (s. Valtarsa). Hier liegen dann meist drei getrennte Windströmungen übereinander. Bloß zur Zeit des Maximums des allgemeinen Südwindes greift er bis zum Boden durch, aber auch nur in günstigen Lagen, wie etwa im Valtarsatal. Am Abend verschwindet er zuerst wieder in den unteren Schichten, um den primären Lokalwinden Raum zu geben. Die gleichzeitige Betrachtung des täglichen Windablaufes an den verschiedenen Stationen zeigt, wie sich die einzelnen selbständig erscheinenden Strömungen gegenseitig beeinflussen. Je nach der Wirksamkeit des einen oder anderen Faktors ergeben sich eine Reihe von Änderungen des Gesamtströmungsbildes im Laufe eines Tages, so um 12 Uhr mittags, um 16 Uhr und um 20 Uhr (s. Bild 3). In diesem Zusammenhang ist das Verhalten der

An allen Tagen mit Bewölkung <10 gab es wenigstens an einigen Stationen den charakteristischen normalen Ablauf. Eine einzige Ausnahme war mit starkem Föhn verbunden. Umgekehrt war auch an einigen vollkommen bedeckten Tagen der örtliche Wind vorhanden.

3. Der charakteristische Ablauf ist unter bestimmten Bedingungen entweder teilweise oder vollkommen gestört. Teilweise Störungen bedeuten Verkürzungen bzw. Verschiebungen der normalen Eintrittzeiten der periodischen Strömungen. Ohne Ausnahme waren die Fälle, da an allen Beobachtungsstellen das lokale Windsystem ganz oder teilweise gestört war, mit richtiger Föhnlage oder mindestens mit starkem Südwind in der Höhe verbunden. (Umgekehrt gilt dieser Satz nicht unbedingt.) Die hochgelegenen Stationen meldeten dann tagsüber in Übereinstimmung mit den Pilotierungen ununterbrochen Föhn. In den Nord-SüdTälern kommt gerade bei solchen Südwetterlagen kein Südwind auf. Tagsüber weht Nord, was offenbar auf eine dynamische Wirkung zurückzuführen ist. Nur stoßweise,

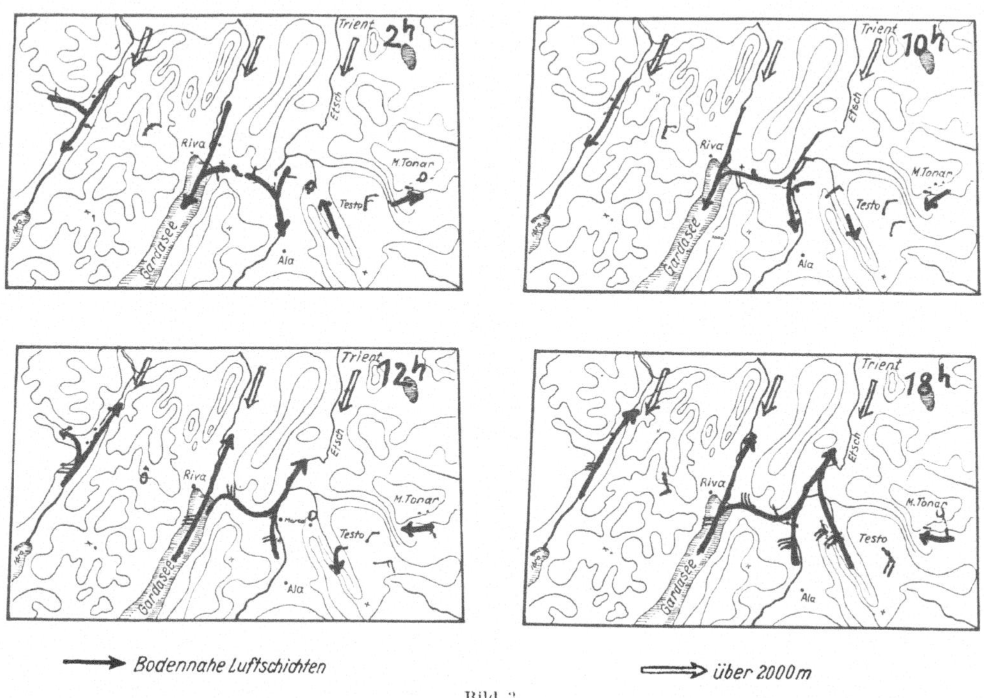

Bild 3.

Bergstationen interessant. Sie weisen keinen charakteristischen täglichen Gang auf. Die Windstärken sind im allgemeinen niedrig, wenn nicht gar Windstille herrscht. Die Bergspitzen liegen also nicht im unmittelbaren Bereich des periodischen Südwindes oder zumindest nicht während des größten Teils des Tages. Bloß in günstigen Fällen kommt es vor, daß die allgemeine Südströmung auch die Bergspitzen erfaßt, aber dann nur für kurze Zeit. Der übergeordnete Talwind ist also eine Strömung, deren Bereich nicht einfach abzugrenzen sein dürfte.

2. Ein vollkommen rein ausgebildetes örtliches Windsystem (wenn an keiner Station eine Störung des charakteristischen Verlaufes merklich ist) war bei einheitlichen Bedingungen gegeben. Diese Bedingungen waren: Hochdruckwetter bzw. geringer Druckgradient, keine geschlossene Wolkendecke. In der Höhe konnten schwache Strömungen mit verschiedener Richtung vorherrschen. Solche Fälle gab es in 20% aller Beobachtungstage. Dabei waren die verschiedensten Wetterlagen ziemlich gleichmäßig über die ganze Zeitspanne verteilt.

meist am späteren Abend dringt der obere Süd in die Täler ein. Die niedrigeren Berge liegen abwechselnd im Bereich der oberen Süd- oder der unteren Nordströmung, die nun weniger an die orographischen Verhältnisse geknüpft ist.

Diese Zusammenstellung der Beobachtungsergebnisse einiger Stationen des Feldwetterdienstes kann keinen Anspruch darauf erheben, ein abschließendes Resultat zu liefern. Was gegeben werden konnte, waren lediglich einige Ergänzungen und Hinweise. Dazu kam der Gedanke, das Material einer Organisation, die einst für kriegerische Zwecke bestimmt war, nun der Segelfliegerei nutzbar zu machen, soweit dies unter den Voraussetzungen überhaupt möglich war.

Bis zur endgültigen Klärung vieler Fragen der alpinen Strömungsforschung wird noch manche Arbeit geleistet werden müssen. Mehr als auf anderen Gebieten ist dabei die Zusammenarbeit aller Segelflieger, die in den Alpen fliegen, notwendig. Gewisse Schranken, die dieser praktischen Zusammenarbeit im Bereich der Ostalpen bis vor kurzem noch im Wege standen, sind gerade zur rechten Zeit gefallen.

Periodical Winds in the Etsch Valley.

Professor Filippo Eredia.

The observation made for several years in the Etsch Valley (Gardolo) confirmed the occurrence of periodical mountain and valley winds. Of particular interest are the following: At 8 a. m. the wind near the ground comes normally from NW-NNW, but over 1000 ft. altitude the direction is N-ENE. However at 2 p. m. the wind direction is the same at all altitudes i. e. SE-SSW. As far as wind speed is concerned, in the mornings the speeds increase rapidly up to 1000 ft., whereas in the afternoon there is no marked variation. In the afternoons there is usually some cloud formation. (Several altitude sounding instruments are discussed and sketches of the various types shown.)

Les vents périodiques dans la vallée de l'Adige.

Prof. Filippo Eredia, Rome.

Les observations réalisées depuis quelques années à Gardolo (Vallée de l'Adige) prouvent l'existence du phénomène de vents périodiques dans les montagnes et les vallées. Les particularités suivantes sont à mentionner: à 8 h. arrive le vent du sol normalement du N-O-NNO, tandis qu'au dessus de 300 m. il est N-ENE. A 14 h. nous avons au contraire à toutes altitudes un même vent du SE-SSO. En ce qui concerne la vitesse du vent, nous avons le matin une forte augmentation de vent vers 300 m. de hauteur, tandis que l'après-midi, il n'y a guère de fortes différences. Dans l'après-midi, il se forme ensuite généralement des nuages (Suivent des relations de sondages d'altitude avec diagrammes correspondants).

I venti periodici nella valle dell'Adige (riassunto).

Prof. Eredia, Rom.

Le osservazioni compiute, da pochi anni, a Gardolo, nella valle dell'Adige, hanno confermato l'esistenza di brezze periodiche di monte e di valle. Si sono osservate alcune particolaritá: alle ore 8 si hanno a terra prevalentemente venti di NW-NNW, mentre oltre i 300 m i venti girano verso N-ENE; alle ore 14 invece non appare alcuna variazione di frequenza nelle direzioni del gruppo SE-SSW. Riguardo alle velocitá si osserva un forte aumento dal suolo ai 300 per la brezza mattutina, mentre alle 14 l'aumento del vento in quota è assai meno sensibile. Nel pomeriggio si hanno inoltre spesso formazioni nuvolose. (Seguono alcuni sondaggi isolati e relative rappresentazioni grafiche.)

Die periodischen Winde im Etschtal (Auszug).

Von Professor Filippo Eredia, Rom.

Die seit einigen Jahren in Gardolo (Etschtal) durchgeführten Beobachtungen bestätigen das Auftreten periodischer Berg- und Talwinde. Als Besonderheiten sind zu erwähnen: um 8 Uhr kommt der Bodenwind normalerweise von NW-NNW, während über 300 m N-ONO herrscht; um 14 Uhr haben wir dagegen in allen Höhen gleichmäßig Wind von SO-SSW. Was die Windgeschwindigkeit angeht, haben wir morgens eine starke Windzunahme in etwa 300 m Höhe, während nachmittags keine starken Unterschiede herrschen. Nachmittags kommt es dann meistens zu Wolkenbildungen. (Es folgen Besprechungen einiger Höhensondierungen und dazugehöriger Diagramme.)

I venti periodici nella valle dell'Adige.

Professor F. Eredia, Roma.

Sulle valli della Lombardia rivolte da settentrione a mezzodì, come hanno illustrato diversi studiosi, nella zona ove ha principio la pianura dominano giornalmente due venti periodici, l'uno meridionale che comincia prima di mezzogiorno e termina alla sera, l'altro settentrionale che comincia la sera e termina al mattino inoltrato.

Nella regione del Garda è chiamato Sover il vento che spira dal primo quadrante (più frequentemente il NNE), e Ora il vento che spira dal terzo quadrante (più frequentemente il SSW) e con velocità superiore a quella del precedente. Il Sover è vento asciutto e nell'estate calda, l'ora è un vento fresco e piuttosto umido.

A seconda della località i due anzidetti venti hanno denominazioni diverse.

Nella valle dell'Adige, a Gardolo, località prossima a Trento, si compiono, da pochi anni, quotidiane esplorazioni dei venti in quota col palloncino pilota e specialmente nel biennio 1935/36 si effettuarono molti sondaggi alle ore 8-14-19.

Si presenta quindi opportuna l'occasione per la disamina dei venti periodici che anche appaiono nella bassa valle dell'Adige al mattino e al meriggio in base ai sondaggi delle 8 e delle 14 h.

Nell'anzidetto biennio furono eseguiti i seguenti sondaggi durante:

quota	suolo	250	500	750	1000	1500	2000
8 h	184	168	169	168	166	157	137
14 »	184	170	170	170	166	156	134

mesi da maggio a luglio, periodo che si ritiene più adatto per il volo a vela.

Riunendo le diverse frequenze nei due gruppi NW-ENE; SE-SSW, si ha la seguente frequenza avvertendo che le determinazioni corrispondenti ad ogni quota furono ridotte in modo che il totale sia sempre uguale a 100. Si fa presente che le direzioni E, ESE, WSW, furono osservate pochissime volte e furono quindi tralasciate.

NW-ENE

quota	suolo	250	500	750	1000	1500	2000
8 h	92	93	90	90	83	74	68
14 »	27	24	23	22	19	20	23

SE-SSW

quota	suolo	250	500	750	1000	2000
8 h	7	10	10	17	26	32
73 »	76	77	78	81	80	77

Risulta chiaramente al mattino la netta prevalenza dei venti settentrionali e nel pomeriggio la completa sostituzione con i venti meridionali.

Se però esaminiamo particolarmente la frequenza dei venti delle 8 h, distinguendoli in due sottogruppi si ha:

quota	suolo	250	500	750	1000	1500	2000
NW-NNW	71	63	40	12	7	4	8
N-ENE	21	30	50	78	76	70	60

Cioè alle basse quote prevalgono i venti di NW-NNW, mentre oltre i 300 m. prevalgono i venti di N-ENE; e l'alternata frequenza è molto spiccata cosicchè è ben marcato lo spostamento di 45° che si verifica con molta regolarità oltrepassata la quota 300.

Nelle osservazioni delle 14 h non appare invece alcuna variazione di frequenza nelle direzioni del gruppo SE-SSW; ossia esse sono quasi ugualmente frequenti alle diverse quote.

Se si considera che la velocità media indipendentemente dalla direzione del vento risulta:

quota	suolo	250	500	750	1000	1500	2000
8 h	1,4	2,8	3,0	3,4	3,9	3,5	3,5
14 »	2,4	2,5	2,9	3,0	3,3	3,3	3,3

al mattino la velocità al suolo è minima, aumenta rapidamente nella prima quota, mentre nelle successive l'aumento è graduale fin quasi a stabilizzarsi. Alle 14 h invece la velocità al soulo è superiore, l'aumento successivo è minimo e dopo si accentua fino a stabilizzarsi anch'esso entro grandezze un pò inferiori a quelle corrispondenti ai venti settentrionali.

La diversa frequenza delle direzioni settentrionali dominanti a quote basse e a quote elevate al mattino, e la quasi costanza di velocità dei venti meridionali al pomeriggio, possono favorire ascendenze di una certa intensità. E specialmente nel pomeriggio con le formazioni nuvolose che di frequente appaiono. Tuttociò appare più evidente attraverso l'analisi di alcuni sondaggi isolati e delle relative rappresentazioni grafiche.

Nuove ricerche sulla turbolenza atmosferica.

Prof. Kampé de Fériet, Direttore dell'Istituto di Meccanica dei Fluidi, Lilla.

Le ricerche sulla turbolenza hanno un'importanza assai maggiore per il volovelista che non per il pilota a motore, poiché il primo dipende assai più dai movimenti dell'atmosfera che non il secondo. Esperienze eseguite in Francia da una commissione speciale hanno dimostrato che il problema si deve affrontare coi metodi della meccanica statica. Il relatore illustra minutamente il metodo di ottenere la curva delle frequenze riguardo alle grandezze determinanti una turbolenza (pressione, temperatura, velocità, incidenza ecc.).

Some New Results of Research on Atmospheric Turbulence.

Prof. Kampé de Fériet.

Research into atmosphereic turbulence is of quite special importance for the sailplane pilot, since he is much more dependent on air movements than other pilots. The tests and investigations made by a special commission in France have shown that the problem must be attacked by the methods of statistical mechanics. Detailed information is given on the method of determining the frequency curve plotted against the scale of the turbulence (pressure, temperature, speed, incidence etc.).

Einige neue Forschungsergebnisse über die atmosphärische Turbulenz.

Professeur Kampé de Fériet, Directeur de l'Institut de Mécanique des Fluides, Lille.

Die Erforschung der Turbulenz ist für die Segelflieger, welche von den atmosphärischen Bewegungen noch viel stärker abhängen als andere Flugzeuge, von ganz besonderer Bedeutung. Die in Frankreich von einer Spezialkommission angestellten Versuche und Untersuchungen haben ergeben, daß das Problem mit den Methoden der statischen Mechanik angefaßt werden muß. Hierauf wird in eingehender Weise Aufschluß gegeben über den Weg, die Frequenzkurve über die Größe einer Turbulenz (Druck, Temperatur, Geschwindigkeit, Incidenz usw.) festzustellen.

Quelques recherches récentes sur la turbulence atmosphérique.

Prof. Kampé de Fériet, Lille.

L'étude de la turbulence a une importance toute particulière pour les planeurs, qui dépendent plus encore qu'un avion des mouvements de l'atmosphère. Les recherches poursuivies en France par la Commission de la Turbulence atmosphérique ont montré la nécessité de traiter le problème par les méthodes de la Mécanique statistique; l'auteur indique un procédé qui donne directement la courbe de fréquence d'une grandeur turbulente (pression, température, vitesse, incidence, dérapage, etc.).

Die Veröffentlichung des Vortrags erfolgt im nächsten Mitteilungsblatt.

La carta volovelistica della Polonia.

Dott. A. Kochański, Leopoli.

Vengono date delle precisazioni circa la carta volovelistica provvisoria della Polonia, edita dall'Istituto per il Volo a Vela di Leopoli. Tale carta dovrebbe dare al pilota la possibilità di frasi un'idea delle possibilità geografiche, termiche e volative delle varie regioni, prima di spiccare il volo in una data direzione. La carta contiene inoltre tutte le solite indicazioni delle carte aeronautiche. Anche se questa prima carta non ha pretese di perfezione assoluta, essendo essa compilata sulle esperienze dei 6 mesi estivi di 4 annate successive, si può sperare che a mano a mano che le esperienze si accumuleranno, entro un tempo non eccessivamente lungo esisteranno delle carte volovelistiche di indiscusso valore pratico.

The Soaring Map of Poland.

Dr. Kochanski.

Detailed information is given about the preliminary soaring map of Poland, published by the Soaring Institute in Lwów. This map makes it possible for the pilot to acquaint himself with the technical, thermic and geographical conditions of the various regions before making a flight. In addition, the map indicates the usual data shown on flying maps. Although the first edition is based on only four years research, and is meant only for use during six summer months, and is thus incomplete, it can be said that as experience is gathered from year to year, the map will become quite reliable within a reasonable period.

La carte de vol sans moteur de Pologne.

Dr. Kochanski, Lwów (Pologne).

Nouvelles données sur la carte actuelle de vol sans moteur pour la Pologne établie par l'Institut de vol sans moteur de Lwów, et permettant aux pilotes lorsqu'ils projettent un vol, de s'orienter d'après les conditions techniques, thermiques et géographiques des différentes régions. La carte contient en outre les mentions générales habituelles d'une carte du trafic aérien.

Bien que cette première carte soit pourtant élaborée d'après les recherches faites durant quatre années et seulement pour les 6 mois d'été, elle n'a pas la pretention de contenir des renseignements de valeur absolue, mais elle sera améliorée annuellement d'après les expériences récentes, afin de devenir une carte sur laquelle on puisse absolument compter.

Die Segelflugkarte Polens.

Von Dr. Kochanski, Lwów.

Es werden nähere Angaben gemacht über eine vom Segelfluginstitut in Lwów herausgegebene, vorläufige Segelflugkarte des polnischen Landes, welche dem Piloten die Möglichkeit gibt, sich vor einem geplanten Flug über die technischen, thermischen und geographischen Bedingungen der verschiedenen Gebiete zu orientieren. Außerdem enthält die Karte die allgemein üblichen Eintragungen einer Luftverkehrskarte. Wenn diese erste Karte vorerst auch nur auf Untersuchungen von 4 Jahren basiert und nur für 6 Sommermonate ausgearbeitet werden konnte, also noch nicht alle Ansprüche auf absolute Vollständigkeit erhebt, so ist zu sagen, daß die Erfahrungen sich von Jahr zu Jahr vergrößern, so daß in absehbarer Zeit mit einer durchaus zuverlässigen Karte gerechnet werden kann.

La carte du vol á voile de la Pologne.

Par Dr. Adam Kochański, Lwów.

L'Institut de la Technique d'Aviation sans Moteur de Lwów, a préparé en mai 1938 une édition provisoire de carte du vol à voile de la Pologne. La carte comporte les indications utiles pour les pilotes faisant les vols de distance, et peut orienter quelles sont les conditions techniques et termiques du vol, dans les différents territoires de la Pologne.

Sur la carte géographique employée par les pilotes, c. à. d. en échelle 1:1 000 000, a été imprimée une partie speciale comportant les significations normales de chaque carte d'aviation, et les significations météorologiques.

Ainsi, sur la carte sont marqués:

1. Les terrains du vol à voile exploités toute l'année, et ayants la hauteur suffisante pour starter aux vols de distance à l'aide d'amortiseur.
2. Les aérodromes équipés (les hangars, l'essence, le service).
3. Les champs d'aviation non équipés.
4. Les passages des frontières. (Einflugzone.)
5. Les zones interdites.
6. Les zones dangeureuses.
7. Les zones des vols aveugles. (Blindfluggebiet.)

Dans la partie météorologique de la carte, sont marqués les territoires athermiques, c. à. d. les régions où en moyenne des 6 mois d'été (d'avril au septembre), la thermique des Cumulus est faible et rare. Trois genres des régions athermiques ont été distingués sur la carte:

1. Les régions dans lesquelles aussi bien les Cu de beau temps, que les Cu puissants, sont observés rarement et dans la forme affaiblie (signature sur la carte: champs uniformes en couleur verte).

2. Les régions dans lesquelles seulement les Cu de beau temps sont rares et faibles (traits verts horizontaux).

3. Les régions dans lesquelles seulement les Cu puissants et le Cunb sont rares et faibles (traits verts verticaux).

Les territoires inconnus et incertains, sont marqués par un point d'interrogation. En plus, par les lignes vertes interrompues, ont été marquées quelques intinéraires favorables aux vols de distance. Les intinéraires sont établies d'après les lignes vraies des vols de distance, et d'après les axes des telles zones, dans lesquelles la thermique des Cu s'apparait souvent et avec l'intensité assez grande.

Le détachement des territoires athermiques est basé sur le phénomène du régionalisme de la thermique des Cu. Comme c'est bien connue, l'apparition des Cu dépend dans un fort degré de genre du sol, et de configuration du terrain. La plupart de la thermique des Cu, de beau temps, est probablement préparée par le terrain.

Ça nous force d'admettre, que la distribution moyenne de la thermique se présente sous la forme des champs de bonne thermique et des régions athermiques, formants un genre d'échiquier. Ces champs et régions, doivent être liés avec les terrains des propriétés différentes.

Les communications, que j'ai eu l'honneur de présenter pendant la conférence d'ISTUS à Salzburg (1937) (1), et surtout les recherches aérologiques faites sur la Silésie polonaise (2) montrent, qu'en réalité on peut distinguer les régions de bonne thermique et les régions athermiques.

Le régionalisme des Cu est bien observé pendant les ascensions aérologiques. Nous pouvons-par exemple-noter l'apparition des nappes des Cu bien développés. Au voisinage des ces nappes, nous n'observons que les individus plats et dispersés, ou bien, le manque des Cu.

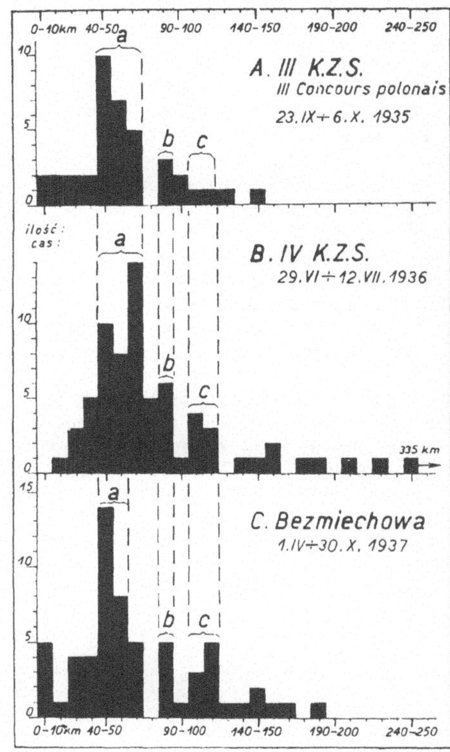

Fig. 1. Le nombre des vols de distance, faits pendant les trois différentes périodes, d'Ustianowa et de Bezmiechowa ($1l = 17,4$ km). V. aussi la fig. 2.

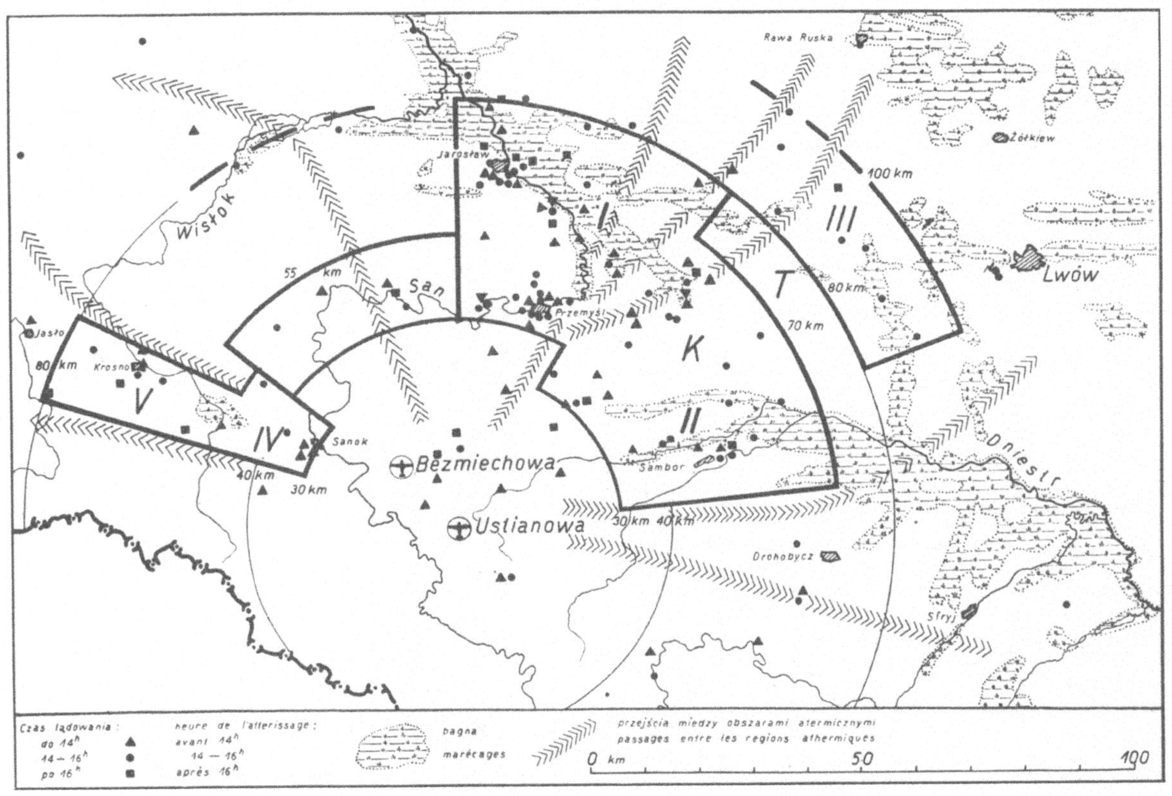

Fig. 2. La distribution des points d'atterrissage des vols pris en considération dans la fig. 1.

Mais le régionalisme de la thermique des Cu, ne concerne que deux groupes des situations de temps. Dans les cas de la thermique d'insolation, c. à. d. des Cu de beau temps, le régionalisme est le plus prononcé. Dans ces cas, l'instabilité de l'atmosphère est préparée en plupart par le terrain. Il y a aussi des situations, dans lesquelles les masses affluentes sont instables, mais l'impulsion donnant la circulation verticale (»Die Auslösung«) vient du terrain. Comme ce M. Prof. Georgii a montré (3), les chaussées des Cu (»Die Cumulistraßen«) sont formées par cette forme d'influence du terrain.

Cependant, il y a aussi nombre de situations dans lesquelles le régionalisme de la thermique des Cu, s'affaiblit ou bien disparaît complètement. Par exemple, pendant un afflux vite des masses d'air frais et instables, les différentes portions des ces masses ont le degré d'instabilité bien différent. En ces cas, nous notons aussi les parties de bonne thermique et les parties athermiques, mais indépendantes du terrain. Le manque d'insolation et l'afflux vite des Cu tourmentés et bourgeonnents avec un plafond bas, caractérisent ces situations.

D'après les données des vols de distance, on peut vérifier la conception du régionalisme de la thermique.

Prenons en considération les nombres des vols qui ont été faits de Bezmiechowa et d'Ustianowa, pendant les trois différentes périodes, et groupons ces vols d'après les distances parcourues (fig. 1). Malgré les trois années, pendant lesquelles la connaissance des terrains voisins s'agrandit, nous notons toujours sur les mêmes distances d'Ustianowa, suivants groupes d'atterrissage:

a) 40—70 km,

b) 80—90 km,

c) 100—120 km, ce dernier peu distinct.

La distribution des points d'atterrissage (fig. 2) montre, que dans le secteur NE de la carte, se trouvent trois recueils *I, II, III*. Ils sont liés avec les marécages de San (*I*), de Dniestr (*II*) et avec une bande des lacs, au voisinage de Lwów (*III*). Le corridor *K* est aussi bien fort marécagé. Entre le *K* et le *III*, il y a une bande étroite de bonne thermique (*T*).

Le secteur WNW de la carte, montre deux recueils: dans l'entonnoir mouillée de Sanok (*IV*) et dans l'entonnoir de Krosno (*V*).

Entre tous ces régions athermiques, il y a des passages qui permettent passer le rayon critique 100—120 km, et faire 150, 200 ou bien 300 km de distance (les lignes des flèches, sur la fig. 2).

La fig. 3 représente les groupes des vols de distance qui ont été parcourues lors du V Concours Polonais du vol à voile. Les maxima *a, b, c, d, e, f*, de la fig. 3, sont visibles sur la carte de la fig. 4.

Ainsi, sur la fig. 4 nous pouvons retrouver les recueils suivants:

1. sur le rayon 30—60 km, dans les environs de Gniezno, Izbica et Włocławek (*a* de la fig. 3),
2. sur le rayon 80—100 km, dans les environs de Września, Kutno et Płock (*b* de la fig. 3),
3. sur le rayon 120—150 km, près de Łódź (*c* de la fig. 3),
4. sur le rayon 190—220 km, dans les environs de Piotrków et Radomsko (*d* de la fig. 3).

Les maxima *e* et *f* de la fig. 3, renseignent les vols éloignés, terminés bien tard dans l'après-midi. Les points des atterrissages de ces vols, ne peuvent pas nous servir comme un critérium, pour l'affermissement des régions athermiques. Mais, les recueils marqués sur la fig. 4 au voisinage de Częstochowa et Słomniki, sont constatés par les autres vols à voile.

Pour la construction de la carte, je me suis servi des 392 rapports speciaux des pilotes, en ceux 288 rapports concernants les vols au dessus de 50 km (4). Le nombre des rapports était tout à fait insuffisant pour la construction de carte, et ce sont alors les données météorologiques qui m'ont

permi d'établir les régions athermiques et les itinéraires favorables aux vols de distance.

Pour les 97 stations (fig. 5), j'ai pris en considération les données concernantes l'apparition des Cu entre 13 et 14 heures le midi. Pour la période de 6 mois d'été (d'avril au septembre) et pour les 4 années (1934—1937), j'ai établi

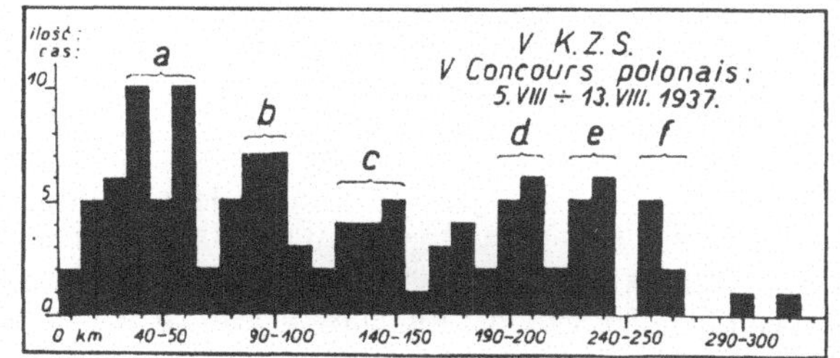

Fig. 3. Le nombre des vols de distance, faits pendant le V Concours Polonais du vol à voile, d'Inowrocław. Les vols sont groupés d'après la distance parcourie. V. aussi la fig. 4.

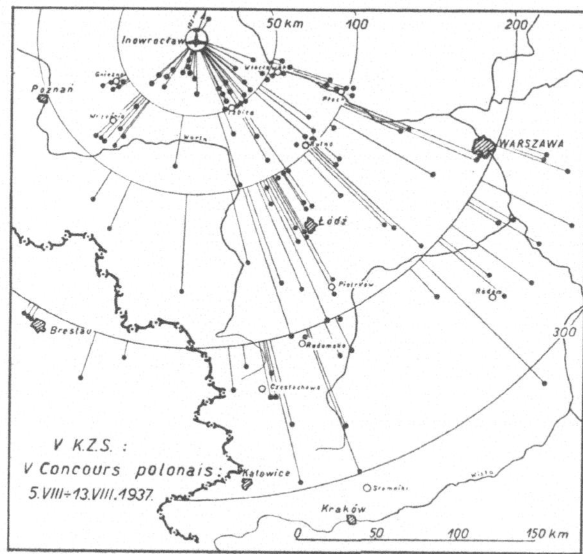

Fig. 4. La distribution des stations faisant les observations sur les genres des *Cu*, et sur la nébulosité par ces *Cu*.

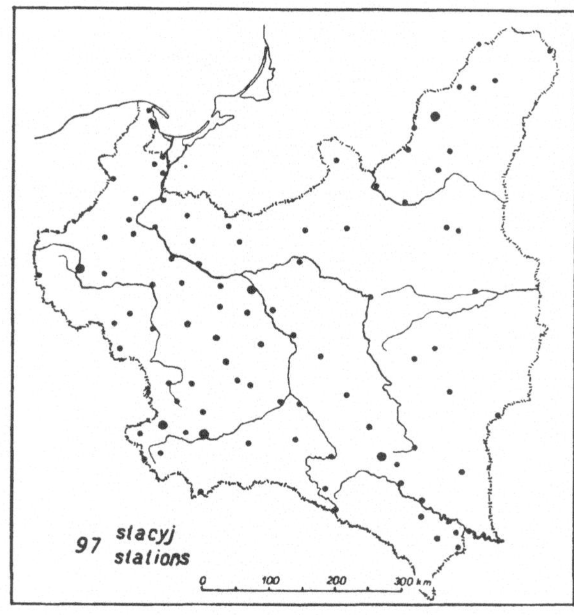

Fig. 5.

102

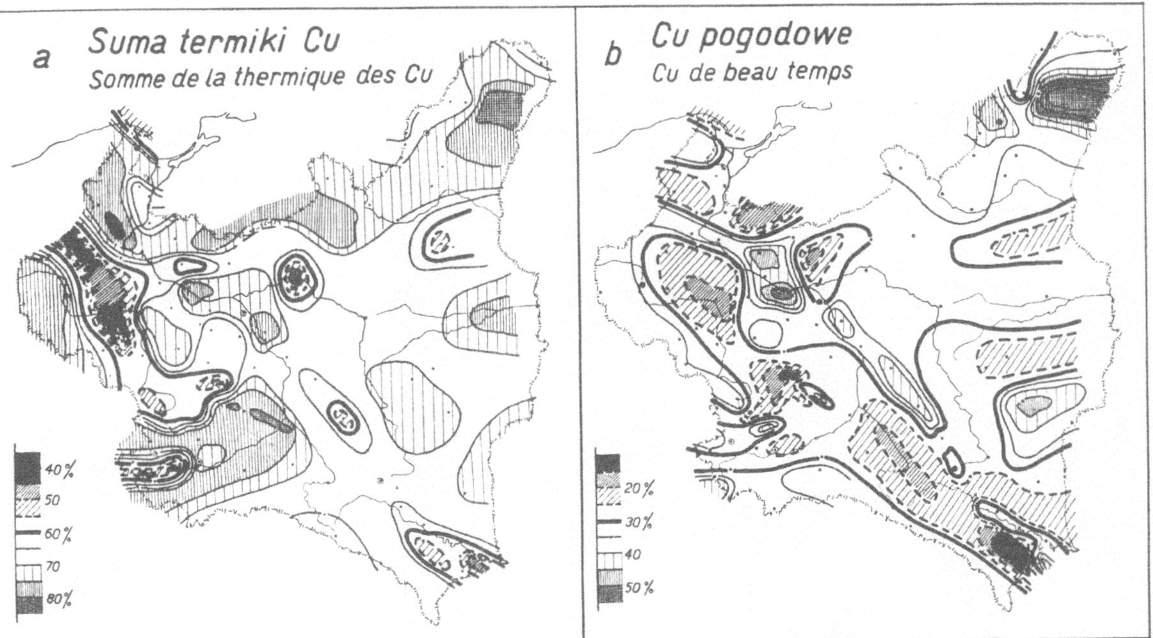

Fig. 7.

Fig. 6.

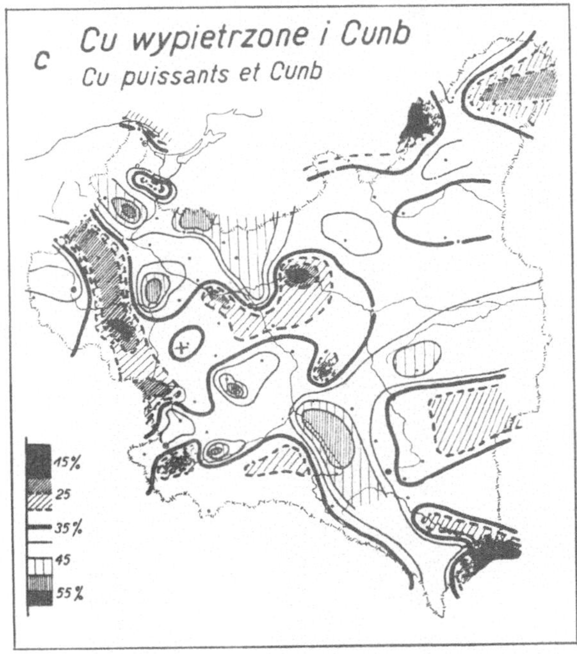

Fig. 8.

Fig. 6, 7, 8. La fréquence d'apparition des *Cu*, en % des 183 jours d'été (d'avril au septembre). Les observations de 13 h ou 14 h, la période 1934—1937.

le nombre des jours avec les Cu, et la nébulosité par ces Cu. Les données du Code Synoptyque »C_1« (la nature des nuages inférieurs) et »N_1« (l'etendue du ciel couvert par les nuages inférieurs), comportent 7 positions pour les différentes formes des Cu. J'ai groupé ces sept positions dans la manière suivante:

b) La thermique des Cu des beau temps:

Chiffre du code	Nature des nuages inférieurs (C_1):
0	. . . pas de nuages inférieurs,
1	. . . Cu de beau temps,
7	. . . Cu de beau temps et Stcu.

c) La thermique des Cu puissants et Cunb:

2	. . . Cu puissants ou tourmentés, sans enclume,
3	. . . Cunb,
8	. . . Cu puissants ou tourmentés (ou Cunb) et Stcu,
9	. . . Cu puissants, ou tourmentés (ou Cunb) et Nb, nuages bas déchiquités de mauvais temps.

a) La somme de la thermique des Cu:
Les chiffres du code: 0, 1, 2, 3, 7, 8, 9.

La somme des jours pendant lesquels ont été notés les Cu des groupes *a*, *b*, ou *c*, peut être exprimée en % des 732 jours (4 années × 183 jours des 6 mois d'été). Pour tracer d'après ces chiffres les cartes, j'ai pris aussi en considération les régions mouillées, telles que les marécages, les marais, les lacs etc., aussi bien que régions probablement favorables pour la thermique (les contrées des collines, les pays monteux, les lignes bien caractéristiques du terrain etc.).

parceque les observations directes montrent, que la région athermique n'a que 20 × 10 km minimum, et 40 × 20 km maximum.

En plus, j'ai tracé trois cartes de grandeur de nébulosité par les différents genres des Cu (fig. 9, 10 et 11). Les données

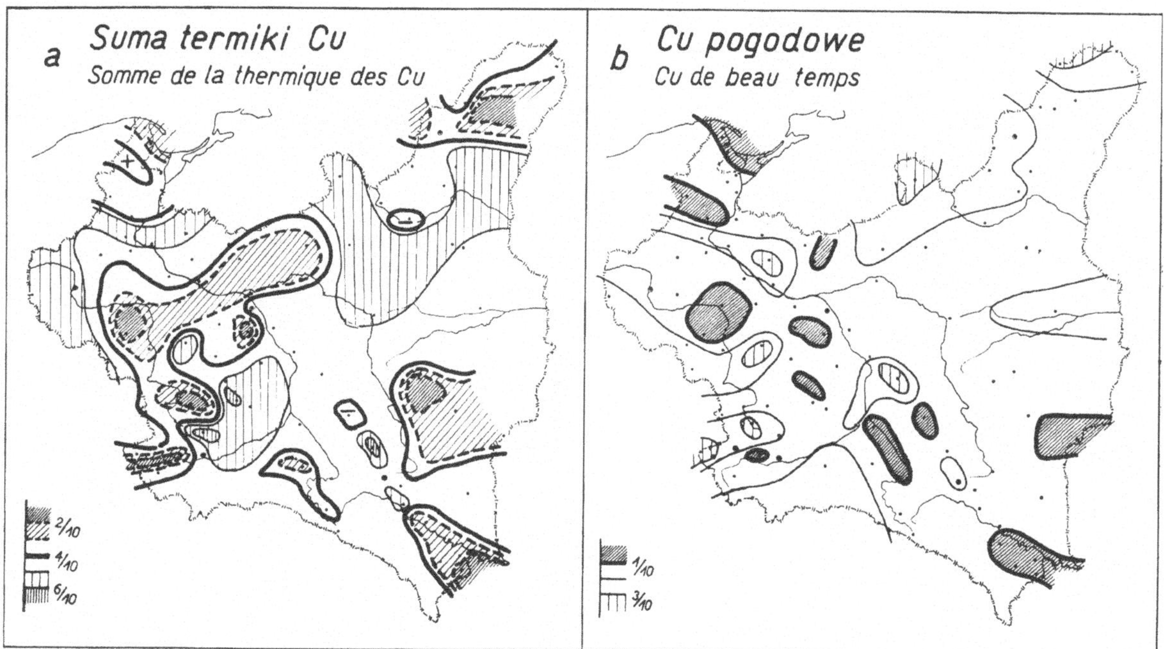

Fig. 9. Fig. 10.

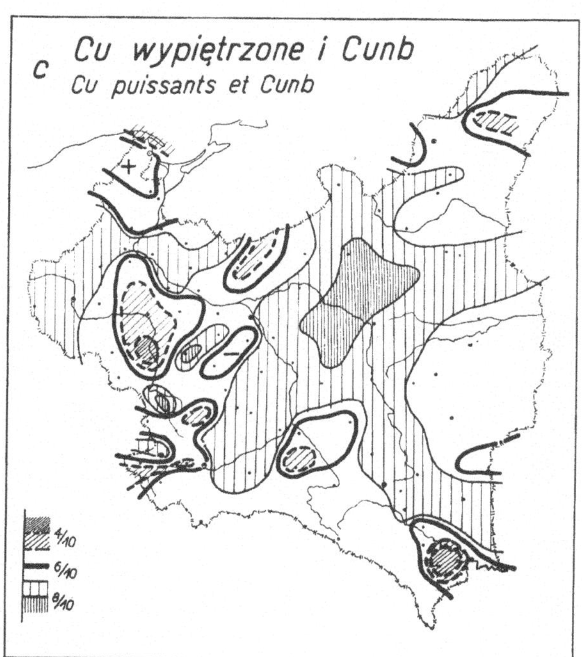

Fig. 11.

Fig. 9, 10, 11. Le degré de la nébulosité par les *Cu* (en dixièmes).

Les isarythmes obtenues dans cette manière, sont représentées sur les cartes des fig. 6, 7 et 8. Sur tous les cartes on voit les régions athermiques et les territoires de bonne thermique. Les régions athermiques ont les dimensions minimales 50 × 25 km, maximales 120 × 50 km. En réalité, ces dimensions sont probablement plus petites,

de la nébulosité du Code »N_1«, ont été transformées en dixièmes.

Enfin, j'ai fait pour chaque station le produit de la fréquence des Cu (les cartes des fig. 6, 7, 8) et de la nébulosité (les cartes des fig. 9, 10, 11). Les isarythmes des ces chiffres, représentent dejà l'intensité générale de la thermi-

104

que (les fig. 12, 13 et 14). La distribution des jours avec l'orage (fig. 15) peut nous donner aussi quelques indications. Il ne faut pas enfin ignorer les routes volières de la cigogne, et les conditions des nidifications de la cigogne.

Tous ces recherches nous permettent de tracer les rapport avec le terrain. Par exemple, sur les fig. 16 *a* et 16 *b*, nous constatons deux situations momentanées similaires à celles, que nous avons établi sur la carte. Par contre, la fig. 16 *d* et surtout 16 *c*, concernent deux situations différentes.

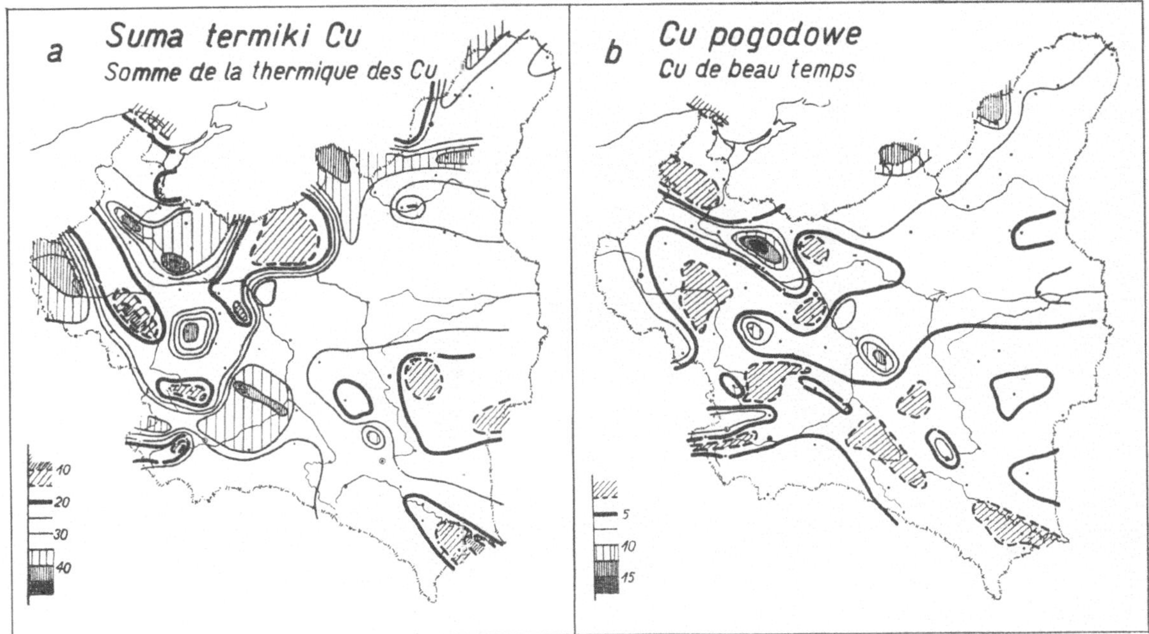

Fig. 12.

Fig. 13.

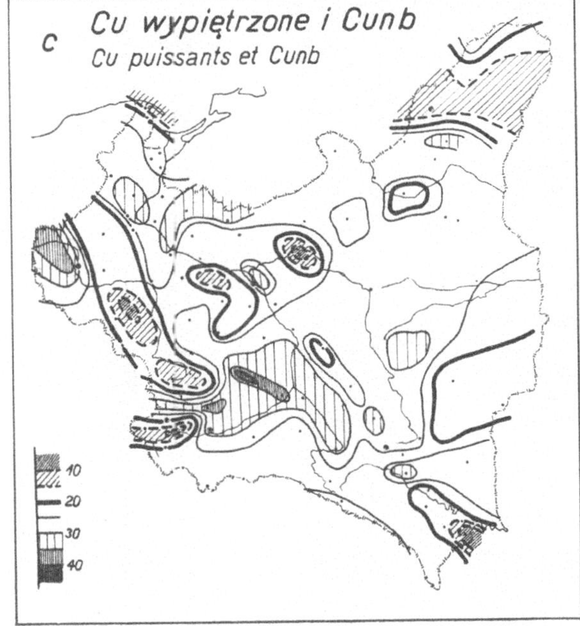

Fig. 14.

Fig. 12, 13, 14. L'intensité de la thermique des *Cu* (le produit: la fréquence des *Cu* × la nébulosité).

régions athermiques et les itinéraires favorables aux vols de distance. Évidemment, la carte basée seulement sur les matériaux de 4 années, et donnant la somme des conditions de 6 mois d'été, ne peut pas être valable pour chaque moment et chaque situation. De temps en temps, les régions athermiques et favorables s'effacent, ou bien, ils ne sont pas en rapport avec le terrain. Relativement de carte publiée, on peut avoir beaucoup de réserve, mais la pratique montre, que la conception n'est pas tout à fait fausse.

Les matériaux s'agrandissent d'année par année, et à l'avenir nous pourrons construire une carte vraiment juste.

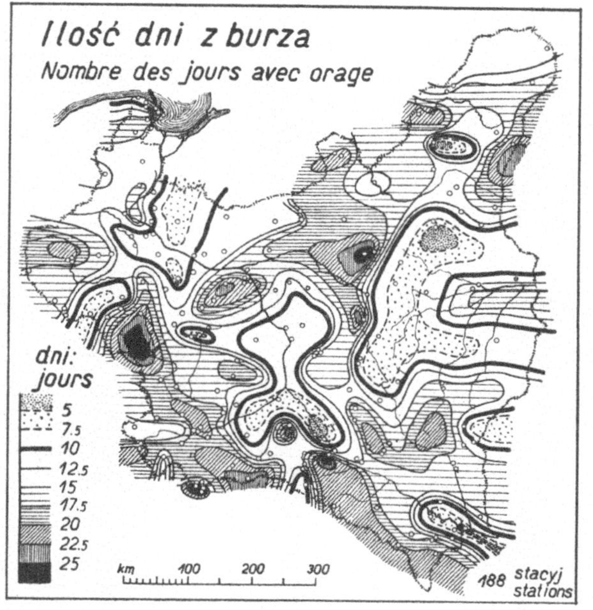

Fig. 15.

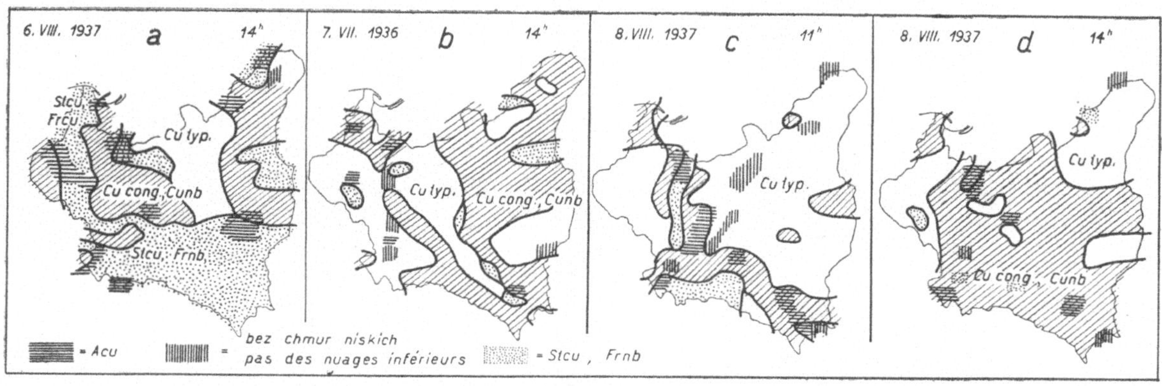

Fig. 16.

La littérature

(sous les notes qui sont marquées dans le texte).

1. A. Kochański: Le régionalisme de la thermique. Rev. mens. »Skrzydlata Polska« 1936, Nr. 10 (Varsovie).

A. Kochański: Sur la distribution de la thermique des Cumulus, et sur les routes aériennes favorables au vol de distance en Pologne. »Lwowskie Czasopismo Lotnicze« 1937, Nr. 11 (Lwów).

A. Kochański: Une notice suivante sur la distribution de la thermique des Cumulus en Pologne. »Lwówskie Czasopismo Lotnicze« 1937, Nr. 12 (Lwów).

2. A. Kochański: Les régions de la thermique atmosphérique en Silésie. Comm. de l'Institut de Géophysique et de Météorologie de l'Université de Lwów, Nr. 115. Lwów 1937.

3. W. Georgii: Aerologie des Segelfluges. Mitteilungsblatt Nr. 4 der Internationalen Studienkommission für den motorlosen Flug, S. 50—51. Darmstadt 1935.

4. Les vols de distance polonais, pris en considération (C. N. P. = Concours National Polonais):

Groupes des distances km	III C. N. P. (23. IX.—6. X. 1935)	IV C. N. P. (29. VI. — 12. VII. 1936)	V C. N. P. (5. VIII. — 13. VIII. 1937)	Tous les vols de distance, du 1. IV au 30. X. 1937, sauf les vols faits lors du V C. N. P.	Somme
< 50	18	19	27	40	104
50—100	17	34	31	71	153
100—200	4	13	50	34	101
> 200	—	3	31	—	34
	39	69	139	145	392

The Gliding Camp on the Rochers-de-Naye.

Dr. Nicola.

A report is given on the alpine aerological camp on the Rochers-de-Naye, and the great scientific interest the results of the investigations have for gliding and aviation in general is pointed out. In addition these investigations are of importance for hydrology, alpine farming, tourist traffic and weather reports, in the mountains. Increased knowledge of the still little known laws of aerology and alpine meteorology is important for everyone. The use of such observation camps has been proved to be very useful in the interests of obtaining certain results. The use of young boys, who were extremely interested in all the questions which arose, as observers enabled a large number of helpers to be used for observation posts which operated simultaneously for one or two weeks and enabled the atmospheric phenomena of the alps to be investigated. In the Rochers-de-Naye camp 200 boys co-operated, and the result was from practical and moral standpoints very successful, as the boys were enabled to attain a better knowledge of nature. Last year the tests were mainly carried out with no-lift balloons, in order to determine the speed of the up-currents in the mountains. The results indicate that it should be possible to attain altitudes in sailplanes hitherto not considered possible. After the lecture an interesting propaganda film was shown of the Swiss "Routiers" (Boy Scouts) at the Rochers-de-Naye meteorlogical station.

Campeggio sui Rochers-de-Naye.

Dott. Nicola, Losanna.

L'oratore riferisce sul campeggio di aerologia alpina sui Rochers-de-Naye e mette in evidenza la sua grande importanza per il volo a vela e per l'aviazione in genere. Inoltre tali ricerche sono del massimo interesse sia per l'idrologia, sia per l'agricoltura alpina, sia infine per il turismo e la previsione del tempo in terreno alpino. Una migliore conoscenza delle leggi ancora poco note dell'aerologia e meteorologia alpina ha la sua importanza per tutti. Si è trovato che l'organizzazione di simili campeggi di ricerche ha sempre dato degli ottimi risultati, specie riguardo all'ottenimento di risultati veramente precisi. L'entusiasmo dei giovani collaboratori di un tale campeggio garantisce inoltre una buona continuità dei lavori e un gran numero di osservatori sinottici dei fenomeni atmosferici per la durata di 1 o 2 settimane. Nel campeggio dei Rochers-de-Naye si sono avuti 200 giovani collabaratori. Si è visto che i risultati sono ottimi anche dal punto di vista morale e pratico poichè questi giovani acquistano così una ottima conoscenza dei fenomeni e delle leggi naturali. Nell'anno scorso furono eseguite nella maggior parte dei lanci con palloncini piloti per determinare l'intensità delle correnti ascendenti. I risultati di queste indagini hanno mostrato che il veleggiatore potrà raggiungere delle quote di molto superiori a quelle attualmente realizzate. Alla fine viene proiettata una interessantissima pellicola sulla attività degli esploratori svizzeri presso la stazione meteorologica sui Rochers-de-Naye.

Segelfluglager auf dem Rochers-de-Naye.

Von Dr. Nicola, Lausanne.

Es wird über das alpine, aerologische Lager auf den Rochers-de-Naye berichtet und dabei auf das große wissenschaftliche Interesse für den Segelflug und die Luftfahrt im allgemeinen hingewiesen. Außerdem sind diese Forschungen sowohl für die Hydrologie, die alpine Landwirtschaft sowie für den Fremdenverkehr und die Wettervoraussage in den Bergen wichtig. Die bessere Kenntnis der noch wenig bekannten Gesetze der Aerologie und der alpinen Meteorologie ist für alle von Bedeutung. Die Einrichtung solcher Beobachtungslager hat sich im Interesse der Errichtung sicherer Resultate als außerordentlich zweckmäßig erwiesen, um so mehr als sich die Jugend für alle auftretenden Fragen stark interessiert und es mit ihrer Unterstützung möglich ist, eine große Zahl von Mitarbeitern zu gewinnen, die behilflich sind, bei der Aufstellung von Beobachtungsposten, die während ein bis zwei Wochen gleichzeitig funktionieren, um die atmosphärischen Phänomene der Alpen zu erforschen. Im Lager auf den Rochers-de-Naye haben 200 Jugendliche mitgearbeitet und es hat sich gezeigt, daß sich in moralischer und praktischer Hinsicht eine solche Unternehmung sehr günstig auswirkt, weil sie der Jugend eine bessere Kenntnis der Naturgesetze vermittelt. Im vorigen Jahr wurden die Versuche hauptsächlich mit Pilot-Ballonets durchgeführt, um den Wert der Aufwinde im Gebirge festzustellen. Die Messungsresultate scheinen die Möglichkeit erbracht zu haben, mit den Segelflugzeugen viel größere Höhen zu erreichen, als man sie bisher in Betracht gezogen hat. Am Schluß wird ein sehr interessanter Propagandafilm über die Tätigkeit der »Routiers« (ältere Pfadfinder) der Schweiz auf der meteorologischen Station auf den Rochers-de-Naye gezeigt.

Les camps de vol à voile aux Rochers-de-Naye.

Dr. Nicola, Lausanne.

Au début de l'exposé M. Nicola a montré l'intérêt scientifique primordial pour le vol à voile en particulier et l'aviation en général, d'ailleurs comme pour l'hydrologie, l'agriculture alpestre, le tourisme ainsi que la prévision exacte du temps en montagne, de mieux connaître les lois encore peu connues de l'aérologie et de la météorologie alpine.

Le conférencier a démontré que le seul moyen pour obtenir un résultat certain était de créer des camps, intéressant la jeunesse à ces questions et permettant pour le grand nombre des participants (quelques deux cent) d'étudier par de nombreuses stations d'observations fonctionnant simultanément, pendant une semaine ou deux, les phénomènes atmosphériques dans les Alpes.

M. Nicola a insisté sur la valeur morale et patriotique d'un tel mouvement ramènant la jeunesse à mieux comprendre les lois de la nature et à aimer ainsi sa patrie et a fait part des résultats scientifiques obtenus au camp de préparation de l'année dernière, en particulier les trajectoires de ballonets détumivant la valeur des ascendances sur les Alpes.

Les résultats de ses mesures semblent indiquer la possibilité d'atteindre avec les planeurs des altitudes beaucoup plus grandes que celles qui étaient prévues jusqu'ici.

Ensuite un film de propagande a démontré l'activité des routiers («rovers» — éclaireurs aînés) de la Suisse Romande à la Station Physico-Météorologique des Rochers-de-Naye sur Montreux.

Les camps d'Aerologie Alpine aux Rochers-de-Naye sur Montreux.

Par E. C. Nicola.

Dans la conférence que vous nous avez faite, samedi passé, lors de la séance officielle d'inauguration, Monsieur le Professeur Georgii, vous avez insisté sur les nouvelles possibilités de records d'altitudes, avec planeurs, dans les régions perturbées par les Alpes et les grandes chaînes de montagne en général.

Mon intention n'était pas de venir vous donner cette année, déjà, des résultats quantitatifs, mais simplement d'attirer votre attention et de donner un aperçu général du but et des méthodes de travail que nous avons inaugurés l'année dernière à la Station Physico-Météorologique des Rochers-de-Naye située à 2,045 mètres d'altitude, dans les Préalpes Suisses Romandes.

Le vol à voile, au même titre d'ailleurs que l'hydrologie, l'agriculture et le tourisme dans les Alpes, ont démontré de façon claire la nécessité d'avoir des connaissances beaucoup plus précises sur l'évolution des phénomènes météorologiques et aérologiques alpins.

Quelles sont les méthodes de recherches que nous avons actuellement à disposition dans ce domaine?

1º D'abord les études purement théoriques dérivées de l'aérodynamique et de la météorologie.

2º Ensuite l'étude au laboratoire avec des modèles réduits représentant le relief en question.

3º Enfin la méthode que vous préconisons et qui consiste à mesurer sur place à la vraie échelle les phénomènes de l'atmosphère.

Malheureusement les renseignements fournis par l'étude théorique ne sont pas à même de nous être de grande utilité à cause de la complication due au nombre trop grand de facteurs inconnus ou du moins imparfaitement connus.

Quant à l'emploi des données fournies par des modèles placés en soufflerie, l'échelle de réduction est beaucoup trop prononcée pour tirer des conclusions autres que qualitatives, soit des indications pour les recherches en vraie grandeur.

Seule reste la méthode de l'expérience »sur place« à l'échelle de vraie grandeur, avec naturellement aussi les inconvénients inhérents à une organisation de cette envergure, comprenant si possible cent stations météorologiques terrestres desservies par des éclaiteurs aînés, sur une surface de 50 km²; un certain nombre de planeurs; une section de mesures avec théodolites; des sondages par avions avec météorographes; et des mesures spéciales à l'observatoire des Rochers-de-Naye.

Le tout, coordonné par une section scientifique qui met les résultats en carte le jour même.

Comme vous le voyez, Mesdames et Messieurs, placer cent stations météorologiques pour 50 km² correspond à une étude qui serait en quelque sorte comprise entre la micro-climatologie et la météorologie! et que nous appelerons «aérologique».

Qu'un tel travail soit nécessaire et à cette échelle, je crois que ceux parmi vous qui ont eu le privilège de voler dans les régions alpines ou d'en connaître les courants, n'ont pas besoin d'être convaincus. C'est par ailleurs conforme à la tendance moderne en météorologie de déterminer en tout premier lieu la dimension des masses d'air à considérer comme unités individuelles ayant «statistiquement» la même loi pour toutes les micro-particules internes à cette unité.

A la fin de cet exposé j'aurai quelques clichés de trajectoires de ballons-pilotes à vous montrer qui soulignent et démontrent l'intérêt d'une étude de détail des courants en montagne.

D'autre part les indications des observatoires de montagne sont encore à employer avec beaucoup de prudence pour la prévision du temps, par le fait qu'il nous est impossible, aujourd'hui encore, d'extrapoler les valeurs observées sur un sommet à l'atmosphère non perturbée par le massif lui-même.

Grandeurs physiques a mesurer.

Les grandeurs physiques que nous sommes amené à mesurer seront classées pour la simplicité et la clarté de l'exposé en trois groupes:

A. Les valeurs de l'atmosphère au-dessus du plateau suisse (variables indépendantes du relief des Rochers-de-Naye).

B. L'état de la surface terrestre perturbatrice (Rochers-de-Naye et Lac Léman) ainsi que l'intensité du rayonnement solaire.

C. Les valeurs de l'atmosphère perturbée au-dessus du relief des Rochers-de-Naye variables dépendantes de A et de B.

Cette classification a le grand avantage de permettre, l'organisation indépendante des trois méthodes d'observation entièrement autonomes.

En effet, les valeurs de l'atmosphère au-dessus du plateau suisse ne peuvent être connues que par des sondages effectués par un petit nombre de spécialistes, tandis que les mesures de l'état de la surface terrestre perturbatrice des Rochers-de-Naye doivent être effectuées par un très grand nombre de participants, forcément non spécialisés; la liaison entre ces deux méthodes de travail entièrement différentes est réalisée par l'organisation qui mesure l'atmosphère perturbée au-dessus du relief des Rochers-de-Naye à l'aide principalement de planeurs et d'avions remorqueurs.

L'intérêt du schéma de travail proposé, réside dans le fait d'une collaboration fructueuse entre des éléments parfaitement spécialisés et d'autres recrutés parmi les jeunes et qui forment le grand nombre.

En pratique, le travail de ces trois sections sera le suivant:

A. Pour L'atmosphère au-dessus du plateau suisse.

a) Deux fois par jour, le matin et l'après-midi il est prévu un sondage effectué par un avion civil, porteur d'un météorographe, ainsi que d'appareils divers de contrôle.

Le dépouillement permettra de connaître:

1° La température)
2° La pression   } En fonction de l'altitude.
3° L'humidité   )

b) Les conditions du vent en altitude au-dessus du plateau suisse seront connues par des sondages avec ballons-pilotes lâchés depuis Lausanne ou Genève.

c) Les données usuelles des stations météorologiques du réseau national suisse et cantonal vaudois compléteront utilement nos données à la surface du sol.

A. L'état de la surface terrestre des Rochers-de-Naye, et rayonnement solaire.

Dans une région où le terrain est aussi accidenté, il est de grande importance de disposer d'un nombre suffisant de stations météorologiques simplifiées.

Si nous désirons véritablement faire une étude aérologique, à une échelle comprise entre la météorologie synoptique et la microclimatologie, la densité du réseau est forcément très grande.

C'est pourquoi nous nous étions adressés en 1937 au mouvement aîné du scoutisme en Suisse, pour mettre d'abord au point nos méthodes de travail et l'organisation de l'activité; une douzaine de routiers (éclaireurs aînés) ont bien voulu participer à cette initiative; cet été 1938, nous espérons que la participation beaucoup plus nombreuse permettra de réaliser l'étude envisagée avec quelques 50 à 200 participants.

A chacune des sous-stations météorologiques, il sera noté de quart d'heure en quart d'heure, pendant les périodes d'activité, la température de l'air, la température d'un thermomètre humide, la direction et la vitesse du vent; la nébulosité; l'état du sol, c'est-à-dire s'il est sec, humide, eneigé, etc.

A l'observatoire des Rochers-de-Naye, l'intensité du rayonnement solaire sera continuellement enregistré avec le solarigraphe de Moll-Gorzinski, contrôlé par un pyrhéliomètre étalon d'Angström.

Il est également prévu un enregistrement du champ électrique terrestre, ainsi que tous les enregistrements habituels à une station météorologique de premier ordre.

Certaines mesures spéciales seront effectuées telles que le nombre de noyaux de condensation par cm³ d'air, la transparence de l'atmosphère avec le Keil Sichtmesser de Wigand, le bleu du ciel d'après l'échelle d'Oswald-Linke; les précipitations; les courants ascendants locaux, déterminés par des anémomètres spéciaux, ainsi que par le lâcher massif simultané, d'un très grand nombre de petits ballonets équilibrés.

C. L'atmosphère perturbée en altitude par les Rochers-de-Naye.

Pour la connaissance de la région de l'atmosphère en altitude sur les Rochers-de-Naye, nous disposons de méthodes pour la plupart déjà en usage fréquent à l'étranger.

Afin de connaître les conditions de densité de l'air, c'est-à-dire sa température et la pression, il est prévu que l'avion météorologique qui fera le sondage à Lausanne survolera ensuite la région des Rochers-de-Naye, en se déplaçant à altitude constante.

Pour la connaissance des mouvements de l'atmosphère perturbée, par les montagnes, deux méthodes sont à notre disposition:

a) Par les ballons-pilotes lancés avec une vitesse ascensionnelle propre de 150 mètres/minute ou nulle, alternativement, si possible toutes les heures d'activité; l'organisation terrestre disposant de théodolites en trois postes, reliés téléphoniquement sera également desservie par des jeunes gens du mouvement aîné scout.

b) La participation de planeurs servira principalement à connaître la valeur absolue et les lieux où sont situés les mouvements violents verticaux de l'atmosphère.

Conclusion.

Une organisation de ce genre, n'est susceptible d'apporter des résultats scientifiques utiles, qu'à la condition d'une collaboration complète entre les diverses sections.

Or, cette collaboration est basée dans notre cas sur le désir mutuel d'arriver à un résultat coordonné, soumis à une idée générale et cela dans un cadre d'ordre bénévolement accepté.

Est-il nécessaire de dire dans ces conditions ce ques nous devons à la jeunesse suisse-romande, principalement aux membres du scoutisme suisse qui ont bien voulu donner leur appui, sans restriction avec autant de dévouement?

Le film qui vous sera présenté à la fin de cet exposé, vous donnera une idée du travail accompli modestement en 1937, et nous espérons en 1938 d'avoir l'occasion de collaborer utilement à la connaissance encore si imparfaite des courants dans les Alpes.

Winter Gliding Experience in Finland using Auto-Towing.

Dipl.-Ing. G. Ståhle.

Finland, with its cold climate and many lakes, has paid particular attention to auto-towing from the ice. Flying is practised by Finnish Air Force groups. All the machines, 88 to date, have been built by members of the groups. All ranks in the groups are honorary. Everyone who works on the machine for 200 working hours may fly without charge. Activity in the 33 constructing groups has extended even north of the Arctic Circle. Standard types used are Grunau 9, Grunau «Ei», «Baby II» and «Bussard». In addition there are some Zöglings, Wrona and Komar.

Since the summer of 1934 there has been a central school in Jämijärvi, where all methods of starting, including aeroplane towing, are practised. The records are 7 Hr, 44 min and 2100 m.

In winter on the frozen lakes and bays, auto-towing is enthusiastically practised. Only medium weight open cars are used. The instructor must always be able to see the pupil clearly, and if necessary be able to cut the cable. The most suitable cable length has been found to be 100 m. This length is gradually increased after the A certificate and the first turns, to enable sufficient altitude to be attained for the B flights.

The flag signals are generally: Attention (Achtung), Ready, Let Go, and Unhitch.

When the snow lies deep, runways must be ploughed clear. In order to allow for the variability of the wind, equilateral triangles with sides 2 km long have been found sufficient.

Car towing has been proved to be a convenient method of instruction for gliding, so that the short (3 months) summer can be used to advantage for soaring.

Esperienze finnlandesi col rimorchio coll'automobile degli alianti.

Dipl.-Ing. G. Ståhle, Helsinski.

In Finnlandia il rimorchio coll'automobile ha trovato un campo d'azione vastissimo, poiché i numerosissimi specchi d'acqua di cui abbonda il paese offrono, per una buona parte dell'anno, altrettanti superfici di ghiaccio, suiquali tale attività può svolgersi molto agevolmente.

L'attività aviatoria sportiva viene svolta dall'Associazione Finnlandese per la difesa antiaerea (43 sezioni). Tutti gli alianti, in totale 88, sono stati costruiti dai membri dei 33 gruppi di costruzione. Tali gruppi si trovano perfino al di là del circolo polare. I posti direttivi sono tutti onorari. All'attività di volo, del resto gratuita, sono ammessi coloro che abbiano prestato più di 200 ore di lavoro in laboratorio. Si impiegano normalmente i seguenti tipi di alianti: Grunau 9, id. carenato, «Baby II» e «Bussard». Inoltre sono stati costruiti alcuni Zögling, Wrona e Komar. Fin dal 1935 esiste una scuola centrale a Jämijärvi, dove vengono praticati tutti i sistemi di lancio, compreso il rimorchio aereo. I primati nazionali sono: 7 ore 44' di durata e 2100 m di quota.

D'inverno ha luogo una intensa attività di rimorchio coll'automobile sui laghi congelati. A tal uopo ci si serve di automobili aperte di un certo peso. L'istruttore deve essere in grado di vedere continuamente l'allievo e di sganciarlo all'occorrenza. Quale lunghezza di cavo ottima per i primi voli si é trovato un centinaio di metri. Dopo il conseguimento dell'attestato. A il cavo viene sempre più allungato per ottenere la quota necessaria per le virate e il voli dell'attestato B.

Le segnalazioni colle bandiere si limitano essenzialmente alle seguenti: attenzione, pronti, via e sganciare.

Quando il ghiaccio é coperto di neve, ci si deve preparare una pista. Per potere allora seguire almeno approssimatamente i capricci del vento, si é trovato che basta tracciare una pista triangolare coi tratti rettilinei lunghi circa 2 km.

Con questo sistema si effettua il tirocinio degli allievi di volo librato durante l'inverno, per potere poi dedicare l'estate al volo veleggiato.

Erfahrungen in Finnland beim motorlosen Flug im Winter mit Hilfe eines fahrenden Autos.

Von Dipl.-Ing. G. Ståhle, Helsinski.

Finnland, mit seinem kalten Klima und seinen vielen Seen, hat für den Gleitflug besonderes Augenmerk auf den Autoschlepp auf dem Eise gerichtet. Die fliegerische Tätigkeit wird vom Finnischen Luftwehrverbande ausgeübt, der 43 Ortsgruppen hat. Sämtliche Maschinen werden im Selbstbau erstellt, bisher 88 Stück. Sämtliche Posten sind rein ehrenamtlich. Zu den Flugübungen wird jeder Mitarbeiter kostenlos zugelassen, der 200 Arbeitsstunden erfüllt hat. Bis nördlich vom Polarkreis entwickelt sich so die rege Tätigkeit der 33 Baugruppen. Als Normaltypen werden verwendet: »Grunau 9«, »Grunau Ei«, »Baby II« und »Bussard«. Weiterhin gibt es einige Zöglinge, »Wrona« und »Komar.«

Seit dem Sommer 1935 besteht eine Zentralschule in Jämijärvi, wo alle Startarten, einbegriffen Flugzeugschlepp, geübt werden. Die Rekorde sind: 7 h 44 min und 2100 m.

Im Winter wird auf den zugefrorenen Seen und Meeresbuchten eifrig Autoschlepp getrieben. Dazu kommen nur offene, mittelschwere Personenwagen in Frage. Der Fluglehrer muß den Schüler stets gut sehen können, und ihn schlimmstenfalls ausklinken können. Als geeignetste Schleppseillänge wurden 100 m befunden. Diese Länge wird nach dem A-Schein und den ersten Kurvenübungen immer mehr vergrößert, um die zum B-Flug nötige Höhe erreichen zu können.

Die Flaggensignale sind im wesentlichen: Achtung, Fertigmachen, Los und Ausklinken.

Bei Schneedecke muß man natürlich Startbahnen freipflügen. Um einigermaßen den Launen des Windes folgen zu können, wurden gleichseitige Dreiecke mit 2 km Seitenlänge als ausreichend befunden.

Der Autoschlepp hat sich als eine bequeme und recht billige Ausbildungsweise für Gleitflieger erwiesen, um dann den recht kurzen (3 Monate) Sommer für den Segelflug auszunützen.

Erfahrungen in Finnland beim motorlosen Flug im Winter mit Hilfe eines fahrenden Autos.

Von Dipl.-Ing. G. Ståhle, Helsinki.

In Finnland gibt es für den motorlosen Flug noch keine Statistiken für eine längere Zeitspanne, denn wir haben auf diesem Gebiete der Luftfahrt erst vor vier Jahren angefangen.

Unsere geographische Lage, das Klima, die verhältnismäßig ebenen Bodenoberflächen, die vielen Tausende von Seen und die riesigen Waldgebiete versetzen uns in eine Ausnahmestellung, z. B. im Vergleich zu Mitteleuropa. Wir haben daher auch den motorlosen Flug unseren Verhältnissen anpassen müssen und betreiben ihn nun so, wie es uns unter diesen Umständen am besten erscheint.

Es erscheint mir daher auch angebracht, Ihnen kurz die Entwicklung bei uns in ihren Hauptzügen zu schildern, ehe ich zu unseren Segelflugübungen im Winter auf dem Eise mit Hilfe eines fahrenden Autos komme. Diese Übungsart ist nämlich in Finnland für den Gleitflug ganz allgemein geworden. Außer dem Segelflug mit Windestartauto haben wir nämlich im Winter kein anderes Mittel für das Training während des ersten Ausbildungsstadiums.

Die Überwachung und Leitung der Segelfliegerei in Finnland liegt in den Händen des Finnischen Luftwehrverbandes, der seine Vollmachten und Anweisungen vom Verkehrsministerium bekommt. Der Finnische Luftwehrverband ist eine freiwillige Zusammenschließung. Das ganze Land ist in Bezirken unter den 43 Unterabteilungen des Verbandes aufgeteilt. Auch der Aero-Club von Finnland ist Mitglied des Finnischen Luftwehrverbandes, im übrigen aber selbständig tätig.

Den praktischen Betrieb läßt der Verband durch vier Zentralausschüsse regeln, einen Verwaltungsausschuß, einen Modellflug-, einen Segelflug- und einen Motorflugausschuß. Diese Ausschüsse machen mit Hilfe von bezahlten Angestellten die eigentliche praktische Arbeit. Die Mitglieder der Zentralausschüsse bekommen aber ebensowenig wie andere, die aus rein ideellen Gründen arbeiten, ein Gehalt, sondern haben reine, unbezahlte Vertrauensposten, und hierzu wählt man Mitbürger, die sich für die Verteidigung des Landes freiwillig einsetzen.

Die aktive Segelfliegerei hat bei uns eine ganz ungewöhnliche Entwicklung gehabt, denn den Hauptanteil daran haben die Baukurse für Gleit- und Segelflugzeuge gehabt, die der Finnische Luftwehrverband überall im ganzen Lande veranstaltet hat. Unsere sämtlichen Flugzeuge für die nachfolgende Flugtätigkeit sind bei diesen Kursen gebaut. Diese Methode haben wir auch weiterhin beibehalten und auf diese Weise unsere Schluflugzeuge billig bekommen können. Wir haben bis zum heutigen Tage noch kein einziges Gleit- oder Segelflugzeug gekauft, aber im eigenen Lande bisher 88 Maschinen gebaut. Die Flugzeuge werden mit freiwilligen Arbeitskräften in Klubs gebaut in Werkstätten, die von den Luftwehrvereinen beschafft werden. Das Baumaterial bezahlt und besorgt der Finnische Luftwehrverband. Für fachmännische Beratung und Leitung der Arbeiten dagegen sorgt der Zentralausschuß für Segelflug durch bezahlte Fachleute. An den aktiven Bauarbeiten sind jetzt schon über 2000 Leute beteiligt. Wenn man die Ausbesserung von Schäden mitrechnet, haben wir bisher über 110 000 Arbeitsstunden für den Bau von Flugzeugen. Jedes Klubmitglied, das wenigstens 200 Arbeitsstunden hat, wird zu den kostenlosen Ausbildungskursen zugelassen, entweder beim eigenen Verein oder in der Zentralschule des Verbandes.

Die Bautätigkeit läuft jetzt schon in wohlerprobten Geleisen und wir haben damit wirklich ganz außerordentlich gute Resultate erzielt. Die Flugzeuge werden in billigster Weise mit freiwilligen Arbeitskräften gebaut und die Vorbildung ist so gründlich wie möglich, denn, wie gesagt, wer nicht wenigstens 200 Arbeitsstunden bei den Kursen hat, wird zu den Flugübungen überhaupt nicht zugelassen. Es gibt sogar schon einige junge Leute, die über 2000 Arbeitsstunden haben. Auf diese Weise hat die Segelfliegerei bei uns in allen Schichten der Bevölkerung einen breiten Boden gewonnen, denn die Armen haben genau dieselben Möglichkeiten, wie die Söhne wohlhabender Eltern. Auch psychologisch hat sich unser Verfahren bewährt, und deswegen haben wir auch die jungen Leute in großen Scharen an uns ziehen können. Unsere begrenzten Mittel legen uns jedoch gewisse Schranken auf, wenn auch guter Wille und Energie im Überfluß vorhanden sind.

Im Augenblick sind 33 Bauklubs in Funktion, die sich über das ganze Land verteilen. Der Betrieb ist nach der Dichte der Bevölkerung ziemlich gleichmäßig im Lande verteilt. Besonderes Interesse verdient bei dieser Gelegenheit unser nördlichster Klub in Rovaniemi, nur 4 km vom Polarkreis entfernt. Im vergangenen Winter hat sogar ein Flugtag nördlich vom Polarkreis in Kemijärvi stattgefunden und unter unseren Fliegern ist auch ein Segelfluglehrer mit amtlichem C-Schein, der nördlich vom Polarkreis zu Hause ist. So hoch oben im Norden sind aber noch keine Flugplätze fertig geworden, so daß dort also alles auf der Ausbildung auf dem Eise mit Hilfe eines fahrenden Autos beruht.

Die üblichsten Flugzeugtypen bei den Baukursen sind das Anfängerschulflugzeug »Grunau 9«, die »Grunau 9« mit überdecktem Führersitz (das sog. Ei), »Grunau Baby II« für Weiterausbildung und zuletzt Leistungsflugzeuge »Rhön«, »Bussard«. In den ersten Jahren wurden außerdem noch einige Anfängerflugzeuge Typ »Zögling« und »Wrona« und Leistungsflugzeuge vom Typ »Komar« gebaut. In der Zukunft werden wir es auf verbesserte Qualität der Leistungsflugzeuge anlegen und eventuell auch zweisitzige Flugzeuge bei der Ausbildung mitbenutzen.

Die Organisation der Fliegerschulung brachte für den Zentralausschuß für Segelflug ziemlich weittragende und umfassende Pläne und Vorbereitungen mit sich. In unserem ebenen Gelände machte es Schwierigkeiten, einen geeigneten Platz für die Zentralschule zu finden; denn richtige Hänge mit gutem Hangwind haben wir nur in Lappland, aber das hat wieder andere Nachteile, z. B. die große Entfernung, die Einöde mit ihren wenigen Wegen, die mangelhaften Verkehrsmittel und der lange, dunkle Winter mit sehr viel Schnee und großer Kälte. Nach Zuziehung von deutschen Sachverständigen entschloß sich der Ausschuß, die Zentralschule nach Jämijärvi zu verlegen, und dort fing man schon im Sommer 1935 mit deutschen Lehrkräften unter Leitung von Professor Kurt Rheindorf mit der Schulung an. Das Gelände für den Flugbetrieb ist hügelig und sandig, mit einer Anhöhe in der Mitte, die nach beiden Seiten abfällt. Jetzt sind im ganzen schon 132 Hektar für die Schule gerodet und alle zur Schule gehörenden Gebäude sind auch schon fertig. Das Material für die Schulung hat man auch, abgesehen von den Flugzeugen, von Jahr zu Jahr vervollständigt, und jetzt haben wir schon Schleppflugzeuge vom Typ Klemm Kl-25, Windestartautos, Gummiseile usw. ziemlich vollständig. Während des Sommers kann die Schule ungefähr 400 Schüler und eine Anzahl Lehrerkandidaten ausbilden.

Der Dauerrekord der Zentralschule für Segeln mit Thermik steht auf 7 h 44 min. Die höchste erreichte Höhe nach dem Ausklinken ist 2100 m. Überlandflüge werden erst im kommenden Sommer zum erstenmal auf dem Programm stehen und dann hoffen wir auch auf bessere Resultate. Auch die Lehrkräfte an der Zentralschule sind unbezahlt mit Ausnahme des obersten Leiters der Schule, als der der vom Zentralausschuß ernannte Segelflugleiter fungiert, der die Oberaufsicht über die ganze Segelflugausbildung bei uns hat. In der Zentralschule können alle Arten des Starts, die es beim motorlosen Flug gibt, ausgeübt werden, ebenso Hangwindsegeln bei geeignetem Wind. Segelflüge der höheren Stufe müssen jedoch im thermischen Aufwind ausgeführt werden, denn der Hang in unserer Schule ist ziemlich klein. Wir haben allerdings die Absicht, eine besondere Schule für Hangwindsegeln in Lappland zu gründen, und in den nächsten Jahren wird wohl auch dieser Gedanke Wirklichkeit werden. Es ist übrigens auch sonst interessant, das Luftmeer nördlich vom Polarkreis mit seinen Besonderheiten zu erforschen und festzustellen, ob thermisches Segeln bei den hellen nordischen Nächten auch in der Nacht möglich ist. Nach summarischen Untersuchungen der Wolkenbildungen zu schließen sollte es möglich sein, und dann dürften sich auch die Ziffern für den Dauerrekord ändern.

In der Zentralflugschule von Jämijärvi haben wir einen Stamm von Fliegern ausgebildet, die dann an ihren Heimatorten Schulung und Training nach den Anweisungen des Zentralausschusses fortgesetzt haben. Wir wollen auch später dahin kommen, daß wir in der Zentralflugschule nur noch ziemlich weit fortgeschrittene Segelflieger und Lehrer ausbilden, und daß die eigentliche Anfängerschulung von den Vereinen und Klubs übernommen wird. Bisher haben wir in drei Sommern schon annähernd 15000 verschiedene Flugübungen ausgeführt und die Ausbildung nimmt im ganzen Lande immer größeren Umfang an. Verschiedene Klubs und Vereine haben sich auch schon zu ihren Maschinen alles sonstige Schulmaterial selbst erworben und bilden ihre Leute, wenn auch unter Aufsicht des Zentralausschusses für Segelflug ganz selbständig aus.

Wie ich schon vorher sagte, haben wir unser ganzes Schulungsverfahren den besonderen örtlichen Verhältnissen anpassen müssen, und so haben wir auch eine besondere Ausbildungs- und Trainingsmethode mit Hilfe eines fahrenden Autos herausgebildet. Da diese Methode im übrigen Europa weniger bekannt sein dürfte, haben wir uns erlaubt, sie zum Gegenstand unseres Vortrages zu machen.

Ich möchte gleich zu Anfang sagen, daß unsere Erfahrungen mit dem fahrenden Auto als Hilfsmittel bei der Schulung sehr positive sind. Das Verfahren ist ungefährlich und billig und der Schüler macht rasche Fortschritte. Besondere Aufmerksamkeit haben wir der Flug- oder besser der Trainingssicherheit zugewandt, weil unsere Lehrer bis auf einige Ausnahmen jung und unerfahren sind. Das Interesse ist so groß, daß wir gar nicht so schnell genügend Flugleiter ausbilden können, und andererseits darf man auch nicht das Interesse durch allzu scharfe Bestimmungen lähmen, aber noch weniger darf man sich erlauben, die Flugsicherheit zu gefährden. Gerade diese Umstände haben uns aber die Augen geöffnet für die Vorteile und die Eignung der Gleitflugschulung mit dem fahrenden Auto, besonders bei unseren Verhältnissen, wo die zugefrorenen Seen und der Finnische Meerbusen im Winter die ausgezeichnetsten Flugplätze bilden und wo die eigentlichen Flugplätze vorläufig noch sehr spärlich sind. Ein gewöhnliches Flugfeld ist auch für den Betrieb mit fahrendem Auto zu eng, und wir ziehen nur zu gern auf die weiten Eisflächen, wenn es der Schneefall nicht verhindert. Man muß bedenken, daß Finnland eine lange, zerrissene Küste und ca. 63000 Seen hat, die wenigstens in einer Richtung eine Länge von 500 m haben.

Das Material, das wir bei dieser Wirksamkeit verwenden, ist denkbar einfach, und kann überall leicht beschafft werden. Selbstverständlich brauchen wir außer unseren Gleit- und Segelflugzeugen zu allererst ein geeignetes Auto, um die Maschine in die Luft zu bekommen. Ich will hierbei auch hervorheben, daß ein Start mit dem Gummiseil im Winter überhaupt nicht in Frage kommen kann, denn die Gummiseile werden durch die Kälte sehr schnell verdorben — der Gummi verliert seine Dehnbarkeit und die Elastizität verschwindet. Das haben wir auch bei unserem ersten Wintertraining erfahren, und die gleichen Erfahrungen haben auch unsere kleinen Jungen mit den Gummimotoren ihrer Modellflugzeuge gemacht. Am geeignetsten ist natürlich ein offener, mittelschwerer Personenwagen, wenn er nur beim Start schnell genug Fahrt bekommt. Ein zu leichtes und schwaches Auto kommt nicht in Frage, bei zu hoher Geschwindig-

keit könnte dann z. B. auch ein fliegendes Gleitflugzeug schon die Autoräder vom Eise hochreißen und sozusagen den ganzen Motor stehlen, und wenn dann die Räder wieder aufs Eis kommen, erfolgt ein plötzlicher Ruck, der Steuerfehler im Flugzeug hervorbringen kann, weil der Schüler nervös wird. Aus demselben Grunde kann man auch kein Motorrad verwenden, auch wenn es schnell und kräftig genug ist, um die Maschine in die Luft zu bekommen. Auch das haben wir versucht und festgestellt, daß es mit einem erfahrenen Flieger zu machen ist, aber mit einem Flugschüler wäre es mehr als gewagt. Schon der kleinste Ruck oder eine Abweichung nach der Seite würde das Motorrad umwerfen und die schlimmsten Folgen für Flieger wie Motorradfahrer haben. Eine größere Flughöhe kommt auch mit dem Motorrad nicht in Frage, weil dann das ganze Rad weggerissen werden kann, wenn das Flugzeug nur ein bißchen anzieht. Unsere Erfahrungen haben ergeben, daß an die Verwendung eines Motorrades bei der Schulung zum Starten oder Höherziehen des Flugzeuges gar nicht zu denken ist. Ein schnell anfahrendes Lastauto kann dagegen wohl in Frage kommen, aber dann muß der Flugleiter auf dem Trittbrett stehen und dem Wagenführer Anweisungen geben. Das gleiche gilt für den geschlossenen Personenwagen. Überhaupt muß sich der leitende Fluglehrer die ganze Zeit über im Gesichtskreis des am Seil fliegenden Schülers befinden, damit er immer je nach dem Stand der Dinge handeln kann, denn die Bewegungen des Schülers und der Ausgleich von Fehlern müssen durch die Geschwindigkeit des Autos geregelt werden und das muß möglichst geschmeidig gemacht werden. Ebenso gibt auch ausnahmslos der im Auto befindliche Fluglehrer dem Flugschüler die Erlaubnis zum Ausklinken.

An Sonderausrüstungen braucht man im Flugzeug eine leicht funktionierende Ausklinkvorrichtung, die sich bei jedem Seilwinkel öffnet. (Besonders geeignet ist die am meisten gebräuchliche DFS-Ausklinkvorrichtung mit am Drahtseil befindlichem Doppelring.) Die Ausklinkvorrichtung muß für den Flieger mit einer kleinen Bewegung der linken Hand erreichbar sein.

Für das andere Drahtende muß sich auch am Auto eine Ausklinkvorrichtung befinden, die mit der Hand betätigt werden kann, falls dem Flugzeug irgend etwas zustößt, denn sonst fliegt das Flugzeug am Drahtseil über das Auto hinweg und gerät in eine unnatürliche Lage. Diese Ausklinkvorrichtung muß der im Auto sitzende Fluglehrer ebenfalls leicht erreichen und ohne besondere Kraftanstrengung öffnen können. Einer solchen Vorrichtung entspricht am Windestartauto die Notauslösung (Druckschere), aber bei der Schulung mit fahrendem Auto kann man sie mit einer einfacheren Ausklinkvorrichtung ersetzen.

Was nun das passende Drahtseil betrifft, so kann man den gewöhnlichen Stahldraht nehmen, den man im Eisenwarengeschäft bekommt, mit 4 bis 4½ mm Dmr. (47 bis 63 Fäden). Bei einer schwächeren Qualität hat ein solcher Draht eine Zugfestigkeit von 560 bis 600 kg, und das reicht auch schon aus, aber besser ist Draht mit 1000 kg Zugfestigkeit. In diesem Zusammenhang möchte ich noch erwähnen, daß für den Windstart ein solch schwaches Drahtseil nicht genügt, sondern dabei nehmen wir Draht mit einer Bruchfestigkeit von 1000 bis 1300 kg und nur 3,2 bis 3,5 mm Dmr. Das ist dann auch schon ein Spezialdraht. (Der Draht, den wir in Finnland für den Windestart verwenden, ist ein halbsteifer Draht mit Stahlkern, 3,2 mm Dmr. und 59 Fäden. Die Zugfestigkeit des Stahls ist 215 kg pro m² bei einer totalen Bruchfestigkeit von 1362 kg.) Dies hat sich bei unseren Versuchen als die beste Sorte erwiesen. Beim Aufstieg mit Hilfe eines fahrenden Autos verwenden wir bei den verschiedenen Ausbildungsstadien Drähte von verschiedener Länge, aber darauf komme ich später noch zurück. Wenn wir ein längeres Seil brauchen, können wir verschiedene Drähte mit gewöhnlichen Schraubenschlössern zusammensetzen, hier braucht man nicht unbedingt Spleißanschlüsse, wie wenn man Drähte für den Windestart zusammenkoppelt. In den Geschäften bekommt man den

Draht gewöhnlich in Rollen von 200 m. Am Draht muß man rotweiße Fähnchen oder Wimpel anbringen, damit er deutlich zu sehen ist. In das Drahtseil kann man natürlich auch eine Telephonleitung hineinziehen. Lehrer und Schüler wären dann in dauernder Verbindung, was besonders für die Ratschläge des Lehrers günstig wäre — aber wir sind noch nicht in der Lage gewesen, eine solche Telephonverbindung auszuprobieren.

Telephonverbindung auf dem Erdboden hat bei der Schulung mit fahrendem Auto keinen praktischen Wert, denn der Unterricht erfolgt in der Bewegung und vielleicht auch über ein ausgedehntes Gelände.

Dies wäre in aller Kürze also das Schulungsmaterial, und jetzt gehen wir zum eigentlichen Unterricht über. Hierfür muß man zunächst die Schüler nach ihrer etwaigen bisherigen Ausbildung in Gruppen einteilen. Wir wollen uns jetzt jedoch nur mit der eigentlichen Anfängerschulung befassen.

Wir haben versucht, die geeignetste Drahtlänge für die ganz krassen Anfänger herauszufinden und sind endgültig zu einer Länge von 100 m gekommen. Das erscheint vielleicht im ersten Augenblick zu lang, aber ein kurzes Drahtseil hat durch seine geringe Elastizität sehr starke Nachteile, und es hat sich auch gezeigt, daß der Schüler bei 100 m Länge am besten Fortschritte macht, man kann ja damit, wenn's nötig ist, schon bis auf 40 bis 60 m steigen. Wir haben konstatiert, daß ein Draht von 30 bis 50 m Länge sogar wirklich gefährlich sein kann. Bei einem längeren Draht kann der Flugleiter die Geschwindigkeit besser bestimmen und man braucht keine Angst zu haben, daß Schüler und Flugzeug zu Schaden kommen, wenn nur der Lehrer überlegt und verständnisvoll ist und die Geschwindigkeit seines Schleppautos in der Hand hat. Wir fingen seinerzeit mit einem Draht von 30 m an und verlängerten es dann allmählich je nach den Fortschritten des Schülers auf 60, 90 und 120 m, aber zum Schluß konnten wir nur konstatieren, daß 100 m für das erste Ausbildungsstadium am besten sind. Bei einem zu kurzen Draht lernt der Schüler überhaupt nicht, mit den Füßen zu arbeiten, weil das Auto sofort alle Schwankungen ausgleicht, und der Schüler glaubt, daß er wirklich mit dem Fußhebel schon gut arbeitet. Bei einem längeren Seil muß er aber die Ruderfehler selbst ausgleichen, der Schlepp ist viel elastischer und ruckfrei, und auch sonst ist das Auto nicht zu nahe und kann den Schüler nicht stören. Das Gewicht des Drahtes genügt aber, um kleine Fehler auszugleichen und unnötige Rucks zu vermeiden. Bei einem kurzen Draht fliegt dem Schüler auch von den Hinterrädern des Autos Schnee in die Augen, was sehr stören kann, denn der Anfänger kann keine Schutzbrillen tragen, weil das den Gesichtskreis zu sehr begrenzt. Das kurze Seil hat höchstens den einzigen Vorteil, daß der Schüler nicht auf eigene Hand zu hoch steigen kann, aber so etwas darf auch sonst nicht vorkommen und kann auch vermieden werden, wenn der Lehrer vom Auto aus die Geschwindigkeit vernünftig regelt, wie es für das jeweilige Ausbildungsstadium des Schülers paßt.

Nehmen wir an, daß der Schüler vorher nie auch nur das geringste Training bekommen hat, und daß wir ganz von vorn beginnen müssen, immer unter Anpassung an dieses besondere Schulungsverfahren. Wir fangen zuerst mit langsamen Querruderübungen im Gegenwind an, aber vorher werden dem Schüler Wirkung und Gegenwirkung der Querruder erklärt. Die besten Resultate bekommt man, wenn man diese Übungen bei starkem Wind machen kann, wobei die Maschine gegen den Wind gestellt wird. Wenn dann das Flugzeug nach der einen oder anderen Seite neigt, kann der Schüler selbst das Gleichgewicht wieder herstellen. Bei diesen Übungen kann man auch allmählich mit dem Höhenruder anfangen, indem man die Maschine z. B. auf einen runden Baumstamm setzt. Dann kann man auch kleine Bewegungen nach oben oder unten ausführen. Wenn das Gefühl für die Wirkung der Querruder fest genug sitzt, fängt man mit sog. Bodengleitübungen mit niedriger Geschwindigkeit an. Wenn es nicht zu windig ist, kann man mit Quer-

ruderübungen im Vorwärtsgleiten anfangen. Die Geschwindigkeit bei Bodengleitflügen ist so klein, daß das Flugzeug nicht vom Boden hochkommen kann, aber doch groß genug, um die Wirkung der Querruder zu spüren. Damit fährt man so lange fort, bis der Lehrer sicher ist, daß der Schüler die Richtung genau einhalten kann. Allmählich erhöht man die Geschwindigkeit so weit, daß sich das Flugzeug eben gerade ein wenig vom Boden abhebt. Das übt man wieder so lange, bis der Schüler auch seitliche Neigungen mit dem Fußhebel sicher hervorbringen kann. Darauf ist schon zu achten, sowie der Schüler die Seitenstabilität beherrscht. Wieder wird die Geschwindigkeit, aber nur zeitweise, erhöht, damit der Schüler anfangen kann, mit dem Höhenruder zu arbeiten, aber damit muß man vorsichtig sein, denn trotz aller Vorschriften und Ermahnungen ist jeder Schüler von einer brennenden Begierde erfüllt, in die Höhe zu gehen, auch wenn die Geschicklichkeit noch nicht ausreicht. Deswegen ziehen wir auch nicht ununterbrochen mit solcher Geschwindigkeit, daß die Maschine dauernd in der Luft bleiben kann, sondern wir ziehen abwechselnd an und lassen wieder nach, und der Schüler kann nur zeitweilige Sprünge machen. Durch solche Sprünge entwickelt sich das Gefühl für den Wechsel der Geschwindigkeit und seine Wirkungen auf die Maschine, z. B. für den Druck aufs Steuer ungeheuer schnell, schneller, als wenn man die ganze Zeit mit der gleichen Geschwindigkeit zieht und er immer in der Luft bleibt. Nach diesen sog. Sprungübungen fangen wir schon mit längeren Geradeausflügen an, zunächst nur in ca. 1 bis 2 m Höhe und hierbei üben wir auch das Abwerfen des Drahtseils mit sog. Ausklinkübungen. Erst wenn der Schüler sicher gelernt hat, auf ein Zeichen des Lehrers auszuklinken, ohne daß der Flug dadurch gestört wird, kann er mit Übungen in größerer Höhe anfangen, und auch hier wird nur schrittweise vorgegangen. Diese Ausklinkübungen nehmen die Schüler im Anfang gewöhnlich etwas zu schwer, so daß das Steuern darunter leidet, aber das kann der Lehrer mit einigen Übungen und Erklärungen leicht wegbekommen. Man muß dem Flugschüler besonders einschärfen, auf die Lage des Flugzeugs im Augenblick des Ausklinkens zu achten, damit er nicht etwa den Draht abwirft, wenn die Maschine gerade überzogen ist. Auf den verschiedenen Bildern können Sie den sog. flachen Start des Anfängerstadiums von dem sog. Aufstiegsstart des fortgeschrittenen Schülers deutlich unterscheiden. Auf dem unteren Bild sehen wir die Folgen eines zu steilen Aufstiegs und des Ausklinkens während dieses Aufstiegs, wobei das Flugzeug aus dem toten Punkt senkrecht abgestürzt ist. Die Gefahren beim steilen Start sind daher sehr zu betonen, und der Schüler darf das auch erst in einem späteren Stadium üben.

Wenn wir das Ausklinken und die kleinen Starts und Landungen gelernt haben, fangen wir mit den eigentlichen Flugübungen an. Bei den ersten Flugübungen darf man den Schüler nicht mit schnellem Ausklinken und häufigen Zeichengebungen nervös machen, man soll ihn solange wie möglich sich hinter dem Auto in derselben Höhe halten lassen. Indem man die Geschwindigkeit sehr vorsichtig und langsam abwechselnd erhöht und wieder verringert, gewöhnt man den Schüler daran, die Wirkungen des Geschwindigkeitswechsels auf die Steuerung zu beobachten und die entsprechenden Korrekturen vorzunehmen, um in einer bestimmten Höhe zu bleiben. Dabei lernt er auch, wie er die Höhe schätzen kann, nämlich nicht senkrecht zum Erdboden sondern schräg nach vorn.

Diese ersten Flugübungen gelingen natürlich am besten bei ruhigem Wetter, denn dann kann der Flieger nicht durch Böen oder Seitenwind verwirrt werden. Und bei ruhigem Wetter können wir auch auf unserem Eisfeld in großem Bogen herumfahren und der Schüler kann länger in der Luft bleiben. Für den Fall, daß man vielleicht in großer Entfernung vom Startort eine Landung vornehmen muß, muß man immer eine überzählige Person im Auto mitnehmen, die beim neuen Start das Tragflächenende festhalten kann bis die Geschwindigkeit so groß ist, daß der Flieger die Seitenstabilität mit der Steuerung regeln kann. Hierbei ist zu beachten, daß man nur das eine Tragflächenende festhalten lassen darf, nicht etwa beide, und der Helfer läuft so lange mit, bis die Maschine auch ohne äußere Hilfe im Gleichgewicht bleibt.

Wir haben beobachtet, daß der Schüler viel mehr lernt, wenn er bei den Schleppflügen solange wie möglich am Draht bleibt. Man muß ihm also vor dem Flug einschärfen, wie er sich in der Luft nach dem Zeichen zum Ausklinken zu benehmen hat, d. h. der Kopf der Maschine ist in die Gleitlage herunterzudrücken, ehe der Draht ausgeklinkt wird. Eine gute und sichere Methode ist, vor dem Zeichen zum Ausklinken die Geschwindigkeit des Autos zu vermindern, so daß der Schüler gar keine Möglichkeit hat, nach dem Ausklinken eine zu große Geschwindigkeit zu bekommen und zu steil aufzusteigen, wenn das Gewicht des Drahtseils wegfällt, wozu die Maschine aus leichtverständlichen Gründen von selbst neigt, wenn nicht der Flieger dem entgegenwirkt. Es ist überhaupt im allgemeinen gar nicht notwendig, gleich große Höhen erreichen zu wollen, ehe man ganz sicher ist, daß der Schüler seine Maschine auch wirklich beherrscht. Die Schüler wollen ja natürlich selbst am liebsten gleich beim ersten Flug so hoch wie möglich kommen, aber hier muß der Lehrer bremsen können, ohne das Interesse und die Energie des jungen Schülers zu lähmen. Um eine gute Grundlage zu bekommen, muß mit einem solchen 100-m-Draht ziemlich lange geübt werden, die vorsichtig erworbene Erfahrung kann uns nie genommen werden. Man braucht auch sonst diese Drahtlänge nicht zu verachten, in der Höhe, die wir damit bekommen, können wir schon A-Scheine machen, also gerade Flüge von 30 s. Hierbei ist auch zu beachten, daß es nicht gut ist, den Schüler für den A-Schein in zu großer Höhe fliegen zu lassen. Bei geringerer Höhe muß man, wenn man über 30 s fliegen will, einen richtigen und vorteilhaften Gleitwinkel einhalten, von großer Höhe ist es keine Kunst, die Zeitgrenze zu erreichen, das kann man dann schon beinahe mit einem Sturzflug machen. Beim Übergang von ruhigem Wetter zu Übungen in windigem Wetter muß man dem Schüler den Einfluß des Windes auf die Flugrichtung usw. gründlich klarmachen und ihm raten, mit etwas größerer Geschwindigkeit zu fliegen als bei ruhigem Wetter.

Bei der Beurteilung dieser Dinge muß man immer daran denken, daß der Segelflugschulung ruhige Überlegung zugrunde liegen muß, sowohl beim Lehrer, wie beim Schüler, irgendwelches Schludern darf niemals einreißen. Der Lehrer muß auch versuchen, die Psyche der einzelnen Schüler zu erfassen und darauf einzugehen.

In den Hauptrichtlinien muß man sich natürlich an das Schulungsprogramm halten, aber man muß sich auch beim Vorwärtsgehen nach dem Entwicklungsstadium und der Entwicklungsfähigkeit des einzelnen Schülers richten, denn sie sind keineswegs alle gleich und entwickeln sich auch nicht in gleicher Weise. Aus einem Schüler, der langsame Fortschritte macht, wird oft ein viel tüchtigerer Flieger als aus einem, der im Anfang schnell vorwärtskam, wenn es natürlich auch umgekehrt sein kann. Die ganze Ausbildung beim motorlosen Flug basiert ja auf der sog. Einzelschulung, vor jeder Flugaufgabe wird dem Schüler die Art des Fluges genau erklärt, und man muß sicher sein, daß er auch alles richtig verstanden hat. Dem Zufall darf man nichts überlassen und auch niemand Experimente machen lassen.

Wenn der Schüler so weit vorgeschritten ist, daß er die Prüfungen für den A-Schein abgelegt hat, wird mit Kurvenübungen angefangen. Vorher wird allen Schülern zusammen erklärt, wie Kurven ausgeführt werden, wie sich jedes einzelne Steuer auswirkt und wie die einzelnen Ruder zusammenarbeiten, obgleich das beim Einzelunterricht nochmals wiederholt wird. Besonderer Nachdruck wird auf gleichmäßige Geschwindigkeit gelegt und darauf, dem Schüler klarzumachen, daß Schräglagen unvermeidlich sind und was passieren kann, wenn man sie um jeden Preis vermeiden will. Die Kurvenübungen fängt man mit kleinen Schwankungen nach rechts und links an. Im Anfang nur ungefähr 30⁰ und dann Landung im Gegenwind. Allmählich wird der

Neigungswinkel vergrößert und man landet auch mit Seitenwind. Am meisten lernt man, wenn man mit den Schwankungen bei ruhigem Wetter anfängt, und dann gibt es auch am wenigsten Bruch. Bei diesen Übungen braucht man schon ziemlich viel Platz, damit der Schüler nicht durch Grenzhindernisse, wie z. B. Schneewälle zu beiden Seiten des Weges, gestört oder die Maschine beschädigt wird. Die Landungen beherrscht der Schüler in diesem Stadium schon gut, hierbei ist also kaum noch ein Bruch zu fürchten, besonders da der Schüler auch schon die Gleitgeschwindigkeit gut regeln kann.

Jetzt können wir den Schüler schon für weit genug vorgeschritten erklären, um auch höhere Flüge zu machen, und wir verlängern den Draht auf 200 bis 250 m. Hierbei muß man aber daran denken, daß sich auch das Gewicht des Drahtes vermehrt und daß das auf das Ausklinken Einfluß hat. Mit dieser Drahtlänge üben wir schon Rechts- und Linkskurven, denn jetzt läßt die Höhe schon richtige Kreise zu. Bei ruhigem Wetter können wir die Maschine auch in großem Bogen herumschleppen, damit sich der Schüler an die größere Höhe gewöhnt. Im Anfang muß man hierbei auch dem Schüler reichlich Platz zur Landung geben, und er darf nicht auf Hindernisse treffen. In diesem Stadium darf man auch den Schüler noch keine Hindernisse überfliegen oder anfliegen lassen, dadurch wird er nur nervös und das Steuern leidet. Ganz und gar zu verbieten sind Flüge über Menschen hinweg. Mit dieser Drahtlänge üben wir jetzt also Flüge für den B-Schein und können die Prüfungen auch ausgezeichnet ablegen, sogar Gleitflüge von über 1 min machen. Je nachdem der Schüler geschickter wird, können wir auch bei ruhigem Wetter den Draht dann und wann auf 500 m verlängern, dann kann die Maschine bis auf 300 m steigen. Bei den gewöhnlichen Übungen ist aber ein so langer Draht nicht zu empfehlen, denn der Lehrer kann den Schüler nicht so gut im Auge behalten und die Zahl der Aufstiege pro Tag sinkt auch. Bei kürzerem Draht wird die kürzere Flugzeit durch einen längeren Schleppflug ausgeglichen.

Nun sind die Schüler schon reif für die B-Prüfungen und dann können sie auch mit interessanten Trainingsflügen mit Ziellandungswettbewerben und anderen besonderen Aufgaben anfangen. Jetzt erst fängt der Schüler an, das Fliegen wirklich zu genießen, denn vorher hat er alle Energie und Konzentration ausschließlich beim Steuern verbraucht. Im allgemeinen ist es vorteilhaft, daß der Lehrer seinen Schützlingen beim Übergang zu einer neuen Wettbewerbs- oder Übungsart erst im Fluge die Art der neuen Aufgabe vorführt und zeigt, wie man es machen soll. Ebenso muß sich der Lehrer vor Beginn eines jeden Fluges davon überzeugen, daß der Schüler die nötige Stellung der Ruder kennt und die Aufgabe verstanden hat. Im Anfang muß man sogar so weit gehen, daß der Lehrer vor dem Flug den Steuerknüppel richtig einstellt.

Hiermit haben wir nun die eigentliche Flugausbildung mit Hilfe eines fahrenden Autos behandelt.

Ehe man mit den Flugübungen anfängt, muß man die vorgeschriebenen Flaggensignale und Zeichen zeigen. Diese Zeichen sind für das ganze Land vorgeschrieben. Wir haben ja bei diesem Verfahren kein Telephon, wie bei der Schulung mit Windestartauto.

Wenn der Draht auf dem Eise ausgespannt und das eine Ende am Auto befestigt ist, darf man das andere Ende nicht an der Maschine anmachen, ehe alles fertig ist, der Schüler sich angeschnallt hat und alle Anweisungen erteilt sind. Der Draht wird vom Startleiter festgemacht und der Schüler muß noch einmal zur Probe ausklinken. Wenn der Draht von neuem befestigt ist und der Lehrer alles in Ordnung gefunden hat, geht er auf die linke Seite des Flugzeugs, hebt die Tragflächenspitze bis in waagerechte Stellung und läßt einen Gehilfen das vereinbarte Startzeichen geben. Solange der linke Flügel am Boden ist, weiß man im Auto, daß die Vorbereitungen noch nicht zu Ende sind, und ebenso ist das Aufrichten des Flügels in wagerechte Stellung für die Insassen des Autos das Zeichen, daß alles zum Start fertig ist. Als Signalflagge benutzt man eine gewöhnliche rotweiße

Flagge, bei der die beiden Farben durch die Diagonale abgeteilt sind. Den Flaggenstock macht man am besten 1 bis 1½ m lang und für das Flaggentuch sind 40 × 40 cm am geeignetsten. Im Auto und im Flugzeug hat man die gleichen Flaggen.

Wir gebrauchen bei uns folgende Signale:

Achtung! Der beim Flugzeug stehende Startleiter bewegt seine Flagge mehrere Male von oben nach unten und umgekehrt auf einer gut sichtbaren Stelle, um dem Auto zu melden, daß alles bereit ist. Vom Auto wird mit dem gleichen Zeichen geantwortet, daß man verstanden hat.

Machen Sie sich fertig! Der Startleiter schwenkt die Flagge, mit dem Tuch nach unten, einmal über seinem Kopf im Kreis herum, also 360⁰. Vom Auto antwortet man mit dem gleichen Zeichen, um zu sagen, daß man startbereit ist. Jetzt ist der Motor im Auto schon im Gang.

Fertig! Die vorher beschriebene Bewegung wird zweimal ohne Pause ausgeführt und bedeutet, daß der Flug beginnen kann. Wenn das Auto zum Abfahren bereit ist, antwortet man von dort sofort mit demselben Zeichen und der Flug wird unmittelbar darauf begonnen.

Klinken Sie den Draht aus! Der im Auto sitzende Lehrer will, daß der Draht vom Flugzeug losgemacht wird. Zu diesem Zweck führt er seine Flagge so lange senkrecht auf und ab, bis der Schüler es bemerkt und ausgeklinkt hat. Dieses Zeichen wird nach der Seite in einem Winkel von 90⁰ zur Fahrtrichtung gegeben, und zwar so, daß es der Schüler vom Flugzeug aus leicht sehen kann. Mit demselben Zeichen kann auch der Startleiter von hinten dem Lehrer im Auto bedeuten, daß er wünscht, daß der Schüler ausklinken soll, und der Lehrer im Auto gibt dann das gleiche Zeichen an das Flugzeug weiter.

Zu diesen hauptsächlichen Signalen kann man natürlich je nach Bedarf noch besondere Zeichen hinzunehmen, aber im allgemeinen ist es gut, ein so einfaches und eindeutiges Signalsystem wie möglich zu haben.

Wir sind davon überzeugt, daß man mit einem Telephon die Schulung noch vereinfachen könnte und schnellere Resultate bekäme, aber andererseits würde das auch die Schulung verteuern. Wir haben aber einige interessante Versuche mit einem Megaphon vom Eise aus gemacht. Ein Schüler, der erst sehr wenig Unterricht bekommen hatte, wurde auf 50 bis 60 m Höhe gebracht und dann gab man ihm alle Anweisungen zum Fliegen, also zum Gebrauch der Ruder von einem neben dem Flugzeug fahrenden zweiten Auto aus mit einem kräftigen Megaphon. Diese Versuche gelangen ganz über Erwarten, und der unerfahrene Schüler führte die Landungen auf dem Eise tadellos aus.

Der längste Draht, den wir je beim Training verwendet haben, war 1200 m lang und damit konnte das Flugzeug bis auf annähernd 600 m steigen. Im allgemeinen kann man das Flugzeug immer so hoch bringen, daß der Blickwinkel vom Auto nach dem Flugzeug im Verhältnis zum Erdboden 60⁰ beträgt.

Bei diesem ganzen Training, von dem ich berichtet habe, handelt es sich um Übungen auf einer Eisfläche mit wenig oder gar keinem Schnee. Der Schnee hat uns viel Schwierigkeiten und Kopfzerbrechen gemacht. Natürlich können wir mit Schneepflügen einen Weg für das Auto gegen den Wind machen, aber der Wind dreht sich schließlich, manchmal sogar mehrmals am Tage. Ebensowenig kann man bei starkem Wind im Kreise fliegen, denn wenn das Auto den Wind in den Rücken bekäme, würde es wie ein Rennwagen absausen. Unsere Versuche haben uns gezeigt, daß die beste Lösung eine sog. Dreieckbahn ist. Wir haben auf dem Eise ein gleichseitiges Dreieck aufgepflügt mit einer Seitenlänge von 2 km. Jetzt können wir auch, wenn der Wind seine Launen hat, doch wenigstens immer eine von diesen Seiten benutzen und das Auto kann auf der dreieckigen Bahn wieder zum Startplatz zurückfahren. Natürlich würde bei einem Viereck oder Sechseck irgendeine Seite noch besser gegen den Wind liegen, aber auch mit einer dreieckigen Bahn kommt man gut zurecht und es macht auch nicht allzu große Schwierigkeiten, sie den Winter über offen zu halten.

Wir sind auch schon durch die Beschaffenheit des Ortes gezwungen gewesen, eine strahlenförmige Bahn aufzupflügen, aber die Resultate waren nicht so gut, wie bei dem Dreieck. Wenn man eine solche Startbahn benutzt, die von hohen Schneewällen umgeben ist, muß das Flugzeug von einer ebenen, löcherfreien Schneefläche starten, denn an einen Start auf der Bahn ist gar nicht zu denken. Die Bahn haben wir in 2 bis 3 m Breite gepflügt. Viel weicher Schnee beeinträchtigt natürlich den Betrieb und der Rücktransport des Flugzeuges zum Startplatz ist dann viel schwieriger und unbequemer, als auf einer schneefreien Eisfläche, aber auf diese Weise haben wir doch eine Möglichkeit zum Training.

Mit diesem Wintertraining können wir natürlich nur Anfängerschulung betreiben, d. h. also Gleitflugübungen, aber wir können doch so das ganze Jahr hindurch üben, und da, wo es kein Flugfeld gibt und man also auch im Sommer sonst keine motorlosen Flüge machen kann, kann man diesen beliebten Sport wenigstens im Winter ausüben, sobald die Seen und Buchten an der Küste zugefroren sind. Wir können ja auch wegen des Klimas in der Zentralschule nur drei Sommermonate fliegen.

Wir haben auch beobachtet, daß der Schüler bei der Schulung mit Hilfe eines fahrenden Autos ganz ungewöhnlich schnelle Fortschritte macht, denn hier hat er schon bei den allerersten Übungen Zeit zum Überlegen und kann seine Fehler korrigieren. Bei den niedrigen Sprüngen am Gummiseil im Sommer ist der Flug zu Ende und der Schüler wieder am Boden, ehe er überhaupt Zeit zum Denken hatte. Der Schüler befindet sich bei diesem Wintertraining schon nach einigen niedrigen Gleitflügen bereits in dem sog. A-Stadium. Wir haben außerdem festgestellt, daß die Anzahl der Starts im Vergleich zur Gummiseilschulung im niedrigen Gelände im Sommer beim Training mit Hilfe eines fahrenden Autos bis auf ein Drittel heruntergeht und der Schüler seine Maschine in der Luft bedeutend sicherer und geschickter beherrscht als bei der Schulung im Gelände. Bei diesem Verfahren brauchen wir je nach der Veranlagung des Schülers durchschnittlich 10 bis 20 Aufstiege, also ein ganz außergewöhnliches Resultat.

Man muß auch daran denken, daß das Ausbildungsmaterial so einfach wie möglich ist und der Flugbetrieb selbst ungefährlich. Durch die Regelung der Geschwindigkeit des Autos kann man auch den bockigen Schüler zwingen herunter zu gehen soweit man es haben will, und kann ihn ebenso auch hindern, höher zu gehen als es sein Können erlaubt. Die Verbindung durch den Draht gibt dem Lehrer sozusagen die Kontrolle über die Flugweise seines Schülers. Diesen Vorteil hat man z. B. bei der Schulung mit dem Gummiseil nicht. Brüche kommen bei diesem Verfahren überhaupt kaum vor, und das hat ja auch einen gewissen Wert.

Meine werten Zuhörer werden sich vielleicht fragen, warum wir uns nicht bei unseren Übungen ausschließlich auf den bewährten Autowindestart beschränken, aber hierzu möchte ich noch sagen, daß die Schulung mit dem fahrenden Auto zunächst billiger ist und keine besonderen Winde- oder andere Vorrichtungen erfordert, dann aber auch schneller und effektiver im Feldbetrieb und unbedingt ungefährlicher ist. Gerade durch das fahrende Auto wird der Feldbetrieb so vereinfacht, daß wir dieses Verfahren für das Wintertraining auf ebenem Terrain für am praktischsten und effektivsten halten. Autos hier bekommen wir auch überall und oft umsonst zur Verfügung gestellt, aber viele von unseren Segelflugklubs haben ganz einfach kein Geld, um ein Windestartauto anzuschaffen.

Finnland besteht zu 66% aus Wald und zu 10% aus Wasser, und Höhenunterschiede von mehr als 100 m gibt es bei uns überhaupt nur ganz vereinzelt, die Möglichkeiten zum Gleitflug sind mit anderen Worten sehr begrenzt. Ich hoffe aber, Ihnen mit meinem Vortrag ein Bild davon vermittelt zu haben, wie wir selbst unter diesen Verhältnissen, dank einer langen Kälteperiode, bei der die Wasserflächen von Eis bedeckt sind durch die Entwicklung einer besonderen Schulungs- und Trainingsmethode, doch einen lebhaften motorlosen Flugbetrieb haben zustande bringen können.

Is Instruction without Crashes Possible?

Von L. Elsnic.

Solo instruction is the important thing in gliding, but it must be done with as few crashes as possible. This depends almost entirely upon the instructor. He must not be too young, he must be somewhat of an idealist and he must know his psychology. He must get to know his pupils as well as he can, must make no mistakes when flying himself and watch carefully every flight made by the students. He must teach the theory in an easily understood manner. After each flight correct only one error. Each pupil must be separately judged and dealt with.

The instructor soon finds out that there are different types of students: Instictive fliers and thinking fliérs. Silent and students and workmen do not fly well, nor do those who are always criticizing. Watch out for "show-offs". Women have made a very poor showing as glider pilots, but rather better as aeroplane pilots.

The most difficult part is instruction for the A certificate, for the B it is easiest and for the C somewhat more difficult again. The curve of learning against time is steep and then flat. It goes step by step, and if a student has made flights rather too good for his stage of instruction, he should be given some more, easier flights to do before going forward.

The neutral position of the elevator depends on the weight of the pupil. He must be careful not to accidentally move the elevator when he gives aileron. First flights only with aileron, then elevator and rudder. The student must hear the machine. There is no elevator, but only a speed control.

For the first turns, it is better to give aileron and rudder together, or aileron first.

After the B certificate, first some hill practice in light winds, and then the C certificate with a flight not longer than 15 min, as the pilot will tire very rapidly.

Not too intensive instruction. Go bathing every 3rd or 4th afternoon. With good instruction one requires: 35 flight for the A certificate, and 15 each for the B and C. One can reduce crashes to one in 1000.

Ist eine bruchfreie Schulung möglich?

Von L. Elsnic, Praha.

Die Alleinschulung ist das Wesentliche beim Segelflug, sie muß aber so bruchlos wie möglich sein. Das hängt aber fast ausschließlich vom Fluglehrer ab. Dieser darf nicht allzu jung sein, ein klein wenig Idealist und auch psychologisch geschickt. Er soll überall dabei sein, um seine Schüler gut kennenzulernen, soll beim Fliegen selbst keine Mätzchen machen und die Flüge der Schüler genau beobachten. Zwanglos muß er den Schülern die Theorie beibringen. Nach jedem Flug nur einen Fehler korrigieren. Jeder Schüler muß individuell beurteilt und behandelt werden.

Bald stellt der Lehrer fest, daß es Schülerkategorien gibt: Kopfflieger und Gefühlsflieger. Schweigsame und emsige Studierer und Arbeiter fliegen nicht gut, ebenso die ewigen Kritiker. Vorsicht vor den »Photographierfliegern«! Mit Frauen sind im Segelflug ganz schlechte Erfahrungen gemacht worden, im Motorflug weniger.

Das Schwierigste ist die A-Schulung, die B- ist die leichteste, die C- wieder schwieriger. Die Zeitschulungskurve weist immer recht erhebliche Fortschritte auf, die dann für einige Zeit wieder abfallen. Es geht stufenweise, und nach einem für den Ausbildungsstand eigentlich zu schönen Fluge soll der Schüler erst noch einige leichtere Flüge machen.

Die Höhenruderhaltung hängt vom Gewicht des Schülers ab. Weiter soll er beim Querrudergeben nicht unwillkürlich das Höhenruder betätigen. Erste Flüge nur mit dem Querruder, dann Höhen- und Seitenruder. Der Schüler muß die Maschine hören. Es gibt kein Höhenruder, sondern nur ein Geschwindigkeitsruder.

Beim Anfängerkurven besser gleichzeitig Quer- und Seitenruder geben lassen oder aber zuerst Querruder.

Nach dem B-Schein zunächst etwas Hangpraxis bei schwachem Wind, dann der C-Schein mit nicht mehr als 15', da sonst rasche Ermüdung auftritt.

Nicht allzu intensiv schulen: alle 3—4 Tage ein Nachmittag baden gehen. Bei vernünftiger Schulung braucht man: zum A-Schein 35, zur B und C je 15 Starts. Man kann die Brüche gut bis 1:1000 Starts herabdrücken.

E' possibile evitare le scassate?

L. Elsnic, Praha.

L'addestramento a monocomando fa parte integrante della scuola di volo a vela, ma bisogna ridurre il piú possibile il numero delle scassate. Ció dipende quasi esclusivamente dall'istruttore. Questi deve essere non troppo giovane, un po'idealista e psicologo. Egli deve stare sempre insieme cogli allievi per conoscerli bene; in volo deve evitare «acrobazie» inutili e deve osservare minutamente ogni volo degli allievi. Deve saper onsegnare agli allievi le nozioni teoriche senza fare delle conferenze barbose. Dopo ogni volo deve correggere un solo errore dell'allievo, altrimenti lo confonde. Ogni allievi deve essere trattato e giudicato da individuo.

Dopo poco tempo l'istruttore si accorge dell'esistenza di due categorie di allievi: gli allievi piloti d'istinto e quelli di ragionamento. I «secchioni» e i lavoratori accaniti e indefessi di solito volano male, e cosi pure gli eterni criticoni. Attenzione ai «pilotoni da fotografia»! Colle donne, nel volo a vela, si sono fatte delle esperienze ancora piú disastrose che nel volo a motore.

La parte piú difficoltoso é il corso fino all'attestato A; il B é molto piú facile, mentre il C ridiventa piú scabroso. Se si disegna una curva tempo-progressi si trovano dei gradini che sono poi immancabilmente seguiti dalle ricadute. Dopo un forte progresso l'allievo deve essere frenato un po', altrimenti si rovina tutto.

La posizioni del timone di profondità dipende dal peso dell'alliewo. Bisogna evitare che azionando gli alettoni l'allievo tocchi involontariamente anche il timone di profondità. I primi voli si fanno concentrando tutta l'attenzione dell'allievo sugli alettoni; in seguito si insegna l'uso dei timoni di profondità e di direzione. L'allievo deve «sentire» l'apparecchio; per lui non esiste un timone di profondità, ma solo un timone di velocità. Nelle prime virate è meglio insegnare il contemporaneo azionamento degli alettoni e del timone di direzione, mai dara la precedenza al timone di direzione.

Dopo l'attestato B si deve fare qualche volo davanti al costone con vento debole; il volo di brevetto C non deve durare oltre i 15', per evitare fenomeni di stanchezza.

Non bisogna spingere troppo l'attivita di volo: conviene saltare un pomeriggio ogni 3—4 giorni (andare a nuotare ecc). Facendo dell'attività razionale si fa l'attestato A con 35 lanci, il B e il C con 15 lanci ciascuno. Le scassate possono essere diminuite fino ad un rapporto di circa 1:1000.

Ist eine bruchfreie Schulung möglich?

Von Ludwig Elsnic, Prag.

Ebenso wie bei jedem anderen Unternehmen ist bei der Segelfliegerschulung eine Kalkulation notwendig. Dabei kann man aber am wenigsten voraussetzen, was die Amortisation und Reparaturen der Flugzeuge kosten werden. Schon seit den ersten Lehrgängen in der Tschechoslowakei habe ich gemerkt, daß man einmal mit wenig Geld ausgekommen ist, andersmal hat ein Lehrgang das Vierfache gekostet.

Das Segelfliegen muß billig sein — sonst wäre es einfacher, auf Motorflugzeugen zu schulen und erst nachher mit Leistungsmaschinen zu fliegen. Dies ist aber eben nicht der Segelfliegerschulung. Denn das Wertvollste ist für den Schüler, allein fliegen zu lernen und sich allein auch in schwieriger Situation zu helfen zu wissen.

Man kann sagen: wenn es wenig Brüche gibt, ist die Schulung billig. Demnach kommt man zur gelegten Frage: ist es möglich, die Anzahl der Brüche so herabzusetzen, daß die Unkosten für Amortisation und Reparaturen der Maschinen die Kalkulation nicht beträchtlich belasten werden? Nach unseren Erfahrungen kann man sagen: Brüche sind nicht notwendig, und es ist möglich, einen Lehrgang vom Anfang bis zur C-Prüfung ohne Bruch durchzuführen; dies ist uns auch schon einigemal gelungen. Der Stoff, diese Fragen zu behandeln, ist im weiteren in drei Artikeln besprochen, und zwar:

1. Der Fluglehrer, seine Eigenschaften und Fähigkeit.
2. Der Schüler und die Schätzung seiner Fähigkeit.
3. Die Schulungsmethode und das Behandeln der Schüler.

Die Aufgaben des Segelfliegerfluglehrers sind so schwierig und allseitig, daß zu diesem Posten nur Leute von bestimmtem Grade der Intelligenz gewählt werden sollten. Der Fluglehrer sollte lieber älter als 25 Jahre sein. Er muß zu seiner Aufgabe Vorliebe haben, nicht nur dadurch Geld verdienen, und er soll alles richtig sehen und aus seinen Beobachtungen richtige Beschlüsse machen. Er möchte etwa Psychologe sein, um seine Schüler richtig kritisieren und beurteilen zu können.

Ein Fluglehrer ist für den Schüler ein kleiner Gott, und er darf womöglich wenig Menschliches in sich haben, besonders darf er keine menschlichen Fehler zeigen: er soll sich ja nicht aufregen, er muß bei der Schulung der Erste sein, er muß kurz und klar — ganz selbstverständlich erklären, er darf nicht hier und da herumquatschen. Der Schüler beobachtet den Lehrer sehr streng, und wie einmal der Fluglehrer seine schwache Seite zeigt, ist es alle mit der Autorität.

Bei der Schulung darf der Fluglehrer keinen »Kanonenstart« vormachen, die Zuschauer anfliegen, aus der Maschine winken, enge Kurven drehen, die Maschine überziehen und so ähnliches. Die Schüler machen alles nach und der Fluglehrer kann sich dann wundern, wenn es Bruch gibt.

Er soll überall dabei sein: bei der Montage der Maschinen, beim Frühstück und Mittagessen, und er tut sehr gut, wenn er bei der Schulung auch herunter geht, die Maschinen abzuholen. Eben da fangen die Brüche an, wenn die Schüler sich gegenseitig Rat geben, wie z. B.: Du konntest mehr ziehen, da hättest du Höhe gewonnen. Wenn aber der Fluglehrer bei der Schulung am Rücken liegt und Zeitung liest, da wird er nie die Gründe der Brüche finden, um ihnen widerhandeln zu können.

Er muß auch alles wissen: der Schüler frägt manchmal Unglaubliches. Er soll in den Pausen in der Art des Erzählens schon planmäßig voraus erklären — keinen regelmäßigen Vortrag, da schlafen die Schüler recht bald ein. Man erzählt den Anfängern schon etwas über Rückenwind, über die Normalgeschwindigkeit, Windgeschwindigkeit, Kurven, richtige Ziellandung, Landung am nassen Ackerfeld, Überfliegen von Hindernissen, Sitzenbleiben in der Machine nach der Landung, weiter etwas von Windverhältnissen am Hang, von Kurven in der Thermik, von Wolken und Blasen, Ausweichen. Und dabei beobachtet der Fluglehrer ununterbrochen die Schüler. Derjenige, der immerfort etwas fragt und zu allem »ja« sagt, der vormacht, wie wenn er alles lernen will — das ist der versteckte Bruchflieger. Man kann weiter beobachten, daß derselbe den anderen einen Ratgeber macht, die Flüge kritisiert und überhaupt alles versteht.

Nach jedem Flug gibt der Fluglehrer Erklärung. Er soll sich aber ja hüten, die sämtlichen Fehler korrigieren zu wollen. Man muß bei jedem Flug bloß einen einzigen Fehler korrigieren, und zwar den größten. Bei der Anfängerschulung hat sich gezeigt, daß derjenige Schüler, der in den ersten drei bis fünf Tagen der beste war, dem die ersten Sprünge gut gelungen sind, der gefährlichste ist. Der Fluglehrer darf sich nicht verführen lassen — auch nicht später mit einigen guten Flügen.

Man beobachte die Schüler bei anderer Beschäftigung: bei der Montage, beim Mittagstisch, beim Transportieren der Flugzeuge — kurz überall. Dann wird der Fluglehrer — wenn er dazu fähig ist — in der Lage sein, schon früher, als er den Schüler in die Maschine hereingesetzt hat, ihn richtig zu beurteilen. Damit hängt dann eng zusammen die Kunst, genau zu wissen, was man von den einzelnen Schülern verlangen kann, wie rasch man die Schulung fortsetzen soll und wie man die Leute behandeln darf. Mit jedem Schüler muß man anders sprechen. Es gab tatsächlich einen Fall, daß der Schüler nur dann gut flog, wenn der Fluglehrer kurz vor dem Start ein richtiges Donnerwetter veranstaltete. Im Gegenteil muß man die meisten Schüler weich behandeln, wenig vor dem Start reden, den Schüler nicht lange in der Maschine sitzen lassen, kurze Erklärung geben und sofort starten.

Der Fluglehrer darf nichts schwer machen: das Fliegen ist leicht, man darf bloß nicht Angst haben. Er darf auch über Angst nicht viel sprechen, und es muß strengstens verboten sein, über Brüche zu reden. Es gibt einfach keine Gefahr, keinen Bruch. Alles ist selbstverständlich und klar. Die Maschine ist brav und fliegt allein.

Durch richtiges Erkennen der Schüler, durch selbstbewußtes Auftreten, Ruhe, klare Erklärung, kameradschaftliches Mithelfen und dadurch, daß sich der Fluglehrer seinen Schülern wirklich widmet, hat man schon ganz bestimmt ein Drittel der Brüche gerettet.

Wenn schon jemand einmal Fluglehrer geworden ist und an der Sache wirklich Interesse hat, wird er bald sehen, daß diese Aufgabe höchst interessant ist. Man arbeitet mit lebendigem Material, und zwar so verschiedenartigem, daß man erst nach längerer Praxis Durchschnitte machen kann. Wie gut bekannt ist, gibt es Kopfflieger und Gefühlsflieger. Soweit im Grunde. Es hat mich aber interessiert, wo es Bruchflieger gibt und ob man auch da etwas Ähnliches finden kann.

Da habe ich beobachtet, daß z. B. Hochschulstudenten recht schlecht fliegen. Sie überlegen zu viel und studieren. Es gibt aber kein richtiges Studieren beim Fliegenlernen. Der Flugschüler muß in erster Reihe die Augen und Ohren offen haben, richtig beobachten, nicht viel überlegen, um so schneller aber sich entschließen und richtig und fein steuern. Auch die schweigsamen und ausdauerlichen Werkstadtarbeiter fliegen nicht gut. Ebenso die ewigen Kritiker, denen nichts gut genug ist. Man muß auch auf solche aufpassen, die ewig etwas fragen, die anderen, die ihren Kollegen raten, wie man fliegen soll, und besonders auf solche, denen nichts zu schwer ist, die am liebsten schon von der Gipfelhöhe des Hanges starten möchten. Man passe auf, welcher von den Schülern sich im Leistungssegelflugzeug photographieren läßt und welcher eine richtige Fliegerbrille mitbringt, welcher sein Mädchen zum Flugplatz eingeladen hat, um ihr die Fliegerkunst zu zeigen. An dieser Stelle müssen auch die Frauen genannt werden, mit denen wir die schlechtesten Erfahrungen gemacht haben. Kaum 2 bis 5% fliegen einigermaßen gut, und wir haben festgestellt, daß die Frauen in Motorflugzeugen etwas besser fliegen, da dort besonders das Landen etwas stereotyp und fast immer gleich ist, wobei man es besser erlernen kann.

Etwas eingehender möchte ich jetzt die eigentliche Schulungsmethode besprechen. Wir wollen uns erst klar machen, daß hier nur die Schulungsmethode bis zur C-Prüfung besprochen sein soll und die ganze Schulung grundsätzlich in drei Teile geteilt ist — gleichsinnig mit den Gleitfliegerprüfungen A und B und der Segelfliegerprüfung C.

Nach unsren Erfahrungen ist die Schulung bis zur A-Prüfung die schwierigste, denn hier fragen die Schüler vom Anfang an und müssen sich erst gewöhnen, sich in der Luft zu bewegen und auf die Erde von oben zu sehen. Es ist vorausgesetzt, daß keiner von ihnen im Motorflugzeug flog. Die Schulung bis zur B-Prüfung ist die leichteste, und hier muß es tatsächlich nicht zu einem Bruch kommen. Für die Maschinen ist am gefährlichsten die Schulung zur C-Prüfung. Erstens ist die Sache für den Schüler neu und man kann nur selten den Doppelsitzer benützen, um das Segeln mit dem Schüler vorzufliegen. Der günstige Wind kommt auch nicht jeden Tag und man schult meistens bei schwachem Wind, und legt die Prüfung bei starkem Wind ab.

Die Schulung bis zur A- bzw. B-Prüfung ist die wichtigste. Denn wenn der Schüler hier die richtigen Grundlagen gut erlernt hat, kann man damit rechnen, daß die Schulung zur C-Prüfung erheblich erleichtert wird und daß auch ein C-Lehrgang ohne Verlust an Maschinen verläuft.

Weiter möchte ich zur Einleitung noch sagen, daß jeder Fluglehrer etwas über eine — sagen wir — Zeitschulungskurve wissen sollte.

Wenn wir die Schulung betrachten, könnten wir uns ein Diagramm aufzeichnen, wobei wir auf die Waagerechte die Tage, auf die Senkrechte den Grad der Flüge einzeichnen. Weiter teilen wir die Waagerechte noch in einzelne Teile, und zwar: Rutscher, Sprünge, Flüge am flachen Hang, Flüge am steileren Hang, die A-Prüfung, einfache Kurven, doppelte Kurven, Ziellandungen usw. Nach den Erfahrungen verläuft die Kurve nicht als gleichmäßig steigende, sondern bei jedem Übergang zur weiteren Stufe zeigt sich immer ein Herabfallen, mit wieder nächstfolgender Steigung. Das bedeutet für uns, daß der Fluglehrer nicht voraussetzen darf, wenn dem Schüler ein guter — z. B. 15 s dauernder — Flug gelungen ist, daß man ohne weiteres den Schüler gleich von größerer Höhe starten lassen kann. Der Fluglehrer muß damit rechnen und voraussetzen, was kommen kann. Wenn der Schüler zwei oder drei gute Flüge durchgeführt hat, werden wir den nächsten Flug leichter machen

und weniger verlangen, denn das kann eben der schlechte sein. Richtige Beobachtung und richtiges Voraussetzen wird wieder mal einen Bruch verhüten.

Beim Eintreten der Schüler wird der Fluglehrer erstens nach dem Gewicht der Schüler fragen. Das ist recht wichtig für das richtige Einstellen des Höhenruders. Für jedes Gewicht ist eine andere Stellung des Höhenruders nötig, d. h. daß jeder Schüler seine Normalstellung hat. Bei dieser Normalstellung startet die Maschine mit jedem Schüler gleich, und zwar waagrecht, ohne zu steigen oder zu fallen. Nach Verlust des Geschwindigkeitsüberschusses vom Seil legt sich die Maschine in den richtigen Gleitwinkel. Dadurch haben wir den Schülern die Mühe gespart, denn ein Anfänger wird sowieso kaum die richtige Normallage finden.

Wir lernen aber gleichzeitig den Schülern, selbst und in jeder Maschine diese richtige Normallage zu finden. Der Schüler setzt sich in die Maschine, schnallt sich an, drückt den Knüppel nach vorne und schaut sich um nach hinten. Jetzt zieht er langsam, bis ihm die Hinterkante vom Höhenruder hinter der Vorderkante der Dämpfungsfläche verschwindet.

Dies ist die Grundlage und damit vermeiden wir jeden Fehler, der vorkommen kann, wenn bei einer anderen Maschine die Höhenruderseile etwas verstellt sind. Bei unseren Schulgleitern Type »Skaut« ist dies die Normallage für einen 60 kg schweren Schüler. Derjenige, der 75 kg wiegt, muß den Knüppel etwas anziehen — ungefähr 4 Finger. Der leichtere muß etwas nachlassen. Jetzt wird der Schüler ruhig. Er weiß ganz genau, wie die Maschine starten wird, er braucht nicht befürchten — und es ist so —, daß die Maschine vielleicht hochschießt.

Es ist bekannt, daß man das Schulen immer mit Balancieren anfängt. Es sei aber dringend betont, daß das Balancieren nicht nur zum Erlernen der Knüppelbewegungen dienen soll, sondern daß der Fluglehrer darauf achten muß, damit der Schüler bei der Bewegung mit Querrudern nicht mit dem Höhenruder bewegt. Dies führt vom Anfang an am meisten zum Bruch. Die Maschine neigt sich z. B. rechts, der Schüler gibt links Querruder und dabei zieht er. Die Maschine steigt, der Schüler weiß nicht warum. Dies hat mich weiter dazu geführt, daß ich eine besondere Knüppelhaltung eingeführt habe, und zwar ist der Arm im Handgelenk so gebogen, daß die Handoberfläche direkt nach vorne gedreht ist. Dann lerne ich dem Schüler beim Höhenrudersteuern bloß mit der Hand im Handgelenk bewegen, beim Querrudersteuern mit dem ganzen Arm im Armgelenk bewegen. Jetzt kann der Schüler genau die einzelnen Bewegungen unterscheiden und er bewegt dann mit dem Höhenruder ganz fein, mit dem Querruder etwas grober.

Es ist bekannt, daß man am Balancieren nicht sparen soll und daß es auch zweckmäßig ist, im Wind zu balancieren, und zwar so lange, bis der Schüler in der Lage ist, zu balancieren und dabei zu sprechen. Das heißt für den Fluglehrer, daß der Schüler die Bewegungen schon einigermaßen automatisch durchführt.

Bei den ersten Sprüngen haben wir mit Erfolg folgendes eingeführt: der Schüler darf nicht mit dem Höhenruder und Seitenruder bewegen. Es wird zuerst nur das Querruder geübt. Dies verlangt selbstverständlich vom Fluglehrer die größte Aufmerksamkeit, denn er muß dann die Spannung des Seiles genau schätzen. Es kommt folgendes in Frage: das Gewicht der Maschine, das Gewicht des Schülers, die Qualität des Seiles und sein Durchmesser, die Windstärke, die Neigung der Startstelle und die Art und der Stand der Oberfläche sowie der Grad der Schulung und die Eigenschaften des Schülers. Nach diesen Richtpunkten muß dann der Fluglehrer genau abschätzen, wieviel Schritte das Seil gespannt werden soll. Es hat sich auch gezeigt, daß weichere Seile für den Anfänger viel günstiger sind als neue und harte Seile. Dabei achtet der Fluglehrer auch darauf, daß der Befehl »Los« nach hinten gegeben wird, recht laut, und daß auch die Haltemannschaft die Maschine sofort losläßt. Anders wäre die vorherige Berechnung wenig nützlich.

Der Fluglehrer muß also alles so einrichten, damit die Maschine leicht vom Boden kommt, mit wenig Fahrtüberschuß, waagerecht und mit — für den betreffenden Schüler — Höhenrudernormallage.

Wenn vielleicht die Startstelle nicht waagerecht ist, darf sich der Fluglehrer nicht beirren lassen und muß den Gleiter waagerecht beim Start halten.

Der Fluglehrer hat alles richtig eingestellt und doch schießt die Maschine in die Luft, rutscht ab und der Bruch ist fertig. Der Schüler spricht aus, er hätte nicht gezogen. Der Grund in diesem Fall liegt darin, daß beim Loslassen und dem ersten Ruck dem Schüler der Oberkörper und der Kopf nach hinten gegangen ist, und er hat unwissentlich gezogen. Dies kann man vermeiden, wenn der Schüler den Arm um das Knie stützt. Wir müssen weiter den Schüler lehren, die Hand und den Arm vollständig zuhig zu halten und besonders unabhängig vom Oberkörper. Wir setzen den Schüler in den Schulgleiter, schnallen ihn nicht an, und er muß üben, sich mit dem Oberkörper hin und her zu bewegen und dabei den Knüppel vollständig ruhig zu halten. Dies üben die Schüler in den Pausen selbst in den ersten 2 bis 4 Tagen. Die Hand und der Arm müssen weich und elastisch werden. Die ersten Sprünge übt der Schüler — wie gesagt — ohne das Höhenruder zu benützen. Selbstverständlich wird erklärt, daß er leicht drücken soll, falls vielleicht die Maschine doch zu sehr in die Luft steigt, damit ja nicht ein schwerer Unfall vorkommen kann. Wenn man aber das Obenbesprochene richtig ausführt, verlaufen die Sprünge bis zu 10″ Dauer sehr glatt. In dieser Zeit müssen wir die Schüler lehren, die Maschine zu hören. Aus diesem Grund sind drahtverspannte Gleiter besser, als die mit Streben. Bevor der Schüler weiter fortschreitet, muß er unbedingt die Maschine fliegen hören. Wenn es nicht der Fall ist, darf der Schüler nicht von einer höheren Stelle starten. Wenn einer die Maschine nicht hört, werden wir ihn unter einen fliegenden Gleiter führen, in die Nähe der Landestelle, damit er in Ruhe von der Erde die Maschine hören kann.

Jetzt folgt das zweite Stadium: der Schüler lernt mit dem Höhenruder zu bewegen. Das wird für den Fluglehrer etwas spannend, denn die Schüler haben noch keine Ahnung von der Empfindlichkeit des Höhenruders. Doch sind wir aber schon soweit, daß die Bewegung in der Luft keine Schwierigkeiten bietet, und die Querlage ist auch schon nicht neu.

Den Schüler lassen wir zuerst normal fliegen, dann soll er ganz leicht drücken und den Knüppel wieder zurück in die Normallage stellen. Nachher wird er wieder leicht ziehen, um die Maschine zurück in die richtige Lage zu bringen. Das alles folgt aber erst dann, wenn der Schüler die Maschine schon richtig in der Querlage hält.

Manchmal ist es für den Schüler schwierig, die richtige Querlage zu halten. Er spürt die Neigung noch nicht, die Maschine hängt, kurvt zu einer Seite und der Schüler bemüht sich, die Richtung mit dem Seitenruder zu korrigieren. Das führt selbstverständlich zum Slip. Da sagt der Fluglehrer den Schülern: Lage ist gleich der Richtung. Wir verlangen dann, die Richtung nicht mit dem Seitenruder, aber mit dem Querruder zu korrigieren. Die Schüler machen dann viel weniger Fehler.

Den Schülern muß klargemacht sein, daß es überhaupt kein Höhenruder gibt. Es gibt bloß ein Geschwindigkeitsruder. Man reguliert damit die Fahrt und Geschwindigkeit, nachdem man sie mit dem Gehör kontrolliert. Den Schülern wird auch richtig erklärt, daß die Maschine träge ist. Man darf nicht erst dann drücken, wenn die Maschine schon stehengeblieben ist oder erst dann, wenn die Maschine in den Boden saust. Der Knüppel darf nicht gezogen oder gedrückt stehenbleiben. Die Bewegungen folgen immer: nach vorne und zurück, nach rechts und zurück usw., wobei man den Knüppel in der Außenlage einen Augenblick lang hält.

Die vollständige Ruhe ist die Grundlage der Schulung. Wenn der Fluglehrer ruhig ist, sind es auch die Schüler.

Auch beim Fliegen. Den Schülern wird erklärt, daß die Maschine seine Bewegungen langsam ausübt und daß es immer genügend Zeit ist, diesen Bewegungen zuwider zu handeln.

Mit dem Richtungspunkt habe ich etwas andere Erfahrungen gemacht. Ich gebe als Richtungspunkt das Ende der Landefläche an. Wenn er nicht gut sichtbar ist, hilft eine rote oder gelbe Fahne. Ich habe festgestellt, daß der Schüler oft überzieht, wenn der Richtungspunkt zu hoch ist. Wenn der Schüler etwas hinter den Landepunkt sieht, kann er merken, ob die Maschine der Verbindungslinie Start—Landeplatz folgt oder ob sie über oder unter, evtl. rechts oder links von dieser Linie fliegt. Mit diesem Hilfsmittel haben wir gute Erfahrungen gemacht.

Es ist besser, wenn der Schüler etwas schneller fliegt, als langsamer. Dies kann man mit der Zeit korrigieren, und zwar so, daß der Schüler zuerst — die erste Hälfte des Fluges — schneller fliegt und nachher die Fahrt etwas abmindert. Der Fluglehrer macht ihm dann klar, ob es schon richtig war oder nicht.

Der Fluglehrer muß auch genau das Gelände kennen, um die Flugweite zu schätzen.

Er muß auch genau wissen, wie das Gelände auf den Wind wirkt, damit er vor jedem Flug dem Schüler genaue Anweisungen geben kann. Der Schüler hat nachher volles Vertrauen zum Lehrer.

Wenn der Schüler beim Flug plötzlich drückt, muß man ihn darauf aufmerksam machen, er soll nicht dicht vor der Maschine zum Boden schauen. Er soll ungefähr in der Flugrichtung nach vorne sehen, mindestens 100 m vor der Maschine. Wenn mehrere Schüler zu einer Seite fliegen, sucht man den Fehler in der Maschine. Sie wird wahrscheinlich schlecht verspannt. Ebenso bei einem Gleiter, der leicht Fahrt verliert, muß man Schwanzlastigkeit suchen.

Wie gesagt, vermeiden wir bis zur A-Prüfung das Benützen des Seitensteuers. Wenn ein Schüler die A-Prüfung abgelegt hat, läßt man ihn noch vorsichtig von derselben Stelle fliegen. Denn er glaubt, daß er schon fliegen kann.

Dann fangen wir mit einfachen Kurven an. Die Maschine wird in einer Richtung — rechts oder links von der Landestelle — gestartet. Der Schüler muß zuerst geradeaus fliegen, die Maschine in die richtige Gleitlage bringen und erst in der Hälfte der Strecke einkurven.

Wir haben beide Methoden probiert. Zuerst das Seitenruder treten und erst nachher Querruder geben, und auch das gleichzeitige Steuern mit Seitenruder und Querruder. Wir haben festgestellt, daß die zweite Methode besser ist. Denn es ist oft vorgekommen, daß der Schüler getreten hat und dabei die Maschine nicht in genauer waagerechter Lage hatte. Das führte selbstverständlich zum Slip, die Kurven waren unrein, verschieden gekrümmt. Nachher haben wir probiert, die Kurve mit dem Querruder anzufangen, dann leicht Seitensteuer zugeben und die Maschine in der schrägen Lage balancieren. Damit waren die Erfahrungen viel besser.

Es hat sich auch als richtig gezeigt von den Schülern zu verlangen, daß sie in die Kurve sehen und damit sie sich auch umsehen, wo sie hinfliegen, ob da keine Hindernisse sind. Dies hat sich gut bewährt. Weiter verlangen wir, daß der Schüler rechtzeitig die Kurve beendet, er soll schon in der Mitte der Kurve anfangen, die Maschine wieder aufzurichten. Dies hat sich besonders später beim Hangsegeln bewährt.

Bei den ersten Kurven verirren sich viele Schüler mit dem Fahrrad. Anstatt rechts treten, drehen sie den Fußhebel rechts — was umgekehrt ist. Hier hat sich ein einfaches Mittel bewährt: dicht vor dem Start gibt der Fluglehrer Anweisungen, diesmal aber ausnahmsweise steht er beim Schüler. Wenn der Schüler die erste — z. B. Linkskurve — lernen soll, haut ihn der Fluglehrer mit der Hand auf das Knie. Der Schüler spürt es noch beim Flug und macht keinen Fehler.

Solange es sich um Flüge von einer Dauer bis 35 min handelt, kann man den Landepunkt genügend genau bestimmen und die nötige Strecke vorschreiben. Hier gibt der Fluglehrer auch den Drehpunkt genau an. Bei doppelten S-Kurven ist es schon schwieriger. Da geben wir bloß einen Punkt an und die nachfolgende Richtung, die aber unbedingt außer der Landefläche liegt. Der Schüler soll nie die Landefläche anfliegen oder überfliegen. Er soll sich zur Landefläche nähern mit der abnehmenden Höhe und er soll so hereinkommen, daß er am Rand der Fläche schon nur wenige Meter Höhe hat. Man darf unbedingt kein Winken oder Hindernisse- oder Maschinenüberfliegen dulden. Die Schüler werden darauf aufmerksam gemacht, daß bei kleiner Höhe zwar die Augen sehen, daß man herüber kommt, die Kufe liegt aber tiefer. Diese Fälle sind schon wirklich vorgekommen.

Wir lernen auch die Kurven richtig fliegen. Wenn man die Maschine wenig neigt, wird sie durch das Schieben gebremst und sackt durch. Das hat oft dazu geführt, daß die Schüler vor der Kurve angedrückt haben, die Kurve dann mit zu großer Fahrt durchflogen, was oft auch zu Bruch geführt hat. Es ist wichtiger, besonders für das spätere Hangsegeln, die Maschine richtig in die Kurve zu legen. Dies soll noch vor der B-Prüfung gut durchgeschult werden. Hier muß man selbstverständlich die Schüler darauf aufmerksam machen, daß man bei steilerer Kurve weniger Seitensteuer gibt. Es ist sehr gut, die Schüler dazu zu führen, daß sie Kurven überhaupt ohne Seitensteuer probieren. Man darf allerdings bei der Schulung das Neigen der Maschinen nicht übertreiben.

Ebenso wie bei der A-Prüfung gesagt, läßt man die Schüler nach der B-Prüfung noch weiter in Schulgleitern fliegen, mindestens 3 Flüge. Nachher schulen wir mit dem Schulsegelflugzeug wieder von unten, von der A-Stelle. Hier brauchen die Schüler im Durchschnitt 3 Starts, bevor man nach oben zur B-Stelle geht.

Hier muß der Fluglehrer schon gut unterscheiden, welche Schüler er zu weiterer Schulung zuläßt. Denn jetzt wird die Sache schwierig, da die Schüler schon selbständiger werden, und der Fluglehrer kann mit der Zeit immer weniger raten. Wichtig ist es, damit er — jetzt noch mehr wie vorher — genau die verschiedenen Verhältnisse bei den verschiedenen Windrichtungen kennt und seine vorherigen Erfahrungen über die Eigenschaften der einzelnen Schüler ausnützt.

Wenn das Gelände schwierig ist, wie es eben bei uns der Fall ist, geht man zu Fuß durch und sieht das Gelände an, nicht nur von oben, aber besonders von unten. Der Fluglehrer zeigt die Notlandeplätze und die Wege, wo man aus der gefährlichen Zone herauskommt. Wenn es nur etwas möglich ist, sollen die Schüler einmal den Hang bei schwächerem Winde durchfliegen. Unsere Doppelsitzer haben sich soweit bewährt, daß eben dies möglich ist, bei Wind mit dem Schüler ca. 15 min zu segeln. Der Fluglehrer fliegt aber grundsätzlich nicht mit, nur wenn es notwendig oder zweckmäßig ist.

Wenn Schüler, die im Flachland mit Auto gestartet, die B-Prüfung abgelegt haben, muß man besonders vorsichtig fortschreiten, bevor sie sich nicht auf das Hangfliegen gewöhnt haben. Schon bei Gleitflügen zeigt sich, daß sie gewöhnt sind, an großen Flächen zu landen. Weiter muß man sie erst lehren, hangab- und hangaufwärts zu landen und sich den verschiedenen Windrichtungen anzupassen.

In der Vorbereitungszeit lernen die Schüler besonders richtig zu kurven, wenn möglich um mehr als 180°, und die Kurven rechtzeitig beenden. Die meisten Brüche sind vorgekommen, wenn der Schüler die Kurve spät beendet hat oder sich nicht umgesehen hat, wo er hinfliegt.

Bei der C-Prüfung hat sich gut bewährt, mit Fahnen Zeichen zu geben, und zwar handelt es sich um folgende Zeichen: zum Hang näher, vom Hang weiter, mehr links fliegen, mehr rechts fliegen. Diese Zeichen geben wir mit gelber Fahne, die man in der gewünschten Richtung waagerecht hält. Dann gibt es noch ein wichtiges Zeichen: wenig Fahrt. Dies geben wir mit einer roten Fahne, die man hochhält.

Es hat sich gezeigt, daß die Schüler bei der C-Prüfung nach ungeführ 15 min plötzlich schlechter fliegen. Das haben wir dadurch erklärt, daß der Schüler vor dem Start recht gespannt ist. Deshalb lassen wir jeden Schüler bei der C nur 10 bis 15 min fliegen.

Es wird sicher interessant, zu vergleichen, wieviel Starts im Durchschnitt ein Schüler zu einzelnen Prüfungen braucht. Nach längerer Praxis hat sich bei uns herausgestellt: zur A-Prüfung 35 Starts, zur B- und C-Prüfung je 15 Starts. Ich habe weiter gemerkt, daß die Schüler schlecht flogen, wenn es längere Zeit gutes Wetter gab und die Schüler jeden Tag von früh bis abends geschult haben. Es ist sehr zweckmäßig, besonders im Sommer, je 3 bis 4 Tage mindestens nachmittags baden zu gehen und die Schulung zu unterbrechen. Ebenso wenn die Schüler aus der Schule oder dem Amt kommen und das tägliche Bergauf- und Heruntergehen nicht gewöhnt sind, wird man die tägliche Schulungszeit begrenzen.

Ich könnte nicht sagen, daß bei Einhaltung der vorgetragenen Grundsätze die Brüche bei der Segelfliegerschulung vollständig ausgeschlossen wären, doch ist es uns gelungen, die Anzahl der Brüche so herabzusetzen, daß es im vergangenen Jahre in der Schule nicht mehr als einen Bruch oder eine Maschinenbeschädigung auf 1000 bis 1200 Starts gab.

Il volo a vela in Giappone.

Dott. Ing. Hirosi Sato.

Fin dall'anno 1930 furono effettuati i primi voli librati in Giappone; il 1933 invece vide i primi voli veleggiati. La visita del volovelista tedesco Wolf Hirth, nel 1934, portó un nuovo impulso al volo a vela giapponese. I progressi raggiunti svegliarono l'interesse del pubblico, specialmente tra i giovani. Di conseguenza furono fondate numerose associazioni occupantisi di volo a vela. Attualmente il Giappone annovera 40 piloti brevettati «C», 20 alianti veleggiatori e 180 libratori. Le condizioni meteorologiche cambiano assai sul territorio nipponico, poiché esso si estende lungo 4500 km da zone quasi artiche a climi subtropicali. I voli di distanza trovano un grande ostacolo nella presenza di numerose montagne e nell'intensitá delle coltivazioni agricole. Ottime invece sono le condizioni per voli di quota e durata.

Soaring in Japan.

Von Dr.-Ing. Hirosi Sato.

Although gliding flights had been made in Japan since 1930, in 1933 the first soaring flights were made. The visit of the German soaring pilot, Wolf Hirth in 1934 increased Japanese enthusiasm for the sport considerably. As time went on, the performances put up began to interest wider circles, particularly younger people. The result was the formation of many gliding clubs. At present there are in Japan 40 C-pilots, 20 sailplanes and about 180 gliders. The meteorological conditions for soaring in Japan are very varied, since the islands of the Japanese Empire extend over a length of about 4500 km, from almost arctic to subtropical climates. Due to the large number of mountains and intensive cultivation of the rest of the land, long distance flights are difficult, there being so few places where landings can be made. On the other hand, conditions for duration and altitude flights are favorable.

Segelflug in Japan.

Von Dr.-Ing. Hirosi Sato.

Seit dem Jahr 1930 wurden in Japan Gleitflüge durchgeführt, 1933 erfolgten die ersten Segelflüge. Der Besuch des deutschen Segelfliegers Wolf Hirth im Jahre 1934 brachte neue Anregungen für den japanischen Segelflugsport. Die im Laufe der Zeit erreichten Leistungen riefen das Interesse weiterer Kreise, hauptsächlich der Jugend, wach. Die Folge war die Gründung zahlreicher Vereinigungen, die sich mit der Ausübung des Segelflugsportes beschäftigten. Zur Zeit gibt es in Japan 40 C-Piloten, 20 Segelflugzeuge und ungefähr 180 Gleitflugzeuge. Die meteorologischen Voraussetzungen für den Segelflug sind in Japan sehr unterschiedlich, da die Inseln des Japanischen Reiches sich über eine Strecke von 4500 km von fast arktischen Regionen bis in Gebiete subtropischen Klimas erstrecken. Infolge der vielen Gebirge und intensiven Bodenausnutzung sind Streckenflüge erschwert, weil wenig Landegelände vorhanden ist. Dagegen sind die Voraussetzungen für Höhen- und Dauerflüge günstig.

Segelflug in Japan.

Von Dr.-Ing. Hirosi Sato, a. o. Professor an der Kaiserl. Universität Fukoka (Japan).

Die Segelfliegerei in Japan ist noch nicht alt. Sie besteht erst seit etwa sieben Jahren. Doch hat sie in dieser kurzen Zeit unter durch klimatische und geologische Schwierigkeiten besonders bedingten Umständen sich zu einer beachtlichen Höhe entwickelt. Ich möchte nicht vergessen, an dieser Stelle Wolf Hirth noch einmal meinen Dank dafür auszusprechen, was er für die Entwicklung des Segelflugs in Japan beigetragen hat.

Voller Hoffnung sehen wir den Olympischen Spielen des Jahres 1940 entgegen. Hier wird der Segelflug zu den Kämpfen bei den Wettbewerben gehören. Daß diese Kämpfe zum erstenmal in unserem Lande stattfinden werden, freut uns ganz besonders.

Ich weiß, daß diese Tagung viel dazu beitragen wird, unsere Segelfliegerei ein gut Stück weiter zu bringen. So darf ich noch einmal meine Freude darüber ausdrücken, daß ich die Ehre habe, Japan bei dieser Tagung zu vertreten.

Ich möchte mir nun erlauben, in kurzen Zügen die Entwicklung des Segelfluges in Japan zu schildern.

Der japanische Flieger Kataoka hat am 11. Mai 1930 auf einer von dem Korvetten-Kapitän Isobe konstruierten Maschine auf dem Militärflugplatz Takorosawa bei Tokio den ersten Gleitflug zurückgelegt, 80 m in 8 s. Diese zwar bescheidene Leistung gab aber den Ansporn zur Nacheiferung mit dem Erfolg, daß der eben genannte Korvetten-Kapitän Isobe in demselben Jahr den ersten Gleitflug-Club von Japan ins Leben rief und eine Gleitflugschulung auf dem Hakone- und dem Sugatahira-Gelände bei Tokio abhielt. Hierbei ist ein Gleitflug Kataokas von 4 min als Höchstleistung erreicht worden.

Zwei Jahre darauf startete Kataoka vom Fujiyama. Nach einem Flug von 5 min machte er leider bei der Landung Bruch.

Ich selber habe mich schon lange Zeit für die Segelfliegerei außerordentlich interessiert und für sie Propaganda gemacht. Im Januar 1932 gründete ich an meiner Universität auch eine Gleit- und Segelfliegergruppe, den Aero-Club der Universität Kiushu. Ich hatte einen sehr tüchtigen Piloten, S i z u r u. Er flog damals, am 19. 9. 1932, mit einem von mir gebauten Gleitflugzeug einen für damalige Verhältnisse schönen Flug von 8,34 min. Im Herbst desselben Jahres wurde noch eine weitere Segelfliegergruppe, der Kirigamine-Segelflieger-Club, gegründet, und zwar vom Leiter des Observatoriums in Tokio, Prof. Dr. F u j i h a r a.

Zu seiner Gruppe gehörten bald sehr viele Mannschaften, die auf dem Kirigamine-Gebirge in Mitteljapan ausgebildet wurden.

Das Jahr 1933 brachte uns weiter vorwärts. Ich baute das Übungs-Segelflugzeug Aso 1, und Sizuru flog damit vom Vulkan Aso in Westjapan einen 8-km-Flug in der Zeitdauer von 20 min. Hiermit begann die eigentliche Segelfliegerei und machte einen so großen Eindruck, daß der Aero-Club von Japan anfing, das Segelflugwesen zu unterstützen und zahlreiche Gleitflug-Clubs in den verschiedensten Städten Japans gegründet wurden.

Im August 1934 gelang Sizuru auf meiner Aso 1 ein Flug von 1½ h. Es wurde in beiden Segelfliegergruppen fleißig, technisch und praktisch, gearbeitet und im Jahre 1935 der Segelflug-Verband von Japan gegründet, finanziert von der Zeitung »Osaka-Mainizi«.

Nun ging die Entwicklung schneller vorwärts. Mehr Erfolge waren zu verzeichnen. Ich baute noch eine neue Maschine, »Kiutei 7«. Mit dieser flog Sizuru 4 h 12 min. Die »Aso 1« (Mazushita und Sizuru) machte die ersten Auto- und Flugzeug-Schleppflüge und kurz darauf die »Asahi 1« (Kawazi).

Im Herbst desselben Jahres traf zu unserer aller Freude Wolf Hirth mit zwei deutschen Gehilfen in Japan ein. In Tokio, Osaka, Tokorosawa, Ueda und in anderen Städten zeigte er nicht nur prachtvolle Segelflüge, sondern gab auch Unterricht und schulte unsere Segelflieger. Ich selbst hatte die Freude, ihn in Tokio kennen zu lernen und mit ihm zusammen zu arbeiten. In der Zeit seines Aufenthaltes in Japan hat Wolf Hirth, wie ich schon gesagt habe, die Entwicklung des Segelfluges bei uns sehr gefördert. Besonders Auto-, Winden- und Flugzeug-Schleppflüge werden auf Grund seiner Anregung viel geschult und praktisch ausgeführt. Diese Startmethoden werden angewendet, da ein großer Teil unserer Übungsplätze in der Nähe von Städten keine geeigneten Starthänge hat.

Im Jahre 1936 fanden die ersten größeren Veranstaltunge des Segelflug-Verbandes von Japan statt. Schöne Erfolge sind in diesem Jahre zu verzeichnen. Am 27. Januar schaffte Sizuru mit meiner »Kt. 7« einen Flug über das Ikoma-Gebirge bei Osaka, der 9½ h dauerte. Ende März desselben Jahres startete der erste Doppelschleppflug mit Sizuru in der »Kt. 7« und Mazshita in der Göppingen 1; das Schleppflugzeug wurde von Okura geführt. Im Mai und Juni veranstaltete der Segelflug-Verband einen Rundflug über ganz Japan. Hierbei zeigten Mazshita und Sizuru Kunst-Segelflüge in allen Hauptstädten. Das Interesse für die Segelfliegerei nahm ständig zu. Im Sommer desselben Jahres richtete der Verband einen Schulungskursus auf dem Flugplatz Tatezu bei Osaka ein. Auch die Zeitung »Asahi« veranstaltete einen Gleitflug-Wettbewerb auf dem Kirigamine-Gebirge. Als im Herbst desselben Jahres in Manchukuo auch ein Aero-Club gegründet worden war, entsendete der Segelflug-Verband von Japan eine Segelflugexpedition dorthin.

Im nächsten Jahre einige Dauerflüge auf dem Vulkan Aso: ein 5-Stunden-Flug des Fliegers Graf H i r a m a z auf meiner »Kt. 7« und ein 6-Stunden-Flug des Fliegers M a z u - m o t o auf »Maeda B S«. In Tokio, Osaka, Kofu und dem Kirigamine-Gebirge wurden zahlreiche Schulungs- und Flugbetriebe eingerichtet. Simizu gelang ein Thermikflug in der Nähe von Osaka, wobei er eine Höhe von 1800 m erreichte.

Im Jahre 1938 wurde auf Formosa der Formosa-Gleitflug-Club ins Leben gerufen. Die Fluglehrer S i m i z u und O d a gaben Unterricht mit Maeda-Maschinen und veranstalteten auch öffentliche Vorführungen.

Den heutigen Stand der Segelfliegerei verdankt Japan zum großen Teil den aktiven Bemühungen des Aero-Clubs von Japan. Er hat es sich zur höchsten Aufgabe gemacht, das ganze japanische Volk mit dem Luftfahrtgedanken zu durchdringen und zur Luftfahrt zu erziehen.

So hat er in diesem Jahre 110 000 Yen für die Förderung des Segelfluges zur Verfügung gestellt. Diese Summe ist verwendet worden für Segelfliegerschulung, zum Bau von Maschinen, zur Anlage von Segelflugplätzen mit Schuppen und zur Veranstaltung von Segelflug-Wettbewerben.

So darf der Aero-Club von Japan seit langer Zeit den Ruhm für sich in Anspruch nehmen, Japans Segelfliegerei auf ihren heutigen Stand gebracht zu haben und sie intensiv weiter zu fördern. Aber auch, unterstützt vom Unterrichtsministerium, werden nicht nur in den Universitäten und Hochschulen, sondern auch seit kurzem in den höheren Schulen Japans Segelflieger-Clubs gegründet, so daß auch Japan sich auf dem Wege zu einer Jugend-Fliegerbewegung und einer Erziehung der Jugend im fliegerischen Gedanken befindet.

Wir besitzen heute insgesamt etwa 100 Gleit- und Segelfliegergruppen. An Segelfliegern mit amtlichen Flugscheinen haben wir 40 C-Piloten und 150 B-Piloten. An amtlich gemeldeten Maschinen etwa 20 Segelflugzeuge und 180 Gleitflugzeuge. Bei den Segelflugzeugwerken von Ito und Yoshihara in Tokio und von Mizuno, Maeda und Akashija in Osaka werden sowohl Gleitflugzeuge als auch Leistungsmaschinen, zum Teil Doppelsitzer, hergestellt.

Abgesehen von den finanziellen Schwierigkeiten, mit denen die Segelfliegerei auch in Japan zu kämpfen hat, beruht ihre relativ langsame Entwicklung auf den erschwerenden Umständen, daß die Boden- und Witterungsverhältnisse bei uns recht ungünstige sind.

Das Japanische Reich besteht aus einer sehr großen Anzahl von Inseln. Die Hauptinseln sind folgende:

Hokaido, das etwas größer als Bayern ist,
Honshu mit der Hauptstadt Tokio, etwas kleiner als Preußen,
Shikoku von der Größe Württembergs und
Kyushu, das etwas kleiner ist als Brandenburg.

Hinzu kommt die Halbinsel Korea, die etwa so groß ist wie Honshu, außerdem die weit im Norden gelegene Insel Sachalin und die im Süden liegende Formosa.

Diese Inseln sind in einer Ausdehnung von rund 4500 km der Ostküste des asiatischen Festlandes vorgelagert. Sie reichen von 50° 56′ bis 21° 45′ nördl. Breite, also vom fast arktischen Klima (Sachalin) bis zum fast tropischen (Formosa).

Die Ost- und Südküste der größten und wichtigsten Insel Honshu, die Küste des Stillen Ozeans, hat eine etwas andere Temperatur als der an das Japanische Meer angrenzende Landesteil im Westen der Insel. Nach dem Stillen Ozean hin ist das Klima bedeutend milder, und zwar hauptsächlich unter dem Einfluß wärmerer Meeresströmungen. Auf Honshu ist es in den Sommermonaten, d. h. im Juni, Juli und August, heiß und feucht; die Durchschnittstemperatur im August — dem heißesten Monat — beträgt 28° C. Häufige und starke Gewitter sind an der Tagesordnung. Mit dem Beginn des Sommers setzt auch, gewöhnlich Mitte Juni, die Regenzeit ein und dauert 3 bis 4 Wochen. Während dieser Zeit ist Segelfliegen so gut wie ausgeschlossen. Tag und Nacht regnet es unaufhörlich. Man macht sich in Europa keinen Begriff von der Stärke und der Wirkung solcher japanischen Regenzeit. Am Ende August oder Anfang September wird die Insel Honshu regelmäßig von einigen Taifunen heimgesucht. Diese brausen plötzlich über das Land und richten oft großen Schaden an. Sie kommen aus südwestlicher Richtung. Ihr Herd liegt bei Formosa oder bei den Philippinen im Stillen Ozean. Über die Winde kann ich sagen, daß sie aus westlicher Richtung kommen, manchmal südwestlich, manchmal nordwestlich, daß sie im Winter stärker, im Sommer schwächer sind. Die schönste Jahreszeit auf Honshu ist der Herbst, der von September bis November geht. Die Wetterlage in dieser Jahreszeit kann vielleicht am besten mit der eines italienischen Frühlings verglichen werden.

Auf Formosa und Korea sind die atmosphärischen Verhältnisse naturgemäß andere. Formosa liegt in der subtropischen Zone und erreicht daher eine Maximaltemperatur von 37⁰ C, während das Thermometer auf höchstens nur 4⁰ C sinkt. Korea hat ausgesprochenes Landklima, ziemlich strenge Winter (2⁰ C) und heiße Sommer (24⁰ C).

Topographisch ist Japan äußerst abwechslungsreich. Berge und Täler, Flüsse, Ströme und Seen finden sich in fast allen Gegenden. Japan ist vornehmlich Bergland. Jede der Hauptinseln wird von einer bedeutenden Bergkette durchzogen. Die Berge sind meistens vulkanischen Charakters oder Ursprungs und gewöhnlich sehr steil geformt. Ein Musterbeispiel ist der auf allen japanischen Abbildungen dargestellte Fuyi-San (3740 m). Die Bergkette, die sich durch Mitteljapan zieht und die man gewöhnlich »Japanische Alpen« nennt, hat ganze Gruppen zum Teil über 3000 m hohe, hochaufragende Gipfel.

Die Bodenfläche des eigentlichen Japans beträgt 380 400 km². Doch gibt es aber nur rd. 59 180 km² (= 15%) anbaufähigen Bodens, der natürlich bis auf den letzten Rest ausgenutzt ist. Hiervon sind etwa 31 800 km² Reisfelder, die auf dem geringen, tiefen und flachen Lande liegen. Die übrige Bodenfläche Ackerland ist zum größten Teil höher gelegen.

Auch auf Formosa nehmen die Berge etwa ²/₃ des ganzen Landes ein. Die wichtigste Bergkette zieht sich von Norden nach Süden durch die ganze Insel hindurch und erreicht eine Höhe von fast 4000 m.

Korea ist ebenfalls hauptsächlich gebirgig. Ein gewaltiger Bergzug erstreckt sich von Norden nach Süden durch die ganze Halbinsel. Er hat steile Abhänge nach Osten, während er nach Westen sanft geneigt ist und allmählich in fruchtbare Ebenen übergeht, die von einigen großen Flüssen bewässert werden.

Zusammengefaßt kann man also sagen, daß die klimatischen Verhältnisse und die Bodenbeschaffenheit Japans nicht sehr günstig sind. Man muß sich vor Augen halten, daß der größte Teil des Landes sehr steiles, sehr hohes, manchmal bis zu 4000 m direkt aus dem Meeresspiegel herausragendes Gebirge darstellt. Man darf nicht vergessen, daß auf dem flachen Lande Reis gebaut wird und daß die Reisfelder im Frühling und im Sommer tief unter Wasser stehen. Es sind wenig freie Felder vorhanden und daher sind für uns Segelflieger Not- und Zwischenlandungen sehr ungünstig. Die Folge dieser Verhältnisse ist, daß es nicht einfach ist, Streckenflüge in Japan zu machen. Jedoch begünstigt Wetterlage und Bodenbeschaffenheit Thermikflüge sowie Höhen- und Dauerflüge.

Hinsichtlich des Segelfluggeländes möchte ich sagen, daß wir bei uns zusammen mit einigen kleineren Übungsplätzen insgesamt 60 Flugplätze haben.

In Mitteljapan: Zukuba, Hakone, Kashima, Sugataira, Kirigamine; in Westjapan: Ikoma, Hirsen, Tottori, Aso, Beppu und andere. Während Ikoma und Aso als für den Segelflug günstigstes Gelände anzusehen sind, kommt anderseits Kirigamine als für Schulungszwecke besonders geeignet in Frage. Von den oben genannten Flugplätzen sind Tottori und Kashima an der Küste gelegene Sanddünen, wohingegen die anderen Hügellandschaften sind.

Das ist in ganz kurzen Zügen eine Schilderung der Entwicklung und des heutigen Standes unseres Segelflugwesens. Man sieht, daß wir ziemlich spät angefangen haben. Aber es läßt sich nicht bestreiten, daß wir bei allen Schwierigkeiten durch Fleiß und Energie in kurzer Zeit so schöne Erfolge zu verzeichnen haben, daß wir mit Recht hoffen können, daß die japanische Segelfliegerei sich weiterhin in noch schnellerem Tempo ausbauen und entwickeln wird.

Il movimento volovelistico in Jugoslavia.

Dipl.-Ing. Boris Cijan, Belgrado.

Dall'entusiasmo studentesco nacquero i primi gruppi di volo a vela nel 1931. Il Reale Aero Club di Jugoslavia aiutó questo movimento giovanile, e gradualmente su tutto il territorio dello Stato si formarono numerosi gruppi.

Ogni singola esperienza costruttiva e di volo fu frutto di lavoro onestamente sudato. Un'importanza particolare é attribuita alla costruzione degli alianti. Tutti gli apparecchi adoperati finora sono stati costruiti nelle officine dei singoli gruppi. I risultati così raggiunti sono:

1. Una pratica costruttiva perfetta di tutti i volovelisti.
2. Una collaborazione esemplare saldata da un cameratismo tipicamente volovelistico.

Oggi la Jugoslavia possiede 32 gruppi di volo a vela. Nel 1937 furono rilasciati 237 attestati A, B e C. I primati nazionali sono:

Durata 10 h 45', Quota 1550 m, Distanza 126 km.

I veleggiatori sono stati finora costruiti su licenze tedesche e polacche. Nel 1939 saranno costruiti in serie i primi apparecchi di progetto nazionale.

La regolamentazione del volo a vela, le prescrizioni statoche e la disciplina dell'attività di volo vengono fissate in stretta collaborazione tra l'Aero Club e l'Ufficio Ministeriale per l'Aviazione.

Le questioni tecniche, scientifiche ed aviatorie vengono rese pubbliche sulle colonne del «Vazduhoplovni Glasnik» (Osservatore Aeronautico) e della «Nasa Krila» (L'ala nostra).

A Zlatibor (Serbia) e a Bloke (Slovenia) sono state istituite due grandi scuole di volo a vela. Il volo silenzioso jugoslavo si trova in pieno sviluppo e dà adito alle migliori speranze.

The Gliding Movement in Jugoslavia.

Dipl.-Ing. Boris Cijan.

As a result of the interest of a few people in 1931, the first gliding groups were formed. These consisted entirely of students. The Royal Aero Club of Jugoslavia aided the youth movement and as a result gliding groups slowly developed throughout the whole country.

All experience in shop practice, organization of flying, etc., was gathered by hard work. The building of sailplanes is of particular importance in the Jugoslav gliding movement. All machines used up to the present have been built in the various workshops of the groups. By this means:

1. Shopwork for the members and an understanding for the technical and constructional side of gliding were built up.
2. Opportunity was given for all the members to work together.

There are to-day 32 gliding groups in Jugoslavia. In 1937 there were altogether 237 A, B and C certificates. The national records are:

  Duration.   . . . 10.45 hours,
  Altitude . . . . 1550 metres,
  Distance . . . . . . 126 km.

The machines are built under license, German and Polish types being used. In 1939 the first Jugoslav designs will be built in series.

Regulation of gliding, strength requirements and organization of flying are looked after by the Aero Club and the Air Ministry. Publications on technical, scientific and practical flying questions are made in "Vazduhoplovni Glasnik" and "Nasa Krila".

In Zlatibor (Serbia) and Bloke (Slovenia) are two larger gliding schools, where mainly elementary training is done.

From statistical data, one may envisage a gradual growth of the gliding movement in Jugoslavia.

Segelflugbewegung in Jugoslawien.

Von Dipl.-Ing. Boris Cijan, Beograd.

Durch die Flugbegeisterung einzelner entstanden im Jahre 1931 die ersten Segelfliegergruppen, welche sich ausschließlich aus Studenten zusammensetzten. Der Königl. Aero-Club von Jugoslawien unterstützte die jugendliche Bewegung, und so bildeten sich langsam Segelfliegergruppen im ganzen Staat.

Alle Erfahrungen in der Werkstattpraxis, Systematik des Flugbetriebes usw. wurden in zäher Arbeit errungen. Eine besondere Bedeutung in der jugoslawischen Segelflugbewegung nimmt der Bau der Segelflugzeuge ein. Alle Maschinen, die bis heute verwendet worden sind, entstanden in den einzelnen Werkstätten der Segelfliegergruppen. Damit wurde erreicht:

1. Werkstattpraxis der Mitglieder und Verständnis für die technische und konstruktive Seite des Segelfluges,
2. kameradschaftliche Zusammenarbeit aller Mitglieder.

Heute gibt es in Jugoslawien 32 Segelfliegergruppen. Im Jahre 1937 erhielten 237 Segelflieger A-, B- und C-Scheine.

Die nationalen Rekorde sind:

  Dauer .   . 10,45 h,
  Höhe . . . . 1550 m,
  Entfernung. . . . 126 km.

Die Maschinen werden in Lizenz gebaut, und zwar deutsche und polnische. Im Jahre 1939 werden die ersten heimischen Maschinen bereits in Serien gebaut werden.

Die Reglementierung des gesamten Segelfluges, die Bauvorschriften, die Systematik des Flugbetriebes werden gemeinsam mit dem Aero-Club und dem Luftamt bearbeitet.

Die Veröffentlichungen über technische, wissenschaftliche und fliegerische Fragen werden in »Vazduhoplovni Glasnik« und »Nasa Krila« gemacht.

In Zlatibor (Serbien) und Bloke (Slovenien) sind zwei größere Segelflugschulen errichtet worden, wo hauptsächlich elementare Schulung stattfindet.

Aus statistischen Angaben ersieht man den allmählichen Aufschwung der Segelflugbewegung in Jugoslawien.

Segelflugbewegung in Jugoslawien.

Von Dipl.-Ing. Boris J. Cijan, Beograd.

Zur Istus-Tagung vor zwei Jahren in Budapest sagte Professor Georgii: »Die vornehmste Aufgabe der Istus ist die Förderung des Segelfluges in wissenschaftlicher und technischer Hinsicht und seine Verbreitung in den Ländern, in welchen er über die Betätigung einzelner Flugbegeisterter noch nicht zu einer wirklichen Flugsportbewegung herangewachsen ist.

Die Anfänge des Segelfluges in Jugoslawien reichen in die geschichtliche Entwicklung des Fliegens. Schon im Jahre 1909 begann Oskar Rziha in Maribor ein motorloses Flugzeug zu bauen, um zu versuchen, zuerst motorlos und wenn es gelingt, mit Motor zu fliegen. Das motorlose Flugzeug war ein Doppeldecker mit 20 m² Fläche. Am 22. März 1910 transportierte er das Flugzeug in die nächste Umgebung der Stadt nach Kamnica. Auf einem Hang wurde das Flugzeug auf ein vierräderiges Fahrgestell gesetzt und rollte so ins Tal. Das war die erste primitive Startanordnung, welche auch in anderen Ländern versucht wurde. Rziha flog in schönem Bogen ab und landete glatt im Tal. Diese Versuche hat er öfters wiederholt, und anfangs April flog er 600 m weit, jedenfalls für diese Zeit ein schöner Erfolg.

Viele Jahre später kamen aus dem Ursprungslande des Segelfluges Bücher und Zeitschriften über das motorlose Fliegen und dessen große Erfolge auf der Rhön.

Im Jahre 1929 wurde der erste Gleiter »Zögling« nach der Veröffentlichung von Stamer und Lippisch gebaut. Im Jahre 1930/31 wurden die ersten Fliegergruppen des Königlich Jugoslawischen Aero-Clubs in Zemun und Maribor organisiert. Außer »Zögling« wurden noch »Hols der Teufel« und Doppelsitzer »Poppenhausen« gebaut.

Die ganze Bewegung der einzelnen Segelfliegergruppen entwickelte sich in zäher Arbeit und kameradschaftlicher Zusammenarbeit zwischen Jugend und führenden Persönlichkeiten der Landesgruppen des Königlichen Aero-Club, welche volles Verständnis für die schaffende Jugend zeigten.

Es war zu früh, in der Entwicklungsperiode irgendwelche Reglementierungen seitens der Luftbehörde zu schaffen. Diejenigen, die als Gruppenführer tätig waren, wußten ganz genau, wie weit man mit Werkstattpraxis und theoretischer Schulung mit einfachen Mitteln gehen kann, um eben den sehr schwierigen Anfang richtig zu vollführen trotz Mangels an Erfahrung und praktischer Bildung. Die Fachliteratur war leicht erschwinglich, aber Erfahrung konnten wir nur mit zäher Arbeit und Geduld gewinnen. Die ersten Anfänge wurden, wie in der Werkstatt so beim Fliegen ohne Hilfe erfahrener Fluglehrer oder Ingenieure gemacht. Das einzige Hilfsmittel in unseren Anfängen waren die Bücher des Ursprungslandes des Segelfluges, welche denn größten Einfluß auf uns ausübten. Die Theorie, die Erfahrungen in geschriebenen Worten wurden die Lehrer der Fliegerjugend. Die jungen Segelflieger, Studenten, mit größter Flugbegeisterung im Herzen und Liebe für das Fliegen, scheuten nicht ihre ganze freie Zeit zu opfern, um den heimischen Segelflug zu fördern.

Vielleicht war der Weg, welcher genommen wurde, zu langwierig, schwer und voll Opfer. Es wäre vielleicht viel einfacher gewesen, ausländische Fluglehrer einzuladen und so den Fortschritt des Segelflugs in Jugoslawien zu beschleunigen. Aber die ganze Tätigkeit des Segelflugs, die in einzelnen Segelfliegergruppen konzentriert war, mußte an die territorialen Verhältnisse angepaßt werden. Die Baumöglichkeiten der Segelflugzeuge waren in verschiedenen Orten des Landes verschieden, da nicht überall notwendige Werkstattpraxis vorhanden war, und die Segelfliegergruppen in den meisten Fällen an das vorhandene Baumaterial angewiesen waren.

So entstanden die ersten »Zöglinge« mit Gitter- oder Stahlrohrrumpf mit einem Leergewicht von 80 bis 110 kg. Mit diesen Gleitflugzeugen begann das motorlose Fliegen in den organisierten Gruppen, in der Umgebung von größeren Orten wie Beograd, Zagreb, Ljubljana und Maribor. Hier standen noch keine erfahrenen Fluglehrer zur Verfügung, auch mangelte es an einer Ausbildungsmethode. Dazu kamen noch Mängel an Gleitflugzeugen und viele Brüche, die gemacht wurden. Da einige Segelfliegergruppen nur ein einziges Gleitflugzeug besaßen, so bedeutete ein Bruch ein großes Hindernis im Fortschritt des Fliegens.

Eine jede Reparatur wurde von Mitgliedern an Ort und Stelle vorgenommen, um weiter fliegen zu können. Nach und nach wurden so Erfahrungen gesammelt, um eine möglichst bruchfreie Schulung zu gestalten. Die Jungflieger erreichten eine große Selbständigkeit im Bau und Reparieren der Gleiter, rationelle Ausnützung der Zeit zum Fliegen und Verantwortungsgefühl für jede kleinste Arbeit. Die zweite Schwierigkeit, die zu überwinden war, bestand im Mangel an geeigneten Geländen in nächster Umgebung der Orte, wo gebaut wurde. So blieben den Jungfliegern nur die Sonntage und die Ferien zum Fliegen.

Diese schwierigen Anfänge des Segelfluges in Jugoslawien bedeuten für die Gesamtentwicklung eine kostbare Erfahrung in folgenden Hinsichten:

1. Der Bau der Gleit- und Schulsegelflugzeuge in den Fliegergruppen wurde verfeinert und vervollkommnet.

2. Die jungen Konstrukteure führten verschiedene Verbesserungen an Konstruktionen der Segelflugzeuge selbst aus und dabei lernten sie einen Gleiter entwerfen, welcher im Aufbau einfacher, schneller in Montage und Demontage als die bisherigen war.

3. Die Ausbildungsmethode wurde an die vorhandenen Mittel, Geländemöglichkeiten und nichtsdestoweniger an die vorhandenen Flugzeuge angepaßt. Eine besondere Aufmerksamkeit in dieser Entwicklungszeit ist der innerlichen Organisation des Segelflugs zu widmen. Die Segelfliegergruppen entwickelten sich unter einer bestimmten allgemeinen Politik, koordiniert der großen Gemeinschaft des Segelflugs für die Arbeit und Kameradschaft. Und dafür war eine Zeitspanne notwendig, um nicht nur bauen und fliegen zu lernen, sondern die große Idee des Segelflugs jedem Mitglied der Fliegergruppen restlos beizubringen, die bei ihm auch haften wird. Nur solche Mitglieder können eine gesunde Stütze der Segelflugbewegung bilden, auf welche man immer sicher rechnen kann: als Baumitglieder, Fluglehrer, Bauprüfer, Konstrukteure und wissenschaftliche Arbeiter. Diese grundsätzlichen Bedingungen mußten in einzelnen Fliegergruppen positiv ausgeführt werden.

Heute nach sieben Jahren Arbeit, in ganz bescheidenen Verhältnissen, können wir sagen: der Samen hat tiefe Wurzeln geschlagen in jugoslawische Fliegerjugend, welche den Wert des Segelflugs begriffen hat. Die Jugend blickt auf ihre ersten Erfolge.

Damit ist die erste Etappe erschlossen.

*

Nach der ersten Periode des Schaffens kamen die Tüchtigsten von unseren Segelfliegern nach Deutschland und Polen, wo sie als Kameraden empfangen wurden und wo sie ihre fliegerischen, technischen und organisatorischen Kenntnisse vervollkommnet haben, um sie in der Heimat weiter zu verbreiten. Damit waren die ersten Kontakte mit dem ausländischen Segelfluge gemacht. Von selbst wuchs ein natürliches Bedürfnis nach einer Zusammenarbeit mit den am Segelflug interessierten Nationen durch die Istus. Diese Tatsache war nicht nur vom fliegerischen Standpunkt, sondern besonders von der technischen und wissenschaftlichen Seite von größter Wichtigkeit, um den jugoslawischen Segelflug zu heben.

Der jugoslawische Segelflug wurde seitens des Königlichen Aero-Club gehoben, unterstützt und reglementiert, das Leben der Fliegergruppen vereinheitlicht. Der Flugbetrieb, Schulungsmethoden, Bau der Segelflugzeuge, Bauprüfung und Lufttüchtigkeit der Segelflugzeuge wurden nach bestimmten Vorschriften seitens des Aero-Clubs und der Luftbehörde geregelt.

Um die Segelflugbewegung möglichst zu beschleunigen und zu verbreiten, stellte sich der Königliche Aero-Club von Jugoslawien die erste Aufgabe: eine notwendige Zahl Segelflugschulen zu errichten, und zwar an Geländen, wo die Segelfliegergruppen am meisten Erfolg gehabt haben und wo bereits eine Erfahrung an Gelände und Flugbetrieb bestand. Im westlichen Teile des Königreiches, 50 km südlich von Ljubljana, in Bloke, wo mehrere Flüge von über 10 Stunden Dauer ausgeführt wurden, zeigte sich ein gutes Gelände für Anfangs- und Übergangsschulung. Auf diesem Gelände wird ein Schulgebäude und ein Hangar gebaut. Hier werden alle Fliegergruppen des westlichen Teiles des Königreiches die Schulung auf eigenen Maschinen, mit eigenen Fluglehrern, aber nur einer Schulleitung durchführen. Diese Fliegerschule ermöglicht das Fliegen auch allen Flugbegeisterten, die nicht Mitglieder des Aero-Clubs sind. Die Schule verfügt über eigene Werkstätte, eigene Segelflugzeuge, meteorologische Beobachtungsstation, Hörsaal für theoretische Vorträge, Sanitätsstation. Die Schulung in Bloke wird hauptsächlich für die C-Kategorie durchgeführt.

Im östlichen Teil Jugoslawiens wird die zweite Segelflugschule 120 km südlich von Beograd, 24 km südöstlich von Užice am Zlatibor gebaut. Zlatibor ist ein Hochplateau von 1000 m abs. Höhe, im Gegensatz zur Bloke ohne Wald, Felder oder irgendwelche Hindernisse. Ein ideales Gelände für Anfangsschulung. Die im Bau sich befindenden Objekte sind identisch mit denjenigen in Bloke. Diese zwei Segelfliegerschulen sind als Jungfliegerinternate für den Segelflug bestimmt, wo nicht nur geflogen wird, sondern alles, was für einen Jungflieger notwendig ist, beigebracht wird: Segelflugtheorie, Leibesübungen, weltanschauliche Vorträge usw.

Die dritte Segelflugschule, die über das ganze Jahr hindurch tätig ist, befindet sich in Maribor am Flugfeld Tezno. Die Fliegergruppen üben den Flugbetrieb im Windenschlepp mit bestem Erfolg aus. Außer Windenschlepp wird auch Hangsegelflug an der Bergkette Pohorje ausgeführt.

Außer den drei genannten Schulen hat der Königl. jugoslawische Aero-Club die Tätigkeit der einzelnen Segelfliegergruppen, die in verschiedenen großen Städten (Beograd, Serajevo und Zagreb) arbeiten, gefördert und den Gruppen einen gemeinsamen Flugbetrieb ermöglicht. Die Segelfliegergruppen, welche in größerer Zahl in ein und demselben Ort entstanden sind, hatten genau wie diejenigen aus dem Jahre 1931 mit großen Schwierigkeiten zu kämpfen. Um diesen Zustand möglichst zu erleichtern, wurden die Schulen der Landesgruppen in den größeren Städten formiert und so arbeiten alle Gruppen zusammen unter einer Führung. Diese Schulen haben alle notwendigen Transportmittel, Fluglehrer und alles andere Nötige, was einzelne Fliegergruppen nicht besaßen. Diese Zusammenarbeit hat sich sehr wertvoll gezeigt und ihre Ergebnisse sind Beschleunigung und Qualität der Anfangsschulung. Damit wurde auch allen Fliegergruppen der Flugbetrieb gesichert; besonders denen, welchen gerade nur Geldmittel für den Bau eines Gleitflugzeuges zur Verfügung standen und die weder Fluglehrer noch Erfahrung in der Schulung hatten.

Wenn sich aber eine Fliegergruppe so weit selbständig gemacht hat durch jahrelange Arbeit mit erfahrenen Fliegern und Konstrukteuren, dann fängt erst die richtige Tätigkeit der Gruppe an. Einer der wichtigsten Momente in der Segelfliegerei ist der Bau der Segelflugzeuge. Ganz anders geht ein Segelflieger mit einem Flugzeug um, das er selbst gebaut, als mit einem gekauften. Die Werkstattarbeit hat diese moralische Kraft geschaffen, in kameradschaftlicher Zusammenarbeit selbst das Flugzeug zu bauen. Jede Segelfliegergruppe hat eine eigene Werkstätte, wenn sie noch so einfach und bescheiden ist, aber es wird gebaut. Die Erfahrung hat gezeigt, daß diejenigen, die in die Schule

nur zum Fliegen kommen, nicht immer unter richtige Segelflieger zu rechnen sind. Die Werkstatt ist die einzige Stätte für die Jugend, für eine durchdachte und verantwortliche Arbeit, da dort nicht nur gearbeitet wird, sondern auch theoretische und weltanschauliche Vorträge geboten werden.

Der Königliche Jugoslawische Aero-Club hat die Wichtigkeit dieser Tatsache voll verstanden und auch mit besten Beweisen gefördert.

Diese Segelflugzeuge werden, soweit es notwendig ist, für die Schulen in Zlatibor und Bloke als Segelflugzentren gekauft. Diese Apparate stehen auch den Flugbegeisterten, die nicht Mitglieder der Fliegergruppen sind, zur Verfügung. Allgemein gilt, daß die Segelflieger, die schaffend in den Gruppen tätig sind, die Schulung und das Fliegen sowie das Schleppfliegen unentgeltlich bekommen.

Mit dem Bau der Segelflugzeuge ist nicht nur die Werkstattpraxis für Segelflugzeugbau, sondern auch das Entwerfen und Konstruieren der Segelflugzeuge sehr wichtig. In Jugoslawien wurden bis heute ausschließlich Segelflugzeuge nach deutscher und polnischer Lizenz gebaut. Man mußte auch Flugzeuge den territorialen Verhältnissen anpassen, besonders was die Schulflugzeuge anbelangt. Die Windverhältnisse in Zlatibor und Bloke sind ziemlich gering, so daß ein Leichtwindsegler in Frage kommt. Bis heute wurden drei Typen heimischer Herkunft entworfen und gebaut, welche dazu dienen, Erfahrungen zu sammeln und um die Tüchtigkeit des Segelns zu beweisen. Das erste Schulsegelflugzeug »Inka« wurde von Herrn Dr.-Ing. Kuhelj entworfen und gebaut, es hat Ähnlichkeit mit der »Grünen Post« von Lippisch. Das Segelflugzeug »Inka« hat folgende Daten:

$$
\begin{array}{llll}
b & = 12{,}32 \text{ m} & c_{y\max}/c_x & = 17 \\
l & = 6{,}3 \text{ m} & V_{\mathrm{opt}} & = 58 \text{ km/h} \\
F & = 16{,}35 \text{ m}^2 & V_{v_y\,\mathrm{opt}} & = 52{,}7 \text{ km/h} \\
\lambda & = 9{,}30 & V_{\min} & = 46{,}6 \text{ km/h} \\
G_L & = 130 \text{ kg} & V_{y\min} & = 0{,}915 \text{ m/s} \\
G & = 220 \text{ kg} & n_A & = 8. \\
G/F & = 13{,}45 \text{ kg/m}^2 & &
\end{array}
$$

Das zweite Segelflugzeug ist wieder ein Schulflugzeug für Übergangsschulung, und zwar ein ausgesprochener Leichtwindsegler »Sraka«.

Die Maschine ist in der Ausführung des Flügels gleichartig mit der vorher besprochenen Maschine. Der Flügel ist zweiholmig mit konstanter Flügeltiefe fast über die ganze Spannweite. Flügelspitzen sind verjüngt und besitzen ein Endprofil. Diese Bauart ist sehr gut geeignet für den Selbstbau in den Fliegergruppen, da außer einfacher Werkstattpraxis auch die Baukosten gering sind. Die Maschine hat außer einigen Probeflügen noch keinen Schulbetrieb durchgemacht, so daß nähere Folgerungsschlüsse noch nicht möglich sind.

Dieses Schulsegelflugzeug Ś. H. 1 »Sraka« besitzt folgende Daten:

$$
\begin{array}{llll}
b & = 13{,}11 \text{ m} & G_L/F & = 10{,}3 \text{ kg/m}^2 \\
l & = 6{,}44 \text{ m} & c_{y\max}/c_x & = 16{,}1 \\
F & = 17 \text{ m}^2 & V_{\varepsilon\,\mathrm{opt}} & = 12 \text{ m/s} \\
\lambda & = 10 & V_{y\min} & = 0{,}81 \text{ m/s} \\
G_L & = 95 \text{ kg} & n_A & = 9. \\
G & = 180 \text{ kg} & &
\end{array}
$$

Um die Spezialisierung des Leichtwindseglers nicht zu weit zu treiben, wurde ein Übungssegelflugzeug gebaut, das einen billigen Leistungssegler darstellt, C-Fliegern die Bedingungen zum Leistungsabzeichen ermöglichen soll und für Handsegeln bei schwachen und starken Winden einwandfrei zu fliegen ist. Außerdem wurde verlangt, daß die Maschine für den Flugzeugschlepp geeignet sei bis 120 km Schleppgeschwindigkeit und tauglich für den symmetrischen Kunstflug. Die Ergebnisse der Windkanalmessungen am Modell des erwähnten Flugzeugs »Galeb« zeigten sehr gute Eigenschaften, die ebenso ein Trainingssegelflugzeug besitzen muß.

Auch hier spielte eine große Rolle möglichst größte Einfachheit und Billigkeit. »Galeb« wurde so entworfen, daß die Werkstattpraxis der Fliegergruppen langsam Vorbereitungen für den Bau der Leistungsmaschinen vollführen soll. Der Flügel ist einholmig und so aerodynamisch entworfen, daß die Spannweite des Flügels für bestmöglichen Gleitwinkel zum Größtwert ausgenützt wird, dabei aber immer die notwendige Rollwendigkeit beibehalten kann. Die Flügelprofile sind nur aerodynamisch geschränkt. Auf eine größere Schränkung, die ähnliche Flugzeuge besitzen, wurde verzichtet. Der Flügel wird mit einem profilierten Hals, was die Darmstädter in der Praxis beim Windspiel mit Erfolg ausprobiert haben, an einen Sechskantrumpf befestigt und mit einer profilierten Strebe abgestützt. Größte Sorgfalt wurde dem Leitwerk und dem Querruder gewidmet. Das Flugzeug »Galeb« wurde von B. Cijan entworfen und hat folgende Daten:

$$b = 14,50 \text{ m} \qquad C_{y\,max}/c_x = 21,0$$
$$l = 6,36 \text{ m} \qquad V_{\varepsilon\,opt} = 19,2 \text{ m/s}$$
$$F = 14,75 \text{ m}^2 \qquad V_y \text{ für } V_{\varepsilon\,opt} = 0,915 \text{ m/s}$$
$$\lambda = 14,25 \qquad V_{y\,min} = 0,764 \text{ m/s}$$
$$G_L = 148 \text{ kg} \qquad V_{v_y\,min} = 14,52 \text{ m/s,}$$
$$G = 230 \text{ kg} \qquad V_{min} = 12,4 \text{ m/s}$$
$$G/F = 15,6 \text{ kg/m}^2 \qquad n_A = 10,5.$$

Zuletzt kommt noch ein Leistungssegler »Utva« von Ing. Mitrovič und ein Gleitflugzeug »Skakavec« von B. Cijan und D. Landsberg. Ein anderer Leistungssegler ist der erste Entwurf eines Segelflugzeugs, das ein ausgesprochenes Streckenflugzeug ist. Der Entwurf des Leistungsseglers, dessen Fertigstellung leider durch verschiedene Hindernisse nicht möglich war, stammt von Dr.-Ing. Kuhelj.

»Utva« ist ein freitragender Schulterdecker mit Knickflügeln. Der einholmige Flügel besitzt das NACA 2-23012-Profil mit Stör- und Landeklappen versehen. Der Rumpf ist oval, hat einen geräumigen Führerraum, der mit Plexiglas verdeckt ist. Außer der Landekufe ist im Rumpf ein einziehbares Einradgestell gebaut, um Schleppflüge zu erleichtern.

»Utva« besitzt folgende Daten:

$$b = 16,00 \text{ m} \qquad c_{y\,max}/c_x = 24,3$$
$$l = 6,80 \text{ m} \qquad V_{\varepsilon\,opt} = 67,3 \text{ km/h}$$
$$F = 13,94 \text{ m}^2 \qquad V_y^{\varepsilon}{}_{opt} = 0,77 \text{ m/s}$$
$$\lambda = 17,3 \qquad V_{y\,min} = 0,69 \text{ m/s}$$
$$G_L = 129 \text{ kg} \qquad V_{v_y\,min} = 57,1 \text{ km/h}$$
$$G = 219 \text{ kg} \qquad 2 \text{ m/s bei } 108 \text{ km/h}$$
$$G/F = 15,7 \text{ kg/m}^2 \qquad n_A = 12.$$

»Skakavec« erinnert an »Rositten As« und sowjetrussisches »US—3« von Antonov. Der Gleiter hat zweiholmige Flügel mit Streben abgestützt. Alle Spieren im Flügel sind gleichgebaut, was den Bau und eventuelle Reparaturen sehr vereinfacht. Als Rumpfende ist ein Kastenholm verwendet. Der Gleiter ist für Auto und Windenschlepp berechnet und bei gutem Gelände auch für Handsegeln möglich.

Die technischen Daten sind folgende:

$$b = 10,50 \text{ m} \qquad c_{y\,max}/c_x = 12,3$$
$$l = 5,97 \text{ m} \qquad V_{F_q\,max} = 14,2 \text{ m/s}$$
$$F = 15,54 \text{ m}^2 \qquad V_{v_y\,min} = 11,1 \text{ m/s}$$
$$\lambda = 7,4 \qquad V_{min} = 10,7 \text{ m/s}$$
$$G_L = 80 \text{ kg} \qquad V_{zul.} = 40,0 \text{ m/s}$$
$$G = 160 \text{ kg} \qquad V_{y\,min} = 1,03 \text{ m/s}$$
$$G/F = 10,3 \text{ kg/m} \qquad n_A = 7.$$

Im Jahre 1939 werden die diesjährigen Erfahrungen in Erscheinung treten und daraus praktische Ergebnisse gezogen und bearbeitet. Irgendeine Typisierung der Gleit-, Schul- und Leistungssegler hat keinen richtigen Zweck, denn die Entwürfe werden immer häufiger und das beste Flugzeug wird sich selbst durchbringen.

Die Entwicklung der jugoslawischen Segelflugzeuge ist dank des ausgeschriebenen Konstruktionswettbewerbes vom Königl. Jugoslawischen Aero-Club beschleunigt worden.

Um den technischen Dienst des Segelfluges auf einen einheitlichen Grund zu setzen, wurden technische Bauvorschriften ausgearbeitet, die den Verhältnissen im Lande angepaßt sind. Soweit die technische Seite.

Was die Literatur anbelangt, die ebenso zum Segelflug gehört wie ein Bestandteil, wurden verschiedene Fragmente in der Monatszeitschrift »Vazduhoplovni Glasnik« und »Naša Krila«, die wöchentlich erscheint, aus dem Gebiete des Segelflugs veröffentlicht.

Im ganzen Lande sind 32 Segelfliegergruppen als Ortsgruppen des Königl. Jug. Aero-Clubs tätig. Die Tätigkeit der Segelfliegergruppen ist geregelt mit einem Arbeitsprogramm:

1. systematischer Flugbetrieb,
2. systematische theoretische Schulung mit Werkstattpraxis in den Werkstätten.

Die langjährigen Erfahrungen haben gezeigt, daß eine Jugendbewegung, wie eben der Segelflug ist, geführt sein muß und daß die alte Praxis mit verschiedenen Ausschüssen als veraltet sich gezeigt hat. Der Königl. Jug. Aero-Club beauftragt mit der Führung des Segelfluges im Lande einen Menschen, der für den Erfolg und Mißerfolg verantwortlich ist.

Nun können wir auf einen kleinen Erfolg zurückblicken, der für die bescheidenen Verhältnisse im Lande positiv ist. Die Tätigkeit der Segelflugbewegung vom Jahre 1932 bis heute ist folgende:

	1932	1933	1934	1935	1936	1937	Zuwachs
Segelfliegergruppen	2	5	14	17	20	32	60 vH
Segelflugzeuge . .	5	7	24	36	40	43	7,5 »
Segelflieger . . .	33	55	92	97	157	237	51,0 »

Die Segelfliegerausweise wurden im Vergleich vom Jahre 1936 zum Jahre 1937 wie folgt ausgeteilt:

	A	B	C	D	zusammen
1936	87	55	15	—	157
1937	139	85	11	2	237

Die nationalen Rekorde sind folgende (bis 1. Mai 1938):

$$\text{Zeit} \ldots \ldots \ldots \quad 10,45 \text{ h,}$$
$$\text{Höhe} \ldots \ldots \ldots \quad 1550 \text{ m,}$$
$$\text{Entfernung} \ldots \ldots \quad 126 \text{ km.}$$

Jedenfalls sind die Rekorde sehr klein. Aber wenn wir bedenken, daß vorläufig nur einige Leistungsmaschinen, z. B. »Bussard«, »Komar« und »Grunau Baby«, zur Verfügung stehen und mit Schleppflug erst vor drei Jahren begonnen wurde, so ist man auf dem besten Wege, die Leistungen zu steigern.

Der Königl. Jugosl. Aero-Club, der den Segelflug im Lande durch den Segelflugführer und Referenten in den Landesgruppen führt, unterstützt die Segelfliegergruppen mit verschiedenen Subventionen. So haben die vielen Segelfliegergruppen in den Landesgruppenschulen eine gute Aussicht für bessere Zukunft.

Um die wertvollen Erfahrungen des Ursprungslandes des Segelfluges und anderer Länder für den allgemeinen Segelflug nützlich zu machen, wäre es erwünscht, allgemeine technische Reglementierungen zu unifizieren. Darunter versteht sich die Lufttüchtigkeit der Segelflugzeuge, amtliche Segelfliegerausweise und evtl. Fluglehrerausweise. Damit wäre kleinen Ländern, die keine Forschungsinstitute und Versuchsanstalten für den Segelflug besitzen, enorme Hilfe geleistet.

Im Programm des Segelfluges von Jugoslawien steht die Umschulung von Segelfliegern auf Motorflieger, was einen großen Erfolg verspricht. Zur letzten Istustagung in Salzburg hat Herr Schreiber ausführlich über diese Umschulung und ihre Ergebnisse in der Schweiz gesprochen. Diese Umschulung hat sich auch in anderen Ländern als eine einwandfreie Schulungsmethode gezeigt.

Die Tätigkeit des Segelfluges in Jugoslawien wächst wie in technischer Hinsicht so in der Praxis langsam heran, aber mit großer Begeisterung und Hoffnungen auf neue Erfolge, und konvergiert mit den Erfahrungen und Arbeiten der großen Segelfluggemeinschaft der Istus.

Printed and bound by CPI Group (UK) Ltd, Croydon, CR0 4YY

06/07/2026

02160007-0004